固体废物处理与处置工程素质
综合训练

主　编　李登新

副主编　夏华磊　肖政国

中国环境出版集团·北京

图书在版编目（CIP）数据

固体废物处理与处置工程素质综合训练/李登新主编. —北京：中国环境出版集团，2019.1
ISBN 978-7-5111-3730-2

Ⅰ. ①固…　Ⅱ. ①李…　Ⅲ. ①固体废物处理　Ⅳ. ①X705

中国版本图书馆 CIP 数据核字（2018）第 160861 号

出 版 人　武德凯
责任编辑　葛　莉　郑中海
责任校对　任　丽
封面设计　彭　杉

出版发行　中国环境出版集团
（100062　北京市东城区广渠门内大街 16 号）
网　　址：http://www.cesp.com.cn
电子邮箱：bjgl@cesp.com.cn
联系电话：010-67112765（编辑管理部）
010-67113412（第二分社）
发行热线：010-67125803，010-67113405（传真）
印　　刷　北京中科印刷有限公司
经　　销　各地新华书店
版　　次　2019 年 8 月第 1 版
印　　次　2019 年 8 月第 1 次印刷
开　　本　787×1092　1/16
印　　张　27.75
字　　数　536 千字
定　　价　82.00 元

目　录

第一章　固体废物管理理论及应用

第一节　固体废物管理、处理与处置现状

一、固体废物概述

1．固体废物的定义及分类

《中华人民共和国固体废物污染环境防治法》（以下简称《固废法》）第八十八条对固体废物做了定义：在生产、生活和其他活动中产生的丧失原有利用价值或者虽未丧失利用价值但被抛弃或者放弃的固态、半固态和置于容器中的气态的物品、物质以及法律、行政法规规定纳入固体废物管理的物品、物质。固体废物的分类方式很多，《固废法》根据产生源及对环境的危害程度将固体废物分为工业固体废物、生活垃圾和危险废物三类。随着我国城市化的不断加速，居民生活水平不断提高，固体废物的种类与总量也与日俱增，加之固体废物产量难以控制，污染范围广，难治理，固体废物问题已成为国际公认的十大环境问题之一。

2．固体废物的危害特性

固体废物能够对环境造成多方面的污染：①对水域的污染：在雨水的作用下，固体废物渗沥液透过土壤渗入地下水中，造成地下水污染。如果将固体废物倒入河流、湖泊、海洋，会引起大批水生生物中毒死亡，从而造成更严重的污染。②对土壤的污染：固体废物的存放不仅占用大量的土地，其渗沥液中所含的有毒物质会改变土壤的结构和土质，杀死土壤中的微生物，破坏土壤的生态平衡，使土壤受到污染。③对大气的污染：固体废物在堆放过程中，某些有机物在一定温度和湿度下发生分解，产生有害气体，造成对大气的污染。有些微粒状的废物会随风飘扬，扩散到大气中，造成空气污染，玷污建筑物及花果树木。④影响环境卫生和景观：我国生活垃圾、粪便的清运能力不高，无

害化处理率低，很大一部分垃圾堆存在于城市的一些死角，严重影响环境卫生，对市容和景观产生“视觉污染”，给人们的视觉带来不良刺激，这不仅直接破坏了城市、风景区等的整体美观，而且损害了我们国家和人民的形象。

2017年，全国共有214个大、中城市向社会发布了2016年固体废物污染环境防治信息。经统计，此次发布信息的大、中城市一般工业固体废物产生量为14.8亿t，工业危险废物产生量为3 344.6万t，医疗废物产生量为72.1万t，生活垃圾产生量为18 850.5万t。

二、我国固体废物排放及处理状况

1. 工业固体废物

工业固体废物是指在工业生产活动中产生的固体废物，包括各种废渣、污泥、粉尘等。工业固体废物需要严格按环保标准要求进行安全处理处置，处理不当会对水资源、土壤以及大气造成严重的污染。

（1）产生概况

2001—2011年，我国工业固体废物产量总体呈现上升趋势。2002年我国工业固体废物的产生量为9.45亿t，2005年为13.44亿t，与2005年相比增长42.2%；2008年为19.01亿t，与2005年相比增长41.4%；而到2011年我国工业固体废物的产生量已经达到32.28亿t，与2008年相比增幅达到69.8%。2016年，214个大、中城市一般工业固体废物产生量达14.8亿t，综合利用量为8.6亿t，处置量为3.8亿t，贮存量为5.5亿t，倾倒丢弃量为11.7万t。一般工业固体废物综合利用量占利用处置总量的48.0%，处置量和贮存量分别占21.2%和30.7%，综合利用仍然是处理一般工业固体废物的主要途径，部分城市对历史堆存的固体废物进行了有效的利用和处置。由此可见，我国的固体废物产生量正逐年飞速增加，这些日益增长的固体废物对环境造成了很大的影响，现在已成为影响环境污染的主要因素。我国固体废物处置量仍处于较低水平，综合利用水平也不够。

（2）行业及分布特点

我国工业固体废物绝大部分来自重工业。2010年我国工业固体废物的95.34%来自电力、热力生产和供应业、矿业、煤炭、石油开采及化工等重工业。我国工业固体废物的产生还有明显的地域特点，华北、华东和东北三个沿海地区产生的固体废物占全国总量的64%。排放量最大的三个地区分别是华北、西南、西北，占全国固体废物排放总量的86%，其中华北地区固体废物排放量占全国总量的36%；西南地区为38%；东北地区最低，为 1%。各省（区、市）的固体废物产生和排放主要由该地区的工业产业结构、工业发展水平和资源结构决定。如煤炭大省山西省，产生量最大的固体废物是煤矸石、尾矿、粉煤灰、高炉渣和锅炉煤渣，占全省固体废物产生总量的 86.82%；上海市产生量最大的固体废物是冶炼废渣、粉煤灰、脱硫石膏，这三种废物产生量占全市固体废物产生总量的 56.1%。

（3）大宗工业固体废物资源利用

1）尾矿。2016 年，重点发表调查工业企业尾矿产生量为 8.3 亿 t，占重点发表调查工业企业一般固体废物产生量的 28.9%，综合利用量为 2.2 亿 t（其中利用往年贮存量为 369.3 万 t），综合利用率为 26.2%。尾矿产生量最大的两个行业是黑色金属矿采选业和有色金属矿采选业，其产生量分别为 3.8 亿 t 和 3.3 亿 t，综合利用率分别为 24.5%和 23.9%。

2）粉煤灰。2016 年，重点发表调查工业企业的粉煤灰产生量为 4.5 亿 t，占比为 15.6%，综合利用量为 3.8 亿 t（其中利用往年贮存量为 336.5 万 t），综合利用率为 83.3%。粉煤灰产生量最大的行业是电力、热力生产和供应业，其产生量为 3.7 亿 t，综合利用率为 82.6%；其次是化学原料和化学制品制造业、非金属矿物制品业、有色金属冶炼和压延加工业、黑色金属冶炼和压延加工业，其产生量分别为 2 221.3 万 t、1 387.3 万 t、1 304.2 万 t 和 649.4 万 t，综合利用率分别为 78.9%、97.4%、86.9%和 91.0%。

3）煤矸石。2016 年，重点发表调查工业企业的煤矸石产生量为 3.4 亿 t，占比为 11.7%，综合利用量为 2.2 亿 t（其中利用往年贮存量为 527.9 万 t），综合利用率为 64.4%。煤矸石主要是由煤炭开采和洗选业产生，其产生量为 3.2 亿 t，综合利用率为 62.6%。

4）冶炼废渣。2016 年，重点发表调查工业企业的冶炼废渣产生量为 3.3 亿 t，占比为 11.4%，综合利用量为 3.0 亿 t（其中利用往年贮存量为 205.3 万 t），综合利用率为 92.1%。冶炼废渣产生量最大的行业是黑色金属冶炼和压延加工业，其产生量为 2.9 亿 t，综合利用率为 94.7%，其次是有色金属冶炼和压延加工业，其产生量为 2 174.0 万 t，综合利用率为 71.4%。

5）炉渣。2016 年，重点发表调查工业企业的炉渣产生量为 2.8 亿 t，占比 9.9%，综合用量为 2.4 亿 t（其中利用往年贮存量为 214.6 万 t），综合利用率为 82.7%。第一位是电力、热力生产和供应业，炉渣产生量为 1.5 亿 t，综合利用率为 80.0%；第二位是黑色金属冶炼和压延加工业，产生量为 5 030.3 万 t，综合利用率为 92.4%；第三位是化学原料和化学制品制造业，产生量为 3 460.2 万 t，综合利用率为 75.6%；第四位是非金属矿物制品业，产生量为 1 124.2 万 t，综合利用率为 89.3%。

6）脱硫石膏。2016 年，重点发表调查工业企业的脱硫石膏产生量为 8 672.6 万 t，占比为 3.0%，综合利用量为 7 027.9 万 t（其中利用往年贮存量为 69.7 万 t），综合利用率为 80.4%。脱硫石膏产生量最大的行业是电力、热力生产和供应业，其产生量为 6 643.7 万 t，综合利用率为 80.6%；其次为黑色金属冶炼和压延加工业、有色金属冶炼和压延加工业及化学原料和化学制品制造业，其产生量分别为 750.3 万 t、528.0 万 t 和 412.1 万 t，综合利用率分别为 76.0%、75.0%和 91.4%。

2. 城市生活垃圾

（1）生活垃圾产生与处理现状

“垃圾围城”成考验，加大投入是必然。根据住房和城乡建设部调查数据，目前全国有 1/3 以上的城市被垃圾包围；全国城市垃圾堆存累计侵占土地 75 万亩，垃圾污染形势严峻。与此同时，垃圾处理设施能力不足以及伴随着城镇化和生活水平的提高所带来的垃圾产生量持续增加，正在使污染问题进一步加剧。2015 年，全国设市城市生活垃圾清运量约为 1.92 亿 t，城市生活垃圾无害化处理量为 1.80 亿 t。其中，卫生填埋处理量为 1.15 亿 t，占 63.9%；焚烧处理量为 0.61 亿 t，占 33.9%；其他处理方式占 2.2%。无害化处理率达 93.7%，比 2014 年上升 1.9 个百分点。全国生活垃圾焚烧处理设施无害化处理能力为 21.6 万 t/d，占总处理能力的 32.3%。从生活垃圾无害化处理情况来看，尽管近十年来城市垃圾无害化处理率大幅提升，但仅 2013 年未得到处理的垃圾就达到了 1 844.6 万 t，2004—2013 年累计未处理量则高达 4.9 亿 t，如果考虑城市生活垃圾历史存量及无害化处理率更低的城镇及农村，则这一数字将十分庞大。显然，要缓解“垃圾围城”的压力，就必须加大无害化处理设施等投入，这为垃圾处理市场的发展带来了广阔的空间。

（2）生活垃圾无害化处理处置

2016 年，由住房和城乡建设部及环境保护部牵头建立的垃圾治理工作部际联席会议制度，重点推进非正规垃圾堆放点排查整治工作，计划 2017 年 6 月底前完成排查，2020 年年底完成集中整治。共同召开的非正规垃圾堆放点排查整治工作电视电话会议，制定了非正规垃圾堆放点排查工作方案，明确了排查对象和范围、排查责任主体、排查工作要求。

（3）电子废物

近年来，随着电子产品更新速度的加快，家用电器的报废率逐年提高，电子废物的产量在城市生活垃圾中占有的比例逐年升高。报废的家用电器含有卤族元素、重金属等有毒有害物质，对人体健康及生活环境构成威胁。例如，废电视机的显像管属于易爆性废物；废旧线路板中含有的重金属会对水质和土壤造成严重危害；电冰箱的制冷剂和发泡剂以及空调器的制冷剂都是破坏臭氧层的物质；废弃的荧光屏、日光灯以及水银高速继电器都含金属汞；废润滑油会污染环境；电视机和计算机显示器的外壳及涂料对人体的影响也很大。这些废弃家电如不经处理直接进入环境，其中的有毒有害物质首先会对土壤和地下水造成严重污染，继而通过植物、动物进入人类的生活，处理不当也会对大气和水体等造成二次污染。

国家历年统计年鉴显示，我国居民家庭耐用消费品拥有量在种类和数量上都是逐年增加的，尤其是农村，电器类消费品涨幅比较大。2011 年我国居民拥有移动电话约为 9 亿部，电视机为 6 亿台，空调为 3 亿台，冰箱、洗衣机均达到 4 亿台，按照家电产品 5 年的使用寿命，从 2011 年起，我国每年至少有 1.72 亿部电话、1.12 亿台电视机、0.66 亿台空调、0.71 亿台冰箱、0.72 亿台洗衣机以及 0.45 亿台计算机面临报废。2016 年废弃电器电子产品拆解处理总重量为 186.5 万 t，拆解处理产物为 180.2 万 t。其中，彩色电视机 CRT 屏玻璃为 73.1 万 t（其中含铅玻璃为 24.7 万 t），占 40.6%；塑料为 37.7 万 t，占比为 20.9%；钢铁为 33.6 万 t，占比为 18.7%；压缩机为 7.7 万 t，占比为 4.3%；印刷电路板为 7.6 万 t，占比为 4.2%；电动机为 6.5 万 t，占比为 3.6%；保温层材料为 5.3 万 t，占比为 2.9%；铜及其合金为 2.7 万 t，占比为 1.5%。

3. 建筑垃圾

据不完全统计，我国现存建筑垃圾达到 35 亿 t，并且每年新增建筑垃圾 15 亿 t，在未来 5～8 年内仍保持逐渐递增的趋势。每新建 1 万 m^2 建筑，产生建筑垃圾 500～600 t；每拆除 1 万 m^2 旧楼，产生建筑垃圾 7 000～12 000 t；到 2020 年，我国还将新增建筑面积约 300 亿 m^2。规模惊人的建筑垃圾，使我们在享受文明的同时，也在遭受着“垃圾围城”的困扰。传统处置方式不仅占用土地、污染水资源，还造成资源浪费，建筑垃圾资源化已成为解决城市建筑垃圾出路的唯一途径。

将建筑垃圾经破碎、筛分、除铁、轻物质分离等工艺处理后的再生骨料加工成透水砖、再生砂浆、PC 预制构件、道路水稳层、干粉砂浆、RDF 清洁燃烧棒等环保建材产品，从而使建筑垃圾变废为宝，最终实现生态效益、社会效益、经济效益等多方共赢的目的。

4. 危险废物

（1）产生现状

危险废物是指具有各种毒性、易燃性、爆炸性、腐蚀性、化学反应性和传染性的废物，分 47 大类，共 600 多种，成分复杂，对生态环境和人类健康构成了严重威胁。被称为动植物和人类生存的“杀手”的废电池、废灯管和医院的特种垃圾，都被列入了《国家危险废物名录》。近年来，危险废物的产生量也呈现出逐年上升的趋势。

我国工业危险废物总量随时间呈逐渐上升的趋势。2002 年，我国工业危险废物产生量约为 1 000 万 t，2005 年达 1 160 万 t，比 2002 年增加 16.0%；2008 年达到 1 360 万 t，比 2005 年增加 17.2%；2011 年增幅最大，已经达到 3.43 亿 t，比 2008 年同比增长 152.2%。2001—2011 年，我国工业危险废物处置率不超过 30.0%，最高出现在 2010 年，达到 28.4%，而最低出现在 2002 年，仅有 18.5%。2001—2011 年，全国累计固体废物贮存量高达 3 619 万 t。根据环境保护部的《中国环境统计年报（2011）》可知，2009 年医疗废物产生量为 28.3 万 t，放射源总数为 1.1 万枚；2011 年医疗废物产生量为 33.6 万 t，放射源总数为 1.1 万枚，医疗废物产生量增长了 18.7%。2016 年，214 个大、中城市工业危险废物产生量达 3 344.6 万 t，综合利用量达 1 587.3 万 t，处置量达 1 535.4 万 t，贮存量为 380.6 万 t。工业危险废物综合利用量占利用处置总量的 45.3%，处置量和贮存量分别占 43.8%和 10.9%，有效利用和处置是处理工业危险废物的主要途径，部分城市对历史堆存的危险废物进行了有效的利用和处置。

（2）危险废物管理与处置

截至 2016 年年底，全国各省（区、市）颁发的危险废物（含医疗废物）经营许可证共 2 195 份。其中，江苏省颁发许可证数量最多，共 221 份。2016 年全国危险废物经营许可证数量增长 149%。2016 年，全国危险废物经营单位核准经营规模达到 6 471 万 t/a（含收集经营规模 397 万 t/a）；实际经营规模为 1 629 万 t（含收集 23 万 t），其中，利用危险废物 1 172 万 t，处置医疗废物 83 万 t，采用填埋方式处置危险废物 86 万 t，采用焚烧方式处置危险废物 110 万 t，采用水泥窑协同方式处置危险废物 43 万 t，采用其他方式处置危险废物 112 t。与 2006 年相比，2016 年危险废物实际经营规模增长 448%。

5. 医疗废物管理

医疗废物属于危险废物，处置医疗废物需要申请领取危险废物经营许可证。全国拥有危险废物经营许可证的医疗废物处置设施分为两大类，即单独处置医疗废物设施和同时利用处置危险废物和医疗废物设施。截至 2016 年，全国各省（区、市）共颁发 332 份危险废物经营许可证用于处置医疗废物（305 份为单独处置医疗废物设施，27 份为同时利用处置危险废物和医疗废物设施）。2016 年，214 个大、中城市医疗废物产生量达 72.1 万 t，处置量 72 万 t，处置率为 100%。

第二节　不同类型固体废物治理模式

一、直控型环境治理模式

政府直控型环境治理模式是指作为环境管理主体的政府部门及其机构，采用行政、经济、法律和工程技术等措施和手段，对作为被管理主体的企业、农户、社会团体和公民个人等开发、利用环境资源的活动及其相应后果进行干预的制度制定和行动的总称。这种模式强调发挥政府部门的主体作用，各种环境政策和制度大部分是由政府部门直接操作，作为一种行政行为而通过政府体制实施，使环境治理具有浓厚的行政色彩。政府直控型环境治理模式具有以下特征：①管理主体与被管理主体之间的不对等性；②政府行政管理权的内容泛化；③从治理手段上看，以行政性手段为主，经济手段为辅；④从环境治理机制上看，是中央集权式的运行管理机制。政府直控型环境治理模式的存在具有其合理性，与其他模式相比，政府直控型环境治理模式具有以下优势：城市环境质量与城市区域的社会经济发展密切相关，影响环境质量的各种因素分别涉及计划、规划、建设、能源、财政、金融、工业、农业、卫生、商业、交通等各个方面的工作。

因此，城市环境治理是一项涉及政治、经济、技术、社会各个方面的复杂而又艰巨的任务，具有很强的全局性和综合性。只有政府才有足够的权威和能力来组织和协调如此繁杂的工作。政府直控型环境治理模式通过行政机构，采用强制性手段来实施环境政策，具有强制性、直接性和高效性等特点，这对于处理紧急性、偶发性环境事件具有其他制度无法比拟的优势。

二、市场化环境治理模式

市场化环境治理模式是指在城市环境基础设施管理领域引入市场竞争机制，以改善提高环境基础设施运行质量与效率的一种模式。与传统的政府主导环境基础设施管理模式相比，该模式通过打破政府主导建设运营的传统模式，充分利用社会资本，建立多元化的投资主体，实行建设与运营的产业化和市场化，从而达到弥补城市环境基础设施建设资金缺口和提高运营效率的目的。

市场化环境治理模式的形式主要有：①管理合同模式。在管理合同中，政府仍然是设施的所有者，负责提供设施的建设、扩建所需的资金和承担所有管理运营外的风险。民营企业负责城市环境基础设施的运营、维护和管理，并通过收取用户费、合理利用资源、降低成本等渠道获得相应的回报。②BOT（建设—运营—移交）模式。在BOT模式下，由政府提供一种特许权协议作为项目融资的基础，由投资者筹资和建设城市环境基础设施，在有限的协议期内拥有、经营和维护该设施，通过收取服务费收回投资并取得合理的商业利润。在协议期满后，投资者将完好的环境基础设施无偿地移交给政府。BOT模式应用于城市环境基础设施建设具有明显的优势。③合资模式。这种模式是政府和私营部门按照一定比例出资建设和运营环境基础设施，双方共同拥有设施并共同分担为社会提供服务的责任和义务。④TOT（移交—运营—移交）模式。这种模式是指政府对其建成的环境基础设施在资产评估的基础上，通过公开招标向社会投资者出让资产或特许经营权，投资者在购得设施或取得特许经营权后，组成项目公司。该公司在合同期内拥有、运营和维护该设施，通过收取服务费回收投资并取得合理的利润。合同期满后，投资者将运行良好的设施无偿地移交给政府。⑤社区自助模式。这种模式是指经社区成员同意，自主建设有关污染处理设施，其管理方是社区组织，实施方一般为专业公司，而费用由用户或社区成员自我负担。社区自助模式对于居民小区、写字楼和市政管网难以覆盖的城市边缘区而言具有广阔的发展前景。

三、自愿性环境治理模式

自愿性环境治理模式是指由各类组织（政府、行业协会、国际组织和机构与企业自身等）自愿发起的高于环境政策法规要求的各种制度和安排，以达到保护环境和资源的目的。尽管种类繁多，但所有自愿性环境治理的共同之处是：它们不是法定的承诺，而是企业进行额外的努力来削减污染。在本质上，法律没有要求污染企业发起或遵守自愿性协议。因此，与其他环境政策工具不同，自愿性协议不适用于同一行业中的所有企业，对所有企业没有同样的负面影响或要求遵守同样的环境标准。按所涉及的不同参与方和公共机构所发挥的作用不同，自愿性环境治理制度可分为以下种类：单边承诺、私下协议、谈判性协议与开放性的自愿性计划。自愿性环境治理模式的动力机制表现在：①避免或降低政府环境公共管制的成本，可以增加企业利润。②满足消费者对环保产品的需求，增加销售收入。③实施自愿性环境管制可以在利益相关者中建立好的声誉，使其支持企业发展，增加企业利润。④参与和实施自愿性环境管制计划，可以使企业获得和发现节约原材料，改善生产流程，实施清洁型生产工艺和技术的信息和机会，在提高制造过程效率的同时，能削减生产成本，进而改善环境绩效，获得企业环境绩效和利润同步增长的双赢。

四、合作型环境治理模式

合作型环境治理主要有两种方式：①地方政府参与协商并执行环境管制的方式；②投资者与地方居民通过协商的形式达成一种公私合作关系的方式。合作型环境治理与公私合作的伙伴关系是形成环境政策的一个有力的政策手段，这一手段可以减轻公司投资间的冲突，鼓励公共部门及公民组织对这一投资发生作用，从而使得这一投资可以符合地方社会政策及基础架构的需求。合作型环境治理与地方政府参与、政治文化及环境治理相关。很多关于公私部门合作的研究仅关注于投资者与国家之间在资金方面的合作问题。实际上，环境治理受到地方文化中环境道德意识因素的影响，与某一地方政治框架中对污染问题的关注程度相关。合作型环境治理是一个较好的解决方案，它为担心损失的投资者与地方民众之间提供了一个双赢的方案。它允许地方民众就新技术和投资项目参与协商和讨论，这有助于更加成功地实现技术转移。合作型环境保护治理可以保证地方自行决定他们的环保目标，在已有技术基础上认识问题并加以沟通，而不仅仅是对现有技术加以实施。

五、透明型环境治理模式

透明型环境治理模式是由美国创立的以提高透明度为视角的环境治理新范式。1984 年 12 月，位于印度北部城市博帕尔的一家工厂发生了一起致命的化学毒气泄漏事件，这一悲剧遭到了国际社会的谴责。在群情激愤的情况下，1986 年，美国立法者通过了《紧急计划和社区知情权法》。这项法案要求工厂每年都要向公众披露其释放的化学气体量。对博帕尔悲剧的回应显示出，美国在环境规制方面已经创造了一种新的范式。此前，环境规制的主要措施是对气体排放设限，通常要求使用特殊的技术或设备以改善环境质量。新通过的法案则采用了一种完全不同的环境规制方法。它对气体排放并不设限，而仅仅是要求公司报告其排放水平，这项法案强化了公民在环境治理中的作用。通过向公民赋权，让他们参与到有关环境治理的决策制定和实施中来。这种通常被称为披露式规制的方法日益得到了国际社会的采用，并成为环境治理框架的一个重要组成部分，它强调通过提高透明度来改善环境。《紧急计划和社区知情权法》的实施有助于公民获取相关信息。

然而，信息获取仅仅是环境治理新范式的一个组成部分。直到 1992 年世界环境与发展大会举行时，公民才真正在环境治理中发挥了作用。此后，公民不但有权获得有关环境的信息，而且可以参与到环境治理的决策中去，并对其加以修正。这一点对发展中国家来说尤为关键，因为在这些国家，民主尚未纳入治理结构，或者说民主治理还不成熟。

六、环境自觉行动治理模式

环境自觉行动是 20 世纪 90 年代逐渐兴起并受到重视的一种新范式。传统的“命令-控制”型环境治理模式，由于仅仅依靠指令和干预的方式，缺乏足够的灵活性和激励性，已经越来越不能适应社会可持续发展的要求。可持续发展思想的提出及其内涵的不断深化，极大地促进了环境治理原则和范式的重大转变。可持续发展不仅标志着人们对环境问题认识的一次飞跃，并且激发了人们对各种形式的环境治理范式的积极探索和尝试。这些环境行动最大的一个特征就是：在强调广泛的社会参与性的基础上，重视组织和个人在环境行为方面创新性、主动性、自觉性的发挥。因此这类行动通常被称为“环境自觉行动”。联合国环境规划署对“环境自觉行动”的定义是：“包括一切自觉性的、并非法律或法规所强制要求的环境行动；包括制定环境行为准则、方针，建立能够促进组织在环境方面持续改进的环境管理体系，环境承诺，开展环境审计，编制环境报告，第三方认证以及同政府订立旨在改进环境行为的协议等具有广泛内容的途径和方法。”环境自觉行动是基于现有政策和法律、法规的基础上，使企业在环境创新方面有足够的灵活性和独创性。针对来自社会各方面的压力和政策环境，为了自身的长远利益，使企业能够根据自身的实际选择最为节省而有效的途径来应对复杂的环境问题，也有能力在投资运作方面、在环境与经济之间做出适当的权衡，从而走上一条经济发展与环境持续改进相协调的发展之路。尽管在目前的情况下，环境自觉行动还不能作为一个主要的实施机制来取代现有的环境治理范式，但作为一种有益的补充越来越受到社会的关注。

七、环境治理契约模式

公共环境治理问题除采用国家单边强制命令外，还有契约模式的环境治理等其他更具合法性、效率性和公正性的方式。近年来，不少国家都在改变传统的环境规制方式，探讨环境契约的积极意义。环境治理契约方法作为一种有效的社会治理手段目前已得到了世界很多国家的认同，主要的契约模式有公害防止和补偿协议、社区共管、水流域契约等。

八、清洁生产治理模式

清洁生产治理模式就是以清洁生产方式预先对城市环境进行治理的一种模式。它的思想是将污染物消除在生产过程中，实行产品生命周期全过程控制，从而减少资源的消耗，提高资源利用率，减少污染物的排放，使企业全方位受益，“末端治理”要向“清洁生产”转化。为了有效地减少人类和环境的风险，需要把传统侧重于生产过程末端治理污染的重心向生产过程的“上游”转移，从污染产生的源头控制污染、减少污染。面向污染预防的环境污染防治战略对策体系的优先顺序是：首先在污染产生过程中消除或减少废物或污染物，对未能削减的废物以对环境安全的方式进行循环回用和综合利用，采取适当的污染治理技术完成进入环境前的污染削减，对残余的废物或污染物进行妥善的处置、排放。清洁生产，作为20世纪90年代国际环境保护战略的重大转变，是对传统生产方式与近20年环境污染防治实践的经验总结，它将对资源与环境的考虑有机融入产品及其生产的全过程中，着眼于生产发展全过程中污染物产生的最小化。它不仅注意生产过程自身，而且对产品从原材料的获取直至产品报废后的处理处置整个生命周期过程中的环境影响统筹考虑，因而它对深化环境污染防治，转变大量消耗能源资源、粗放经营的传统线性生产发展模式具有重要意义。

九、“三位一体”环境治理模式

“三位一体”环境治理模式就是基于市场、公众、政府三方协作的一种环境治理模式。市场、公众、政府等社会各个主体在环境保护中所起的作用是互相联系、互为补充的，任何一部分的缺失都会影响环境问题的有效治理。鉴于市场化环境治理的缺陷和公众参与的不充分，政府应主动利用市场机制，寻求公众支持，利用相关法规政策的强制性，形成“三位一体”环境治理模式，共同分担环境责任。为此：①要充分利用市场的政策即税收、价格和收费政策，调节城市环境问题；②制定调动公众参与积极性的政策。积极建立大型项目环境影响的公众听证制度、媒体监督制度及投诉热线，培养公众环保责任意识；③制定环境标准以及颁发许可证，灵活运用政府的干预政策。“三位一体”环境治理模式在实践中已发挥作用。例如，张家口市宣化区“三位一体”环境治理模式就让昔日的黄羊滩由黄变绿。黄羊滩地处张家口市宣化区，北据洋河，南依黄羊山，面积达 9 733 hm^2，原始地貌为疏林草原。后由于人为破坏，导致土地大面积沙化，黄沙直逼到周边村庄的墙外，曾是京津等地沙尘暴的源头之一。2001 年，由北京绿化基金会搭桥，中国中信集团有限公司开始和宣化县（现为宣化区）共同治理这片沙地，至此，一种企业、协会、政府“三位一体”的有效治理模式在黄羊滩上诞生了。目前，中信集团分两期共投入资金 1 300 多万元，高标准完成造林面积达 1 333 hm^2。依托中信集团的巨资、各科研单位的技术支撑，以及当地政府和驻军的共同努力，黄羊滩有林地面积已恢复到 4 666 多 hm^2，沙漠化进程已得到有效控制，流沙带全部非活化，地面扬沙量下降了 70%，森林覆盖率增加到 50%，植被覆盖率增加到 95%以上，初步形成了乔灌草结合的生态系统，并成为当地的一个著名景点。

第三节　各类环境治理模式比较

时至今日，世界各国均已认识到环境问题的严重性，并试图通过市场调控、政府强制、企业自觉等各种治理模式，有效地遏制生态环境的进一步恶化，并使其好转。然而，在进行众多的尝试之后，无论是实践工作者还是理论研究者，均发现上述任何一种生态治理模式在运行一段时间之后，都会不同程度地陷入困境。基于此，相当多的学者提出生态环境的多元治理模式，以期通过主体的多元化，实现治理过程的协商化、治理结果的实效化。

一、环境治理的市场调控模式的优势与不足

（一）优势

1）弥补生态环境治理的资金缺口。生态环境治理需要建设大量的环境基础设施予以配套，但如果单纯依靠政府，则难以提供足够的建设资金，易造成基础设施建设滞后、污染处理不及时等问题。通过市场化的手段，可以调动大量的社会资本，积极参与生态

环境的治理，弥补政府的生态环境设施建设资金不足的缺口。

2）提高生态环境治理的效率和服务。在生态环境共有的情况下，一些与生态环境治理相关的企业容易形成垄断，在进行管理和技术创新方面缺乏足够的动力，企业员工也缺乏提高生产效率的积极性，从而造成生态环境治理的效率低下、服务质量不高的局面，而市场化的结果则是效率的提升与服务质量的优化。

3）促进人们节约使用最稀缺的生态环境资源。生态环境治理的市场调控模式引入了价格机制，并以此作为衡量其稀缺程度的尺度，人们必须通过购买才能使用。这就会督促人们在利用生态环境资源时，尽量避免浪费现象的发生，并引导人们努力探寻可替代的资源，从而节约使用最稀缺的生态环境资源。

（二）不足

（1）市场的不完备性难以克服在生态环境治理中的负外部性问题。由于市场的不完备性，使得一些市场主体在运作环节面对各种成本与收益的选择时，往往对生态环境这一因素会有所忽略。加之环境投资者在改善环境的过程中，环境改善的全部收益并非其投资者所有，而是全社会共享，这又在一定程度上影响了投资者的积极性。

（2）“经济人”假设的前提，不利于生态环境保护。“经济人”一般都秉承个人主义和利己主义的道德原则来行事，因此在现实生活中，他们会围绕着如何获取最大程度的利益来进行思维和实践。当个人利益与社会利益相矛盾时，他们会毫不犹豫地以损害社会利益为代价，不仅不利于保护生态环境，反而会造成更大层面的环境污染。

（3）高昂交易成本的存在影响市场调控模式的效用。生态环境治理的市场调控模式在实际运行中，由于生态环境污染的对象是多数的，如果按照上述生态环境私有性的程度，需召集所有利益相关人就相关事宜进行协商（赔偿或获得补偿）。而这种活动往往是要花钱的，这一双方讨价还价的过程就产生了交易成本，这笔费用的存在自然对该种模式的效用会产生影响。

二、环境治理的政府强制模式的优势与不足

（一）优势

1）组织和协调配置各种治理资源的权威性。生态环境治理问题是一项涉及政治、经济、文化、社会等各个领域的复杂而又艰巨的任务，几乎与政府的各个组成部门都有

着密切的联系。换句话说，生态环境治理是一个全局性、系统性、协调性和综合性极强的工作，只有政府才有足够的权威和能力来组织、协调配置各种治理资源。

2）应急处理各类突发生态环境问题的高效性。如前文所述，次生性生态环境问题一般具有偶发性、突然性、紧急性的特征，其有效解决依托行政机构的快速反应和高压态势，需通过制定和执行强制性的生态环境政策扭转并消除其负面影响。政府强制模式的这一优势可以说是其他任何模式所无法比拟的。

3）限制和引导“经济人”在经济活动中保护环境。“经济人”出于对个人利益、局部利益、眼前利益的孜孜追求，并不会主动采取措施防治生态环境的恶化，从而使得公共利益得不到有效的保护。因此，需要政府出面，强制采取各种措施，对污染和损害生态的其他活动加以限制。

（二）不足

1）信息不对称问题。自上而下的政府强制模式由于受政绩考核、晋升机制、税收体制等因素影响，下级政府一般不愿将生态环境治理的真实情况向上级政府反馈，从而规避了因生态环境治理不力等问题受上级政府查处的可能性，导致上级政府不能全面掌握下级政府的执行情况。

2）生态环境治理成本高昂问题。由于政府强制模式是对政府生态环境治理能力的绝对崇拜，使政府统包统揽了涉及生态环境治理的所有问题，其所需的大量人力、财力和物力均由政府“埋单”。加之经济的快速发展在一定程度上也导致生态环境的进一步恶化，其直接后果是政府的生态环境治理成本不断攀升。各级政府捉襟见肘的财力使该模式难以长久维系。

3）制约其他生态环境治理主体能力的发挥。政府在治理生态环境问题时的强势，使得社会资源很难介入。既限制了企业、社会组织和公众等社会力量参与能力的发挥，也制约了这些非政府的社会治理主体的发展壮大。此外，政府在浪费大量可利用社会资源的同时，还不可避免地走了许多弯路，从而降低了政府治理的效率。

三、环境治理的企业自觉模式的优势与不足

（一）优势

1）减少了污染的源头。在生态环境治理的企业自觉模式中，企业成为治理污染的

主体，对于控制污染的问题由“要我做”向“我要做”转变，这在很大程度上降低了因环境管理机构与排污信息不对称而造成的“道德风险”，减少了环境监测机构的执法成本，促进了社会参与防治污染、保护生态环境等相关工作的落实。

2）降低了治污成本。与政府管制相比，企业自觉性的生态环境治理模式，使企业有了更大的灵活性，允许企业在综合考虑各方因素的基础上，自主选择符合其特定状况的、更有效地削减污染的措施，从而达到环境目标，降低污染控制成本。

3）填补了法律空白。当人们对生态环境提出更高要求时，由于在公共政策和法律法规领域存在制定周期长、论证费用大、调整不及时等客观原因，往往会出现管制或立法滞后的现象，导致很多“政策盲点”和“法律空域”的存在。企业的自觉行为，特别是在企业层面，采取高于现有环境法律法规要求的环境标准时，在一定程度上可谓是填补了因环境立法滞后所导致的负面影响。

（二）不足

1）缺乏对非自觉性企业的约束力。如前文所述，由于生态环境治理的企业自觉模式的突出特征是“自愿”，缺乏法律效力，所以不能动用任何手段强制其他企业参与。同时，由于政府存在制定环保政策、产业发展政策、财政政策等方面的滞后性，影响了社会各主体参与的积极性，导致一些企业宁愿“搭便车”，也不愿参与这种自我约束的行为。

2）缺乏对自觉性企业的评估。尽管一些企业采取了自觉性的行动，并与利益相关者签订了许多协议，但这只是“君子协定”，没有规定监测主体和定期报告制度等相关条款。加之缺乏相应的惩罚机制，使未达标协议方并不会认真考虑毁约后的实际影响。这不仅降低了企业自愿性承诺的可信度，还加大了对企业履约情况评估的难度。

3）容易导致重复建设。企业在生态环境治理中的自觉参与，一般是个体行为，而非整体推进，这就容易出现“各自为政”的现象。即各个参与治理的企业从各自的投入成本、自身的排污量等角度出发，建设适合需要的环境治理基础设施，而并不过多考虑邻近企业的需求。从这一意义上说，企业在增加运营成本的同时，也增加了重复建设的可能性（如污水处理设施等），而这又可能会导致新一轮的资源浪费和环境污染。

四、生态环境治理的多元共治模式的优势与不足

（一）优势

1）集众所长，能充分发挥政府、市场、社会等各类治理主体的优势，多元共治既承认政府强权、市场调控、企业自觉的作用，却绝不单独依赖谁，而是主张通过综合性手段来解决生态环境问题。换句话说，治理污染生态环境的主因，单靠“堵”是远远不够的，还要通过其他综合性手段来进行“疏”。

2）提高效率，在明确了维护生态环境这一公共利益是各类治理主体的义务之后，下一步就是治理成本的大家分担。而这一结果不仅可以降低之前单一主体模式的治理成本，精简治理机构，避免新的浪费，更为重要的是可以提高治理效率，使生态环境治理收到更好更优的实质性效果。

3）解决跨区域生态环境治理的难题，生态环境的整体性往往因为区域划分的问题被人为分割，在单一主体模式的治理下，往往会将难以界定的区域环境问题的治理成本转嫁给他方。而多元共治模式不仅可以建立区域政府间的协调机制和竞合意识，还可引入第三方对其达成意向的落实情况进行监督，并通过一定压力使其调整、纠偏。

（二）不足

1）出现治理权力交叠的现象。由于多元共治的治理结构呈网络状，在此间所构成的“权力体系”是相互联系、相互交织的，因此极有可能造成部分治理权力交叠现象的产生。权力交叠现象并非权力的越界，只是在同一个范围内，权力主体在正常行使权力时，出现与他人的权力界限发生交叠，这种现象极易造成权力冲突。

2）存在目标差异的冲突，治理主体的多元也预示着目标的多元。在生态环境治理过程中，政府、市场、公众、社会组织等不同的治理主体，可能存在不同的利益诉求和不同的治理目标。因为利益是各主体参与生态环境治理的根本动因，而又由于利益归属的不同，自然就会有不同治理目标之间的冲突。

3）导致治理问责的困境。由于多元共治强调各主体间关系的相互依赖性，使得政社之间、公私之间的责任边界变得模糊，其结果是难以明确责任主体，最终导致本应由政府承担的公共责任反而出现主体缺位的问题。加之生态环境问题本身就复杂多变，而法律规则的滞后性与不完善性，对问责的对象、内容、依据、程序、时间、标准、范围

等也都难以作出明晰的规定。

通过对上述几种治理模式各自内涵、特征及优缺点的比较分析可以看出，多元共治模式无疑是对前三种单一主体治理模式的突破。在生态环境治理的多元共治模式中，既希望政府继续发挥其主导作用，更希望市场调控的积极作用，以及公众、社会组织、企业等社会多元治理主体的优势也得以充分发挥，从而形成合力，促使生态环境治理水平和能力的提升。但与此同时，我们还需谨慎估计生态环境多元共治模式的意义，需研究与之相应的社会制度和文化支撑体系是否建设完善。因为多元共治这一模式得以实践，当前最主要的推动力来自民众对政府、市场、社会等单一主体治理模式弊端认识的提高，来自市场调控手段的不断完善、民众参与力量和热情度的增强，来自政府、市场与社会三者力量的协同与合作。环境治理出现时，权力主体应当是多元的，而多元的权力主体之间存在相互依赖关系。但就目前情形看，生态环境治理的其他主体与政府之间的关系并非相互依赖，更多体现的是一种对政府的依附和服从。无论是市场还是社会，其能掌握与政府进行平等交换的资源并不多，很难实现与政府的“谈判”或“协商”，只能以“请求”的方式表达利益诉求，求得政府的“恩赐”。既然如此，那就有必要从辩证学的角度思考，将政府部分治理权力让渡给市场或社会，在生态环境治理中，三者实力相当、机会平等。现有市场调控手段的不断完善与社会力量的逐渐觉醒，既是民间可自由活动空间扩大与可自由支配资源增加的结果，也是政府这一权力核心主动进行制度变革的结果；而公众、社会组织能够进一步获得合法性的“待遇”，更是有赖于政府的作为或“无为”。因此，在生态环境治理中，要通过多元共治的治理模式将各种体制内和体制外、原有的和新生的治理主体进行重塑，政府还应提供相对宽松的环境，减少对其他治理主体的制约，并培训和引导其发展壮大，以更多的协商渠道，实现生态环境的“善治”。多元共治的治理模式，即多中心治理模式有望借鉴用于指导固体废物管理与处理、处置。

第四节　多中心治理理论

20 世纪 80 年代以来，全球化快速推进，城市现代化进程突飞猛进，公共事务日趋膨胀，传统公共事务管理模式的内在缺陷导致公共性危机不断升级，政府作为公共事务单一管理主体的弊病逐渐显现。同时，伴随着公民社会的兴起和市场主体的完善，权力多元化趋势加强，政府、市民与市场间的张力促使公共事务单中心管理向多中心治理转型。公共事务多中心治理是指公共事务的多元治理主体运用多种治理理念通过多种方式对公共事务进行治理的制度安排。与传统的公共事务管理模式相比较而言，公共事务多中心治理强调的是公共事务治理主体的多元化，除政府外，社会组织、企业和公民同样可以且必须成为公共事务治理的主体。多中心治理是不同治理主体按照公共性规范进行的一种制度安排方式，是公共伦理精神的表达与运作实践。多中心治理构建的将是“服务-信任-商谈”的伦理机制和合作机制，这既是制度安排上的差异，也是行政文化解构-重构取向的差异。可见，多中心治理不仅是公共事务治理模式的一个重要属性，而且成为全球性政府治理改革的重要议题。

一、多中心治理理论概述

“二战”后，多中心治理理论产生并逐渐得到了发展，该理论是由美国的印第安纳大学研究所的埃利诺·奥斯特罗姆与文森特·奥斯特罗姆夫妇和一些学者共同完成的。通过深入细致的研究分析、科学合理的实践充分论证为公共事务治理提供了新的思路。该理论为公共事物治理找到了一条多中心的道路，为可持续地利用公共事物、保护公共事物进而增进人类的福利提供了治理的基础。

（一）传统的公共事务管理模式及弊端

从现实角度来看，在传统的公共事务管理模式下，政府作为养老、医疗、教育等社会公共领域唯一承担者的弊端不断凸显。有关公共事务治理理论与实践的研究随之兴起。纵观全局，全球化无疑是推动公共事务多中心治理发展的最广泛、最深刻的刺激因素。经济全球化迫使地方政府不仅要面对国内市场的竞争，而且必须应对国际市场的挑战，因而对经济发展潜力、投资环境等要素的国际化标准和要求必然需要一个更富效率和效能的政府。全球化更是现代理念的全球化，逐渐唤起了居民的权利觉醒，人们要求政府更透明、更开放、更公正、更负责，“包干式”的传统公共事务管理模式已经无法满足多元化的公众利益需求。来自政府、市民与市场之间的张力，以及来自城市外部的宏观环境的压力，都促使着城市公共事务管理向治理的转型。

（二）新模式建立由来

多中心治理理论虽然肇始于西方，但对我国同样具有重要的借鉴意义。就我国而言，一方面，20 世纪 80 年代以来，伴随着城市化进程的突飞猛进，城市人口急剧增加、国有企业逐步改制、社会阶层不断分化，这一系列社会变迁促使城市中各主体开始主动寻求不同的社会组织形式和社会活动方式。另一方面，我国城市化仍处于初级阶段，物质财富的有限、政府职能的僵化、体制的不成熟、公民社会的稚嫩，都向我们提出一个挑战性课题——如何实现有效的城市环境公共事务多中心治理。为了解答这一问题，我们不仅需要借鉴西方国家较为成熟的研究理论和实践经验，也必须针对我国实际情况，不断摸索城市公共事务多中心治理的精髓和路径，精确诠释公共事务多中心治理的理念，并以此指导实践。

二、多中心治理理论的内涵

多中心治理理论是一种全新的公共管理理论，它主张公共事物的治理是一个多元化的互动过程，应该构建政府、市场、社会三维框架下的多中心治理模式，通过多元合作、协商来解决公共治理难题。在建设公共服务型政府中，多中心治理的思想是一种以自主治理为基础，通过竞争和协作给予公民更多的选择权和更好的服务，减少了“搭便车”行为，避免“公地的悲剧”和“集体行动的困境”。

（一）政府角色的转变：中介者、服务者

从政府角度来看，多中心治理理论认为“政府更多地扮演了一个中介者的角色，即制定多中心制度中的宏观框架和参与者的行为规则，同时运用经济、法律、政策等多种手段为公共物品的提供和公共事务的处理提供依据和便利”。

多中心治理理论指出政府改变的仅仅是角色、责任和管理的方式方法，而不是使其角色弱化。政府的管理方式是从传统的直接管理逐渐转变为间接管理，政府扮演的是中介者的角色，其管理社会事务的手段是通过制定规章制度和法律规范，并同时运用经济等多种手段。

（二）导入市场竞争机制，多方利益者参与竞争

从市场角度来看，在多中心框架下，公共事务的治理并不是政府的垄断性经济，私人亦可参与其中。公共物品的市场机制可以通过刺激竞争来促进效率。多中心治理理论中，埃利诺·奥斯特罗姆夫妇在地下水流域的治理中提到，“流域是由一组多中心的、目的明确的政府企业进行管理的，而‘私人水公司’和‘民间生产者协会’则积极参与了政府企业的治理活动。这个系统既不是中央拥有，也不是中央管制”。

多中心治理的目的是在维持公共事务公共性的前提下，通过多个参与者竞争，把由过去单一部门垄断公共事务转变为一种竞争机制。通过这种竞争机制的建立，使参与公共事务处理和公共物品供给的各生产者相互制约，从而促使各个参与者提高服务质量。

（三）加强社会力量自主治理的能力

从社会角度来看，多中心治理强调自主治理、自主组织。奥斯特罗姆夫妇认为："私有化和利维坦（指以国家和政府为主），都不是解决公共池塘资源的灵丹妙药。""人类社会中大量的公共池塘资源问题在事实上不是依赖国家也不是通过市场来解决的，人类社会中的自我组织和自治，实际上则是更为有效的管理公共事务的制度安排。""规模较小的公共池塘资源的占用者较有可能通过自主组织来有效地治理他们的公共池塘资源。"

该理论认为多中心治理是相互依存的人们围绕着一定的公共问题，按照一定的规则，"如果人们达到了一种共识，则认为占用者应该遵循自己所制定的规则"。同时采取弹性的、灵活的、多样性的集体行动组合，通过自主性努力以克服"搭便车"、回避责任或机会主义诱惑，以寻求高绩效的公共问题解决途径来进行自主性治理。

（四）多中心治理理论用于环境管理的意义

当前，我国的生态环境遭到严重的破坏，环境治理的成效不是十分显著，单中心治理模式的弊端日益凸显，在这种情况下，多中心治理理论提出并得到很好的发展，逐渐清晰的多元主体来共同治理环境问题的趋势日益明显。多中心治理理论意味着"把有局限的但独立的规则制定和规则执行权分配给无数的管辖单位，所有的公共当局具有有限但独立的官方地位，没有任何人或群体作为最终的和全能的权威凌驾于法律之上"。而且，随着公众环保意识的增强，公众要求良好环境质量的呼声越来越高，监督并参与环境治理的积极性也随之提高。在环境治理中，广泛应用多中心治理理论具有深远的现实意义。

1．合理定位政府角色，适度配置政府职权

有效的社会治理必然依赖中央与地方合理的分权，这是推进有限政府建设乃至公共管理体制改革的关键。在固体废物的处置主体中，"中央政府要改变对地方政府的绝对控制，转为适当的放权，以达到不仅不会失控，而且还能发挥地方政府环境治理积极性

的实际效果，并引导其他社会力量的广泛参与，日益增强的其他社会力量将会使政府的这种主导作用逐渐减弱。”

此外，在充分借鉴发达国家先进的固体废物处置经验的基础上，地方政府应设计切实有效的规章政策，使得市场发挥重要的作用，可以通过以下途径：①使工业企业认识到绿色生产的重要性，引导企业转变污染治理模式，由末端治理转变为源头减污模式。②制定以市场为基础的激励性环境规制，如排污权交易市场的建立，有效实现固体废物的减量化和综合利用。

2. 充分发挥市场的调节作用，引入市场竞争机制

就我国目前的情况来看，市场没有充分发挥在资源配置中的决定性作用，作为市场主体的企业尽管已经在一定程度上认识到了环境的重要性，但其本质特征决定了在经济利益面前依然追求利润最大化，并会选择牺牲环境。同时，企业在环境治理方面的积极性没有被充分调动起来，只是在政府的强制命令下被动地进行污染治理和减少污染。对于企业而言，主要的社会责任是把固体废物的排放量减少到最低，这样才能使生态环境污染得到有效的控制，从而促进人与自然和谐发展。在社会责任的担当和促进环境与社会可持续发展的前提下，企业才应该追求利润。因此，担当起保护生态环境的重任是企业应尽的社会责任，进而使得人类社会得到持续稳定地发展。

3. 努力建构公众等社会力量参与的基础

在多元主体组成的环境治理的网络体系中，社会主体应该是环境治理主体的重要主体，社会力量包含这两种形式：个人和集体（环境非政府组织及地方的社区等）。在环境治理的多中心模式中，从所拥有的独立地位和所起的作用上来分析，社会主体与其他两个主体即市场、政府的地位是相互平等的。随着公众力量的逐渐壮大，在构建固体废物治理的主体时，必须充分重视这一重要的力量，保证其参与到固体废物治理中来，这样才能使固体废物治理取得实效。

对于拥有各种社会资源的社会组织来说，在环境治理中环境 NGO（NGO 即致力于自然保护和改善的非政府组织）具有政府所无法具备的独特优势，并且针对公众个人力量不集中的问题，环境 NGO 可以起良好的聚合作用，更好地代表公众与政府机构或相关部门进行沟通，及时向公众反馈环境治理的相关信息，真正做到重视公众的意见，倾听民众心声。

第五节　多中心治理理论在固体废物处置中的研究现状

从20世纪70年代开始，发达国家的环保产业兴起并逐渐发展，许多国家在多年的理论研究和大量的实践探索中，制定了有利于本国环保产业发展的对策措施，这些措施的实施为本国的环保产业发展、环境状况的改善以及国民经济的增长做出了显著的贡献。“减量化、资源化、无害化”的“三化”原则一直是西方发达国家对固体废物处置所坚守的基本原则，并在此原则的基础上积累了较多行之有效的固体废物处置的管理模式和方法，对固体废物的治理有一定的借鉴作用。

一、深入研究固体废物处置主体的变化

与单中心治理模式相比，在多中心治理模式中企业以及公众等社会力量均有可能是治理的主体。企业在环境治理中应该发挥作用，转变企业是所谓的“理性的污染者”这一传统观念，重新定位企业所饰演的角色。实际上，大多数企业是遵守法律法规的，一些违法的行为其实不是企业的本意。

二、多元主体相互合作方面的研究

在政府“单中心”治理环境问题中，可能存在政府失灵，这就需要多主体进行相互合作。环境治理需要公众和私营部门的参与以对政府进行督促，需要多层次的合作甚至国际合作。环境治理参与者的偏好将会影响对环境治理效果的决策。同时，要使生态环境产生积极的效果，需要参与者面对面地交流和沟通。与“单中心”的政府管制相比，多中心体系对环境治理更有效。

三、关于多元主体共同合作优势的研究

对于多元主体共同治理环境方面，可以从以下几个方面进行研究分析：文化角度、技术角度、所具有的价值层面等等。从政策方面来看，多元主体的合作模式能够有效地提高公众对于政策制定和实施的参与力度，进而使政府的政策更容易被接受。从责任角度来看，与企业和社会力量的共同合作使政府向这些部门逐渐转移责任，因此，共同合作对于多元主体共同分担环境的基本责任更有利。公众及环境NGO应积极与政府合作，共同治理环境，这就能更加全面综合地衡量生态环境、人类社会和经济的和谐发展。同

时，能够有效地提高投资的效率，更好地分享权力，更好地实施计划，提高公众及环境NGO的参与力度。

四、国内研究情况

首先，就国内情况来看，生态环境的恶化逐渐引起社会的广泛关注，城市的固体废物对环境的污染日益严重，引起政府等相关部门的高度重视。作为固体废物处置问题的立法依据《中华人民共和国固体废物污染环境防治法》于 2015 年 4 月 1 日起颁布并实施，随着经济的持续稳定的发展，我国对固体废物处置问题的研究领域逐渐深入、透彻，相应的法律法规也逐渐增多，从研究的范围和研究的角度来分析，目前国内在城市固体废物管理方面所涉及的研究范围日益广泛，包含固体废物的现状和对主要污染物防治的对策措施、管理水平的提高、固体废物回收利用体系的建立、固体废物资源化政策等方面。其次，从研究视角来看，在固体废物处置方面，多数学者从固体废物的管理机制和固体废物的资源化、循环经济进行分析，同时从多角度展开研究，如政府的财政补贴、固体废物的回收再利用、征收环境税等方面。最后，一些学者对固体废物的处置问题进行了更深一层的研究，如电子垃圾的处置、危险废物的安全填埋等。

1. 关于固体废物处置的研究

对于固体废物处置问题的研究，在大量的调查、深入研究的基础上，我国学术界出现了众多的研究成果。在环境治理方面，有一些学者对政府与其他治理主体的关系进行了论证，例如，聂国卿[1]运用经济学的理论深入剖析了我国环境治理中存在的问题，指出："环境问题发生的经济原因是政府失灵和市场失灵方面。政府应进行综合的规划，制定科学合理的目标，管理体制需要变革等。"于晓婷、邱继洲[2]指出，一直以来，政府是固体废物治理的主体，但是在环境治理中，政府存在管理体制落后、办事效率低、决策有误差等问题。针对这些问题，应引入市场机制，发挥市场在固体废物处置配置中的决定性作用，有效地把政府引导和市场调节结合起来。

2. 在固体废物处置中，多元主体共同合作

对于环境治理模式的研究，我国学者的研究已经从政府扩展到市场，最后扩展到多元主体共同合作。20 世纪初，我国开始研究多元主体合作，随着研究的深入，研究的成果逐渐丰富起来。核心的研究成果，如朱锡平[3]指出，治理与保护生态环境，政府主体和市场主体无法从根本上落实，需要通过政府、市场与社会的共同努力，政府的"掌

舵”，市场机制的引入，公众的广泛参与，达到共同治理环境的目的，实现社会和谐稳定的发展。

3. 多中心治理理论的研究现状

王兴伦[4]指出，“多中心治理是一种全新的公共管理理论，并对多中心理论的基础和研究方法进行了分析，认为多中心治理为公共事务提出了不同于官僚行政理论的治理逻辑”。于水[5]认为，“改变传统的单中心治理模式是多中心治理理论的实践价值所在，构建多元主体即政府、市场和社会的治理模式，对于解决社会问题及生态环境严重恶化问题具有极大的借鉴意义”。欧阳恩钱[6]指出，对于环境治理问题，多中心治理模式是在政府的“单中心”治理模式失败后产生的，以自主治理为基础，相对符合治理客体和治理方面的需要，从而作为治理环境问题的有效解决方案。

综上所述，国外对于固体废物的污染防治方面的研究日益丰富，并已经取得了一定的研究成果。“三化”原则一直是西方发达国家对固体废物管理的基本原则，并在大量研究、实践中积累了丰富的管理经验和管理理念。相比较而言，国内对固体废物的研究并不是十分的深入，在管理上还存在着“真空地带”，特别是市场领域，市场机制运行还不健全，没有充分发挥市场机制的调节作用。固体废物处理的市场化管理模式仍有欠缺，但随着不断深入的研究，这些方面一定会加以完善。

五、多中心治理理论在固体废物管理中的应用案例

1. 大温哥华地区治理模式

（1）大温哥华地区治理主体的形成

大温哥华地区是一个城市联合体。大温哥华地区位于加拿大不列颠哥伦比亚省西南海岸，位处弗雷泽盆地。以北部海岸山脉为界，东部为菲沙河谷区域，南部毗邻美国边境，西部到乔治亚海峡，包括 22 个市镇和 1 个选区。2011 年共计 231 万人，预计到 2021 年达到 270 万人。大温哥华地区区域治理的历史可以追溯到 1914 年大温哥华地区污水收集系统和排水系统（GVSDD），自 1926 年大温哥华水区（GVWD）成立以来，分别向一些城市提供服务，为以后这些城市在财政等领域发展合作提供了基础。而大温哥华地区的区域规划功能源于 1949 年创建的低陆区域规划委员会（LMRPB），其董事会成员来自组成该区域的自治市。1966 年，低陆区域规划委员会推出委托管理计划。1967 年通过哥伦比亚省立法，该区域成立了统一的管理机构，以实现总体规划合作和对各城市的统一服务。1972 年，原来分散的污水处理、供水和公园管理人员都被统一到大

温哥华地区。与此同时，区域政府也开始对大温哥华地区的公共住房和劳资关系加以干预，并承担了境内环境、空气污染控制的责任。1989 年，哥伦比亚省允许用于开发服务的经费通过区域地区划拨。到了 1995 年，自治市法案被再次修订，强化了大温哥华地区的区域规划权。该法案鼓励建立地区和城市的区域合作。除区域规划这一工作重点外，其公共服务的功能也得到体现。一方面继续提供地区公园、供水和污水处理服务，另一方面又增加了如动物控制、文娱活动、图书馆、民间借贷以及公墓土地等方面的当地服务。

与此同时，大温哥华地区城市管理机构的设置在市政当局与城市居民的公共参与下也基本成熟：由每个自治市的董事成员和由选民选出的代表组成董事局进行管理。每位董事根据所代表选民的多少进行投票，每两万居民一票，每位董事不得超过五票。董事会通常每月召开一次。董事会下设立一些固定的委员会和顾问委员会，连接到更广泛的利益相关群体。其中包括社区、企业和政府间关系、财政、住房、公园、规划和环境、废物管理、水资源及劳资关系等委员会。1990 年，大温哥华地区发表《创造我们的未来：步入更为宜居的地区》远景宣言，成为鼓舞该地区规划建设、走向世界最宜居城市的行动指南，标志着大温哥华地区治理模式步入新的发展阶段。

（2）大温哥华地区区域规划中的居民参与

1973 年，大温哥华地区规划者花了一整年的时间，将之前分散、抽象的各种想法转化为宜居指标和项目计划，最终形成政府和居民都能理解和接受的宜居概念。而在 1972 年，宜居概念虽然已经成为规划关注的重点，但却没人知道其准确含义。宜居意味着什么？宜居城市需具备哪些品质？计划制订者们本以为他们自己可以给出答案，但经过一年的努力，他们终于明白，宜居的概念是需要经过公众广泛讨论才能形成的。说服政治家或规划专业人员接受民众对宜居概念的见解并非易事，但最终结果还是让相关人员感到惊喜，通过市民参与汇聚了更多、更好的见解，无论是规划者还是公众的期望均得到最大程度的满足，最终形成了《宜居地区发展战略计划》。1976 年，大温哥华地区规划首任长官哈利•兰西在《人性化规划》一书中提出，要取得参与合法性，需要创建一套公众和政府成员都信任的建设性方案和一项长期而连续的程序。兰西强调参与的重要性，认为可以让所有成员参与决策过程、计划设计、实施策略和监控程序。以《创造我们的未来》为题，通过 4 000 多居民的公开会议，建立完备的公众咨询过程；并通过兴趣小组讨论、收集书面意见和调查信息，最终在 1990 年被大温哥华地区董事局采纳并通过宣言。此宣言将经过识别的超过 200 个问题转化为 54 项行动。这些行动包含五个主题，涉及如何使大温哥华地区选出的代表、居民和规划者制定生活品质和宜居地区框架：①保持一个健康的环境；②节约土地资源；③服务变化的人口；④维护该地区的经济健康；⑤管理该地区。

各自治市在审查《创造我们的未来》时，对愿景的可承受力和如何服务于当地目标等问题提出了质疑。受这些评论的影响，大温哥华地区着手进一步提炼《创造我们的未来》项目，并制订一系列大温哥华地区计划。大温哥华地区计划分为功能性计划和区域性发展计划。功能性计划主要涉及废水处理、固体废物处理、供水系统建设、空气质量管理以及公园维护和保健设施配备等项目；而区域性发展计划集中在运输和开发管理。这个区域性发展计划后来又演变为1996年的《宜居地区战略计划》(LRSP)。早期的规划过程及其产生的文件，成为与大温哥华地区未来愿景息息相关的动态连接。大温哥华地区在区域发展规划中创造的参与式程序和与公民实行民主契约的惯例已经持续了数十年之久。2002年，大温哥华地区的《宜居地区战略计划》被授予迪拜国际“改善人居环境最佳做法”金奖。迪拜奖提名时强调说，大温哥华地区“广泛性协商过程的价值及通过发展和支持LRSP组织的合作伙伴关系，是最伟大的教程”。

(3) 大温哥华地区治理的发展：从宜居到可持续性治理

从20世纪70年代起，大温哥华地区已经成为体现宜居理念的焦点和中心。大温哥华地区在此期间不断探索如何将“宜居”概念转化为实际的行动，继《创造我们的未来》之后，1996年推出了《宜居地区战略计划》，2001年又增加了《可持续地区倡议》和《城市+百年愿景》。这些规划都进一步诠释了宜居的概念，更重要的是，宜居已经在此演变中由概念逐步转化为可持续性的治理行动。

《宜居地区战略计划》集中于如下计划：发展、管理和运输，绿色空间和自然资源的有效保护，实现紧凑和密集的大都市的区域，并通过一个运输支持系统和可控制汽车运输系统连接到该地区，此设想计划创建位于自然与农田中心的紧凑型社区，以此提升生活质量。《可持续地区倡议》(SRI) 制定的发展框架，整合了区域内社会（包括美学和历史方面)、经济和环境目标，以可持续性发展的视角审视着大温哥华地区经济、社会、文化和环境目标的宜居议题。

大温哥华地区的可持续治理把人们首要关心的经济适用房问题作为治理的重点内容之一。1974年成立了非营利性机构大温哥华地区住房公司（GVHC)，专门处理该地区的经济适用房相关事项，联合市政、私人公司和其他非营利组织建造新的经济适用房，以提供比周边租赁房屋更为低廉的住房。2003年，GVHC已经实施并管理了55个非营利计划，为 12 个自治市处于不同收入水平的居民提供了 3 600 户住房，受益者达 1 万人。此外，公司还启动了另外两个建造计划，增加了 155 户住房，其中 1/3 的住户获得了额外的住房补助金。当然复杂的规划和创建宜居城市进程仅仅依靠类似 GVHC 这样的组织是不够的，地方和区域政府的推动必不可少。《宜居地区战略计划》意识到这一点，强调公共部门、私人企业和社会团体的合作，最终形成“城市管理运行协会”。协会成员拥有共同的价值观，即实现社会、经济、环境和文化的可持续发展，在此基础上评估城市的发展。

就业率对宜居城市经济发展极为重要。2001 年经济发展会议强调大温哥华地区将吸引更多企业来投资，并指出温哥华地区需要将重心放到战略性经济发展计划上。这个战略计划需要实现区域内资产保值并保护原有的成功行业，如生产可代替交通燃料的高科技行业、生物科技产业、国际管理公司、电影和灯光制造业以及一些论证生态工业群可实现价值的试验项目，这些产业群承担着城市基本的要求和基础设施建设，以及可循环的废物处理系统。非政府组织“智慧成长”一直以来致力于创建哥伦比亚省可宜居社区，并已经形成具有经济效益的地区性合作组织。

城市绿地和公园是宜居的重要方面。大温哥华地区虽然成功实现了公园设计和农业用地的合理性、饮用水的保护性和林荫道路的普遍性，但还是存在城镇到绿地间维护保养的跨区域性问题，如何形成区域内生物多样性的共同认知和发展合作保护绿地的战略等城市生态环境可持续性治理问题。经过探索，大温哥华地区通过分流域的方法在社区进行规划，并实施雨水用水管理来解决这一难题。上述做法借鉴了非政府组织弗雷泽河委员会的策略，集合了政府、私人部门和民间团体共同处理了弗雷泽河流域的市民所关心的事项。

文化大温哥华中心地区的发展体现了文化的可持续性，展现了城市美学和历史。一个城市的文化源自城市的共同价值观和审美观，源自城市本身历史和地理位置的独特之处，也构成了城市不可复制的重要组成因素。城市居民生活质量直接和城市美学标志相关，其中城市的公共场所是体现城市美学的主要空间。温哥华市中心的核心地区提供了大量公共场所供人们交流、娱乐，其他地区如斯坦利公园、格兰维尔岛和法尔斯溪也修建了许多公共场所。加拿大的遗产部致力于城市文化培育，不仅是因为审美观的重要性，还在于它赋予了经济、环境和教育的意义。大温哥华地区在 2009 年更名为“大都市温哥华”，其 2012 年行动方案表明，它将继续致力于大都市区可持续治理。

温哥华 GVRD（Greater Vancouver Regional District）管理体系是 23 个社区合伙制的、代表政府的管理机构。GVRD 的主要管理职能有：给水、污水收集和处理、大气污染控制、公园建设、公共设施建设、劳工协商、固体废物管理。其中固体废物管理（Solid Waste System）的主要职能为：制订管理计划、制定固体废物循环利用目标（目前的目标是回收减量 50%）、研究新技术、分包合同（即招投标）。GVRD 作为管理机构，将所属地区划分成若干区域，将各区域内垃圾的收集、运输、处理处置，通过招投标方式分包给若干个企业公司运作，GVRD 负责制定管理计划和实施管理、协调、监督工作。

整个 GVRD 固体废物处理系统由 5 个中转站、2 个填埋场、1 个焚烧厂、1 个资源回收厂组成，居民和单位垃圾收集后，运送至垃圾转运站，转运站一般都设有分类、分拣系统，可回收利用的物资经分类、打包后，送往相关工厂作原材料或加工利用，其余垃圾经中转站转大车后送焚烧厂或填埋场处理处置。

上述设施通过 GVRD 招标后由四家垃圾作业公司运作，垃圾处理实行有偿服务。垃圾费由政府负责收取，采取和房产税同时收取的方式，每户居民每年 150 加元，垃圾费约占居民房产税的 10%，居民在交纳房产税时，同时交纳垃圾费。垃圾处理费由政府按处理量补贴给负责运营的企业，政府给企业的补贴标准是每吨 65 加元，对于任何企业，不管采取什么处理处置方式，每吨垃圾均补贴 65 加元，这个价格已经维持了将近 10 年。65 加元的垃圾处理费在使用中分为两部分，其中 62.80 加元为垃圾处理费（包括收集、转运、处理处置全部运转费用），另外的 2.20 加元则是用于减量和回收利用的费用。经了解可供参考的费用分配情况为：填埋——1999 年生活垃圾从收集、运输到经温哥华南区转运站到温哥华填埋场总的运转费用为每吨 49.58 加元，其中收集、转运每吨 20.48 加元，填埋场运转费每吨 29.01 加元；焚烧——生活垃圾从收集、运输、经北岸转运站到本拿比（Burnaby）焚烧厂的运行费为每吨 55 加元，其中收集、转运费每吨 20.48 加元，焚烧厂运转费每吨 34.52 加元。

垃圾处理资金的流向和物流方向相同，经费按工作流程的顺序往下传递，首先将垃圾处理费由政府付给垃圾收集者，而后是收集者将垃圾送往转运站时，按吨计量付费给转运站，转运站按吨计量付费给运输者，运输者再按吨计量付费给填埋场或焚烧厂。

温哥华 GVRD 代表政府行使管理职责，政府定价，并负责向居民收费，设施由政府投资建设，垃圾收集、运输、处置市场运作。GVRD 代表政府，根据法律、规范确定标书的要求和内容，并通过招、投标的形式，确定建设和运营的企业。

2. 旧金山阿拉美达郡固体废物管理体系

旧金山的固体废物管理由加利福尼亚州政府负责招标，企业投标的范围包括垃圾收费、垃圾收集（分类收集）、运输处置及管理，与温哥华 GVRD 不同的是，垃圾处理费由企业负责收取，所有处理设施的建设费用由中标企业投入，考虑到设施建设投资成本的回收，合同期最少为 5 年（一般签 10 年）。企业除正常的税收外，每年还需向加利福尼亚州政府交纳营业额 10%的“特种许可经营税”。阿拉美达郡固体废物管理整个体系由一家公司运作，公司总部负责垃圾收费和管理，下属一个运输队、一个转运站和一个填埋场。一年垃圾收费总额为 1.25 亿美元，由 4 名职员负责全部收费工作，投标时预计每年的“烂账”额度为 80 万美元，实际每年只发生 40 万～60 万，可见其收费体系非常完善。收费完全依靠银行系统和互联网，大部分款项依靠银行划账，并由专业的软件进行统计，自动形成报表。对于延时不交者软件会自动发出电子邮件提醒，再不交者采用信函方式催款，有时也诉诸法庭，但这种情况相当少，作为企业也会尽量避免此类情况发生。

旧金山的收费定额为每户居民每月 17 美元，三个月收费一次，单位垃圾的收费则视垃圾的成分而定。总体来说，居民垃圾的收费是比较便宜的，仅能维持运转，甚至要贴一点，单位垃圾的收费标准非常高，这是其盈利的主要来源。随着分类收集的推进，目前所有居民垃圾均要求分类投放之后，公司才收运，否则就对居民和物业公司实施罚款。由于此项工作比较难做，他们目前采用的办法是发给公司每个开垃圾收集车的驾驶员一部照相机，凡是分类没有达到要求的垃圾筒，将其状况和筒的编号一起拍下，作为罚款的依据。但是有的居民和单位仍不配合，将没有分类的垃圾放在筒的底部，只在表面分类，让司机无法拍摄，碰到此类情况，司机都会很负责地亲自去翻看筒里的垃圾，并同时将分类好坏作为对物业公司信誉和收费的依据，使这种情况从根本上得到了改善。

公司总部和运输队在一起，总部共有职员 45 名，其中管理人员 36 名（包括总经理和部门经理），部门设置非常齐全，但人员精简高效，大部分部门都只有一个经理，没有工作人员，只有安全部门和意外事故处理部门人员较多，因为安全教育十分重要，而意外事故处理也最复杂。日常管理主要依靠完善的计算机管理系统和先进的专业软件。计算机管理系统设在公司的总工室，总工室是该系统的最高权限所在地，有公司所属每一个设施的详细工况资料，对于运行的收集运输车，则采用了全球定位系统，每辆车的位置都显示在屏幕上，同时还有工况的异常报警系统，如一辆车在原地超过 15 min，原来的绿色就变成了黄色，则司机需向总部汇报情况，是塞车了还是车子出了故障，超过半个小时而不汇报情况，则将作为违反劳动纪律论处。

3. “嵌入式服务”管理模式

“嵌入式服务”管理模式是指将危险废物、固体废物（包括废旧家电）、再生物资、容器翻新、土壤修复等业务整合起来，用专业性的服务模式进驻企业，为企业量身定做适合他们的环境服务套餐。用固体废物处理资质单位专业人员一对一地为产废企业进行环境治理工作，配套专业物资容器、暂存区设置、专业运输等进入厂区进行保姆式管理，让企业真正扎上“环境安全带”，保护企业正常运转。

在嵌入式服务中，具有危险废物综合处置资质的陕西新天地固体废物综合处置有限公司派遣专业人员入驻产废企业，对企业所产生的废物进行严格分类，将危险废物与其他废物分开，确保危险废物不会被夹杂在其他废物当中，从而真正意义上杜绝危险废物对环境的二次污染。

“嵌入式服务”模式实现固体废物循环利用：通过一段时间的试运行，固体废物处理“嵌入式服务”模式已正式启用。陕西新天地固体废物综合处置有限公司已派人进驻中化近代环保化工（西安）有限公司。这是一家生产汽车冷媒的企业，生产过程中会产生废酸、废催化剂、化学试剂以及化学试剂包装物等。派驻的专业人员将负责企业生产的每一个环节，从生产车间到废料暂存库收集、分类、贮存进行无缝隙服务，对生产过程中产生的不可利用的危险废物进行收集，然后通过改变废物有害成分的化学性质，实现无害化处理，最终，对达到填埋标准的稳定性危险废物进行填埋，实现永久无害化处理，杜绝二次污染。对生产过程中产生的可以利用的废物运用先进的技术转化为可重新利用的资源和产品，如回收处理后产业的再生原料又可作为生产厂家的原料，形成循环产业链的同时，为产废企业降低了生产成本，构建了良好的再生资源循环利用体系，实现各类废物的再利用和资源化。中化近代环保化工（西安）有限公司表示，危险废物嵌入式管理不仅提高了危险废物处置的时效性，避免危险废物在暂存过程出现因泄漏、流失等潜在环境污染风险，同时也降低企业处置过程的风险，危险废物所带来的环境风险将得到进一步的控制，环境压力进一步降低，在发展经济服务社会的同时也为后人留下一个美丽和谐的居住环境。

4. 南海固废处理实现环保全产业链模式

南海模式即全国首创城乡一体化生活垃圾转运工程及集中控制系统，垃圾从源头到终端形成完整的产业链；以垃圾焚烧为核心，不断嫁接其他相关垃圾处理产业，多种垃圾之间实现变废为宝，循环利用。

垃圾收集—运输—焚烧一条龙。南海固废处理环保产业园是以垃圾焚烧为主体的。与很多城市不同的是，南海的垃圾处理不止于垃圾焚烧，而是延伸到垃圾处理的前端——垃圾收集中转。传统——露天堆垃圾环卫运送垃圾，南海模式——日本技术建中转站焚烧厂包运输。2010 年 8 月开始，南海绿电斥资 3.3 亿元在全区范围内推广垃圾中转站模式。截至 2015 年，南海区中转站系统已经覆盖全区所有镇街，数量达到 10 个。新的垃圾中转站采用日本先进技术，配套抽风除臭、空间异味等环保措施，减少了粉尘和臭气的外泄。同时，转运的车辆也采用封闭性能优越的环卫车，达到国内建设最高水平。如今，你在南海看到标识为南海绿电垃圾转运车时也许会惊讶地发现，这些车俨然已经摆脱了以往肮脏邋遢的形象，变得干净而整洁。此外，中转站项目还建有一个中转调度中心，中转站项目按照“统一规划、统一配置、统一处理、统一调度”的模式建设、运营，大大提高了垃圾运输的效率。以前，由环卫部门将垃圾送到厂里来焚烧处理。建立中转站系统后，原来由环卫部门转运的工作由企业公司接手做了。实际上，是将生活垃圾的无害化处理从焚烧延伸到前端的收集转运。

绿电公司的这套城乡一体化生活垃圾转运工程及集中控制系统在 2012 年通过住房和城乡建设部验收，被正式认定为“科技示范工程”，成为国内首家实现集约化管理和信息化管理的生活垃圾压缩中转项目。

多种垃圾“齐聚一堂”。在南海固废处理模式中，最令外界关注的是其以垃圾焚烧为核心的资源循环和综合利用模式。传统模式——垃圾焚烧残留废水。在很多人的理解中，垃圾焚烧是一种先进的垃圾处理方式，它避免了填埋对土地等造成的污染，在处理方式上更加彻底。不过，焚烧虽是一种较好的垃圾处理方式，但也会存在污染。最近武汉 5 家垃圾焚烧发电站就被推上了舆论的风口浪尖。央视《经济半小时》记者调查发现，这些垃圾焚烧厂产生的废渣和臭气给当地居民身体健康带来影响。南海模式——净化污水供工业使用。垃圾焚烧过程中也会产生污染，如会产生污水。2015 年，南海绿电每天焚烧 1 500 t 垃圾，产生 200 多 t 的污水。国内很多垃圾焚烧厂对这些污水只是进行简单处理，然后排到市政管网里。而绿电则采用更高的工艺水平，将污水净化为中水，然后用作工业冷取水。这样，不仅减少了排向市政管网的污水，而且还能够变废为宝，重新加以再利用，也节约了城市水资源。目前，南海固废处理环保产业园已经实现了污水的零排放。

污泥、厨余垃圾处理。焚烧的污水回用，只是绿电资源循环利用的一小部分。绿电资源循环与综合利用，更明显地体现在，将污泥处理、餐厨垃圾等其他相关产业嫁接到垃圾焚烧上，形成了一个以垃圾为能源中心，重新利用污泥和餐厨垃圾的产业链。

传统模式——污泥未经处理填埋或堆放。据统计，2010 年全国城市污水处理能力已达到每天 1.22 亿 t。但是，在污水净化过程中，产生了大量剩余污泥，以含水率 80%计，全国年污泥总产水量将很快突破 3 000 万 t。统计显示，这些污泥超过 60%被土地填埋，剩余 25%进行资源化利用，另外 15%被露天堆放或外运。由于这些污泥未经稳定化处理，污泥中含有恶臭物质、病原体、持久性有机物等污染物对周边环境造成污染，成为一个很令人头疼的问题。南海模式——污泥脱水变成焚烧材料。对于污泥的处理，南海绿电采取的方式是将污泥处理与垃圾焚烧嫁接起来。垃圾焚烧时会产生大量的热能，绿电通过建设封闭的运输管道，将这些热能引入污泥脱水环节，含水率达 80%的污泥经过这一环节的干化处理，含水量会锐减至 30%。然后，这些经过干化后的污泥会被掺入垃圾中一起焚烧，从而解决污泥的问题。在脱水过程中，污泥含水量从 80%降低至 30%，会产生 50%的污水。这些污水会进入垃圾焚烧厂的污水处理系统，用作工业用水。而在此过程中产生的臭气，也将通过管道重新抽回到垃圾焚烧系统中。

目前，南海正在建设的餐厨垃圾项目，同样是采取这样的思路。餐厨垃圾先是经过发酵，产生的臭气，会回抽到垃圾焚烧系统中；产生的沼渣，清理出来后会和垃圾一起掺杂焚烧；产生的污水，会进入污水处理系统重新再利用。

设施集中形成循环。如果污泥处理、垃圾焚烧、餐厨处理等都是各自为政，那么每一个固体废物处理设置都会产生大量的副产品。这些固体废物处理设施遍布城市，会让城市的多个角落和很多市民受到影响。但是，按照南海绿电资源循环和综合利用的模式，不仅选址在一处，也对市民的影响范围最小化。同时，各个固体废物处理的副产品可以实现循环利用，使得一种固体废物能够成为另一种固体废物处理的资源，从而使得污染总量大大降低。

5．赤峰市固体废物管理模式

（1）转变政府职能，建立新型管理机制

在多中心的环境治理模式下，治理主体由政府主体和市场主体两维体系变成了政府主体-市场主体-社会主体三维体系，这三者之间是单层次的关系系统。其中，政府主体对市场主体、社会主体的权力运作方式，由单中心模式下的以命令-控制为主逐渐转变为命令-控制、引导和为其参与环境治理活动提供服务。在固体废物处置中，政府要着重对战略方向进行全面准确的把握，即由单一中心模式下的“统治”转变为“善治”，转变政府职能，由间接管理代替直接管理，由微观管理转变为宏观管理，由服务监督代替"管"字当头，同时鼓励引导其他主体对固体废物治理的积极有效参与，以降低政府环境管理的成本，提升管理效率，真正地改善和保护好环境。

在固体废物处置中，政府应明确管理责任。明确各职能部门的职责，推动责任机制的优化，在固体废物处理的过程中才不会产生责任不清、部门相互推诿的状况。从纵向角度来看，中央政府应进行总体的规划，地方政府应在认真贯彻的前提下具体实施。这是因为固体废物对地方环境造成严重的污染，所以，在中央政府制定总体规划并提供大量的资金、技术支持前提下，切实贯彻执行地方负责制。在具体的实施方面，中央政府应放权给地方政府，使其各尽其责。从横向角度来看，应明确各部门的具体职责。由于参与固体废物处置的部门较多，责任就会有所分散，重新分配责任可以缓解管理效率的低下。而我国加入 WTO 以后，要求转变政府职能，建立起一个灵活、高效、廉洁的政府，形成新的管理模式。

做好固体废物环境管理的关键是抓好机构和队伍建设，与此同时，要转变政府职能，打破以政府为主导的局面，改变过分依赖行政手段的做法，而政府也可以真正履行其职责，发挥"掌舵"和"导航"的作用，引导其他主体参与到固体废物的治理中来。2009 年 5 月，在赤峰市政府的大力支持和市环保局的不懈努力下，固体废物处置中心成立了，这意味着固体废物处置中拥有了具备专业知识的人才和完善的管理队伍。随后，市环保局制定了固体废物处置中心的职责和权限，即处置中心统一监督管理全市的固体废物处理。处置中心按照"以专业的人员进行专业的管理"，领导队伍的建设得到充分的重视，管理机制得到更好的完善。

在固体废物处置过程中，赤峰市环保部门积极改进管理机制和模式，在积极调查的基础上进行研究分析和认真总结。在固体废物的源头端，赤峰市环保部门积极推行清洁的生产工艺，改进落后的生产设备，减少固体废物的产生量。在赤峰市元宝山煤电厂投入运行时，严格按照国家有关部门的政策规定，综合利用了作为废物的粉煤灰。对于采用清洁生产工艺的企业，赤峰市环保部门给予一定的政策优惠和资金、技术支持，并帮助企业引进先进的生产技术和完善的生产制度。在固体废物的处理环节上，赤峰市环保局进行全程跟踪，从固体废物的产生、存放到回收再利用，每一个具体的环节都在赤峰市环保部门有效的监督管理下认真完成。

（2）加强法制建设，完善政策体系

作为环境管理的强制手段，立法管理已经被各国政府普遍采用，事实证明，这也是行之有效的手段。应加强环境保护方面的立法工作，制定相关的法律法规，对于固体废物污染防治方面的相关法律，更应该认真彻底贯彻“三化”原则，作为源头控制的减量化原则需要放到首位。在具体日常工作中，赤峰市环保局不断地加强法制建设，在社会主义市场经济体制下，对主要依靠法制管理固体废物的大部分生产者和监督管理环境的主要对象——生产企业，应真正做到有法可依、依法进行固体废物处理的管理，而不再单纯地依靠行政手段，使固体废物管理工作走到良性化发展的轨道上来。

以环境治理的相关法律法规为根基，根据赤峰市固体废物处置现状，赤峰市政府颁布了《赤峰市固体废物污染防治暂行条例》，该暂行条例确定了环保部门是环境治理的主体。赤峰市环保局的固体废物处置中心负责对固体废物处置进行总体规划并制定实施措施。依据这些地方的行政规章制度，赤峰市环保部门如期完成了固体废物的申报登记工作，在实际执法中，严格按照规章制度办事，依法监督相关企业，坚决查处固体废物污染环境事件，并对其进行严厉的罚款和责令其停止生产，对污染严重的地区采取有效合理的措施进行补救，直到达标后方可投入生产，真正起到了有效的威慑和教育作用。

在固体废物的综合利用方面，赤峰市政府颁布了相应的政策法规，如《固体废物资源综合利用实施意见》《综合利用粉煤灰措施》《回收利用粉煤灰措施项目》《煤渣回收利用的意见》等，明确规定工业企业必须遵循“三化”原则，以“谁开发谁得利”作为实施的依据，对新投建项目的“三同时”、筹集资金等问题都做了明确规定。此外，赤峰市还设立了固体废物处置的专项基金进行固体废物的综合利用，在政府的财政拨款下成立了专门的公司对开矿剩余的煤渣等废物进行回收再利用，这些企业不但取得了巨大的经济效益，还取得了良好的社会效益，从而极大地推进了全市范围内固体废物综合利用工作的开展。

（3）制订污染控制规划，提供资金、技术支持

赤峰市工业固体废物的排放主要集中在左旗、克旗县区的矿业、有色金属冶炼等几个行业。固体废物的排放、堆积给城市带来严重的污染，对人民的生命安全构成威胁，必须尽快及时地加以治理。同时，对固体废物排放采用许可证制度，严格控制固体废物的排放量，对进行规划后重点治理的地区、重点领域加大新设备、新技术的投入，加强固体废物的综合利用。

政府对环境治理工作的支持，不仅体现在对环保项目的资金、技术支持，还体现在充分调动其他主体参与环境治理的积极性上，具体措施如下：①加大政府的资金支持的力度。对于新的工程要加大资金、技术方面的支持，通过政府购买来刺激“绿色产品”

的生产，在重大开发项目中充分考虑环境因素，选用新技术如风能，在研发、生态建设和恢复上进行投资，运用各种鼓励的办法，如税收以及合理制定补贴制度等；②增加固体废物综合利用的技术支持，开发先进的固体废物综合利用的实用技术，开发深加工产品的生产技术，广泛建立区域性的废物交换系统；③提供融资担保。在固体废物治理中，政府扮演融资“担保人”的角色，及时有效地解决固体废物处置过程中资金短缺的问题，在提供融资担保时，政府应做到产权关系明晰、职责义务明确。

（4）改革排污收费制度，建立奖惩机制

20 世纪 70 年代中后期开始，我国依据当时的经济发展水平，在充分借鉴吸收西方发达国家先进经验的基础上，开始实施主要污染物的排污收费制度。在控制污染和筹集资金方面，排污收费制度曾取得了极为显著的成效，但依旧暴露出许多弊端，主要表现为单一的收费对象、过低的收费标准、排污费的资金流向不合理等。这些问题的存在决定了改革目前排污收费制度的必要性。首先，将排污收费制度逐渐变革为对环境保护税的征收，统一执行管理的部门为税务部门，这样可以有效地控制“政出多门”，减少了征收的成本，机构重叠的现象有效地得到抑制，降低来自各部门和地方利益群体的干扰，从而有效地解决当前存在的排污收费制度中的种种弊端。总体上，政府所倡导的“污染者付费”的理念已经深深地扎根在人们心中，征收环境保护税的稳固的舆论基础是排污收费制度。其次，我国实行的污染者排污收费制度，具备了与之相适应的完善的法规政策，并以此作为保障，这就给征收环境保护税打下了坚实的立法根基。最后，作为已纳入财政预算内的行政性质的收费制度——排污收费制度，拥有“准税”的特性，为征收环境保护税奠定了良好的制度基础。在很大程度上，居民的环保意识决定了城市的固体废物综合再利用的水平，因此，不仅仅要加强必要的宣传和教育，政府的管理措施还应该充分利用惩罚与奖励相结合的方式，同时对其进行引导。赤峰市在探索采取有效措施解决垃圾问题方面也迈出了步伐。赤峰市已开始实行了垃圾的分类收集制度，对主动对垃圾进行分类投递的居民采取一定的形式进行鼓励，同时对乱排、乱放固体废物的企业根据其排放的固体废物数量进行一定的处罚。赤峰市政府通过此种奖惩机制提高了市民的垃圾分类回收意识和减少固体废物排放量的意识，从而减少了固体废物对环境的污染。

（5）发挥市场机制在固体废物处置中的支持作用

目前，随着市场经济的持续快速发展，固体废物处置的多元化投融资渠道的需求日益彰显，在市场机制的有效带动下，在地方政府的积极引导下，多领域、多渠道地吸收各种可利用的资金，积极地参与到固体废物处置中，有效地形成多元主体的共同参与下的多元化投资的环境治理网络，为固体废物的治理提供足够的资金和技术支持，有效地进行固体废物的处置；转变垃圾处置的方式，建立垃圾处理公司，并通过采取合资、多家兼并等方式来实现，同时地方政府通过降低企业税等方式使更多的企业参与到固体废物的治理当中来，经济盈利才能刺激企业参与，政府引导企业树立良好的社会形象，同时有效地保护了生态环境；为了使固体废物处置能够获得充足的资金支持，还应该综合利用 BOO、TOT 等融资方式，成立专门的生活垃圾处理机构。这些机构的资金获得方式是通过政府的支持和来自社会的融资，从而解决了固体废物处置过程中缺少资金支持的后顾之忧；随着经济全球化趋势逐渐加强，我国对外市场的逐渐开放，我们更应利用这一有利时机，充分利用目前国外资本看好我国环保市场的空缺优势，努力加强国际合作，引导更多的国外资本参与到我国环保治理中来，汲取先进管理经验，促进我国环保治理的快速发展。

（6）发展多元运营模式，培育固体废物处置产业市场

政府应该从宏观的层面进行科学合理的规划，制定环境治理的目标，通过招标的形式吸收相关企业参与到环境治理中来，并选出最符合条件的企业与之签订合同。为了获得政府的资金支持，企业可以通过竞标的方式，也可自由决定资金是如何进行投入和运作的，政府拥有对企业的监督权，同时企业应履行对政府的承诺，只有这样固体废物处置产业才能在法制的轨道上良性运作。大力发展多元运营模式，形成“谁投资、谁受益，谁污染、谁治理”的原则，从而打破了传统的环境治理模式，为固体废物治理探索出一条环境治理的新道路。赤峰市在充分吸收借鉴其他城市固体废物处置治理模式的基础上，在市政府的积极引导下，努力创新，改变了环卫作业的行业垄断模式，逐渐增多的清洁公司代替了以前的环卫作业服务。由于存在服务质量的大力竞争和管理水平上的优化，各主要清洁公司都在环卫作业市场上注入了大量的资金，初步形成了多元化服务的格局，实现提高处理质量、降低建设和运营成本的效果。一个产业的发展，除了先进的技术，更重要的是市场的培育，这就意味着拥有适合产业发展的土壤和良好环境至关重要。就固体废物处置而言，应在政府的相关政策法规的倡导下，全面培育城市固体废物处置产业市场，培育固体废物处置的技术结构市场，同时为企业营造良好的市场空间，使企业在固体废物处置领域里能够顺利地进行生产、经营等各项活动。此外，在市场机制的有效运行下，固体废物处置产业建立起特有的产业链，把固体废物处置的各个环节——收集、分类、运送和处置——很好地结合起来。通过组建这样的机构，为赤峰市

许多下岗职工提供了再就业的机会，有效地治理了生态环境污染问题，同时加快了固体废物产业化的步伐。

（7）全面推行清洁生产，大力发展循环经济

清洁生产是一种全新的具有创造性的理念，是把污染预防作为主要的工作来抓，从污染的源头便开始治理，从而达到有效控制生产全过程的污染，使污染物的发生概率和大量的排放得以降低，成为控制污染根本有效的措施，成为企业转变生产方式、完善企业的综合管理工作和提高企业在市场机制下的综合竞争实力的有效措施。清洁生产被认为是污染防治的有效模式以及实现企业的经济利益和良好的环境效益双赢的最佳方式。固体废物的两大主要产生源是生活和生产，因此要在企业生产的全过程中，大力推广清洁的生产技术、有效的治污手段，这是减少固体废物产生的开始，也是降低固体废物污染的根本途径。同时，工业企业应采取先进的生产技术和生产工艺，最大限度地减少对生产原材料的无故浪费，对落后的生产设备进行改造；对于新成立的企业或者新投产的固体废物处置项目要严格以清洁生产为起点，更新生产的设备，改进技术，让固体废物对环境的污染降到最低。努力提高对固体废物的综合利用率，变废为宝，废弃物循环套用的方式，努力回收有用的物质进行循环再利用。尽力减少原材料以及一切半成品的消耗，大力减少固体废物的产生量和排放量，把固体废物对生态环境的污染程度降到最低，有效地实现固体废物的资源化。大力开展企业的清洁生产审核措施，加快工业企业的结构调整，提高企业处置固体废物的技术，对于企业排放严重超标的污染物质要采取清洁生产审核举措，对于有些企业为了追求高额的利润而利用有害的原材料从事生产活动，同样要采用审核的措施。对于工业企业来说，更应该严格执行此措施，并且改进生产技术，调整产品的结构，投入大量的人力、财力，积极开发研究，把更多更合理的环保技术应用于企业的生产中。大力发展循环经济是对企业固体废物处置的全新理解。在我国宏观体系的调控下，转变企业的生产方式，发展循环经济的模式，已成为我国目前的主要任务之一。

循环经济应遵循“3R”原则，对于固体废物治理而言，发展循环经济的最有效途径是静脉产业的推进，从而顺利实施循环物流的有效开展。市场激励是有效的运行机制，对于固体废物处置的整个过程——产生、收集、运送和最终安全填埋，静脉产业始终贯穿每一个环节，实现了固体废物的综合再利用，走固体废物的资源化、产业化之路。

（8）构筑以公众和环境 NGO 为主的社会力量在固体废物处置中的互补合作

①在固体废物处置过程中，应在政府主导下，对固体废物的基本状况以及固体废物

的综合利用率进行信息公开，以便公众对固体废物治理信息有全面具体的掌握，及时对政府进行权力监督，从而达到信息的公开化、具体化。赤峰市环保局在赤峰市政府的引导下，及时公布市区及各个旗县区固体废物治理的状况和具体措施、先进的经验，不仅让公众获得准确的信息，也便于监督。同时，赤峰市环保局努力确保每个季度向全社会发布固体废物处置的结果，设立意见箱，虚心听取来自社会各个方面的意见。对于赤峰市的工业固体废物排放量大的问题，特别是将尾矿库的综合再利用项目的进展程度及时对公众公布。此外，对于垃圾收费制度的实施也向市民公布，或召开新闻听证会，听取市民意见，便于市民更好地了解该政策并认真贯彻执行。

②加强宣传力度，优化公众参与渠道，充分调动城市居民在固体废物管理中的积极性、主动性。提高全民的环境卫生意识：让公众认识到自己不仅仅是环境污染的牺牲品，也是环境的污染者，同时应该是治理者，使每个公民都自觉地参与到环境治理中来。加强全社会的环境保护意识，合理有效地使用资源，形成良好的节约意识和健康环保的生活方式，使得社会消费模式向节约型、良好型发展。可以通过以下方式来加大宣传力度：a. 在赤峰市及旗县区发起减排宣传周，对各个采矿区宣传尾矿的综合再利用的重要性；b. 充分发挥社区这一级在垃圾分类收集中的作用，把每个社区作为垃圾分类收集的最小单位、最小执行者和最小管理者，进而形成全社会的普遍参与；c. 在《红山晚报》、赤峰电视台等多家新闻媒体开辟减排专栏，通过各种和环保有关的节日如世界环境日、世界地球日等进行大力的环保知识的宣传，同时举办环保知识讲座、环境污染严重地区的图片展览、开展研讨会等多种方式来普及公众的环保知识，通过网络等高科技手段来进行环保知识的宣传。转变环境教育的理念，培养在校学生的环保意识、垃圾分类意识，可以通过组织赤峰市初、高中及赤峰学院的在校学生进行固体废物处置的专题辩论赛、专题讲座等方式，评选出具有环保知识的优秀学生并授予“环保小卫士”的称号。通过以上途径，让更多的公众行动起来，从我做起，从一点一滴做起，逐步树立起绿色消费的理念，增强公众的参与力度，践行社会监督权利，从而带动整个城市乃至全社会的城市固体废物分类收集和循环利用。

③公众是以个人为单位参与到环境治理过程中的，但是在具体的行动中依然存在力量相对薄弱、成本过高的问题。因此，我们在充分认可和为公众提供参与环境治理的合理权利的同时，还应该积极寻找更加合理有效的途径让更多的公众参与到环境治理中，加强环境 NGO 在固体废物处置中的参与力度。作为社会力量，环境 NGO 不仅是独立存在的组织，同时还是公众的依托。作为拥有丰富社会资源的社会组织，在环境治理中

环境 NGO 具有政府无法企及的优越性，主要表现在以下方面：a. 生态中心性。政府把各地区的利益或者民族的整体利益作为环境治理的中心，而环境 NGO 则是把生态环境作为环境治理的中心，因此环境 NGO 在环境治理方面能够及时有效地克服地方保护主义和民族主义；b. 信息灵活性。与政府相比，在大量收集信息的过程中、信息的互相交流中和信息的处理方面，环境 NGO 的优越性突出，在公众与地方政府之间架起了交流的桥梁，环境 NGO 灵活的信息顺应了信息社会的发展；c. 人本性。在参与管理上，环境 NGO 的路径与政府不同，更加贴近民意，倾听民声，具有极大的归属感和本土化的优势，满足了广大民众的真正需求；d. 横向网络性。横向网络体系是公众集合体的环境 NGO 的优势所在，政府的网络体系则更具有极大优势，合理有效地促进人与人之间的信息交流与沟通。相对于市场，环境 NGO 的优势还体现在其具有一定的非营利性和充分的志愿性。政府虽然具有多元主体代表性、民主独立参与性的特点，但是环境 NGO 还可以充分发挥市场主体和政府主体都无法提供的一些环保职能。而且在环境治理方面，环境 NGO 具有很多特点如灵活性、快速性等，尤其是在短期内没有充分的法律法规作为依据，但已经严重危害到民众的自身合法利益的环境污染问题上，环境 NGO 理应发挥其在固体废物处置中的重要作用。因此，应增强环境 NGO 的广泛参与力度，大力拓宽环境 NGO 的参与途径。

第一，努力参与到固体废物的治理中。除对环境是如何影响人们日常生活的评价外，环境 NGO 还应该参与到监督管理制度的制定和实施中来。在具体的实施过程中，在合理利用现有的立法基础上，环境 NGO 对相关立法进行大力宣传，并监督企业进行相关部门的认证，在生产过程中采取清洁生产的纯熟技术，为企业提供经验、技术沟通的平台。

第二，很好地整合社会力量，构建合理有效的表达机制。作为一直与广大市民保持较为紧密联系的草根组织，环境 NGO 从始至终都是政府和公众沟通的重要纽带。在如何去表达环境保护的观点方面，环境 NGO 可以有效整合公众的意见、认真倾听公众对环境保护的意见、扩大其影响力度、增强公众参与环境问题治理的广度和深度，从而组织更多的公众参与到固体废物治理中来。因此，在固体废物治理方面，环境 NGO 能够准确地表达民意、维护民权；同时通过环境 NGO 的大力宣传、动员与对话，从而调节不同主体之间的利益关系，促进整个社会的发展与稳定。

第三，建立民间固体废物的管理组织。行业的自我管理和政府的行政管理一直是固体废物资源化管理的两个部分。在政府的行政管理方面，我国已经成立了相关的部门和专业的机构，而行业的自我管理的组织在固体废物治理中的作用发挥有限，这些都是我国固体废物管理亟待完善之处。对于固体废物行业的管理，政府及其相关职能部门存在种种弊端如管理理念落后、管理机制不完善、部门之间沟通不畅、缺乏必要的投资等。

第六节　生活垃圾管理问题与建议

改革开放以来，尤其是 21 世纪以来，随着城市化的加速发展和人民生活水平的不断提高，中国城市生活垃圾产生量与日俱增。据统计，2000—2015 年，全国仅收集和运送到各生活垃圾处理场（厂）的城市生活垃圾量，由 11 819 万 t/a 增长到 19 142 万 t/a。而与城市生活垃圾产生量迅速增长不相应的是，中国城市生活垃圾管理在很多方面还具有传统废物管理模式的特征，适合国情的现代化城市生活垃圾管理模式还未建立起来。这无疑给城市管理和发展带来了巨大的挑战，成为制约城市化、环境保护及可持续发展的重要因素。面对这样一个日益严峻的问题，国内学界自 20 世纪 80 年代中期以来开始研究，2001 年以后则给予了越来越多的关注。

一、研究现状

西方学界关于生活垃圾管理的研究始于 20 世纪 70 年代，以美国亚利桑那大学威廉 • 拉什杰博士创立垃圾学为标志。研究脉络大致可分为三个阶段：第一阶段，20 世纪 70 年代，研究主题是垃圾收费和末端无害化处理。第二阶段，20 世纪 80 年代，以源头减量化为主。第三阶段，20 世纪 90 年代以后，主要研究循环经济视角下的垃圾资源化和减量化问题。国内关于城市生活垃圾管理的研究起步较晚，能够查阅到的最早文献发表于 1985 年，重点关注这一问题则是 21 世纪以后。由于后文还将对城市生活垃圾管理过程中更具实质性的问题进行总结，这里主要就国内学界对此问题研究的发展阶段、研究成果的数量与质量、研究主题等一般性状况进行归纳。在归纳和述评之前，需要说明的还有以下两点：

1）本书在后面述评的对象为中国知网（CNKI）1985—2016 年题名中包含“城市生活垃圾”的文献，但考虑到中国知网对 2016 年文献的统计还不全，因此本部分的文献统计截至 2015 年。统计的文献主要包括期刊文献、硕博士论文、会议文献、报纸文献四类。

2）在评估指标选取上，参考了美国学者斯塔林斯（Robert Stallings）和费里斯（James Ferris）（1988）、豪斯顿（David houston）和德利万（Sybil Delevan）（1990）、国内学者何艳玲（2007）、丁煌和李晓飞（2013）等的研究，主要选取了研究成果的发表年份、数量、出处、主题等指标。

（一）研究阶段

研究阶段指的是学界对某一现实问题或科学问题关注、研究的发展过程，标志着该项研究的“热度”。本书选取相关年份的研究成果数量来评估城市生活垃圾问题的研究阶段。研究成果的数量越多，说明该项研究越“热”，反之则越“冷”（图 1-1、表 1-1）。

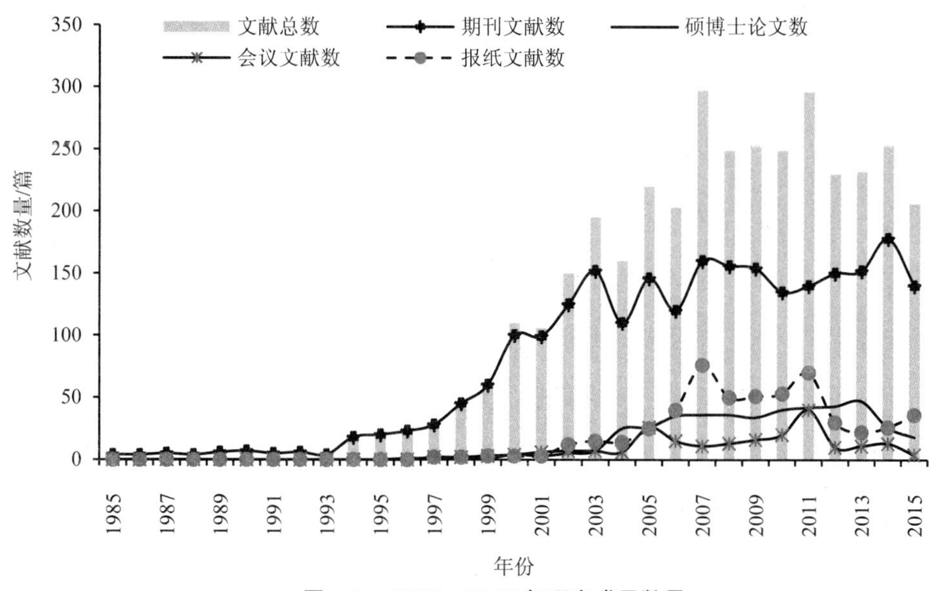

图 1-1　1985—2015 年研究成果数量

表 1-1　分阶段研究成果数量　　单位：篇

年份	文献总数		期刊文献数		硕博士论文数		会议文献数		报纸文献数	
	总数	年均数	总数	年均数	总数	年均数	总数	年均数	总数	年均数
1985—1995	81	7	77	7	0	0	0	0	0	0
1996—2005	1 095	110	878	88	65	7	54	5	77	8
2006—2015	2 481	248	1 482	148	334	33	132	13	444	44

由图 1-1 和表 1-1 可以看出，国内关于城市生活垃圾管理的研究基本上可以分为三个阶段：个别关注期（1985—1995 年）、关注度提升期（1996—2005 年）、持续关注期

（2006—2015 年）。在第一阶段，这一问题仅受到极少数学者的关注，11 年间仅发表相关研究成果 81 篇，年均只有 7 篇。硕博士论文、会议文献、报纸文献对这一问题竟然连 1 篇成果都没有。在第二阶段，这一问题受到的关注度不断提升。年发表的文献数量由 1996 年的 19 篇增长到 2005 年的 223 篇，年均发表相关成果 110 篇。不仅期刊文献数量持续增长，硕博士论文、会议文献、报纸文献等都对这一问题给予了越来越多的关注。在第三阶段，学界对这一问题的关注度进入了一个持续较高且相对稳定的时期。年均发表的文献达到 248 篇且每年都稳定在 200 篇以上；最少为 2006 年（205 篇），最多为 2007 年和 2011 年（皆为 295 篇），而且各类文献的数量都相当可观。

（二）成果质量

研究成果的质量指的是研究成果的优劣程度，标志着一项研究的发展水平。在学界，一般以研究成果的出处、社会认可度等来代表研究成果的质量。以 CSSCI 期刊论文、博士学位论文、人大复印资料转载三项指标来具体评估这项研究成果的质量（图 1-2）。

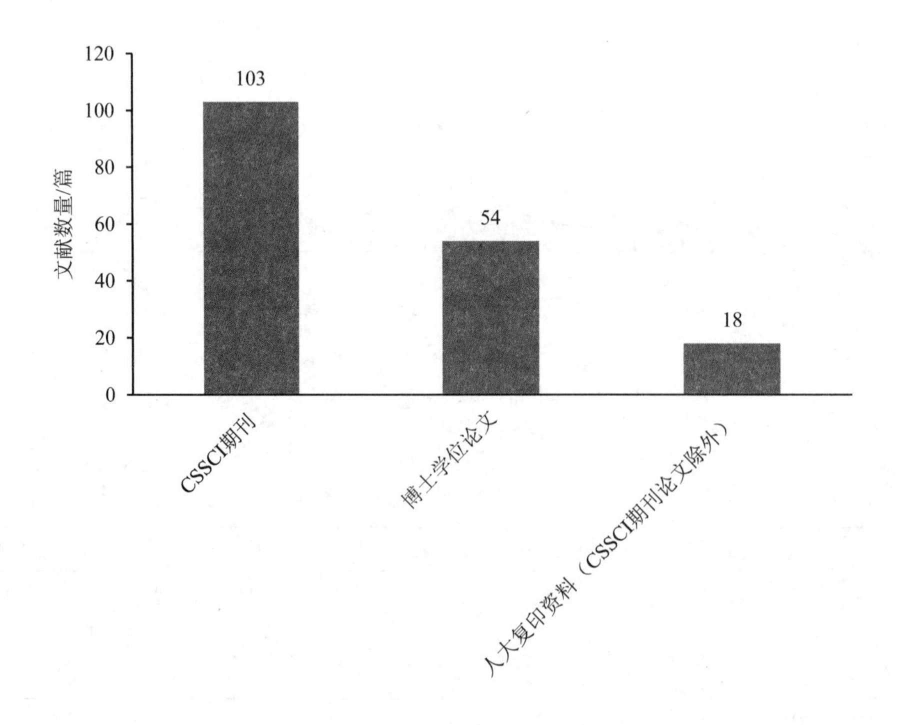

图 1-2　1985—2015 年重要文献统计

由图 1-2 可以看出，31 年来相关研究的重要文献数量并不多，仅发表 CSSCI 期刊论文 103 篇，博士学位论文 54 篇，除 CSSCI 期刊论文外的人大复印资料转载 18 篇，共有 175 篇，仅占全部文献数（3 657 篇）的 4.8%。

（三）研究主题

研究主题是一项研究的主要关注点，标志着该项研究成果的主要内容。城市生活垃圾管理具有非常丰富的内容，如按照管理过程分，有源头产生、中间收运、末端处理等环节；按照管理成熟程度的不同，有不同国家和地区的经验借鉴，以及国内不同城市之间的比较，等等。以 CSSCI 期刊论文、博士学位论文、人大复印资料转载论文共 175 篇重要的研究成果为例来分析学界对这项研究的主要关注点（图 1-3）。

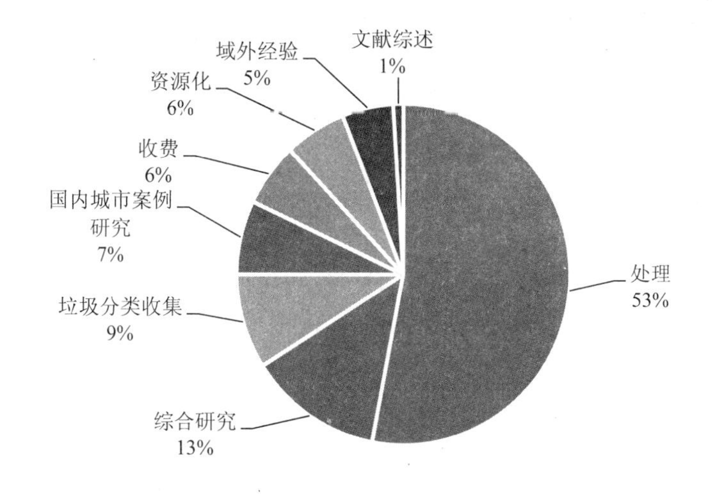

图 1-3　不同研究主题的占比

如图 1-3 所示，学界最为关注的是城市生活垃圾的处理环节，共发表重要研究成果 93 篇，占全部重要文献数的 53%。其后依次为综合研究（23 篇）、垃圾分类收集（15 篇）、国内城市案例研究（13 篇）、收费（11 篇）、资源化（10 篇）、域外经验（8 篇）、文献综述（2 篇）。

二、城市生活垃圾源头产生阶段研究

在了解了学界关于城市生活垃圾管理研究的一般状况之后，下面将关注学界对这一领域更具“实质性”问题的研究。城市生活垃圾管理的过程可以分为源头产生、中间收运、末端处理等环节，以此为线索梳理学界在相关问题上的观点和认识。源头产生阶段是城市生活垃圾管理的起始阶段，主要是减少垃圾的产生和对产生的垃圾进行分类的过程。学界对这一阶段重点关注的是生活垃圾的源头减量和分类问题。

（一）源头减量研究

源头减量指的是从源头上减少生活垃圾的产生量，学界对于这方面的研究还很少。其重要原因在于“生活垃圾减量化”含义的多样性和模糊性。例如，有学者指出，城市生活垃圾的减量有源头减量、中间减量和末端减量三种含义，而在实践中，更加强调的是中间减量——通过垃圾分类减少中间清运量和末端减量——通过焚烧、堆肥等方式减少末端排放量。立法者虽然注意到了源头减量的重要性，但是法律规范大多是示范性、倡导性和宣誓性的，缺乏可操作的规范体系，对家庭垃圾排放问题重视不够，同时也缺乏相关的财税、价格等市场手段的支持，企业和社会公众对此了解不足。

为了促进城市生活垃圾的源头减量，一些学者也提出了相应的措施。例如，将清洁生产理念引入城市生活垃圾管理，限制一次性用品、减少过度包装、采用易于社会循环利用的包装材料和包装方法、加大相应的宣传力度，在全社会范围内树立节约光荣、浪费可耻的价值观等。

（二）垃圾分类研究

垃圾分类是现代生活垃圾管理的一个重要环节，指的是生活垃圾的产生者（居民）按照特定的标准将自己产生的生活垃圾进行归类，以利于生活垃圾的收运、处理。当前学界对城市生活垃圾分类问题的关注主要集中在分类政策、分类标准、分类意识等方面。

1. 分类政策研究

在分类政策方面，主要观点认为中国生活垃圾分类存在制度缺失，缺乏明确细致、可操作性的政策法规。无论是全国性法规，还是地方性法规，对城市生活垃圾的分类收集都做出了原则性的规定，但没有对政府、企业和个人应负的责任和义务进行明确规定，更没有制定有关违规行为的具体惩罚标准，导致这些规定往往形同虚设。通过对社区居民问卷调查，运用政策执行的“模糊-冲突”模型，对某市的垃圾分类政策实施进行的研究发现，垃圾分类政策存在着模糊性和冲突性。垃圾分类政策失败的症结在于制定了法律规范，却没有建立相应的监管机制来保障它的实施。相较于居民的分类投放意识而言，当前生活垃圾分类中更重要的是法律法规等制度上的问题。行为控制、法规与道德约束是制约城市生活垃圾源头分类的两个最主要因子，因此，政府在制定政策中要规范城市生活垃圾主体的权利与责任义务，明确相应的惩罚标准；加快制定城市生活垃圾分类收集的管理法规、实施细则和具体办法，形成更具实践指导意义的城市生活垃圾分类政策体系。

2．分类标准研究

建立科学的、适合我国国情的分类标准是现代化城市生活垃圾管理的基础之一，也是当前城市生活垃圾管理中的难点之一。在这一问题上，学者们倾向于认为当前我国尚缺乏明确细致的分类标准。有学者指出，2004 年建设部颁布的《城市生活垃圾分类及其评价标准》（CJJ/T 102—2004），虽然列出 6 大类生活垃圾，但仍然是非常粗线条的，需结合实际不断完善。

各城市的生活垃圾分类政策中也缺乏细致的分类标准，而且不同城市执行的生活垃圾分类标准也不一样。

在既有的研究中，学者们也认识到了城市生活垃圾分类标准构建的复杂性。有学者指出，分类标准过粗，不能很好地起到分类的效果，还需要很多后续分类；分类标准过细，则单位和居民的工作量太大，对居民认知度也带来一定困难。关于如何构建适合国情的分类标准，一些学者也提出了自己的思考。例如，有研究认为，生活垃圾的分类标准应具有易为居民理解和接受、精细完备等特点，形成更为科学精细的技术标准体系、科学的分类方法和接地气的垃圾分类标准。

3．分类意识研究

社会公众对垃圾分类的认知、理解和支持是城市生活垃圾管理政策实施成败的关键条件。近年来，中国公众的环保意识已经有所觉醒，但受传统习惯的影响，生活垃圾分类意识还比较薄弱。城市居民的生活垃圾管理习惯还没有发生实质性的变化，存在着对垃圾分类的生态意义和社会意义了解不多、理解不深等问题。即使在相对发达的城市，生活垃圾分类的情况也不容乐观。在现代生活垃圾管理体系构建过程中，政府唤起和提升公众的生活垃圾管理意识和知识具有非常重要的意义。对此，学者们提出了一些建议。①提高居民垃圾分类的素质，包括知识、意识和能力。政府要重视环保教育，从小抓起，将环境保护、垃圾分类回收等知识内容融进教材，贯穿于幼儿园、小学、中学、大学教育的全过程；加强环保宣传，让公众知晓垃圾分类的意义并形成习惯。同时在垃圾分类过程中要更加注重公民参与，鼓励公民积极参与生活垃圾管理，努力提高其参与意识，增强其参与能力。②有效激励居民的生活垃圾分类行为。有研究指出，为有效激励居民实施生活垃圾源头分类，必须从感知到的行为障碍、环境态度、主观规范、公共宣传教育、利他的环境价值、利己的环境价值、感知到的行为动力 7 个方面加以正确引导。

三、城市生活垃圾中间收运阶段研究

中间收运阶段是连接城市生活垃圾源头产生与末端处理的中间环节，包括城市生活垃圾的清扫、收集、运输（转运）等管理过程。学界对这一阶段的研究总体比较薄弱，主要集中在收运路线、收集体系、收运效果等方面。

（一）收运路线研究

学者们认为，在中间收运阶段，生活垃圾收运路线不科学、转运设施建设困难等问题比较突出。有研究指出，由于生活垃圾运输路线缺乏科学的规划和设计，造成人力、物力、财力的大量损失及有用资源的严重浪费，为后续的垃圾处理增加困难；生活垃圾中转站的建设也变得困难重重，特别是在人口高度密集、土地资源供应极为紧张、交通拥堵压力巨大、环境保护要求较高的中心城区建设大中型生活垃圾中转站，需要解决如土地资源、城市景观、环境卫生、环境污染及其治理等棘手问题。城市生活垃圾的良好收运需要科学合理的收运路线和完善的转运设施。基于此，有学者建议应运用 GIS（地理信息系统）以及 AHP（层次分析法）等现代信息技术，建立可视化的多目标运输体系，以确定生活垃圾的最佳运输路径。中心城区一体式生活垃圾中转站的建设，应综合考虑其外部空间的边界、场所、出入口、通道、标志、周边等六个构成要素。

（二）收集体系研究

这方面的研究主要集中在两个问题上：①对非正式垃圾收集体系的研究。学者们指出，由于中国城市还存在相当数量的“拾荒”人员，居民也有从生活垃圾中分拣“废品”出售给“废品收购站”的传统，虽然表面上没有建立起一套完整的生活垃圾分类收集体系，但实际上存在着一套非正式的垃圾收集体系。这套以市场机制为主的非正式生活垃圾收集体系在再生资源收集方面发挥了重要作用，如有学者以北京市为例，估算出大约30%的生活垃圾得到了资源化收集处理。同时也有研究指出，在没有外在强制性力量影响的条件下，这样的生活垃圾收集体系也会出现无序竞争、特殊垃圾无法收集、废品加工造成二次污染等问题。②对现代生活垃圾收集体系构建的研究。学界对这一问题的研究主要集中在两个问题上：第一，收集体系的构成主体问题。在研究城市废旧家电收集体系时提出，要建立联合收集模式，使家电制造商、第三方物流企业、零售商等主体在价值链上进行互补合作。基于经济学视角提出通过经济刺激方式吸引城市居民垃圾拾荒者、废品收集小贩、废品收集企业等社会和市场力量进入垃圾收集行业，实现整个社会综合效应的增加。在对德国、巴西以及中国的垃圾收集模式进行比较分析的基础上，提出城市生活垃圾收集网络的构建要明确政府、居民、拾荒者、相关上下游企业等主体责任，有效发挥各主体的作用。第二，政府在收集体系中的角色问题。学者们指出，政府应监督相关企业履行收集义务，依法对不履行行为实施必要处罚；出台优惠的废品收集政策，鼓励小区实现垃圾分装收集，鼓励生活垃圾分类收集和再生资源收集的衔接；扶持拾荒者成立合作社，承担重要的协调功能等。

（三）收运效果研究

近年来，随着循环经济和可持续发展理念的不断深入，“垃圾是放错了地方的资源”的理念逐渐得到人们的认同。由于自然资源的稀缺性和物质守恒定律，城市生活垃圾中的几乎所有成分对人类都具有“再利用价值”。当前，虽然中国大多数城市都已开展垃圾回收工作，但实际效果却不尽如人意。这主要表现在以下两个方面：①回收率比较低。与发达国家相比，中国城市生活垃圾中可回收物（如纸类、塑料、玻璃金属等）的含量并不低，但各地城市生活垃圾的平均回收率不到 10%，远远低于发达国家 50%以上的回收率；②回收面比较窄。城市生活垃圾中，除去废旧纸张或纸制品、废旧金属、啤酒瓶、饮料瓶等经济价值较高的废旧物品外，其余众多种类的资源性垃圾都被作为一般性垃圾进行了填埋或者焚烧，没有得到有效的回收利用。之所以收运效果较差，一个重要原因在于现代化的再生资源回收体系还没有建立起来。对此有学者指出，废品回收工作基本是由个体户完成的，政府环卫部门只负责清运生活垃圾，被个体户漏过的废品基本上都被当作垃圾被环卫部门清运、填埋了，因此导致生活垃圾中有用物品的回收率较低。

四、城市生活垃圾末端处理阶段研究

末端处理即运用焚烧、填埋、堆肥等方式对生活垃圾的最后处置。这是现代城市生活垃圾管理的一个重要环节，在很大程度上标志着一个城市的生活垃圾管理能力和水平。相较于前两个阶段而言，学界对这一阶段的研究给予了较多的关注，在处理方式、处理设备和技术水平、处理设施建设中的资金筹集、处理设施建设引起的社会稳定和邻避冲突等问题上都进行了一定的研究。

（一）处理方式研究

现代城市生活垃圾的无害化处理主要有填埋、堆肥、焚烧等三种方式。环境上有效、经济上可承受、社会大众认可是现代城市生活垃圾无害化方式选择应遵循的三大原则。发达国家和地区的实践显示，焚烧越来越成为生活垃圾处理和再资源化的主要方式。在国内，近年来虽然焚烧发电方式受到各地政府的普遍青睐，但城市生活垃圾焚烧处理的比例仍然较低，直到2012年，全国3/4的城市生活垃圾还是用填埋、堆肥等较为传统的方式来处理，只有不到1/4的生活垃圾通过焚烧方式处理。

（二）处理设备和技术水平研究

学者们认为，虽然近年来中国城市生活垃圾焚烧及尾气净化技术有了相当程度的提升，但很多城市的生活垃圾处理设备和技术水平与国外相比还有较大的差距。例如，有调查认为，中国很多中、小城市的垃圾处理设备和技术水平十分落后，普遍存在着机械老化、防渗漏措施不达标、无害化处理整体水平低等问题。同时，适合中国特殊城市生活垃圾组分的无害化处理技术还亟待突破和提升。有学者指出，在堆肥处理中，中国城市生活垃圾多渣性和不可降解组分高等特点使得堆肥过程中除需要传统的发酵外，还必须设置复杂的分洗、破碎等设备，而当前的技术和工艺条件却难以达到要求；在焚烧处理中，水、渣、灰、盐含量高及含热量低等特点不仅增加了焚烧成本，而且增加了尾气中的氯化物和颗粒物，造成腐蚀焚烧炉、加重二噁英等二次污染问题，而这些问题的解决在当前而言也是技术难题。

城市生活垃圾处理受到处理设备和技术水平的严格限制，如何研制出适合国情的处理设备和技术水平是生活垃圾管理中的基础性问题。为解决这些问题，学者建议应建立一支高水平、高素质的环卫科研队伍，积极开展生活垃圾处理的科学研究和技术攻关，以不断提高生活垃圾处理能力和开辟综合利用的新技术、新途径；应加强对生活垃圾中有用物质进行深度回收利用技术、适合国情的无害化处理技术的研究；应加快焚烧技术引进吸收以及关键设备国产化的进程，扶持气化熔融焚烧技术等高效资源化、污染物接近零排放的新型焚烧技术，以及具有自主知识产权的垃圾焚烧尾气净化技术的研制和创新。

（三）处理设施建设中的资金筹集研究

城市生活垃圾处理设施建设需要大量的资金，其来源主要有政府财政、企业、社会主体等。很长一段时间，由于垃圾处理产业投资大、建设和投资回收期长、投资回报率低等多种因素，政府是唯一的投资主体，因此很多城市政府存在着对生活垃圾管理重视不够、资金投入不足的问题。例如，一些学者的研究发现，2009 年各省级政府对生活垃圾处理资金的投入普遍很少，只有北京超过 10 亿元，有 13 个省级政府的投入还不足 1 亿元，在未来一段时期，随着垃圾焚烧厂等处理设施建设的增加，仅靠政府财政已经难以满足巨大的投资需求，因此需要形成多元化的融资渠道。一方面，政府要进一步加大财政支持力度，增加生活垃圾处理设施建设的财政投入；另一方面，还要利用其他投资主体和银行、国债、股票等融资手段尽快融入城市生活垃圾管理领域，鼓励社会资金参与生活垃圾处理设施的建设和运营。企业和社会资金在参与城市生活垃圾处理设施建设过程中可采用的项目模式包括 BOT（Build-Operate-Transfer）、TOT（Transfer-Operate-Transfer）以及 BOO（Build-Own-Operate）等。同时值得注意的是，在公私合作模式即 PPP 模式（Public-Private-Partnership）下，政府只是将生活垃圾处理设施的投资、建设、运营等工作转移给了企业，但垃圾处理结果和最终法律责任则由政府承担。当前 PPP 模式应用于垃圾处理设施建设方面存在很多问题，如项目招标程序不完善不透明、地方政府过于看重较低的垃圾处理支付价格、有些地方政府拖欠相关费用、邻避现象日趋严重、规划滞后影响市场需求、欠发达地区社会资本参与不足以及企业风险较大等。为解决这些问题，学者也提出了相应的建议，主要有健全专门的 PPP 法律法规、完善财政补贴机制、加强政府监管、正确抉择特许经营合同的关键条件等。

（四）处理设施建设引起的社会稳定和邻避冲突研究

当前城市生活垃圾处理面临着人口规模膨胀、土地空间有限、处理设施紧缺、对社稳定的影响较大等突出问题。尤其是在生活垃圾中转站、焚烧厂等处理设施建设的过程中，影响社会局部稳定的问题非常突出，由此引起的环境群体性事件此起彼伏。一方面，大的国内环境背景要求政府多建生活垃圾处理设施，特别是垃圾焚烧发电项目；另一方面，民众对垃圾处理设施建设的抵触却呈加剧趋势。随着垃圾焚烧暴露出来越来越多的环境问题，尤其是焚烧产生的二噁英的强致毒性问题，使得政府和民众之间的矛盾日渐激化，环境抗争和邻避冲突行为时有爆发。为解决城市生活垃圾处理设施建设引起的多种问题，学者们从决策制度、信息公开生态补偿以及监管机制等多方面进行了研究。相关研究认为，城市生活垃圾处理决策必须明确相应的利益相关者，构建支持信息数据库，加强相关的公信力建设，采用适当的决策方法；应采取生活垃圾处理全过程的信息公开制度，制定有关生活垃圾处理过程中公众参与的相关法律法规，明确公民的环境权；解决机制和制度设计应遵循生态补偿、环境正义、平等协商、选址决策程序公开、人性公平等原则；加强政府监管，建立利益相关者有效参与的监管机制等。

五、整体性管理问题研究

在城市生活垃圾管理中，有一些问题涉及管理的全过程，不能简单地归为上述任何一个环节，将其称为“整体性管理问题”。这些整体性的公共管理问题主要是城市生活垃圾管理体制问题和城市生活垃圾收费问题。

（一）城市生活垃圾管理体制研究

学者们认为，中国现行的城市生活垃圾管理体制是计划经济体制下形成的，长期以来存在着多头管理、职责交叉的问题，这被认为是目前城市生活垃圾管理中的最大弊端。

城市生活垃圾管理在横向上涉及住房和城乡建设、环保、商务、市容环卫等多个部门。其中住房和城乡建设部门是城市生活垃圾管理的主管部门，有害垃圾及其污染防治由环保部门负责，可回收垃圾的处理由商务部门负责，城市生活垃圾的日常监管由市容环卫部门负责，但这种分工对未能分离出来的有害垃圾和可回收垃圾的管理反而成为盲区，而且关于生活垃圾产生、收集、运输等环节的权责归属模糊不清。在纵向上，大城市基本形成了“条块结合、以块为主”的市、区县、街道（乡镇）三级管理体制，但却存在着上下级政府之间职责划分不清，各级政府和地区的城市生活垃圾收费已经由单纯的为垃圾处理提供资金支持的“收费处理制度”发展为包括推动源头减量和分类、促进资源合理回收利用、实现垃圾处理市场化和产业化在内的“收费制度”，现代城市生活垃圾收费的基本依据是“污染者付费原则”和“外部不经济性内部化原则”。

（二）城市生活垃圾收费研究

1. 国外城市生活垃圾收费方式

一些学者将国外的城市生活垃圾收费方式分为 3 种类型：①税收方式，将生活垃圾费附征于营业税、产品税等税收之中；②公用事业收费方式，将生活垃圾处理费附征于水、电等公用事业收费之中；③直接收费方式，政府对各类生活垃圾产生者直接收取生活垃圾费。按计价方式不同，国外生活垃圾收费主要分为定额制和计量制（包括从量制和超量制）两种。定额制以户或人头作单位，收取固定的生活垃圾费；从量制按生活垃圾量收取费用；超量制是在一定数量内免费或者低价，超出数量收费或者收较高的费用。

2. 对中国城市生活垃圾收费制度建设的建议

学者们指出，生活垃圾处理收费包括收费标准、收费方式、费用使用、监督管理、法律责任等一系列内容，但有关部委和地方出台的生活垃圾处理收费办法和实施细则却规定得过于粗糙，导致生活垃圾收费管理存在着征收主体多样、重复收费和乱收费现象严重、开征率和实际收缴率较低、收费成本高、缺乏相应的监督机制等多重问题，同时还存在收费覆盖面相对狭窄、收费缺乏科学合理的依据、收费标准较低、费用被占用和挪用现象严重以及收费方式与生活垃圾排放量脱钩等问题。因此，必须建立健全城市生活垃圾处理收费制度。学者们提出，完善现行生活垃圾收费制度必须解决好生活垃圾处理费率形成机制、征收中的“排他机制”、监督约束机制等问题。还要明确城市生活垃圾处理费征收的主管部门，确定征收途径；收费模式由均等定额制向计量制转变；建立严格的生活垃圾处理费管理体系；责任追究机制应更加严格和规范。

3. 关于定额收费与计量收费的问题

在构建中国城市生活垃圾收费制度中，应实行定额收费还是计量收费是学界争论较多的一个问题。有些学者赞同实行定额收费，认为这种收费方式简单易行，比较适合刚刚实行生活垃圾收费制度的情况，而计量收费则面临着政策执行成本较高（无论是按袋计量还是按桶计量，都会增加环卫工人的工作量）、监督困难（如果缺乏有效的监督机制会导致非法倾倒生活垃圾的现象）等问题。有些学者更加赞同实行计量收费，认为政府实施城市生活垃圾计量收费是保障分配公平的需要，计量收费对促进城市生活垃圾减量化和资源化具有重要意义。有些学者则试图调和两种观点的矛盾，更为深入地分析了两种收费方式的适用条件。从垃圾收费的发展情况和城市垃圾产量情况分析，定额收费适用于生活垃圾收费的初始阶段和垃圾产生量较小的城市，而计量收费则适用于生活垃圾收费发展到一定水平和垃圾产生量较大的城市。实行何种收费方式应该根据不同的情况来定，计量收费是生活垃圾减量化必要政策，适用于减量化努力效果比较显著的生活垃圾，其实行的前提条件是政策收益大于政策执行的成本。也可在生活垃圾产生量大、收费实施时间较长、无害化处理率高、处理设施服役期将满的城市率先开展计量收费试点。

六、对既有研究的评析与展望

由上述关于城市生活垃圾管理研究状况的总结可以发现，随着改革开放以来中国城市化的发展、环境问题的日益严重，尤其是城市生活垃圾产生量的持续增长，城市生活垃圾管理问题日益受到学界的关注，已经产生了相当数量的研究成果，其中的一些研究成果已经达到了较高的水平。这些都标志着，这项研究在中国已经具有了一个较好的起步。然而，当前的这项研究也还仅仅处于起步阶段，在研究内容、研究视角、研究方法等方面还存在一些局限。进一步推进这项研究，需要找准前进方向，明确研究重点，以使其实现理论创新并对相关的实践产生更为积极的影响。

（一）现有研究的不足

主要体现在下述三个方面。

1. 贴近实践的公共治理视角研究还不够突出

通过对大量文献的梳理发现，城市生活垃圾管理近年来受到了多个学科的关注。很多研究成果从理工、环境、法学等学科的角度对城市生活垃圾的处理技术、污染排放控制、加强规制等方面进行了研究，甚至有些学者也对这一问题进行了跨学科的研究，这些无疑都是可喜的。然而，从先进国家城市生活垃圾管理的实践以及国外学界的相关研究来看，除技术、环保、规制等方面的问题之外，城市生活垃圾管理的非常重要的问题，特别是在适合国情的现代化城市生活垃圾管理模式构建过程中的问题，恰恰表现在公共治理方面，即政府、公众、企业、社会组织、专家等主体在城市生活垃圾管理的各个环节如何协调配合以构建起有效的管理机制的问题。然而，在这一问题上，国内学者的研究却是很不够的。很多研究只是对城市生活垃圾管理的现状、存在的问题以及解决路径做经验性的探讨，而缺乏从公共治理视角切入对这一问题进行具体深入的研究。例如，从 2000 年起，中国在一些城市进行生活垃圾分类收集的试点，但结果却收效甚微，其原因恐怕更多的是在公共治理方面，学界对此并没有专门深入的研究。在生活垃圾分类标准方面，很多学者关注的是如何细化分类标准，而实践中普通公众实行的却是大类粗分如“二分法”“三分法”“四分法”等。在末端处理阶段，近年来很多学者注意到了生活垃圾焚烧厂等处理设施选址和建设引起的环境群体性事件和邻避冲突问题，但可惜的是很多研究只是着眼于如何一般性地预防、处置环境群体性事件和邻避冲突，却对如何从公共治理的视角进行生活垃圾焚烧厂的可行性和必要性论证，来估算相关的社会成本，来推进相关项目的有序实施等则关注和研究远远不够。在很大程度上，正是贴近实践的公共治理视角研究的不足造成了很多研究成果存在着泛泛而谈、结论趋同、价值不大等问题。

2. 研究方法尚显单一

就基于公共治理视角的研究而言，由于受传统研究方法的影响，很多学者跳不出“现状—问题—措施”的思维模式，研究框架趋同、研究方法单一。只有较少研究者能够运用实证研究、案例研究、比较研究等研究方法对城市生活垃圾管理问题进行分析，更多的是在传统研究方法基础上的一般性经验总结。城市生活垃圾管理不仅是一个复杂的理论问题，也是一个与社会发展紧密相关的现实问题。近年来，无论是国家层面还是城市层面，已经对这一问题给予了相当的重视，一些城市也进行了城市生活垃圾管理方面的改革，探索出了一些有效的管理机制和管理方式。这些都需要运用新的研究方法，进行相应的理论研究、总结与创新。在理论上，研究方法单一严重影响研究成果的质量，造成很多研究成果千篇一律、没有创新，对实践问题的解决也缺乏借鉴意义。

3. 对一些管理环节和主题的理论关注度不够

由前述关于研究的一般状况的统计和相关研究的引述可见，既有研究关注的主要是生活垃圾的处理和分类收集两大环节，而对源头减量、中间收运、管理体制、收费制度等的研究还有所不足，这不仅体现在研究成果的数量方面，更体现在研究成果的质量方面。例如，从总体上看，当前学界对源头减量的研究主要是从政策制定、意识提高等方面进行的分析，还缺乏具体深入的研究。在对中间管理环节的研究上，对生活垃圾分类收集和再生资源回收如何有效衔接，如何发挥再生资源回收企业、拾荒者等主体的积极作用等问题，学界的关注还很不够。在末端处理阶段，近年来很多学者注意到了生活垃圾焚烧厂等处理设施选址和建设引起的邻避冲突问题，但只是着眼于如何一般性地预防、处置。在“整体性管理问题”的研究中，关于如何建立适合国情的城市生活垃圾管理体制和收费制度、如何加强对生活垃圾管理过程的有效监管等问题，都值得更加关注。应该看到，城市生活垃圾管理是一个各环节密切相关的系统工程，分类收集和垃圾处理中的一些问题往往是源头减量、中间运收，以及管理体制、收费制度等“整体性管理问题”导致的。因此，如果不能够较好地解决源头减量、中间运收、管理体制、收费制度中存在的问题，也就不能够较为彻底地解决分类收集和垃圾处理中的问题。此外，城市生活垃圾管理还涉及政府责任履行、公众相关知识教育、生活习惯养成、社会文明培育等更深层次的问题，然而，相对于国外学界的研究而言，国内学界对这些主题还普遍缺乏深入细致的研究。可以说，正是对上述管理环节和主题的理论关注度不够在很大程度上制约了这项研究的深入进行。

（二）进一步推进研究的建议

应从以下五个方面进一步推进城市生活垃圾管理研究。

1. 应贴近相关实践的发展

这是在研究着眼点方面的建议。中国的城市生活垃圾管理有其特殊的国情，现实中现代化城市生活垃圾管理模式的构建又处于迅速发展之中，因此这项研究应特别注意贴近实践的发展。①应贴近“特殊国情”的实践。这里所谓的“特殊国情”，并不是强调中国区别于其他国家的“独特性”，而是指在遵循城市生活垃圾管理普遍规律前提下的一些局部性、阶段性的特点。例如，由于传统上形成的废品回收模式的存在以及现代化城市生活垃圾管理模式还没有建立起来，导致现实中存在着“再生资源回收利用”和“生活垃圾分类收集”两套管理体制同时运行而又衔接不够的问题；在传统的废品回收模式下，居民具有出售生活垃圾卖钱的习惯，拾荒者也有捡拾和收购垃圾的传统，这些因素都影响着生活垃圾收费制度的实施；由于公众缺乏生活垃圾管理意识，导致生活垃圾源头分类难以有效推开。如果不贴近这些生活垃圾管理的 “特殊国情”，只是一味地强调借鉴先进国家经验的话，势必难以认清中国城市生活垃圾管理的现实。②应及时关注并跟上中国现代化城市生活垃圾管理实践的迅速发展。应该看到，近年来中国在现代化城市生活垃圾管理模式构建上正在经历着迅速发展。例如，在生活垃圾管理体制改革方面，《中华人民共和国国民经济和社会发展第十三个五年规划纲要》提出要“健全再生资源回收利用网络，加强生活垃圾分类回收与再生资源回收的衔接”。在生活垃圾分类方面，2016 年 6 月国家发改委、住建部联合发布的《垃圾强制分类制度方案（征求意见稿）》提出“到 2020 年年底，重点城市生活垃圾得到有效分类，实施生活垃圾强制分类的重点城市，生活垃圾分类收集覆盖率达到 90%以上，生活垃圾回收利用率达到 35%以上”。在城市生活垃圾管理的各个环节中，有些城市在生活垃圾的源头分类方面进行了一些可贵的探索，有些城市在积极实践生活垃圾处理设施建设的 PPP 模式，等等。作为一项与实践结合紧密的研究，应该高度关注并及时跟上这些实践的发展。

2. 应重视基于公共治理视角的研究

这是在研究视角和理论基础方面的建议。如前所述，城市生活垃圾管理既是一个技术、环境、规制问题，更是一个公共治理问题，尤其是在中国加速城市化和现代化生活垃圾管理模式构建的过程中，生活垃圾管理的“公共性质”更加突出。因此，进一步推进这项研究的一个重要方面，应是更为重视基于公共治理视角的研究。公共治理理论是伴随着西方福利国家出现的管理危机、市场与等级制的调解机制危机，以及公民社会的不断发育和众多社会组织集团的迅速成长而出现的一种新型的公共管理理论。这一理论自 20 世纪 90 年代兴起以来，迅速成为社会科学领域的基础性理论之一。经过 20 多年的发展，公共治理的内涵不断丰富，被广泛应用于公共事务的研究中。所谓公共治理，就是政府、市场、社会组织以及公众等多元主体，通过合作、协商而不是命令、规制，来凝聚公共意志、管理公共事务、实现公共利益。近年来，中国城市生活垃圾管理中政府作为单一治理主体的弊端日益显现，成为制约城市生活垃圾管理水平提升的重要因素。而从城市生活垃圾管理较为先进的国家的经验看，引入公众、企业、社会组织等主体共同进行城市生活垃圾管理，是现代城市生活垃圾管理模式的普遍做法。此外，从中国的经验看，部分私人企业、拾荒者等主体实际上也参与生活类再生资源的回收利用。特别是随着市场化改革的深入推进，以及政府购买服务、特许经营等方式的应用，企业在城市生活垃圾管理领域中发挥着越来越重要的作用。因此，中国的城市生活垃圾管理问题已经不仅仅是政府单方面就能管理好的问题，而成为需要政府、市场、社会等多元利益相关主体共同参与治理的问题。在这样的情况下，就需要政府抛弃传统的单一主体管理模式，通过合作与协商，建立一种政府、企业、社会组织及公众等多元主体共同参与的治理模式。在这一模式中，应结合中国的具体国情，既保障政府在城市生活垃圾管理中的主导地位，又加强政府与其他主体的回应与协作。在此背景下，将公共治理理论运用到中国城市生活垃圾管理的研究中无疑具有重要的理论意义和实践价值。

3. 应重视实证研究、案例研究和比较研究

这是研究方法方面的建议，即应在传统研究方法基础上，重视运用实证研究、案例研究、比较研究等社会科学的多种方法进行城市生活垃圾管理研究。首先，增加对城市生活垃圾管理的实证研究。城市生活垃圾管理作为一个与实践紧密联系的研究领域，迫切需要增加两个方面的实证研究。①垃圾分类问题的实证研究。2000 年以来在一些城市进行的生活垃圾分类收集试点之所以未能成功，其原因也许更多的是在居民分类意识和行为上，学者需要着重于对城市居民的生活垃圾分类意识和行为进行实验观察以及对相应居民进行问卷调查和访谈等方面的研究。②邻避抗争问题的实证研究。由垃圾设施建设引起的邻避抗争频发不断，学者需要对这些邻避事件进行实际调研，对邻避居民进行访谈等，深入了解事件背后的社会因素，从而获取第一手资料。其次，加强对城市生活垃圾管理的案例研究。现有研究大多是以某一典型城市为案例进行的个案研究，未来研究要在此基础上加强多案例研究，如就北京市、上海市、广州市等特大城市的源头分类实践进行多案例研究；同时还要加强对城市生活垃圾管理中一些成功模式的案例分析，如南京“尧化模式”、绿色银行账户模式等。最后，对城市生活垃圾管理进行比较研究。有些学者对中国与外国的城市生活垃圾管理活动进行了横向比较，以借鉴国外的管理经验。后续研究需要加强对国内不同城市在城市生活垃圾管理方面（如垃圾分类、回收体系等）的横向比较研究，特别是需要加强纵向比较研究，如对中国不同历史时期的城市生活垃圾管理政策进行比较，明确政策的演变过程和未来走向；对某一个城市不同时期的管理方式进行比较，总结经验和教训，为未来的方式选择提供指导。

4．应加强对城市生活垃圾管理过程的深入研究

这是关于现阶段研究内容的建议之一。在城市生活垃圾管理系统整体研究的基础上，要将这个系统进行分解，对每个具体环节进行拓展和深化，以求得整个管理系统优化的总体目标。首先，源头产生阶段应该是研究重点之一。只有搞好源头减量和分类，中间收运和末端处理才会起到事半功倍的效果。因此，在这一阶段要加强对公众节约资源的宣传和教育研究，生产商包装物减量使用的制度研究，生活垃圾源头分类的自律机制和制度约束机制研究，以及垃圾分类回收的制度机制研究。其次，在中间收运阶段，应加强对垃圾拾荒者、废品回收商等“体制外”的生活垃圾管理群体的深入研究，包括体制外主体在城市生活垃圾管理中的角色定位以及政府对其进行规范性引导和监管等方面。同时，还要深化对以社会力量为主的再生资源回收体系的研究，以及生活垃圾分类收集与再生资源回收利用的有效衔接研究。再次，末端处理阶段要着重关注垃圾处理引起的社会问题。面对日益频发的由垃圾焚烧厂等处理设施建设引起的邻避冲突问题，学界应该研究如何处理好城市生活垃圾管理与环境纠纷的关系问题。例如，基于城市生活垃圾管理的视角求解垃圾焚烧类邻避群体性事件的预防问题研究；在反焚烧成为一种常态时，如何把公众纳入垃圾处理设施建设中使 PPP 模式从“双赢”转为“多赢”的研究；通过对生活垃圾焚烧厂的可行性和必要性论证来估算相关的社会成本，以推进相关项目的有序实施的研究。最后，在整体性管理问题上，加强基于居民传统垃圾分类习惯、体制外主体回收利用体系等的研究，无疑将有利于建构中国特色的城市生活垃圾管理体制和适合当前中国国情的垃圾收费制度。

5. 应加强现代城市生活垃圾管理模式构建中的政府责任研究

这是另一个关于研究内容的建议。总体而言，中国的城市生活垃圾管理正面临着一个从传统的废物回收利用模式向现代化生活垃圾管理模式的转型。而根据先进国家和地区的经验，在这样一个时期，政府在现代城市生活垃圾管理模式建构过程中无疑发挥着主导性作用，肩负着极其重要的责任。换句话说，没有政府相关责任的履行和作用的发挥，就不可能建立起现代化城市生活垃圾管理模式。当前应特别加强政府在现代城市生活垃圾管理模式建构中下述四个方面责任的研究：第一，领导责任。领导的核心是带领并引导特定对象朝一定方向前进。对于城市生活垃圾管理而言，就是政府制定出相应的规则和规划，引导相关主体参与城市生活垃圾管理模式转型。在这一方向性的引导过程中，中央政府的相关主管部门应发挥主要作用。第二，组织责任。这里的“组织”指的是管理的一种职能，是相关主体有目的、有系统地集合起来，采取行动以实现特定的目标。在中国现代城市生活垃圾管理模式构建过程中，地方政府，特别是各城市政府，肩负着重要的组织责任。例如，城市政府应根据中央相关的规则和规划，理顺生活垃圾管理有关的政府部门之间的职责关系，调动相关的企业、社会组织、公众等主体的积极性，共同做好本区域的城市生活垃圾管理工作。第三，监管责任。这里的“监管”指的是政府对其他参与主体进行监督管理以保障城市生活垃圾管理的有序进行。针对实践中暴露出的如生活垃圾不分类、地沟油、污染物排放超标等问题，学界急需加强政府如何履行相关监管职责研究；同时监管作为一个全过程的问题，需要保持从源头到末端的系统性和连续性，因此要增加如何利用政府的合法性权威以构建全链条的监管体系的研究。第四，教育责任。这里的“教育”泛指有目的地影响人的身心发展的社会实践活动。现代城市生活垃圾管理离不开社会公众的广泛参与，而在现代城市生活垃圾管理模式构建过程中，特别需要政府加强舆论宣传和专门知识的培训等“教育”活动，以培养公众的生活垃圾管理意识和技能。在履行政府责任的问题上，研究者应注意，一方面应看到，中国政府总体而言是“强政府”；另一方面也应厘清政府与其他主体的责任边界，既要让政府履行其应有的职责，又要让企业、社会组织、公众等主体发挥其应有的作用。

总之，中国城市生活垃圾管理问题已经到了十分严峻的地步，构建现代化城市生活垃圾管理模式的任务十分艰巨。这为学界的相关研究提出了十分重要的课题，亟须对这一课题进行高度关注并进行深入研究。在研究中应贴近相关实践的发展，秉持公共治理的视角和理论基础，重视实证研究、案例研究和比较研究，加强现代化城市生活垃圾管理过程和相应的政府责任研究，以形成并构建起现代化、本土化的城市生活垃圾管理理论。

习　题

1. 固体废物管理典型模式的优缺点有哪些？请试设计适合中国城市固体废物管理的模式。

2. 多中心环境管理模式的优缺点是什么？请试利用多中心环境管理模式设计某一个城市某一区的固体废物管理模式。

参考文献

[1] 聂国卿. 我国转型时期环境治理的经济学分析[J]. 湖南商学院学报，2001（6）：60-61.

[2] 于晓婷，邱继洲. 论政府环境治理的无效与对策[J]. 哈尔滨工业大学学报（社会科学版），2009（6）：127-132.

[3] 朱锡平，陈英. 生态城市规划建设与中国城市发展[J]. 河北经贸大学学报，2006（6）：24-30.

[4] 王兴伦. 多中心治理：一种新的公共管理理论[J]. 江苏行政学院学报，2005（1）：96-100.

[5] 于水，查荣林，帖明. 多元治理视域下政府治理逻辑与治理能力提升[J]. 江苏社会科学，2014（4）：139-145.

[6] 欧阳恩钱. 多中心环境治理制度的形成及其对温州发展的启示[J]. 武汉大学法学院，2006（1）：47-51.

[7] 国家统计局能源司. 中国环境统计年鉴[M]. 北京：中国统计出版社，2011—2017.

第二章　固体废物管理与处理处置项目可行性分析

第一节　项目进行可行性分析概述

一、项目可行性内涵

项目是一个组织为实现自己既定的目标，在一定的时间、人员和资源约束条件下，所开展的一种具有一定特性的一次性工作。它具有目的性、独特性、一次性、不确定性、制约性、风险性等基本特性。正是项目所具有的这些基本特性，使人们在项目决策和实施中必须对项目进行深入的分析和研究，因而，项目评估成为项目管理中最为重要和必不可少的内容之一。

可行性分析是在投资决策之前，对拟建项目进行全面技术经济分析论证并试图对其作出可行或不可行评价的一种科学方法。它是投资前期工作的重要内容，是投资建设程序的重要环节，是项目的投资决策中必不可少的一个工作程序。在投资项目管理中，可行性研究是指在项目投资决策之前，调查、研究与拟建项目有关的自然、社会、经济、技术资料，分析、比较可能的投资建设方案，预测、评价项目建成后的经济、社会效益，并在此基础上，综合论证项目投资建设的必要性，财务上的盈利性和经济上的合理性，技术上的先进性和实用性以及建设条件上的可能性和可行性，从而为投资决策提供科学依据的工作。其中，项目投资建设的合理性是可行性研究中最核心的问题。

然而，不是在任何地方、投资任何项目都是可以挣钱的，因为投资项目是有风险的。一般来讲，预期回报越大的项目，承担的风险也就越大。只看到回报而无视风险，盲目投资，结果只能是血本无归。那么，有没有什么比较好的方法能尽量规避这些风险呢？严格来讲，既然是风险，它应该是无法避免的，但我们可以进行预测，做好准备，尽量把风险的损失降到最小。从控制学的角度来讲，如果结果控制无法挽回我们损失的话，我们就需要加强事前控制了，这也是我们经常讲的“预则立，不预而废”。

另外，一个成功的企业，一般决定于四大要素。一是项目；二是它的环境和条件；三是管理；四是机遇和风险。可见，项目是第一位的，它是一个企业成功运作不可缺少的重要因素。对于项目，怎样才能减少对它的投资风险呢？那就是，在投资一个项目之前进行项目可行性分析。

二、项目可行性分析的内容

各类投资项目可行性研究的内容及侧重点因行业特点而差异很大，但一般应包括以下内容：

（一）投资必要性

主要根据市场调查及预测的结果，以及有关的产业政策等因素，论证项目投资建设的必要性。在投资必要性的论证上，一是要做好投资环境的分析，对构成投资环境的各种要素进行全面的分析论证；二是要做好市场研究，包括市场供求预测、竞争力分析、价格分析、市场细分、定位及营销策略论证。

（二）市场可行性分析

我们要盈利，我们要办企业，靠的就是市场。所谓营销就是发现或培养社会需求，以自己的产品和服务满足社会需求并赢得应有的利润。因此，研究市场应当是第一位的。

市场分析，主要是需求的分析。如果我们的项目能满足很大的社会需求，说明这是一个不错的项目；如果需求一般而且竞争对手又比较多，这时就要看看自己其他方面的优势和情况了；如果项目的功能还没有被人们发现而且还没有竞争对手，那就要看你在培养市场需求方面的能力了。做广告、搞宣传是需要投入成本的，而且人们接受一个新事物还需要一个过程。

需求有一个量的问题，在投资项目之前要调查市场需求量真正有多大。社会上有多少这样的需求？一次需求的量是多大？有多少次这种需要？这种需求的频率是多少？这种需求能维持多长时间？客户接受这种需求的承受能力有多大？等等。市场分析要照顾到有多少已经为这种需求提供服务的项目和企业？有没有同类的产品？有没有同类的服务？这个需求满足了没有？现在需求上的缺口有多大？例如，人们仍然找不到美容的地方，仍然找不到吃早餐的地方，快餐现在品种很少，儿童现在看的电影很少，动画片还不够，等等。这个缺口目前有多大？我们这个产品本身需求是多大？然后再确定我们的行动和项目的规模。

市场分析还要考虑时效性问题。这种需求是一种长期存在的，还是一种短期的。例如，吃、穿都属于长期需求，可预见的未来，人们都需要它。再如，我们生产的是一种快餐，是一种营养食品，是一种休闲装，那么它就受时尚的影响，衣服永远需要，但牛仔裤是不是永远需要，西装是不是永远需要，这就要研究一下。研究时效性可以决定我们的企业未来是朝阳企业还是夕阳企业。

三、技术可行性分析

技术可行性分析面比较广，它需要专业人员做出这方面的分析，包括项目的构成（包括主要单项工程）、技术来源和生产方法、主要技术原理、技术工艺和设备选型方案的比较、引进技术、设备的来源国别、与外商合作的技术方案、全厂布置方案的选择和工程量估算、公用辅助设施和交通运输方式的比较和选择。①产品和服务本身，我们有没有这样的技术。例如，我们去制作一种瓷器，我们就不得不考虑制造这种薄胎瓷器，它的成品率是多高，别人生产 100 个，可以成功 97 个、98 个，而我们只能成功 3 个、5 个。②它的加工条件、生产设备，我们有没有。另外就是它的上下游，有没有配套的设施、设备。如 DVD 刚出来以后，有很长一段时间卖不出去，就是因为当时没有 DVD 的光盘，电视台也没有 DVD 的节目，所以造成在一段时间内，虽然产品先进，质量不错，但就是卖不出去，因为设施、设备不配套。③原材料、包装、储存以及运输等各方面的技术。例如，最近有的地方生产大型石雕，很多人装修的时候也需要大型石雕，但是他们如果不解决送货上门的问题，就很少有人买。另外，大件的电器也是这样，人们看中了，你必须给它解决运输、安装问题，这个方面的技术我们有没有等。我们还要注意一件事，就是任何一个商品，它在实验室里出来的东西，根本不能成为商品，我们只能说是实验品，它离最终上市有的时候还需要若干年。

四、经济可行性分析

经济可行性分析要做两个，一个是宏观经济分析。宏观经济分析就是我们社会现在整个的经济状况如何，还有就是我们目标消费群，目标消费群手里的钱，到底他们拿多大的比例来进行我们生产的这种产品的消费。如房子消费、教育消费、娱乐旅游消费、交通消费等。另一个是预算。简单地说就是，项目本身在这种宏观经济条件下如果能够满足市场需求，那么我们预计到底能挣多少钱。这个预算包括两大部分，一部分我们叫经营预算，根据我们的第一个市场可行性分析来计算出我们将来的销量有多大，也就是说我们的市场有多大。然后就是我们制造这个东西的成本和成品率是多少，我们在一个东西上，直接成本、间接成本、税收扣除之后，我们能不能赚到钱？能赚多长时间的钱？经营预算必须是赚钱的。另一部分叫投资预算，这些项目能赚钱，一年预测能赚 1 000 万元，但是它需要 10 亿元的投资，我们有没有这么多钱，自己有多少钱，还需要向银行贷款或用股份制手段招股融多少钱，当然这不是一个静态的，这种投资往往要有一个时间表。那么，我们能不能按照投资的时间表来搞好融资计划，有没有这样的能力。

经济可行性分析还要关心一件事，就是回收期有多长，根据每年能创造的利润，我们在多长时间内能回收我们的投入，当然这是一个曲线，做这个的时候不能做成一个直线。例如，某些有厂房、有建筑、有大型设备的这种投资，很难在第一年就赚钱，当然也有上来就赚钱的，但是这种情况一般不是很普遍。一开始你的市场没打开，你没有品牌，你的渠道没建立，别人用怀疑的眼光看着你的产品，在这种情况下，有可能要有一段时期，我们叫赔钱期，并不是任何一个企业一开张就赚钱，赔钱期我们也要作为投资预算打进我们的算盘。还有，我们不能单纯进行硬件投资预算。我们还要进行大量的软件方面的预算，所以，广告费用、管理模式的建设、人才的准备等都需要计入我们的预算。预算是项目经济可行性分析的核心。预算必须是有钱可赚，有利可图，而且还要考虑保险系数，我们才能进行这个项目，否则，那就太冒风险了。

五、法律可行性分析

项目首先要有法律保证，我们所在地区、所在国家有哪些法律规定，允许不允许、方便不方便、支持不支持等。除法律以外还有政策，我们所从事的项目有没有税收上的优惠，或有没有意外的征税。国家不鼓励的东西，可能征税就非常高，这些都要进行事先的分析。另外我们还要考虑到除项目本身以外的各种政策。如食品，要考虑卫生局的通过；药品，要考虑国家药品检验局的许可；某些项目还要考虑公安局特行科的批准，我们究竟需要哪些批准，而且这种批准难度有多大，需要多长时间，这都是我们必须事先列项，然后逐个找到答案。所有这一切，时间越长，项目所占用的资金就越大，甚至有可能使我们的项目前功尽弃。要规避这方面的风险，最好由律师、业内人士和当地的一些人士做出一个详细的法律可行性分析。当然并不是说，有一点困难我们就不做了，而是我们必须有十足的把握来克服一些困难，心里明白我们要冒的是多大的风险。

六、人文可行性分析

一个项目法律允许了，并不代表当地老百姓就可以接纳。所以投资一个项目必须进行当地人们的生活习惯、心理、文化等方面的人文分析。一些国外大集团，他们在建立分店、分销店的时候，在这方面考虑的问题是很多的。最好的方法是根据你的项目建立一个调查表，如人流，在你建店或建企业的地方，有没有产品销售的足够人流。还有人们的心理习惯是到什么地方去进行消费？举个例子，在一个城市最繁华的贸易集市旁边，如果你建一个豪华餐厅，人流虽然很大，但是却没生意，为什么？很简单，去那里买东西的人都不是进行高级消费的人，都是买便宜货的人，在这种气氛中，人们连汽车都开不进去，怎么能进行高档消费呢？而且格调也大不相同，所以这种人文的考虑，是一个项目在实施以后，能不能赚钱，能不能顺利经营的一个非常重要的侧面。还有风俗习惯、宗教习惯也是很重要的，你所生产的东西跟周围环境中所有的宗教习惯如果相悖的话，可能要遇到大麻烦。

七、环境可行性分析

环境能不能允许和支持你这个项目长期运行也是项目成败的一个因素。如交通环境，你的位置怎么样，运输的过程中，如果你经过的是繁华大街，汽车只有晚上 10 点以后才能进城，那就麻烦了。你所从事的这个项目有没有污染，如果你在大城市去建水泥厂，肯定得不到批准，因为环境不允许。如果一个需要大量往里运燃料或者往外倒垃圾废品的项目，那必死无疑。环境可行性分析，既包括自然环境，也包括我们周围的道路环境和其他环境。另外，考虑项目生产过程中产生的污染物及控制措施是否达到环境许可等。

八、资金可行性分析

一个项目在开始运作以后，要经常性地贷款，尤其是先进的企业和一些国外的企业，他们的习惯都是用别人的钱赚钱。所以，当我们接到大买卖以后，我们要有流动资金贷款，有没有足够的机构来支持你未来资金方面的条件，申请时间需要多长，贷款期限可以多久，有没有建立这种关系等，这些都需要进行分析。

九、基础资源分析

如果项目要长期经营，我们不但要解决建厂时候的资源，而且还要考虑经营过程中有没有源源不断的资源。如一个奶制品项目，需要的就是奶的供应，奶的生产，当然一定要有奶牛资源。但是一旦竞争激烈以后，奶牛不可能在短期内成倍的增长，而且它还要占用很大的资金。所以有的人经过调查研究，就很好地解决了这方面资源的问题。他发现周围农村土地狭小、人口众多，不适合发展农业，但是有大片未开垦的荒滩，上面有很多牧草长出来，所以他后来在农民当中合作发展奶牛的养殖，结果就解决了牛奶的资源供应问题。其他的还有一些基础资源，如水源，我们的很多钢铁企业、化工企业、织染企业都需要大量的水源，没有水源会给我们的生产造成很大的困难。再如电力，这个地方有电力供应，但是停不停电，这些基础资源，对我们来说是未来能不能保证生产的重要条件。基础资源里有一个最重要的资源，那就是人的资源。工业发展需要大量的、自由的劳动力，我们周围有没有这样的人群，有没有这样的素质，他们以前有没有接受过这样的培训。为什么很多外国人现在把工厂开到中国，其中一个重要的原因除我们有巨大的市场以外，就是我们有巨大的人力资源。基础资源是建立一个项目的先决条件。

十、前景分析

以前我们考虑的可能只是今天，但是五年以后、更长的时间以后，我们这种产品是看涨还是看落。例如，像手机、电脑这样的工业产品，肯定是看落，所以你计算利润前景的时候，就一定要让他做得合适，让大家知道它的利润前景并不是越来越好。我们只有不断地去开发新的东西，才能保证我们的利润前景。但是有些东西就看涨，如资源性的产品，像宝石、玉器，肯定那些上等的精品价格越来越高，这种动向分析由谁来进行呢？应该由业内人士，以及经济学家共同做出来。

十一、风险分析（不可行性分析）

不可行性分析是最后一定要做的。我们要为自己提这样几个问题，第一，别人为什么不这样赚钱，永远不要假设我们是世界最聪明的人。有这么大的需求，为什么别人不来做。第二，如果在你前面有人从事这个项目失败了，他为什么失败，你有哪些条件可以避免这些因素。第三，现在所有的这些条件今后会不会改变，会不会造成你未来的失败。

我们要考虑这些风险分析，不是制止我们去从事这个项目，而是我们要考虑周全，做好各种准备。多问几个为什么，能使我们更加安全。

从以上的各项分析不难看出，项目可行性分析的核心是项目经济可行性分析，项目经济可行性分析的核心是项目投资预算，总之，一个项目也好，一个企业也好，只有做好了准备，打好了基础，未来才能有更好的发展。

第二节　项目可行性分析的方法与步骤

可行性研究方法是以预测为前提，以投资效果为目的，从技术上、经济上、管理上进行全面综合分析研究的方法。可行性研究的基本任务，是对新建或改建项目的主要问题，从技术经济角度进行全面的分析研究，并对其投产后的经济效果进行预测，在既定的范围内进行方案论证的选择，以便最合理地利用资源，达到预定的社会效益和经济效益。

美国是最早开始采用可行性研究方法的国家。20 世纪 30 年代，美国开始开发田纳西流域，田纳西流域开发能否成功，对当时美国经济的发展关系重大。为保证田纳西流域的合理开发和综合利用，开创了可行性研究的方法，并获得成功。第二次世界大战以后，西方工业发达国家普遍采用这一方法，广泛地应用到科学技术和经济建设领域，已逐步形成一整套行之有效的科学研究方法。可行性研究的内容很广泛，一般包括市场研究、工程建设条件研究、工艺技术研究、管理和施工研究、资金和成本研究、经济效益研究等内容。

中国进行可行性研究起步比较晚。改革开放以后，西方可行性研究的概念和方法逐渐引进，国家有关部门和高等院校多次举办讲习班，培训了一批骨干。同时国家经济建设主管部门对一些重大建设项目，如宝钢、石油化工引进装置、核电站、山西煤炭开发等，多次组织专家进行可行性分析和论证。中国自 1981 年开始正式将可行性研究列入基建程序。国务院 1981 年第 30 号文件《关于加强基本建设计划管理、控制基本建设规模的若干规定》和 1981 年第 12 号文件《技术引进和设备进口工作暂行条例》中明确规定所有新建、扩建的大中型项目，都要在经过反复周密的论证后，提出项目可行性研究报告。国家计委 1983 年第 116 号文件《关于建设项目进行可行性研究的试行管理办法》规定，可行性研究一般采取主管部门下达计划或有关部门、建设单位向设计或咨询单位进行委托的方式。目前，可行性研究在中国已经普遍受到重视，并取得一定成效。

一、可行性研究的方法

可行性研究方法本身是相关方法的集成，主要包括战略分析、调查研究、预测技术、系统分析、模型方法和智囊技术等。

二、可行性研究的程序

接受委托书；组建研究小组；事前调查；编制研究计划；签订合同或协议；正式调查；分析研究、优化和选择方案；编制可行性研究报告。

三、可行性研究的过程

可行性研究是一个逐步深入的过程，一般要经过机会研究、初步可行性研究和可行性研究三个步骤。机会研究的任务主要是为建设项目投资提出建议，寻找最有利的投资机会。有许多工程项目在机会研究之后，还不能决定取舍，需要进行比较详细的可行性研究，然而这是一项既费时又费钱的工作。所以在决定要不要开展正式可行性研究之前，往往需要进行初步可行性研究，它是机会研究和正式可行性研究的中间环节。初步可行性研究和可能出现四种结果，即肯定，项目可以“上马”；转入正式可行性研究，进行更深入更详细的分析研究；展开专题研究，如市场考察、实验室试验、中间工厂试验等；否定，项目应该“下马”。

四、可行性研究的实施方法

编制可行性研究报告的服务流程如图 2-1 所示。

第一阶段：初期工作

1）收集资料。包括业主的要求，业主已经完成的研究成果，市场、厂址、原料、能源、运输、维修、共用设施、环境、劳动力来源、资金来源、税务、设备材料价格、物价上涨率等有关资料。

2）现场考察。考察所有可利用的厂址、废料堆场和水源状况，与业主方技术人员初步商讨设计资料、设计原则和工艺技术方案。

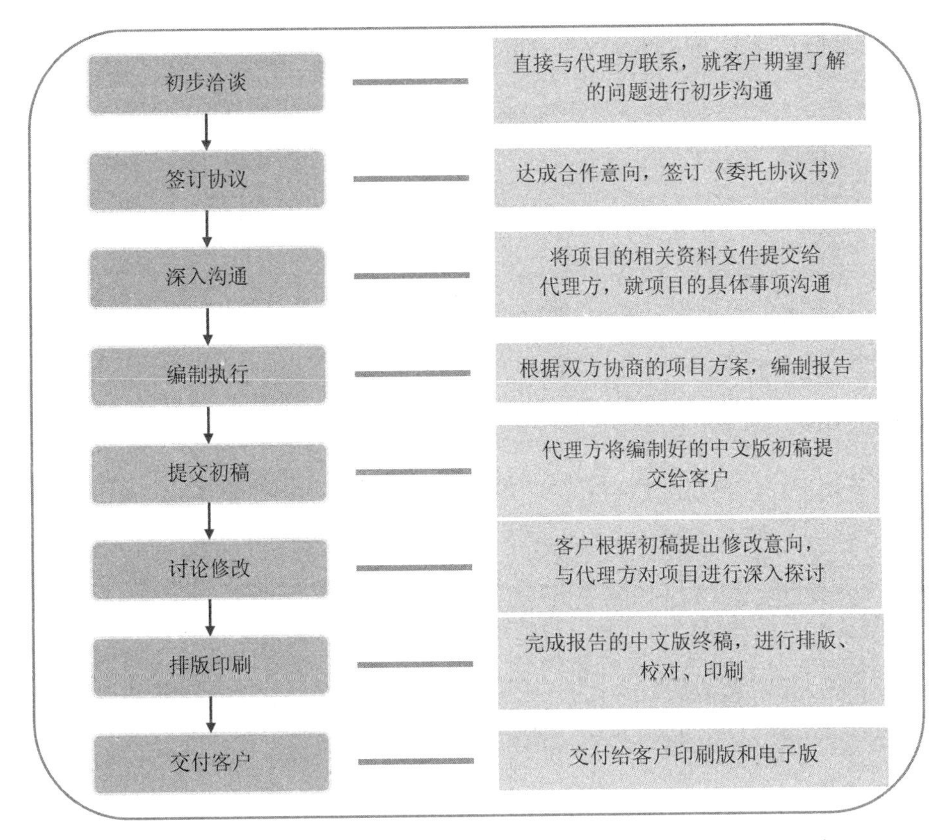

图 2-1　编制可行性研究报告的服务流程

3）数据评估。认真检查所有数据及其来源，分析项目潜在的致命缺陷和设计难点，审查并确认可以提高效率、降低成本的工艺技术方案。

4）初步报告。总结初期工作，列出所收集的设计基础资料，分析项目潜在的致命缺陷，确定参与方案比较的工艺方案。

初步报告提交业主，在得到业主的确认后方可进行第二阶段的研究工作。如业主认为项目确实存在不可逆转的致命缺陷，则可及时终止研究工作。

第二阶段：可选方案评价

1）制定设计原则。以现有资料为基础来确定设计原则，该原则必须满足技术方案和产量的要求，当进一步获得资料后，可对原则进行补充和修订。

2）技术方案比较。对选择的各专业工艺技术方案从技术上和经济上进行比较，提出最后的入选方案。

3）初步估算基建投资和生产成本。为确定初步的工程现金流量，将对基建投资和生产成本进行初步估算，通过比较，可以判定规模经济及分段生产效果。

4）中期报告。确定项目的组成，对可选方案进行技术经济比较，提出推荐方案。中期报告提交业主，在得到业主的确认后方可进行第三阶段的研究工作。如业主对推荐方案有疑义，则可对方案比较进行补充和修改；如业主认为项目规模经济确实较差，则可及时终止研究工作。

第三阶段：推荐方案研究

1）具体问题研究。对推荐方案的具体问题做进一步的分析研究，包括工艺流程、物料平衡、生产进度计划、设备选型等。

2）基建投资及生产成本估算。估算项目所需的总投资，确定投资逐年分配计划，合理确定筹资方案；确定成本估算的原则和计算条件，进行成本计算和分析。

3）技术经济评价。分析确定产品售价，进行财务评价，包括技术经济指标计算、清偿能力分析和不确定性分析，进而进行国家收益分析和社会效益评价。

4）最终报告。根据本阶段研究结论，按照可行性研究内容和深度的规定编制可行性研究最终报告。最终报告提交业主，在得到业主的确认后，研究工作即告结束。如业主对最终报告有疑义，则可进一步对最终报告进行补充和修改。

五、可行性研究案例剖析

某核电站海域工程可行性研究是一个典型的咨询案例。×××工程有限公司承接了该核电站海域工程可行性研究项目。

该核电站厂区按 4×100 万 kW 机组规划，一期考虑两台 100 万 kW 机组，相应的海域工程包括一、二期取排水海上建筑物，厂区防护建筑物等。类似规模的核电海域工程规划研究在国内尚无先例。该核电站的海域工程全部是由法国人设计的。

该项研究要求在对自然条件充分调查研究的基础上，在大量缜密科学试验的支持下，依据有关法律、法规和规范对众多方案进行系统的综合比较研究，提出技术可行、经济合理、安全可靠、工期达标的工程建议方案。

为了完成该项可行性研究，×××工程有限公司专业技术人员 300 余人，进行了系统的调查分析和综合论证，历时 8 个月，以同类项目中最短的时间，完成各类咨询研究报告 8 本，近 400 万字。其主要工作内容包括：作为可行性研究基础的海上作业调查；对论证的中间和推荐主案验证和支持的试验研究；经济技术分析和综合论证工作。针对上述工作内容，在项目执行中除采用了专业领域常规的技术手段外，还采用了高新技术手段，如在海洋地质研究调查中，采用 PS 测波作海域岩性判别；以数学模型和物理模型综合研究抛石斜坡堤抗震性能等。在整个项目动作中，计算机技术应用贯穿始终，从计划和进度管理到数值模拟等各个方面。

通过可行性研究，×××工程有限公司为该核电站海域工作提出了符合要求的工程技术方案，这些最终推出的方案是对大量方案进行综合论证比较和优化形成的。现已用于该核电站施工。同时，通过对比国际和国内标准，结合国情和国内技术水平，在国内首次系统地提出了核电站海域工程的设计标准。此外，×××工程有限公司在项目执行过程中还分阶段向业主提供了咨询建议，为该电站的顺利开工创造了条件。作为核电项目，质量保证是强制性要求，在运作该项目过程中建立了项目质保部，并按《核电厂质量保证安全规定》（HAF 0400—1986）要求制定和执行项目质保大纲，客观上促使×××工程有限公司率先在咨询行业中贯彻 ISO 9000 系列质量管理和质量保证标准，取得良好效果和经验。

六、可行性研究中存在的问题

（1）研究所需要的基础资料、所遵循的规程规范等一般不需要业主的正式认可，研究报告上报业主审查时方能发现问题，从而造成研究工作的重复。

（2）一旦研究开始，就不可能随时终止，即使发现致命的问题，也要做完可行性研究，从而造成了人力和财力的浪费。

（3）在研究过程中，推荐的方案不能及时得到业主的认可，研究结束后，业主如有意见，将造成大量而无效的重复工作。

第三节　某城市垃圾处理项目的可行性案例分析

以某城市垃圾处理项目为例，主要围绕当前环境、技术、工艺、设备、成本、社会效益的可行性分析和风险控制展开。

一、总论

（一）项目概况

1. 项目名称、建设地点

某城市垃圾处理项目，建于某城市下风向。

2. 项目建设单位与可行性研究报告编制单位

可行性研究报告编制单位：某省国际工程咨询中心；资质等级：甲级；资质证书编号：工咨甲××××××××××××；发证机关：中华人民共和国国家发展和改革委员会。

3. 建设规模与服务范围

项目规模：（一期）日处理生活垃圾 1 000 t，年处理垃圾 36.5 万 t，配置 2 台 500 t/d 机械炉排焚烧炉和 2 台 12 MW 凝汽式汽轮发电机组。服务范围：某城区居民生活垃圾；企事业单位、商业铺面等生活垃圾及商业垃圾；公共场所、街道清扫垃圾。

（二）编制范围

建设规模及基本参数确定；厂址及建厂条件；焚烧厂技术工艺选择：厂区内的焚烧技术工艺系统，垃圾焚烧电厂平面布置方案、与垃圾焚烧炉相配套的汽轮发电机组配置方案、循环水冷却系统方案、环境工程方案等进行方案研究与论证；投资估算及资金筹措方案；项目财务评价及社会、环境及经济效益分析。

（三）编制依据与原则

1. 编制依据

（省略）

2. 编制原则

（省略）

（四）可行性研究结论及建议

1. 主要结论

1）国务院于 2007 年末已批准“某城市群”为“全国资源节约型、环境友好型社会（简称‘两型社会’）建设综合配套改革试验区”，某市垃圾处理项目属于城市公益性基础设施建设项目，随着某市经济与城市建设的发展，生活垃圾的产量也相应地增加，某市为实施经济可持续发展的战略，必须对日益增长的城市生活垃圾实现无害化、减量化、资源化处理，不仅将改善某市的市容、市貌及市民的生活环境，还将改善投资环境，对某市的可持续发展和和谐社会的建设具有促进作用，其环境效益和社会效益明显，选择非填埋方式处理是十分必要的。

2）随着经济发展和人民生活水平的提高，某城市生活垃圾的热值已能满足焚烧工艺对垃圾热值的要求，而焚烧发电回收能源的方法是一种成熟的垃圾处理工艺，能达到无害化、减量化、资源化的目的，选择焚烧发电技术处理生活垃圾是合理的。

3）经对垃圾处理系统的调查研究，某垃圾焚烧厂拟定规模为日焚烧垃圾 1 500 t，其中一期规模 1 000 t/d，余热锅炉和汽轮发电机组配置为中温中压，余热锅炉 3 台（一期两台），单台锅炉蒸发量 39.6 t/h，汽轮发电机组为 2×12 MW 凝汽式机组（一期一次性建成）。全厂设置三炉二机系统是合适的，运行安全可靠。

4）通过对各种焚烧技术的比选，结合服务区生活垃圾的特性（热值低、水分高）选择炉排焚烧炉技术，以及“半干式反应塔+活性炭吸附+袋式除尘器”烟气净化组合工艺，可获得理想的环境效益。本工程焚烧烟气处理系统满足《生活垃圾焚烧污染控制标准》（GB 18485—2014）标准，二噁英控制达到国内先进水平。

5）本项目工程建成后根据垃圾热值的不同，一期可向电网送电约 95.45×10^6 kW·h，二期可向电网送电约 142.7×10^6 kW·h。

6）本项目一期总投资为 49 848 万元，其中建设投资 49 557 万元，铺底流动资金 291 万元。

7）本项目每处理 1 t 垃圾，政府补贴 55 元，所得税后，项目资本金内部收益率为 4.37%，项目财务内部收益率为 4.12%，投资回收期包括建设期为 12.72 年。通过投资估算和经济分析表明，本项目具有一定的财务盈利能力、清偿能力和一定的抗风险能力，因此本项目在财务上是可行的。

8）主要技术经济指标

本工程主要技术经济指标详见表 2-1。

表 2-1　主要技术经济指标表

序号	名称	单位	一期	备注
1	设计规模			
1.1	垃圾处理量	t/d	1 000	1 500（二期）
1.2	年最大发电量	10^6 kW·h/a	115	183（二期）
	其中：年最大上网电量	10^6 kW·h/a	95.45	142.7（二期）
2	总图			
2.1	总用地面积	m^2	117 859	117 859（二期）
2.2	建筑物总占地面积	m^2	31 082	
2.3	总建筑面积	m^2	33 929	
2.4	绿地面积	m^2	62 991	
2.5	道路及停车用地面积	m^2	14 181	

序号	名称	单位	一期	备注
3	“三废”处理			
3.1	渗滤液处理规模	t/d	200	280（二期）
3.2	废渣处理规模	t/d	211.2	316.8（二期）
3.3	飞灰设计处理规模	t/d	62.88	94.32（二期）
4	劳动定员	人	68	87（二期）
5	工程总投资	万元	49 848	
5.1	其中：建筑工程费用	万元	1 227.63	
5.2	设备购置费	万元	17 420.93	
5.3	设备安装费	万元	6 215.14	
5.4	其他费用	万元	13 646.96	
5.5	流动资金	万元	291	
6	经济分析			
6.1	垃圾补贴	元/t	55	
6.2	上网电价	元/（kW·h）	0.634	
6.3	年平均总成本	万元	6 323	
6.4	年均经营成本	万元	3 019	
6.5	单位垃圾处理总成本	元/t	173.26	
6.6	单位垃圾经营成本	元/t	82.72	
6.7	项目资本金内部收益率	%	4.37	所得税后
6.8	财务内部收益率	%	4.12	所得税后
7	投资回收期（含建设期）	a	12.72	所得税后

2. 建议

1）本项目属于城市基础设施项目，具有较明显的环境效益和社会效益。建议项目从建设开始，应对城区居民征收垃圾处理费，但标准不宜定得太高，即使向居民征收了垃圾处理费，但也难维持正常运行，因此，同时建议政府予以运行资金补贴和设施建设的投入。

2）本项目建成之后可以申请 CDM 项目，利用国外资金补助焚烧厂的运行。CDM 是《京都议定书》确定的一种基于项目的、发达国家和发展中国家合作进行温室气体减排的机制。通过参加 CDM 国际合作，可以促进国外先进技术向我国的转移，吸引国外投资，从而有效促进我国的可持续发展。

3）由于目前某市生活垃圾采取混合收集，垃圾中不可燃物相对较多，成分变化较大，垃圾热值增长较慢，因此建议某市应尽早开展垃圾分离收集和分区收集的工作，提高入厂垃圾的品质，使焚烧炉在良好的状态下运行。

4）为使本工程的及早投产、改善城市环境，建议政府加快审批，尽快落实和建设本项目的配套工程。

5）场址尚未进行工程地质详勘，下一步应尽快开展这一工作，以便为工程设计和建设提供可靠的地质资料。由于平整场地而出现的新边坡，应及时进行支挡或构造防护。

二、项目背景及建设必要性

（一）项目背景

随着城市建设和经济的迅速发展，城镇常住人口和流动人口的逐年增加，城市垃圾量也急剧增加。

垃圾焚烧发电是 20 世纪中期发展起来的一项高科技垃圾处理技术，既可以对垃圾进行无害化、减量化处理，又可以利用垃圾焚烧产生的蒸汽供热、发电，实现废弃资源的综合利用，既防止了垃圾污染、保护了环境，又可以发电供热带来经济效益。在国外，特别是经济发达国家早已采用垃圾焚烧发电处理技术。在国内，1988 年深圳建成了第一个垃圾焚烧厂。在世纪之交，国内纷纷兴建垃圾焚烧厂。

（二）项目建设必要性

1）符合某省环境保护发展的要求。

2）项目建设是大力改善人居环境、全面建设和谐社会、促进某省经济和社会发展的需要。

3）项目建设是某省实施可持续发展战略的需要。

4）某省已具备发展垃圾焚烧的条件。

建设部、国家环保总局、科技部制定了《城市生活垃圾处理及污染防治技术政策》（建城〔2000〕20 号），提出："应在城市总体规划和环境保护规划指导下，制定与垃圾处理相关的专业规划，合理确定垃圾处理设施布局和规模。"在具备经济条件、垃圾热值条件和缺乏卫生填埋场地资源的城市可发展焚烧处理方式。禁止垃圾随意倾倒和无控制堆放。

近年来，随着某市城市发展和经济水平的提高，人民生活水平逐渐提高，城市生活垃圾热值逐渐升高。入炉垃圾热值可以达到并超过 5 000 kJ/kg，具备焚烧处理的条件。而国内和其他城市的运行经验表明，某市采用焚烧处理生活垃圾是可行的，并且具有一定的经济效益。

5）本工程的建设有着国家和某省良好的政策支持。

三、城市概况与城市生活垃圾现状及对环境卫生的影响

（一）城市概况

包括区域位置及人口概况、自然条件、交通条件等。

（二）城市生活垃圾现状

1. 城市生活垃圾产生源及其结构

从生活垃圾种类来说，主要以居民垃圾为主，其次是机团单位垃圾、饮食垃圾、企业生活垃圾及保洁垃圾。具体比例：居民垃圾约占 62.0%，机团单位垃圾约占 16.4%、企业生活垃圾约占 11.4%，饮食垃圾约占 7.7%，保洁垃圾约占 2.5%，见图 2-2。

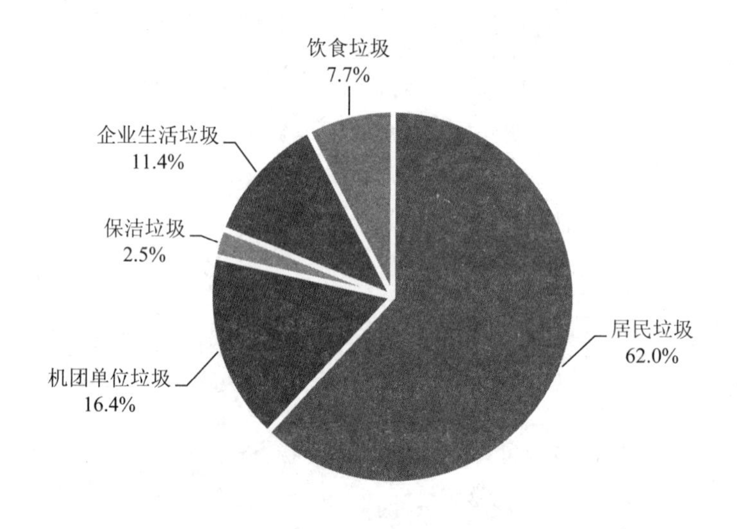

图 2-2　某市不同垃圾来源比例

2. 城市生活垃圾组成与特性现状

（1）现阶段城市生活垃圾组分分析

某市生活垃圾成分见图 2-3。

（2）生活垃圾热值及元素分析

城市生活垃圾适宜于焚烧，不宜作直接填埋；而氯、硫两种元素含量较高，选择焚烧工艺和烟气净化工艺时值得注意。

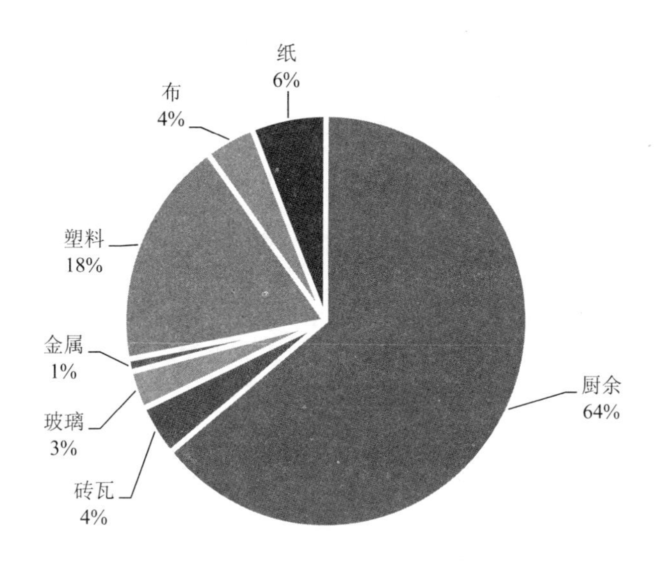

图 2-3 某市生活垃圾成分

（3）城市生活垃圾数量

根据统计局统计，某市 2008 年日平均清运垃圾 950 t，全年清运总量为 34.68 万 t。

（三）现行处置法及对城市经济发展的影响

1. 现行垃圾处置法

目前城市生活垃圾的唯一处置方法是堆置填埋。

2. 现行垃圾处置方法存在的问题

（1）填埋场的环境污染情况及经济影响

生活垃圾收运，对环境可能造成的影响，主要是装运点在工作时产生的噪声、飘尘以及散发的臭味，还有渗滤水以及其他的社会影响问题。

（2）填埋方法浪费资源

垃圾混在一起是无用的固体废物，经分拣回收或其他方法加以利用，就是一种资源，生活垃圾的直接填埋，实乃资源浪费。

（3）卫生填埋法占用土地资源

（省略）

（4）生活垃圾处理技术相对落后与某城市定位的矛盾

（省略）

四、垃圾产量预测与建设规模、热值预测的确定

（一）垃圾产量预测

据统计，某市2008年平均日产垃圾量约950 t，参考类似城市人均日产垃圾量，确定某市人均综合垃圾产量指标为0.97 kg/（人·d），考虑城市发展、人民生活水平不断提高，以后人均综合垃圾产量指标年平均递增率以10‰计。

（二）生活垃圾收集系统

1. 收集方式

目前，某市生活垃圾的收运方式主要有三种：桶装分散收集与路边吊装；上门袋装收集与垃圾压缩站；上门袋装收集与小区垃圾站。

上述生活垃圾的三种收集方式存在交叉现象，如有些路边吊装点或小区垃圾站使用压缩式垃圾运输车。

2. 转运方式

不论上述哪种收运方式，在垃圾收集起来后，都将由垃圾收运车收运至垃圾处理场。垃圾收运车由环卫局管辖，负责垃圾收运。车型有普通密封式垃圾收运车、有压缩装置的垃圾收运车。某市生活垃圾收运流程见图2-4。

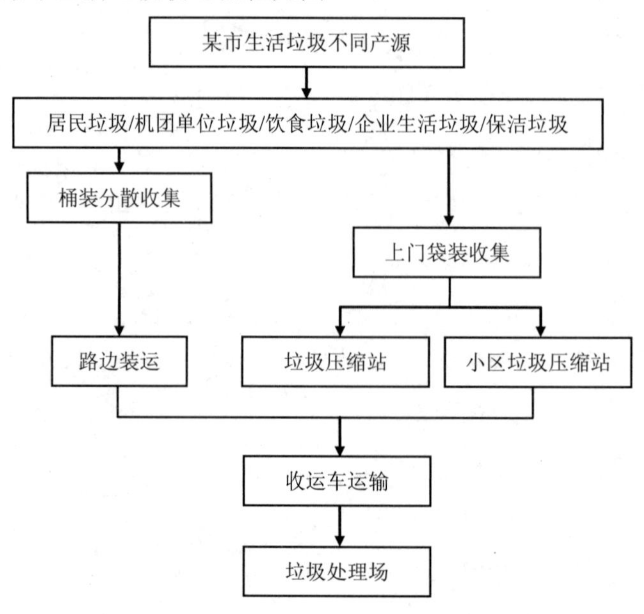

图2-4 某市生活垃圾收运流程图

本项目由政府负责将垃圾运到垃圾处理厂，不在本可行性研究报告研究范围，不计投资，不计成本。详见附件：某城市管理行政执法局《某市生活垃圾收集、分拣、运输、转运组织及承诺》。

（三）建设规模的确定

根据预测，2010 年，某市城市生活垃圾产量为 1 001.58 t/d，2020 年达到 1 320 t/d，考虑到城市的基础设施的超前规划和建设，因此，本项目的一期处理规模为 1 000 t/d。随着垃圾收运体系的完善，二期新增规模 500 t/d，最终总规模达到 1 500 t/d。

（四）生活垃圾特性预测

垃圾的热值是确定垃圾焚烧炉容量的重要参量。由于垃圾焚烧炉一般要有 20 年的服务期，因此对未来垃圾热值的预测可以评估垃圾焚烧炉远期的运行特性，由于垃圾中的可燃成分较多，根据《某省煤安检测检验中心检验报告》，目前收到的基低位热值已经达到 5 120 kJ/kg。某市作为一个城市化迅速发展的城市，根据国际惯例，垃圾热值将逐年增高，按年增长率为 4%～5%计算。

（五）垃圾热值确定

某市城区原生垃圾低位热值分析结果为 5 120 kJ/kg 左右，生活垃圾平均含水率在 48.6%左右。本项目方案中入炉垃圾设计低位热值暂定为 6 000 kJ/kg，能达到《城市生活垃圾焚烧处理工程项目建设标准》（建标 142—2010）中关于“入炉垃圾焚烧热值大于 5 000 kJ/kg”的要求。

（六）厂址选择

1. 选址要求

（1）选址依据

（省略）

（2）选址方法

选址研究方法采用方案比较法。

2. 厂址比选

（1）场址方案比较

本可行性研究对上述三个厂址方案采用列表方式进行定性、定量的综合对比分析，从而看出三个方案各自的优缺点，详见表 2-2。

表 2-2　方案综合对比表

序号	比较项目	场址 1	场址 2	场址 3
1	区域位置			
2	交通运输条件			
3	用地情况			
4	规划的关系	三类建设用地	规划为生态林地	规划为生态林地
5	对远期规划的影响			
6	总图布置条件及施工条件			
7	房屋拆迁量			
8	水源情况			
9	供电情况			
10	对流域污染情况			

综上所述，场址 2 均有水源难以保证、拆迁大并与规划不符两大制约因素，场址 1 则有以下优势：土地用途、水源、环境影响、污水口的排放、人居情况、垃圾运输便利、土地面积、电等优势，本可行性研究以场址 1 为项目建设所在地。

（2）推荐场址建设条件

（省略）

五、生活垃圾处理工艺方案

（一）生活垃圾的各种无害化处理方式

城市垃圾的无害化处理方式是指用物理、化学、生物等处理方式，将垃圾在生态循环的环境中加以迅速、有效、无害地分解，以达到“减量化”“安定化”“卫生化”“资源回收化”的目的。目前，最常采用的处理方法有 6 种，即分类回收、卫生填埋、堆肥、焚烧、气化和化学/生物化学处理。这6种方法各有其优缺点，由于垃圾成分复杂，各地区在不同时期，其成分都有较大的差异。因此，在处理方法的选择上应按照本地区的情况，选择恰当的方法，有时还必须采用综合的处理方法，才能取得比较理想的环境与经济效益。

（1）分类回收

分类回收具体指从垃圾中回收可以利用的物料加以利用，如废纸、金属、玻璃、塑料和橡胶等。废纸可作造纸原料；金属（如铁、铝）可回炼；玻璃可重新使用；塑料和橡胶可用于制造再生物质或隔绝空气裂化成石油类燃料等。此方法过去用人工分拣，现在已采用机械分选法，如风力、重力、浮力、离心力、磁力、光学及震动筛分等。这种方法对工业垃圾的处理是比较合适的，但某城市生活垃圾的成分目前以厨余物较多，且含水率较大，集中后容易腐烂，故分拣起来比较困难，只有在全面推行了分类倒垃圾后或有特殊的处理方法才可采用此方法。

（2）卫生填埋

此方法是寻找一块空置的土地，将垃圾置于防渗垫层之上压实后覆土填埋，利用生物化学原理使天然有机物分解，对分解产生的渗沥水和沼气进行收集处理，以期不产生污染，对城市居民的健康及安全不造成危害。这种方法目前在世界上采用得最多。

此种方法比较简单、成熟，投资稍低，此前成为某市垃圾唯一的处理方法。但是，随着经济的发展，人口和城区不断扩大，每天产生的垃圾量越来越多，填埋场的容积也越来越大，使填埋场很快趋近饱和。而兴建新的填埋场，往往遭到当地居民非议而阻力重重。填埋场的任务，应当只定位在应急和填埋减容无害处理后的固体废物上较为合理。因此，在有可能选择其他处理方法的条件下，通过减少被填埋垃圾的容积和数量来延长填埋场的使用寿命，降低填埋对环境的污染，已成为国民经济和社会发展的迫切要求。卫生填埋是垃圾的终极处置方法，其他处理法产生的无害固体废物仍要进行填埋处理，因此卫生填埋是垃圾处理中必不可少的方法。

（3）堆肥

堆肥处理法是在控制的条件下，借助微生物的生化作用，将垃圾中的天然有机物分解、腐熟转变成安定的腐填质土。这种方法对以厨余等类成分为主的垃圾有较大的作用，但某市垃圾中，无机物和难以生化降解的橡胶、塑料、合成纤维（织物）等有机物，还有一定的数量，且混合垃圾中还有不少重金属，有可能转移到有机肥产品中，必须分拣后才可以采用堆肥法。由于分拣问题或垃圾分类的措施未落实，此方法目前尚难马上采用。

（4）焚烧

焚烧顾名思义是将垃圾焚烧。其减容效果最好（一般减容≥80%），又能使腐败性有机物和难以降解而造成污染的有机物燃烧成为无机物和二氧化碳，而病原性生物在高温下死灭殆尽，使垃圾变成安定的、无害的灰渣类物质。但焚烧法要求垃圾具有一定的热值，即要求垃圾中的可燃性物质的含量达到一定水平。热值大于 3 347 kJ/kg 的垃圾才可焚烧，一般来说，热值在 3 347～4 184 kJ/kg 的垃圾焚烧时要加辅助燃料，当热值大于 4 184 kJ/kg 时，才有可能不加辅助燃料，使垃圾在高温下燃烧。焚烧后配置余热锅炉和汽轮发电机组发电，售电以补助运行费用，垃圾处理费用较低。因此，采用焚烧法处理垃圾，与城市的经济发展水平、燃气比率、居民的生活习惯和自然条件有关。

垃圾焚烧的处理方法以垃圾焚烧的方式分类，可分为燃烧和“燃料制备”燃烧两种。采用直接燃烧方法只要垃圾热值达到许可值以上，就无须将垃圾分拣。此方法工艺成熟、运行可靠、炉温较高、操作较简易，燃烧较充分，灰渣含碳量可达到小于 3%，与燃煤锅炉相当，且减容量可达 80%～90%，是垃圾减容和资源回收的理想方法。目前西欧及美国、日本大部分焚烧厂采用此技术，但投资略高。另一种是沸腾床，它要求垃圾的热值更高，一般要超过 10 000 kJ/kg，也要求将垃圾破碎，使进炉垃圾的粒度大致均匀等。因此，往往垃圾进炉前要经过分拣，将不燃物除去，然后破碎和粒度均匀化，而且由于要用热风将垃圾吹起，风量较大，耗能相对较大。但此方法投资较省，回收有用物质较多。

单就直接燃烧法而言，焚烧炉的炉型结构有炉排炉、回转炉和冷壁回转炉等多种炉型，各有其特点。

（5）气化

气化是一种比较新的工艺，在高温下将垃圾中的有机化合物，首先在缺氧或可控氧的条件下裂解转化成气体，采用热解炉进行气化，然后进行燃烧。按照所用的工艺不同，裂解程度深的，转化成合成气（$CO+H_2$）；裂解程度浅的，转化成主要以甲烷为主的可燃气体。前者可作基本化工原料，后者一般用作燃料发电。也有在焚烧炉内分成两个燃烧室燃烧发电的。这种工艺，尤其是前者利用的价值较大，但投资也很大；后者则投资较省，但单炉处理能力目前不大，最大的只有 300 t/d 左右。前一种工艺从理论上说是可行的，但用在垃圾处理上是否成熟，或对待处理物料有什么特殊的要求，尚待考证。

（6）化学/生物化学处理法

化学/生物化学处理法首先要将城市垃圾进行分拣，即将纤维素质有机物与其他物料分拣。该方法为传统纤维素酸催化水解的改进技术，因为在垃圾的有机物中，除塑料、橡胶、合成纤维等化学合成物质外，厨余、竹叶、纸张、布类等均属于纤维素物质。纤维素用硫酸催化水解（并加氢）后可生成糠醛、甲酸乙酰丙酸等化工产品。传统法要求纤维素物质较纯，改进工艺可用于城市垃圾。此工艺要求垃圾中含纤维素类物质的量不小于50%，才有一定的经济效益。

化学/生物化学处理法的资源综合利用程度高且合理，这是其一大优点，因而垃圾处理费用较低。但是这类方法是20世纪90年代才开始工业化或完成中间试验的，尚未在处理城市垃圾方面有丰富的运行经验，而且需要将垃圾进行分拣。此方法的实际效果仍待证实。

（二）国内外情况介绍

1. 国外情况

目前广泛采用的生活垃圾处理方法有三种：卫生填埋、堆肥和焚烧。由于城市生活垃圾成分复杂，又受经济发展水平、自然条件及传统习惯等因素影响，各国对城市垃圾处理一般是随国情而异，往往一个国家不同地区也采取不同的处理方法和工艺。以往垃圾处理的传统方法——填埋处理占了较大比例，但自20世纪70年代中期起，人们逐渐认识到垃圾也是一种可利用的资源。特别是能源危机以来，发达国家更加重视城市生活垃圾的资源化、能源化利用，大力推行垃圾分类收集，发展了垃圾焚烧发电技术，填埋气体回收利用技术及垃圾综合利用回收技术等，形成了城市生活垃圾资源化产业，并得到了迅速发展。就目前广泛应用的卫生填埋、堆肥及焚烧等基本垃圾处理方法来看，各国采用这些方法的比例也因诸多因素而有着较大的差别。

城市生活垃圾处理无论采取何种处理方式，最终都是以无害化、资源化、减量化为处理的主要目标。从应用技术看，国外城市垃圾处理方法有以下发展趋势：由于能源、土地资源日益紧张，焚烧处理并利用余热发电的比例逐渐增多，与传统的卫生填埋和堆肥相比，垃圾焚烧发电（或供热）的处理方法能有效减少垃圾重量和体积（分别减少80%和90%以上），减少填埋用地，降低污染，取得能源效益和环境效益，实现垃圾减量化、无害化和资源化。尤其在20世纪80年代中期后，焚烧发电技术研究开发工作不断得到发展，完善了余热利用系统和尾气净化系统，向“资源回收工厂”过渡。卫生填埋法作为垃圾处理的传统方法仍占较大比例，而且对垃圾的最终处置而言，填埋也是最主要的方法之一，所以这种方法在今后仍会继续存在并得以发展。过去，人们把填埋场作为中、长期容纳垃圾的一个容器，这样对填埋场的污染控制将会延续几百年。目前，人们已清楚地认识到，应从垃圾进入填埋场开始就要对其所产生的气体、渗沥水、气味等进行控制，因而对进入的垃圾及填埋场均提出了更高要求，可适合的场地越来越少，填埋成本不断提高。欧盟国家已立法规定，1996 年后禁止不经过处理的垃圾直接进入填埋场填埋。单一的堆肥法在国外一般较少使用，除投资费用较高的因素外，其主要原因是堆肥产品销路困难、销售价低、质量不易控制，还可能对土壤造成重金属污染。

2. 国内情况

中国是发展中国家，一般城市垃圾成分归纳起来大致有如下一些特点：

1）无机类物质含量高，可燃物质含量低。因为，中国目前大多数城市仍以煤作为主要燃料，垃圾中煤渣、砂土等无机物含量高；

2）有机物质中纸张、塑料等高热值物质少，因此垃圾热值较低；

3）有机物类物质中厨余垃圾含量较高，因此可燃垃圾含水率高；

4）我国目前大部分城市采用垃圾混合收集方法，所以垃圾成分复杂。进入 21 世纪以来，我国经济与城市建设高速发展，社会经济结构、人民生活水平发生了极大变化，尤其随着城市燃气化的普及，城市生活垃圾发生了质的变化。根据中国城市垃圾的特点和具体国情，国家有关部门制定的我国城市垃圾处理的技术政策为：提倡有条件的城市发展焚烧与综合利用技术，逐步实现垃圾处理无害化、减量化、资源化的总目标。目前，国内有许多城市都有垃圾焚烧发电厂。

（三）固体废物处理方式的选择

城市垃圾处理是一个系统工程。某市城市生活垃圾的处理，过去一直采用分散收集，运至填埋场施行简单的卫生填埋处理，易造成二次污染，使填埋场附近的水源和大气环境恶化，故常要对填埋场附近的农作物作出赔偿，因此如何减少被填埋垃圾的体积、延长填埋场的使用寿命，成为某市面临的迫切问题，而垃圾焚烧处理技术由于减容率可达 80%～90%，且灰渣性质稳定，不会造成二次污染，再加上余热发电，回收能源，因此成为某市处理城市垃圾的必选之法。

某城市垃圾有三大特点：①其热值仍处于升高的阶段，随着居民生活燃气化率的增高，某市的城市垃圾已达到了焚烧发电的要求，但热值与发达国家相比，仍不高；②由于某市气候潮湿多雨，加之居民生活习惯的影响，垃圾的含水量较多（原始垃圾含水量一般达 43%～51%），厨余物质含量也较多，即使经过贮存坑析离出部分渗沥水，进炉垃圾的水分含量仍高；③某市居民还未养成分类倒垃圾的习惯，因此，垃圾成分较为复杂，而供分拣回收利用的物质如玻璃、金属和橡胶、塑料、厨余等物混在一起，垃圾湿且脏，收集转运后给分拣带来诸多不便。

某市目前垃圾热值不太高，根据检测报告分析，城区原生垃圾低位热值约在 5 120 kJ/kg，生活垃圾平均含水率在 48.6%左右。从某市乃至全国生活垃圾发展趋势来看，生活垃圾可燃成分和热值是逐年升高的，同时垃圾含水率也会有所下降，但变化率不会很显著，当垃圾焚烧厂建成时（2011 年），同时考虑垃圾在厂内的储存有部分的水分析出，垃圾焚烧炉进料口的垃圾月平均低位热值预计在 6 340 kJ/kg 以上，根据服务区生活垃圾的实际情况和今后的发展，参照其他城市的设计热值，本工程运行期内的垃圾设计值暂按 6 000 kJ/kg 考虑。按亚洲及国内其他城市运行的经验，根据某市的具体情况，推荐采用直接燃烧方式比较合理，炉型的选择亦按此进行对比。

（四）焚烧处理技术路线的技术经济比较

1. 焚烧处理各种炉型介绍

经过了几十年垃圾焚烧运营和发展，目前全世界用于垃圾焚烧的典型炉型大致有回转型焚烧炉、流化床焚烧炉、热解气化焚烧炉、机械炉排焚烧炉等。

（1）回转型焚烧炉

回转型焚烧炉（图 2-5）衍生自广泛用于水泥工业耐火砖衬里旋转煅烧窑设计，垃圾由倾斜且缓慢旋转的旋转窑上方前端送入，由旋转速度控制垃圾前进速度，使垃圾在窑内往前输送过程中完成干燥、焚烧及灰烬冷却过程，而冷却后灰烬则由炉窑下方末端排出。应用于垃圾焚烧处理设计的窑，其长度与直径比为 4∶1～1∶1。另一种不同的旋转窑流程设计是先利用倾斜阶段式炉床将垃圾干燥及初步燃烧处理后，再进入旋转窑中进行充分燃烧及灰烬冷却。

旋转窑式炉床可直接处理混合生活垃圾，整个炉床由冷却水管及有孔钢板焊接形成筒形。或由钢制圆筒内部加装防火衬里组成，炉床向下方倾斜，分成干燥混合、燃烧及后燃烧三区段，并由前后两端特殊轮子支撑，特殊轮子则由四个滚轮支持，由链轮驱动装置转动轮子而旋转炉床；垃圾在炉床上，因旋转而获得良好的翻搅及向前输送，预热空气由底部穿过有孔钢板至窑内，使垃圾能完全燃烧。

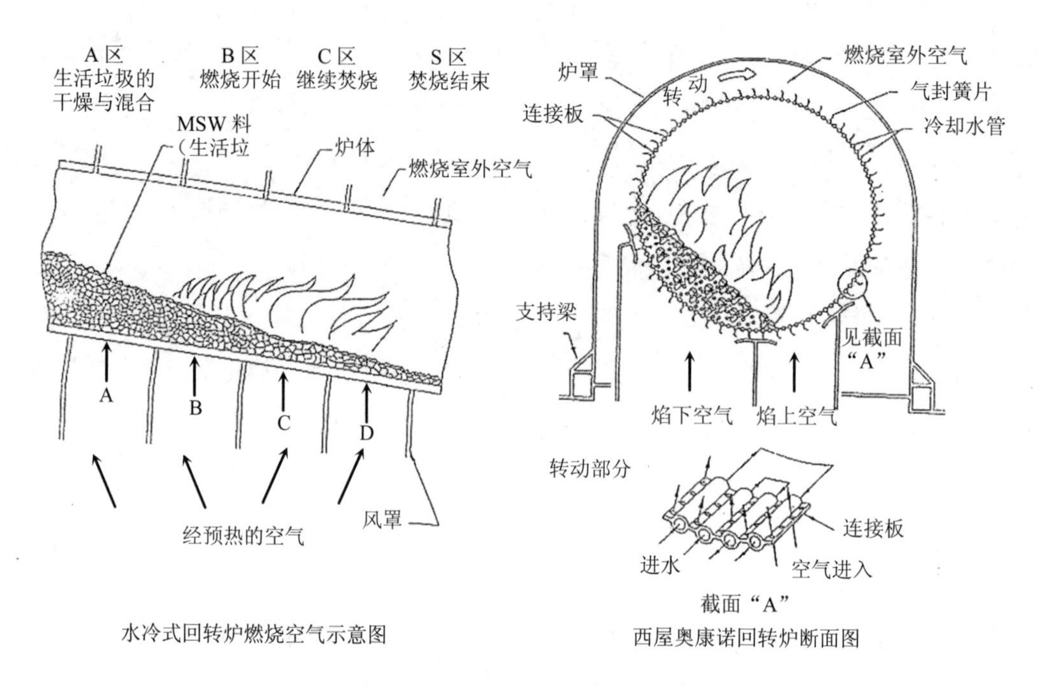

水冷式回转炉燃烧空气示意图　　西屋奥康诺回转炉断面图

图 2-5　回转型焚烧炉示意图及断面图

水冷却旋转窑为典型的旋转窑式炉床，其设计特点是将冷却水以泵注入圆筒壁上之冷却水管，一方面冷却圆筒，使圆筒不需要加装耐火衬里；另一方面吸收圆筒内垃圾燃烧产生的热能变成热水，再流入连接于圆筒垂直水管锅炉，进一步吸收燃烧烟气的热量，转变成蒸汽利用。

回转窑的特点是燃料适应性广，可焚烧不同性能的废弃物，此种炉型机械零件比较少、故障少，可以长时间连续运行。但回转窑的热效率低，需消耗辅助燃料较多。排出气体的温度低，有恶臭，需要脱臭装置或导入高温后燃室焚烧，由于窑身较长，占地面积大，且后燃室要求较为严格，因此其成本高，价格相对较高。

（2）流化床焚烧炉

流化床技术在 70 年前便已被开发，之后在 20 世纪 60 年代用来焚烧工业污泥，在 70 年代用来焚烧生活垃圾，80 年代在日本得到一定的普及，市场占有率达 10%以上，但在 90 年代后期，由于烟气排放标准的提高和自身的不足，在生活垃圾焚烧上的应用有限。在国内，近年来流化床焚烧炉得到了一定程度的应用，但该炉型多用于日处理垃圾 500 t 以下规模的垃圾处理项目，且存在一定争议，有待进一步完善。

流化床焚烧炉（图 2-6）设有炉体和炉排，炉体通常为竖向布置。炉底设置了多孔分布板，并在炉内投入大量的石英砂作为热载体。焚烧炉开动前先通过喷油燃烧，使石英砂加热至600℃以上，并由炉底鼓入热空气（200℃以上）使之沸腾起来，再投入垃圾。垃圾进炉碰到高温的砂石被托浮在空中同砂石一同沸腾，垃圾很快被干燥，并在空气中氧化立即着火、燃烧。未燃尽的垃圾比重较轻，继续沸腾燃烧，燃烬的垃圾比重开始增加，逐步下降，同一些砂石一同落到炉底，通过排渣装置排出炉体。进行水淬冷却后，由分选设备将粗渣、细砂送到厂外，留下少量的中等颗粒的渣和石英砂，通过提升机送到炉内循环使用。由于垃圾在炉内处于沸腾状态，与空气有着非常理想的接触条件，所以燃烧非常完全，垃圾燃烧后排出炉体的未燃成分保持在 1%左右。但对垃圾有破碎预处理要求，容易发生故障。另外，国内大部分流化床均需加煤才能燃烧。

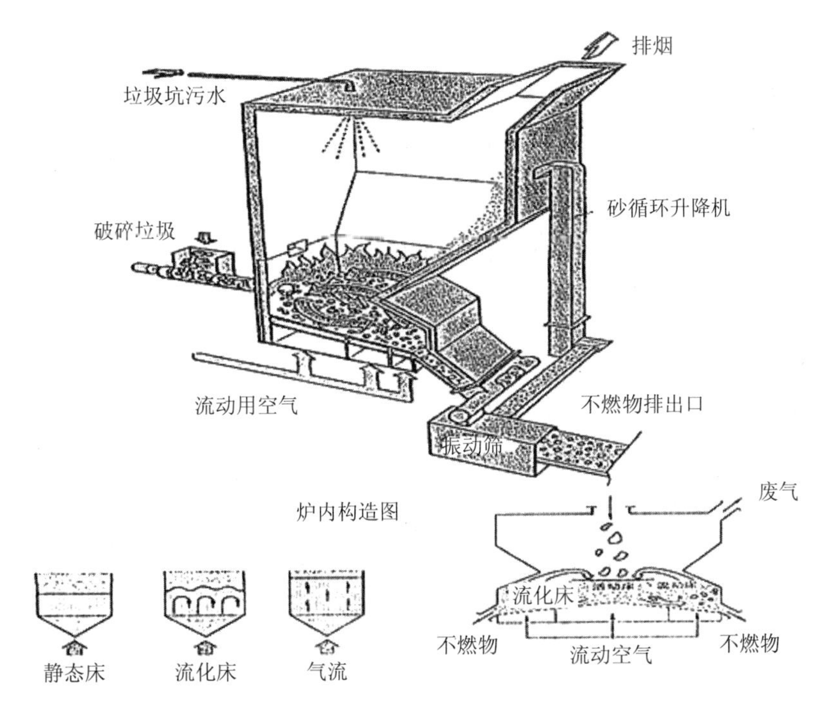

图 2-6 流化床焚烧炉示意图

（3）热解气化焚烧炉

热解气化焚烧炉（图 2-7）可以直接处理混合垃圾，无须先行分拣。炉体为卧式布置，分成两个燃烧室，且两个燃烧室相连，一燃室在下方，二燃室在上方。一燃室上方有筒形，下方为梯级式，砼基座上设垃圾推进器和进风管，上半部和两端电钢板焊制，内衬耐火材料。二燃室为圆筒形，钢板焊制，内衬耐火材料，一燃室烟气进入二燃室的入口处设点火器，顶部设置鼓风机。

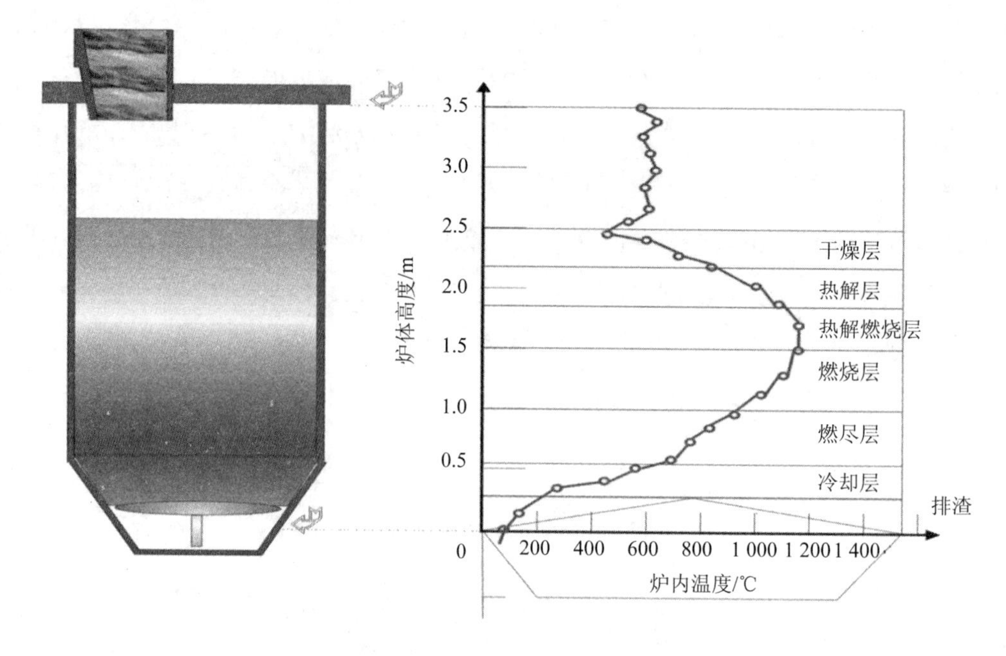

图 2-7　热解气化焚烧炉

垃圾由装料吊车抓斗送进料斗，由推料活塞经密封门进入一燃室内，由推进器缓慢推进，通过控制空气的进气量，使垃圾在一燃室内经过烘干、热分解及燃烬过程，灰渣和不能热分解的物质由自动清灰系统排出炉外。烘干、热分解及燃烬过程中产生的大量可燃气体进入二燃室。可燃气体在二燃室内燃烧，温度≥1 000℃，停留时间为 2 s。充分燃烧后的高温烟气，经过渡烟道进入水管式余热锅炉产生蒸汽。在控制空气量的条件下垃圾中的有机物能全部热分解成烃类可燃气体，可燃气体在二燃室内也得到充分燃烧。因此二燃室温度高，烟气比较干净。

但是，由于受到垃圾特性的影响，后续热解气的特性（热值、成分等）也不稳定，所以燃烧控制难，灰渣难以燃尽，且环保不易达标。此技术在加拿大和美国部分小城市得到少量应用。

另外，在欧洲和日本，热解炉多应用旋转窑、流化床等炉型，然后加上燃烧熔融炉，将灰渣完全燃尽且熔融为玻璃质灰渣。此技术得到部分应用，但是其要求垃圾热值较高，工厂建设成本较高，且运行成本约为机械炉排的两倍以上。

（4）机械炉排焚烧炉

机械炉排焚烧炉（图 2-8）的特点是垃圾进厂后，除粗大垃圾必须先经破碎处理外，其余垃圾并不需要经过机械式的分类程序及粉碎等前处理，即可倒入垃圾贮坑中，以垃圾吊车抓取投入进料口，经滑槽由垃圾推入器推入焚烧炉内燃烧。

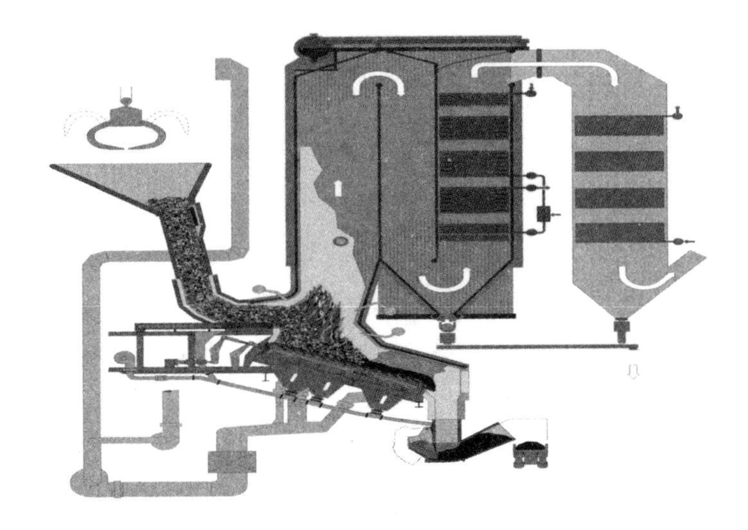

图 2-8　机械炉排焚烧炉

机械炉排焚烧炉主要是由重复移动的机械炉排及多流路水墙式锅炉所组成。锅炉一般直接设置于炉排上方或连接在周围绕着耐火砖壁可铸性耐火材料炉排后方，若锅炉直接设置在炉排上方，则锅炉管须以具可铸性耐火材料保护，或炉体四周炉壁以耐火砖保护。单一炉体的垃圾处理量为每日 100～1 000 t。

垃圾经由推入器推送至倾斜炉排上，由于炉内的高温辐射热及高温空气的流过，使得部分垃圾得以干燥，另经炉排的运动除将垃圾往前推送外，也将垃圾层松化及均能经历干燥，燃烧各阶段，以达完全燃烧。目前应用中的机械炉排型式有多种，炉床设计大多属于设计厂商的专利，一般炉排供应商设计炉排运动类型大略可分为单一运动炉排、双向运动炉排及滚动式炉排。以下就各运动类型分别加以说明。

1）单一运动炉排

此种炉排系由两组支撑台架组成，上方分别与炉条相连接，其中一组支撑台架于操作中固定不动，为固定炉条；而另一组则可前后或斜上下往复运动，为可动炉条。各组可动炉条及固定炉条沿纵向横向交互配置，可动炉条经油压机推动炉条上方的垃圾往前推送，其速度以进入油压机之油量控制，当炉条移动至与固定炉条对齐时再退回到原来位置。炉条如此反复运动，垃圾层因受炉条之作用力而松动、剪断、拉断、崩塌，同时被往前推送。助燃空气自炉条前端的间隙喷出，与垃圾充分的翻搅及混合，而获得良好燃烧效果。其中包括阶段往复式炉排、逆推往复式炉排。

2）双向运动炉排

此种炉排与前一炉排不同处是由三组支撑台架组成，上方分别与炉条相连接，相邻于同一固定炉条的两组可移动炉条，由油压机驱动以相反方向移动至与固定炉条对齐时，再退回至原来位置，以推动垃圾向前及达到垃圾最大的搅拌和燃烧效果。多段波动式炉排为此类型的典型炉排。

3）滚动式炉排

此炉排一般由 5～7 个圆筒向下倾斜排列组成，每一圆筒配置一个风箱，圆筒表面上有许多气孔，空气由筒内吹出，以提供燃烧所需空气，并同时使炉排冷却。各圆筒提供的空气量，可依燃烧区段不同做调整。圆筒一般以电动机驱动，其转速可控制。垃圾由缓慢滚动的圆筒往下移动，至两圆筒间的空间时，因底层的垃圾由下一个圆筒往斜上方推送，因此垃圾得以充分翻搅及混合，而获得良好的燃烧效果。目前深圳、珠海、上海、宁波等城市采用炉排焚烧技术。

2．本项目焚烧炉型的选择

以上介绍了几种焚烧炉的有关情况，现将其特点、适应性等简单地进行归纳和比较，见表 2-3。

表 2-3　典型炉型（焚烧炉）综合性能比较表

项　目	机械炉排焚烧炉	流化床焚烧炉	回转型焚烧炉	热解气化焚烧炉
炉排样式	机械炉排	无炉排	无炉排	无炉排
燃烧空气压力	低	高	低	低
垃圾与空气接触	较好	好	较好	好
点火升温	较快	快	慢	快
二次燃烧室	不要	不要	需要	需要
烟气中含尘量	低	高	较高	最低
占地面积	较大	小	中	中
垃圾破碎情况	不需要	需要	不需要	不需要
燃烧介质	不用载体	需用石英砂作热载体	不用载体	不用载体
燃烧炉体积	较大	不	大	较大
加料斗高度	高	较高	低	低
焚烧炉状态	静止	静止	旋转	静止
残渣中未燃分	少（＜3%）	最小（＜1%）	较少（＜5%）	少（＜3%）
操作运行	方便	不太方便	方便	方便
适应垃圾热值	低	低	高	低
操作方式	连续	可间断	连续	分批进料
耐火材料磨损性	小	大	大	小

项　目	机械炉排焚烧炉	流化床焚烧炉	回转型焚烧炉	热解气化焚烧炉
垃圾处理量	大	小	中	小
垃圾焚烧历史	长	短	较长	短
垃圾焚烧市场比例	高	低	低	低
主要传动机构	炉排	砂循环	炉体	垃圾进料
运行费用	低	较高	低	低
检修工作量	较少	较少	少	较多

从表中归纳的技术指标可以看出机械炉排焚烧炉技术成熟，大部分垃圾焚烧厂均采用该炉型，国内也有许多成功的案例；机械炉排焚烧炉更能够适应国内垃圾高水分、低热值的特性，确保垃圾的完全燃烧；操作可靠方便，对垃圾适应性强，不易造成二次污染；经济性高，垃圾不需要预处理直接进入炉内，运行费用相对较低；设备寿命长，稳定可靠，运行维护方便，国内已有成熟的技术和设备。建设部、国家环保总局、科技部2000年发布的《城市生活垃圾处理及污染防治技术政策》要求："目前垃圾焚烧宜采用以炉排炉为基础的成熟技术，审慎采用其他炉型的焚烧炉"。

机械炉排焚烧炉技术成熟可靠，对垃圾的适应性较强，可燃烧低热值、高水分的垃圾。往复推动炉排炉与滚动炉排炉是目前世界垃圾焚烧炉市场上的主导产品，往复推动炉排炉单台处理量在 75～850 t/d，滚动炉排炉单台处理量在 150～1 000 t/d，其处理量都可以适应垃圾焚烧处发电厂的处理能力，且其技术成熟、可靠性高。北京、上海、深圳、宁波、温州、珠海等城市都有使用，已有成熟的经验。因此推荐本工程采用机械炉排焚烧炉。其理由如下：

1）生活垃圾热值较低，目前只有 5 120 kJ/kg，水分含量高（均值 48.6%），是机械炉排焚烧炉适合处理的生活垃圾；

2）目前的生活垃圾为综合垃圾，成分较复杂，目前没有实行居民分类收集，加上垃圾中有较大量的天然有机物（>60%），气候较炎热潮湿，收运过程中已有部分腐败，给分拣造成困难，破碎亦属不易，故适合于直接焚烧；

3）本项目日处理量为 1 000 t，炉排炉单炉生产能力大，且有成熟的、年代远的运行经验。选用机械炉排炉有利于日后的正常、稳定、安全运行；

4）本项目处理系统将采用滤袋式除尘器加上活性炭处理，可有效地防止二噁英、呋喃类有害污染物的再合成。而且在点火或垃圾热值低的采取自动喷油助燃保持≥850℃的炉温，保证了二噁英在焚烧炉内达到99.99%的分解率，避免了二噁英造成的二次污染；

5）机械炉排炉用于城市生活垃圾处理运转的时间最长，尤其在亚洲，绝大部分正在运转的都是炉排炉，运行成熟可靠；

6）能量释放图（图 2-9）标定了每台垃圾焚烧炉设计工况下的垃圾焚烧量和释放的总热量，以及每台焚烧炉的操作范围。本炉的设计点为 C 点：额定的垃圾焚烧量为 25 t/h、垃圾的低位热值为 6 000 kJ/kg、释热量为 124.98 GJ/h。操作范围要求焚烧的垃圾量和垃圾热值在偏离设计工况时仍能安全运行，但会牺牲某些指标：如灰渣灼烧余量、锅炉燃烧效率等。当焚烧炉结构确定以后，垃圾低热值高于设计值，垃圾处理量减少，反之垃圾处理量增加。

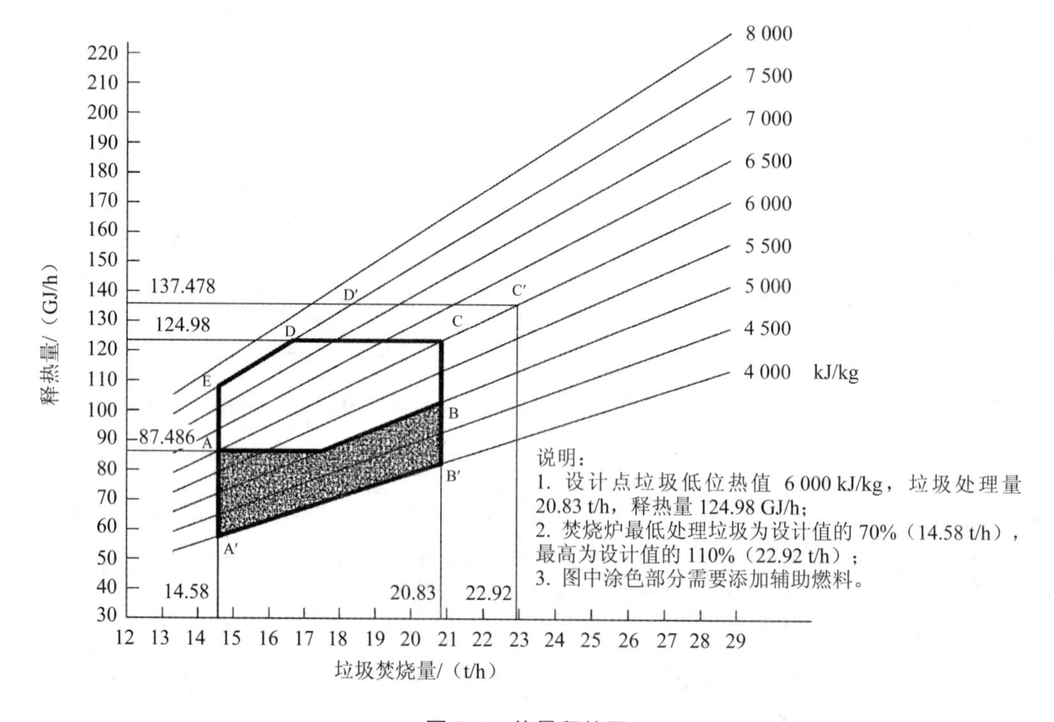

图 2-9 能量释放图

（五）固体废物的焚烧处理技术

1. 垃圾处理工艺概述

待处理的垃圾，用垃圾车自厂外运进，经过地磅计量后，倾卸至厂内的垃圾贮存坑内。垃圾贮存坑是一个密封且为负压的结构，以防臭气外逸，贮坑的容积能贮存 5～7 d 的垃圾处理量。贮存过程中离析出一部分水，此渗沥水在进炉垃圾热值超过设计最大热值时，可考虑回喷至炉内，但会降低炉内温度，影响效率，本工程用其他方法处理（详见给排水部分）。垃圾贮存坑区有 2 台垃圾吊车，通过抓斗将垃圾送入焚烧炉的进料漏斗，再经过进料导管和给进器推入炉内燃烧。

垃圾在炉排上经干燥、着火、燃烧、燃尽四个阶段后产生的炉渣由焚烧炉底部排至炉渣贮存坑。炉渣贮存坑设有 2 台炉渣吊车，用抓斗将炉渣装上炉渣车运至砖厂综合利用。

垃圾燃烧产生的烟气以 1 000～1 100℃离开炉膛，由于设有启动和辅助燃烧器，可以在任何条件下确保后燃烧区中温度高于 850℃和 2 s 的最短停留时间，以减少烟气中二噁英、呋喃类物质的含量，并消除烟气中的臭气。高温烟气通过余热锅炉热交换降到 190℃后进入烟气处理系统，将其中的酸性气体、重金属、二噁英、呋喃以及飞灰除去，然后将符合环保排放标准的烟气通过引风机送至暂定为高 80 m、出口内径 2 m（最终由环评确定）的烟囱排放至大气。垃圾焚烧后产生的热量经锅炉吸收后产生的蒸汽供汽轮发电机发电，除供本厂使用外，剩余电量送入电网。

2．焚烧生产线的配置

根据《城市生活垃圾焚烧处理工程项目建设标准》（建标 142—2010）的规定和国内外城市生活垃圾焚烧发电厂建设的经验，对于Ⅱ类处理规模的垃圾焚烧发电厂，焚烧生产线数量应为 2～4 条。根据某城市生活垃圾焚烧厂处理规模一期 1 000 t/d，二期扩展到 1 500 t/d 处理规模的需要，对 2 条、3 条和 4 条焚烧生产线三种方案进行分析比较。三种生产线布置方案各自的处理能力配置详见表 2-4。

表 2-4　不同生产线布置方案的处理能力配置表

方案	单台炉处理能力/（t/d）	焚烧生产线数量/条			全厂规模/（t/d）	
		合计	本期	远期增加	本期	远期增加
方案一	800	2	1	1	800	800
方案二	500	3	2	1	1 000	500
方案三	400	4	3	1	1 200	400

对于单台处理能力为 400 t/d 和 500 t/d 的焚烧炉，国内目前关于两者都有较多的实际运行经验与数据，技术成熟、产品可靠，主要设备基本实现了国产化。对于单台处理能力为 800 t/d 的焚烧炉，国内目前应用较少，且大多采用进口。如果近期仅采用一条 800 t/d 的焚烧线，势必造成设备备用率较差，一旦焚烧系统出现故障，将导致全厂停止发电和处理垃圾的中断，对整个系统影响较大，不利于焚烧发电厂长期稳定的运行，并且单台处理能力 800 t/d 左右的焚烧炉大多采用国外进口，国内只有个别厂商具备制造能力，若国外进口多，势必造成投资的增大和建设周期的加长，也不利于促进国内环保

制造产业的发展。

从技术可行性考虑，单台炉处理能力为 400 t/d 和 500 t/d 的焚烧系统都属于成熟的技术，不存在大的技术差别，在国内都有成功建设和运行的经验，都能够适应某市当地的生活垃圾，因此两种方案在技术上都可行。在设备维修时对焚烧发电厂处理能力和汽轮机工作稳定性的影响考虑，焚烧线数量越多，设备备用性越好，故障和检修对焚烧发电厂的影响越小，也有助于汽轮机组工况的稳定。

从投资角度考虑，在总处理规模确定的条件下，在技术可行的情况下，全厂采用焚烧线数量越少，单台垃圾焚烧炉规模越大，焚烧发电厂设备数量和投资金额也就越少。因此，采用大规模的焚烧炉能够有效地减少单位投资成本和一次性投资。从土建方面考虑，3 台焚烧炉配置还能够有效减少占地面积和土建投资费用。

在焚烧处理规模一定的情况下，焚烧线数量越少，则维修、操作、管理越方便，所需运行人员比较少，由于设备相对较少，全厂故障率也随之降低。原材料与能耗较少。某市生活垃圾焚烧厂三种焚烧生产线配置方案优缺点比较详见表 2-5。

表 2-5　工业不同焚烧线配置方案优缺点比较表

项目	方案一（800 t/d 系列）	方案二（500 t/d 系列）	方案三（400 t/d 系列）
一次性投资	高（多为国外进口）	低（国产设备）	低（国产设备）
处理费用	低	中	中
备用性	差	中	好
人员配备	少	较少	较多
占地面积	较小	中等	较大

通过综合比较，从减少运行管理工作量、减少运行管理人员、提高焚烧发电厂生产效率的角度出发，优先选取方案二为推荐方案。选用单台处理能力 500 t/d 的焚烧炉较为适宜，焚烧生产线数量为近期 2 条，远期预留 1 条。

3. 汽轮发电机组的配置

汽轮发电机型式的选择通常是根据电厂近期和远期规划的热电负荷来确定的。某市垃圾焚烧以处理生活垃圾为主，余热发电利用焚烧炉产生的蒸汽将热能转变为电能，不承担电网的供电负荷调节。新建垃圾焚烧厂附近地区至今还没有一个供热规划，缺乏应有的供热资料。考虑到新建垃圾焚烧厂附近没有热用户，且在投产的初期即能取得良好的经济效益，本工程暂拟选用凝汽式汽轮发电机组为好。汽轮机的非调整抽汽仅作为系统自身的回热抽汽，并配有减温减压器作备用，以便在必要时由锅炉出口经减温减压器代替回热抽气来供热。汽轮机排汽的冷凝方式有两种：一种是用空气来冷却，另一种是用水来冷却。后者的供水方式又可分为直流供水及循环供水两种。循环供水方式就是循环水在凝汽器等设备中吸收了热量，温度升高后通过冷却塔等使之冷却，再被循环水泵送到凝汽器等设备循环使用。由于冷却塔的蒸发损失及风吹损失，因此需补充一定的水量。开式直流冷却就是利用附近的江河水作为冷却水，它直接从江河中抽水供给冷却设备使用后又排入江河中。由于本厂冷却设备用水量大，且与河较远，无法采用该方式。

水冷系统中的汽轮机排气压比空冷系统低，因此采用水冷比空冷可多发电，而且水冷投资费用少于空冷。因此本项目建议汽轮机冷凝器采用闭式循环供水系统。本垃圾焚烧发电厂的处理总规模为 1 500 t/d。一期为 1 000 t/d，装有两台焚烧炉，单台的日处理垃圾 500 t。设计工况下，入炉垃圾的低位热值为 6 000 kJ/kg，一期可产生中温中压参数（4.0MPa，400℃）的蒸汽约为 79.2 t/h，二期蒸汽产量将达到 118.8 t/h。

根据《生活垃圾焚烧处理工程技术规范》（CJJ 90—2009）和《城市生活垃圾焚烧处理工程项目建设标准》（建标 142—2010）均要求生活垃圾焚烧发电厂汽轮机组的数量不宜大于 2 套。国内大多数焚烧厂也都是采用 1 套或 2 套汽轮机。目前国内常见的汽轮发电机组有以下几种形式，详见表 2-6。

表 2-6　不同汽轮机形式比较表

额定功率/MW	额定进汽量/t/h	汽轮机类型	单位功率投资	供货期	效率	耗水量
6	32	标准	中	短	低	高
7.5	38	非标	偏高	偏长	中	偏高
9	47	非标	偏高	长	中	偏低
12	61	标准	低	短	高	低
15	64	非标	偏高	长	中	偏低

在总的蒸汽量相同的情况下，汽轮发电机的台数的选择将影响工程投资及营运效益。因此，决定汽轮发电机的单机功率及总功率时必须综合考虑焚烧厂运行的稳定性、经济效益及厂房布置。就某市生活垃圾处理厂的垃圾焚烧产生的蒸汽量和预测垃圾数量及热值增长情况来看，可以有以下两种配置方案：

方案一：设置两台 12 MW 的凝汽式汽轮发电机组；

方案二：设置一台 15 MW 的凝汽式汽轮发电机组。

对于汽轮发电机组的选择不影响垃圾焚烧炉和余热锅炉及其附属设备的确定，两个方案在设备配置中不同点主要在于汽机系统设备的选择上。方案一配备两套 12 MW 汽轮发电机和一套旁路冷凝系统；方案二配备一套 15 MW 汽轮发电机系统。两者比较在设备配置上后者比前者少了一套汽轮发电机，系统相对要简单些。如考虑到远期扩建，方案一不需要再扩建汽轮机组，方案二需扩建一台 6 MW 的汽轮发电机组。综合余热利用和设备配置两个方面的比较，可以得出如下结论：

①方案二的特点是系统相对简单，投资省，运行费用较低，但在汽轮机停机检修时，需要从厂外提供厂用电电源，并且扩建时需扩建一台 6 MW 的汽轮发电机组，若两台机组规格不统一，会给运行、管理、备品备件增加麻烦。

②方案一的特点正好与方案二的优缺点相反。就某市垃圾焚烧发电厂的实际情况，建议采用第一个方案，即新增两台 12 MW 的汽轮发电机组。

4．烟气净化方案

（1）烟气排放指标的确定

根据工艺计算。每台锅炉出口烟气（标态）流量在 6 000 kJ/kg 热值下为 84 732 m^3/h。锅炉出口烟气主要成分如表 2-7 所示。

表 2-7　锅炉出口烟气主要成分（标准状态）

序号	污染物名称	单位	数值
1	烟气量	m^3/h	169 463
2	烟温	℃	185
3	CO_2	mg/m^3	161 537
4	烟尘	mg/m^3	5 000～12 000
5	HF	mg/m^3	50
6	SO_x	mg/m^3	500
7	HCl	mg/m^3	500
8	CO	mg/m^3	50
9	NO_x	mg/m^3	400
10	Hg	mg/m^3	1
11	Cd	mg/m^3	4
12	Pb+As+Sb+Cu	mg/m^3	100
13	PCDD	$ng.TEQ/m^3$	5

本工程烟气排放标准设计满足《生活垃圾焚烧污染控制标准》（GB 18485—2001），并考虑到某市现代化发展对环境保护的需要，进一步限定粉尘及二噁英等污染物排放，使之处理达到国内先进水平。本工程确定的烟气排放指标见表 2-8（以干基 O_2 含量 11%计）。

表 2-8　烟气排放标准表（标准状态）

序号	污染物名称	单位	GB 18485—2001	本工程目标
1	颗粒物	mg/m^3	80	30
2	HCl	mg/m^3	75	75
3	HF	mg/m^3	—	—
4	SO_x	mg/m^3	260	260
5	NO_x	mg/m^3	400	400
6	CO	mg/m^3	150	150
7	Hg 及其化合物	mg/m^3	0.2	0.2
8	Cd 及其化合物	mg/m^3	0.1	0.1
9	Pb	mg/m^3	1.6	1.6
10	其他重金属	mg/m^3	—	—
11	烟气黑度	林格曼级	1	1
12	二噁英类	$ng.TEQ/m^3$	1.0	0.1

为了达到上述的排放标准，需要确定相应的烟气净化工艺，在通常情况下，烟气净化工艺主要针对酸性气体（HCl，HF，SO_x）、NO_x、颗粒物、有机物及重金属等进行控制，其工艺设备主要由几部分组成：酸性气体脱除、颗粒物捕集、NO_x 的去除和有机物及重金属的去除工艺设备。

（2）酸性气体脱除工艺的确定

酸性气体净化工艺按照有无废水排出分为干法、半干法和湿法三种，每种工艺有其组合形式，也各有优缺点。

1）干法除酸。干式除酸可以有两种方式，一种是干式反应塔，干性药剂与酸性气体在反应塔内进行反应，然后一部分未反应的药剂随气体进入除尘器内与酸进行反应。另一种是在进入除尘器前喷入干性药剂，药剂在除尘器内和酸性气体反应。

除酸的药剂大多采用消石灰［$Ca(OH)_2$］，让 $Ca(OH)_2$ 微粒表面直接和酸气接触，产生化学中和反应，生成无害的中性盐颗粒，在除尘器里，反应产物连同烟气中粉尘和未参加反应的吸收剂一起被捕集下来，达到净化酸性气体的目的。

消石灰吸附 HCl 等酸性气体并起中和反应，要有一个合适温度，约 140℃，而从余热锅炉出来的烟气温度往往高于这个温度，为增加反应塔的脱酸效率，需通过换热器或喷水调整烟气温度，一般采用喷水法来实现降温。

此种方式的特点是：工艺简单，不需配置复杂的石灰浆制备和分配系统，设备故障率低，维护简便；药剂使用量大，运行费用略高；除酸（HCl）效率相对湿式和半干式低。

2）半干法除酸。半干法除酸一般采用氧化钙（CaO）或氢氧化钙［$Ca(OH)_2$］为原料，制备成氢氧化钙溶液作为吸收剂，在烟气净化工艺流程中通常置于除尘设备之前，因为注入石灰浆后在反应塔中形成大量的颗粒物，必须由除尘器收集去除。由喷嘴或旋转喷雾器将 $Ca(OH)_2$ 溶液喷入反应塔中，形成粒径极小的液滴。由于水分的挥发从而降低废气的温度并提高其湿度，使酸气与石灰浆反应成为盐类，掉落至底部。烟气和石灰浆采用顺流或逆流设计，维持烟气与石灰浆微粒充分反应的接触时间，以获得高的除酸效率。

半干式反应塔内未反应完全的石灰，可随烟气进入除尘器，若除尘设备采用袋式除尘器，部分未反应物将附着于滤袋上与通过滤袋的酸气再次反应，使脱酸效率进一步提高，相应提高了石灰浆的利用率。

此种方式的特点是：半干式反应塔脱酸效率较高，对 HCl 的去除率可达 90%以上，此外对一般有机污染物及重金属也具有良好的去除效率，若搭配袋式除尘器，则重金属去除效率可达 99%以上；不产生废水排放，耗水量较湿式洗涤塔少；流程简单，投资和运行费用相对较低；石灰浆制备系统较复杂。

3）湿式洗涤塔。湿法脱酸采用洗涤塔形式，烟气进入洗涤塔后经过与碱性溶液充分接触得到充分的脱酸效果。洗涤塔设置在除尘器的下游，以防止粒状污染物阻塞喷嘴而影响其正常操作。同时湿式洗涤塔不能设置在袋式除尘器上游，因为高湿度的饱和烟气将造成粒状物堵塞滤布，气体无法通过滤布。湿法洗涤塔产生的废水经浓缩后，污泥进入除尘器前设置的干燥塔内进行干燥以干态形式排出。湿式洗涤塔所使用的碱液通常为 NaOH，而较少用石灰浆液 $Ca(OH)_2$，以避免结垢。

此种方式的特点是：流程复杂，配套设备较多；净化效率较高，在欧洲及美国应用多年的实绩均可验证。其对 HCl 脱除效率可达 95%以上，对 SO_2 也可达 80%以上；产生含高浓度无机氯盐及重金属的废水，需经处理后才能排放；处理后的废气因温度降低至露点以下，需再加热，以防止烟囱出口形成白烟现象，造成不良景观；设备投资高，运行费用也较高。

综上所述，湿法净化工艺的污染物净化效率最高，可满足排放标准的要求，其工艺组合形式也多种多样，但由于流程复杂，配套设备较多，并有后续的废水处理问题，一次性投资和运行费用高，在经济发达国家应用较多。干法净化工艺在日本近年的焚烧厂建设中采用较多，其工艺比较简单，投资和运行费用低于湿法，但净化效率相对较低。半干法净化工艺可达到较高的净化效率，投资和运行费用低，流程简单，不产生废水，欧洲的焚烧厂采用半干法的较多，半干法在国内已有较多成功的应用实例，积累了一定的运行经验，故本工程推荐采用半干法净化工艺。

（3）除尘工艺的确定

垃圾焚烧厂的粉尘控制可以采用静电分离、过滤、离心沉降及湿法洗涤等几种形式。常见的设备有电除尘器、袋式除尘器、文丘里洗涤器等。文丘里除尘器的能耗高且存在后续的水处理问题，所以此处仅对静电除尘器和袋式除尘器进行比较。

1）静电除尘器。静电除尘器内含有一系列交错组合的电极及集尘板。带有粒状污染物的烟气沿水平方向通过集尘区段，其中粒状物受电场感应而带负电，由于电场引力的影响，被渐渐移动至集尘板被收集。采用振打方式在集尘板上产生震动以震落吸附在集尘板上的粒状物，落入底部的飞灰收集入灰斗内。除尘器通常采用多电场方式，以提高除尘效率。静电除尘器除尘效率较高，通常可达 95%以上，并广泛用于燃煤发电厂。但对微小粉尘除尘效率相对较低。且在静电除尘器工作温度范围内，容易再合成二噁英。

2）袋式除尘器。袋式除尘器可除去粒状污染物及重金属。袋式除尘器通常包含多组密闭集尘单元，其中包含多个由笼骨支撑的滤袋。烟气由袋式除尘器下半部进入，然后由下向上流动，当含尘烟气流经滤袋时，粒状污染物被滤布过滤，并附着在滤布上。滤袋清灰方法通常有下列三种方式：反吹清灰法、摇动清除法及脉冲喷射清除法。清灰下来的粉尘掉落至灰斗并被运走。

袋式除尘器通常以清灰方式分类，在城市垃圾焚烧设施中，较常使用的型式为脉冲喷射清灰法。脉冲喷射清灰法可具有较大的过滤速度，废气是由外向滤袋内流动，因此其尘饼是累积在滤袋外。在清除过程时，执行清除的集尘单元将暂停正常操作，由滤袋出口端产生高压脉冲气流以清除尘饼。脉冲喷射清灰法将使滤袋弯曲，造成尘饼破碎而掉落在灰斗中。袋式除尘器同时兼有二次酸气清除的功能，上游的酸气清除设备中部分未反应的碱性物附着在滤袋上，在烟气通过时再次和酸气反应。袋式除尘器的缺点是滤袋材质脆弱；对烟气高温、化学腐蚀、堵塞及破裂等问题甚为敏感。20 世纪 80 年代后，各国致力于滤料技术开发，尤其聚四氟乙烯薄膜滤料（PTFE）等材料在袋式除尘器上开发应用，使袋式除尘器上述弊端得以极大改观。袋式除尘器目前已广泛应用于新建的城市垃圾焚烧厂及老厂改造上。袋式除尘器和静电除尘器比较见表 2-9。

表 2-9　袋式除尘器、静电除尘器性能比较

项目		袋式除尘器	静电除尘器
集尘效率/%	＜1 μm	＞90	＜20
	1～10 μm	＞99	＞95
	＞10 μm	＞99	＞99
风速/（m/s）		＜0.02	＜1
压力损失/Pa		～1 500	300～500
耐热性		一般耐热性较差，高温时需选择适当的滤布	耐热性能佳，一般可达 350℃，特殊设计可达 500℃
对烟气化学成分变化适应性		好	差
脱除二噁英		较好	差，存在二噁英再合成现象
耐酸碱性		可选择适当的滤布	好
动力费用		略高	略低
设备费		基本相同	基本相同
操作维护费		较高	较低

随着环保要求的日益严格，电除尘器不仅不能满足脱除有机物（二噁英等）、重金属的需要，同时也不能满足粉尘排放的要求，所以，现在已基本不再采用电除尘器作为焚烧垃圾厂的粉尘处理装置。国家标准 GB 18485—2014 中明确规定生活垃圾焚烧炉除尘装置必须采用袋式除尘器。

（4）重金属及二噁英去除工艺的确定

重金属以固态、液态和气态的形式进入除尘器，当烟气冷却时，气态部分转化为可捕集的固态或液态微粒。所以，垃圾焚烧烟气净化系统的温度越低，则重金属的净化效果越好。

城市生活垃圾中含有的氯元素、有机质很多，因此锅炉出口的烟气中常含有二噁英类物质（PCDD、PCDF）。目前常用的重金属及二噁英去除工艺是采用活性炭吸附加袋式除尘器。袋式除尘器也对二噁英类和重金属有较好的去除效果。采用半干法净化工艺，活性炭喷入装置设置在除尘器前的管道上，干态活性炭以气动形式通过喷射风机喷射入除尘器前的管道中，通过在滤袋上和烟气的接触进行吸附去除重金属和二噁英类物质。另外，二噁英类物质（PCDD、PCDF）的控制措施还包括以下几个方面：使垃圾充分燃烧；控制烟气在炉膛内的停留时间和温度；控制进入除尘器入口的温度低于 200℃。国外一些公司对半干法的烟气净化工艺进行了研究，当进入除尘器的烟气温度为 140～160℃时，对二噁英类的去除率达到 99%以上，汞的排放检测不出。

（5）NO_x 去除工艺的确定

NO_x 去除工艺有选择性催化还原法（SCR）、选择性非催化还原法（SNCR）等。

1）选择性催化还原法（SCR）。SCR 法是在催化剂存在的条件下，NO_x 被还原成 N_2，为了达到 SCR 法还原反应所需的 400℃的温度，烟气在进入催化脱氮器之前需要加热，试验证明 SCR 法可以将 NO_x 排放浓度控制在 50 mg/m^3 以下。

2）选择性非催化还原法（SNCR）。SNCR 是在高温（800～1 000℃）条件下，利用还原剂将 NO_x 还原成 N_2，SNCR 不需要催化剂，但其还原反应所需的温度比 SCR 法高得多，因此 SNCR 需设置在焚烧炉膛内完成。两种方法相比较，SCR 法不仅需要催化剂，同时还要在除尘器后进行重新加热，需要耗用大量热能，因此，工程上 SNCR 比 SCR 法应用得更多一些。目前，NO_x 的净化是烟气净化系统中最困难和最昂贵的技术，即使是 SNCR 技术相对投资较少，但因其布置在炉膛内，并且国内尚无应用先例，因此必须由国外供货商整体供货。考虑到目前的中国国情、烟气排放标准、烟气原生浓度等指标，结合炉内燃烧等技术，建议不设专门的 NO_x 去除设施，具体有以下原因：SNCR 进口投资较高，同时后期的使用、维护费用也很高；结合炉内燃烧技术，包括 O_2 的控制、炉内温度的控制等，能够减少 NO_x 在锅炉出口的原生浓度；NO_x 在锅炉出口的原生浓度在 200～600 mg/m^3，一般在 300 mg/m^3 以下，已经基本接近烟气排放指标，同时通过活性炭吸附、石灰中和反应等能去除一部分 NO_x。

目前的焚烧技术在不使用 NO_x 去除设施的情况下，同样可以达到排放浓度在 150～400 mg/m^3，所以为了节省投资并节省运行维护费用，本方案建议不设 NO_x 去除设施，但预留 SNCR 脱氮系统接口。

本书确定烟气净化工艺是以立足国情、适当超前、方便操作、技术成熟为指导思想。经过综合比较，推荐采用“半干式反应塔+活性炭吸附+袋式除尘器”烟气净化工艺。

（六）垃圾处理工艺流程

本项目整个工艺流程包括了垃圾接收、焚烧及余热利用、烟气净化处理、灰渣收集处理等系统。

垃圾车从物流口进入厂区，经过地磅秤称重后进入垃圾倾卸平台，卸入垃圾贮坑。卸料平台的标高为 7 m。垃圾在垃圾贮坑内存放约 6 d。垃圾贮坑是一个封闭式且正常运行时空气为负压的建筑物。贮坑采用半地下结构，坑底标高为−7.5 m。贮坑内的垃圾通过垃圾吊车抓斗抓到焚烧炉给料斗，经溜槽落至给料炉排，再由给料炉排均匀送入焚烧炉内燃烧。

垃圾燃烧所需的助燃空气因其作用不同分为一次风和二次风。一次风取自垃圾贮存坑，使垃圾贮坑维持负压，确保坑内臭气不会外逸。一次风经蒸汽空气预热器加热后由一次风机送入炉内。取自锅炉房内的炉墙冷却风，被炉墙加热后接入一次风机入口总管。二次风从锅炉房吸风，由二次风机加压后送入炉膛，使炉膛烟气产生强烈湍流，以消除不完全燃烧损失和有利于飞灰中碳粒的燃尽。

焚烧炉设有点火燃烧器和辅助燃烧器，用柴油作为辅助燃料。点火燃烧器供点火升温用。当垃圾热值偏低、水分较高，炉膛出口烟气温度不能维持在 850℃以上，此时启用辅助燃烧器，以提高炉温和稳定燃烧。停炉过程中，辅助燃烧器必须在停止垃圾进料前启动，直至炉排上垃圾燃尽为止。

垃圾在炉排上通过干燥、燃烧和燃尽三个区域，垃圾中的可燃分已完全燃烧，灰渣落入出渣机，出渣机起水封和冷却渣作用，并将炉渣推送至灰渣贮坑。灰渣贮坑上方设有桥式抓斗起重机，可将汇集在灰渣贮坑中的灰渣抓取，装车外运、填埋或综合利用。

垃圾燃烧产生的高温烟气经余热锅炉冷却至 220℃后进入烟气净化系统。每台焚烧炉配一套烟气净化系统，烟气净化系统是采用“半干式石灰（旋转喷雾）吸收塔+活性炭吸附+布袋除尘器”。烟气首先进入吸收塔，与喷入一定浓度的石灰浆充分混合并发生化学反应，烟气中的酸性气体被去除。在吸收塔和布袋除尘器之间喷入活性炭以吸附烟气中的重金属和二噁英。烟气经布袋除尘器除掉烟气中的粉尘及反应产物后，符合排放标准的烟气通过引风机送至烟囱排放至大气。

余热锅炉以水为介质吸收高温烟气中的热量，产生 4.0 MPa、400℃的蒸汽。供汽轮发电机组发电。产生的电力除供本厂使用外，多余电力送入地区电网。

根据以上的工艺选择，全厂垃圾处理工艺流程框图见图 2-10。

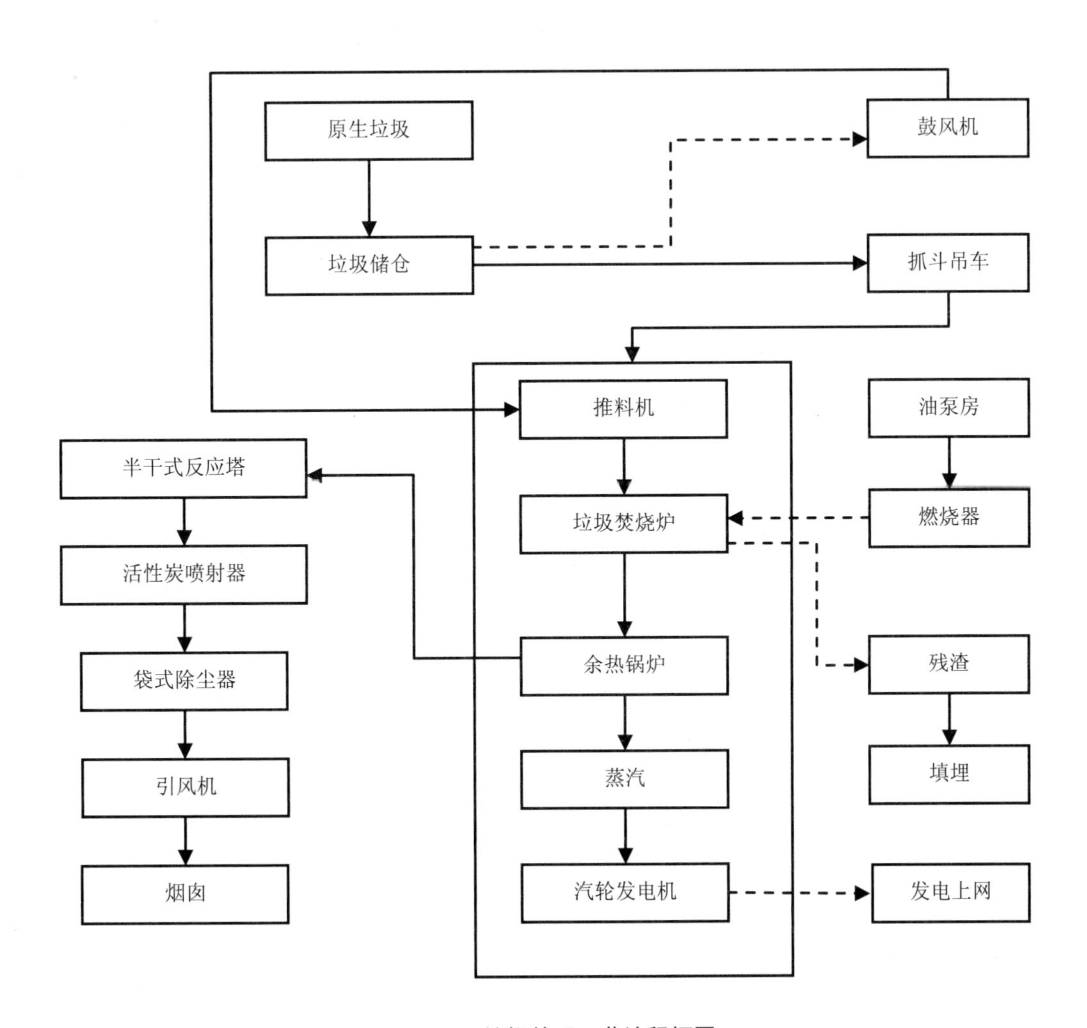

图 2-10　垃圾处理工艺流程框图

六、主体工程设施

（一）总平面布置

1．设计依据

设计基础资料；总图设计原则。

2. 总平面布置

（1）平面布置

总平面布置主要考虑满足工艺流程的要求，合理利用土地，充分结合现有场地自然条件，使交通运输线路和各种管线通顺短捷，并与原有建、构筑物相协调，满足生产及消防安全要求。

1）布置方案一。主厂房作为焚烧厂的主体，因其地位突出，体量较大而成为总图设计的重点和核心，主厂房布置在场地中间。根据场地风向及工艺要求，将渗沥液处理站布置于主厂房西南侧，炉渣堆场及处理车间布置在主厂房西侧，飞灰固化场地布置在主厂房南侧。净化装置、净水池及循环水系统布置于主厂房东侧，办公楼、宿舍楼布置在厂区北部。

2）布置方案二。将中水处理站布置于主厂房西北侧，炉渣综合利用场、飞灰固化场地布置在主厂房东南侧。净化装置、净水池布置于主厂房西南侧，其东侧布置循环水泵房、循环冷却水塔。

3）方案比选。方案一的净化装置、净水池与飞灰固化场地的距离较方案二的大，而方案二的飞灰固化场地的西侧留有发展用地，但当其向西发展时，对净化装置、净水池有一定的影响。

综上所述，推荐方案一为本可行性研究报告的总平面布置方案。

（2）竖向设计及平土排水

1）竖向设计及场地平整。由于厂址地貌为丘陵荒地，场地南北长东西短，结合生产工艺、交通运输、防洪排水、建筑总平面设计，以及采光通风要求，本着因地制宜、节约基建投资、方便施工的原则，竖向布置采用台阶式及平坡式结合的形式。

根据地形条件，厂区采用平坡式竖向布置形式和连续式平土方式。场地平土标高初步确定为 85.70 m，施工图设计可根据场地及周边规划道路竖向设计的实际情况进行调整。场地整平挖方工程量约为 44.6 万 m^3。道路路基需随施工正常填筑，以满足厂内运输的需求。有地下敷设管线的地段。在满足管线覆土厚度的前提下，可逐步整平，其他绿化用地也可滞后回填整平。

2）场地排水。厂区地表水采取暗管排水方式，接入厂外市政管网。

（3）道路与运输

1）厂区出入口。厂区设两个出入口，分别为人流通道、物流通道。厂区四周设铁栅围墙，厂区出入口设电动推拉门。

2）道路设计。为满足生产、行政运输和消防的需要，厂区内设置环形道路通向各车间，道路形式为城市型道路，双车道路面宽 7.0 m，单车道路面宽 4.0 m。路面结构为 22 cm 厚水泥混凝土面层，20 cm 厚级配碎石基层，15 cm 厚沙砾垫层。为满足垃圾车进入主厂房卸料平台的需要，在地磅房和卸料平台间设垃圾运输上料坡道，坡道采用钢筋混凝土结构，宽度为 8.0 m，坡度为 6%。为保证厂区道路具有良好的稳定性和足够的强度，根据路基稳定情况，路基可以在分层填筑压实的同时，增加自然沉降的时间，在路基足够压实后再铺筑路面。

3）运输组织。厂区生产和辅助生产运输均采用汽车运输。垃圾运输车由厂区物流通道进厂，称量后通过垃圾运输上料坡道进入主厂房的卸料大厅，空车经原路返回出厂；灰渣车经厂内道路通过物流通道进出厂；其他辅助生产资料运输也由物流通道进出厂，行政管理车辆和人员由人流通道进出厂。消防车可经厂区人流、物流通道进出厂，通过厂区内的环形通道通达到各车间、设施、场地。

（4）厂区绿化

为美化厂容厂貌、减少垃圾焚烧处理过程对环境造成的影响，创造良好的工作环境，设计采用“点、线、面”结合的手法加强厂区绿化。“点”是充分利用车间周围的零星空地种植草坪，“线”是道路两侧及围墙内侧栽种的行道树，“面”是厂区东侧和综合楼周围形成的厂前集中绿化区。为降低废气、臭味、噪声、粉尘等的影响和交叉污染，可选种一些适合当地气候生长条件、抗污染能力较强的树种和植物，厂前集中绿化区栽种一些观赏性较强的树木和花草。厂区绿地面积为 62 991 m^2，绿地系数为 55.6%。

（5）建构筑物一览表及主要技术经济指标

1）建构筑物一览表，见表 2-10。

表 2-10 建构筑物一览表

<table>
<tr><th>序号</th><th>项目</th><th>占地面积/m^2</th><th>建筑面积/m^2</th><th>层数/层</th><th>建筑高度/m</th><th>生产类别</th><th>耐火等级</th></tr>
<tr><td rowspan="2">1 主厂房</td><td>垃圾贮存垃圾卸料大厅</td><td rowspan="4">14 108</td><td rowspan="4">21 562</td><td rowspan="4">5</td><td rowspan="3">36.60</td><td>丙类</td><td rowspan="3">二级</td></tr>
<tr><td>尾气处理间锅炉间</td><td>丁类</td></tr>
<tr><td>2 主厂房附屋</td><td>除氧间气机间综合车间</td><td>丁类</td></tr>
<tr><td>3</td><td>烟囱</td><td>80.2</td><td>丁类</td><td>二级</td></tr>
</table>

序号	项目	占地面积/m^2	建筑面积/m^2	层数/层	建筑高度/m	生产类别	耐火等级
4	办公楼	923	3 692	4	15		二级
5	宿舍楼	625	2 500	4	15		二级
6	自行车棚	34	17	1	3		二级
7	循环冷却水塔	574				戊类	二级
8	综合水泵房	820	518	1	6.3	戊类	二级
9	油泵房	20	20	1	3.8	乙类	二级
10	20 m^3 埋地油罐	43				乙类	
11	门卫室一	30	30	1	3.6		二级
12	门卫室二	30	30	1	3.6		二级
13	地磅	105				戊类	二级
14	引桥	960					
15	水池	792					
16	飞灰固化场	1 000	500			戊类	二级
17	渗沥液处理	1 500	500		3.6	戊类	二级
18	炉渣处理车间	3 060	3 060		6.0	戊类	二级
19	炉渣堆场	4 958				戊类	
20	炉渣处理车间 2	1 500	1 500		6.0	戊类	二级
	合计	31 082	33 929				

2）主要技术指标及工程量，见表 2-11。

表 2-11　主要技术指标及工程量表

序号	项目	单位	数量
1	征地面积	m^2	117 829
2	预留发展用地	m^2	4 526
3	一期用地面积	m^2	113 303
4	总建筑面积	m^2	33 929
	容积率	—	0.39
5	建构筑物占地面积	m^2	31 082
	建筑系数	%	27.4
6	道路用地面积	m^2	14 181

序号	项目	单位	数量
7	广场及运动场	m^2	5 053
8	绿地面积	m^2	62 991
	绿地率	%	55.6
9	围墙长度	m	937
10	电动推拉围墙大门	座	2
11	排洪沟	m	775
12	挖土石方工程量	万 m^3	43.6
13	填土石方工程量	万 m^3	37.7

（二）垃圾接收及贮存

该系统流程是：垃圾运输车进厂时经检视、称重，再进入垃圾接收厅将垃圾卸入垃圾贮坑暂时贮存，并用垃圾吊车搅拌混合垃圾后再将垃圾送入焚烧炉。系统主要包括以下设施：地磅、垃圾接收厅、垃圾自动倾卸门、垃圾贮存坑、垃圾破碎机、垃圾起重机。

1. 检视

在地磅入口前的道路旁设检视平台，配备专门人员和必要的工具、仪器。检视平台前设车辆检验标志，检验人员认为垃圾运输车可疑，可指挥其进入检视区专门停车处接受检验，垃圾运输车辆及所装垃圾应符合垃圾供应与运输协议要求，如属于以下几种情况之一，可视为不合格车辆：非协议双方认定的车辆、协议规定不可处理废物、非双方认定的非许可垃圾，对此几种车辆，负责检视的人员可拒绝其称量，并指挥其开出厂外。合格车辆进入磅站称量。

2. 称量

按平均日处理规模 1 000 t 的城市生活垃圾及处理垃圾后产生的炉渣等其他物料运输频率，设置两套全自动电子式地磅。磅台尺寸为 14 m×3.4 m，地磅刻度为 0～60 t，分度为 20 kg，每套磅秤含 6 个以上荷重单元并可以全自动方式操作，从读卡至完成作业时间不超 15 s，每一磅称前均设红、绿灯标志，以调整进、出厂的车流量。每套地磅称量装置配备有一套包括微电脑在内的数据处理系统，可以完成入厂垃圾数量的统计、累加以及打印票据等一系列双方商定的工作。在地磅房内，还设一套工业级计算机做档案记录用，正常操作时具有监控台功能，可同时控制执行相关报表打印功能，留有数据通信接口，并与中央控制室联网。正常时地磅与计算机一对一运行，出现故障时，任何一台计算机均可对任何一套地磅进行操作。地磅采用 SCS 系列无基坑全自动电子汽车衡，主要由称重秤体、称重传感器、称重显示器等部分组成。

主要特点及功能：秤体模块化、无基坑，安装简捷方便；具有独特的传力机构，可自动保持垂直受力状态以减缓冲击、保持限位；全密封传感器防潮、防水、精度高、长期稳定性好；智能化称量显示仪表可显示毛重、皮重、净重，可皮重预置，存储并长期记忆、多功能、高精度、显示速度快；具有标准的串行输出接口及打印机输出接口，可连接计算机、打印机，并实现大屏幕显示。每座地磅站均为独立的建筑，包括管理室、地磅、等待称量的车辆缓冲区和紧急旁通道路等设施。管理室设空调及盥洗室，供地磅管理人员和司机使用。

3．垃圾卸料平台

垃圾卸料平台布置在主厂房 7.0 m 处，紧贴垃圾贮坑，采用室内型，以防止臭气外泄和降雨，卸料平台设有专用的垃圾运输车进出口一处，卸料位 8 个，平台宽 24 m，拥有足够的面积来满足最大垃圾转运车辆的行驶、掉头和卸料而不影响其他车辆的作业。垃圾卸料平台周围设置清洗地面的水栓，并保持地面坡度以及在垃圾贮坑方向设置排水沟，以便收集和排出污水，并和垃圾贮坑收集的渗沥液一同送到污水处理设施。操作人员可根据垃圾在贮坑内分布情况操作平台内的指示灯来指示垃圾车应在哪个卸料门卸料。卸料门前方设置高约 20 cm 的挡车矮墙和紧急按钮，防止车辆坠入垃圾贮坑内。平台设一个进出口，进出口车道宽为 8.0 m，进出口上方设有电动卷帘门和空气幕墙以阻止臭气的扩散。

4．垃圾卸料口设置

垃圾卸料平台设 8 个垃圾卸料门。各卸车位设编号，方便管理，并设有红绿灯指示。垃圾卸料门之间设有隔离岛，以避免垃圾车相撞，并给工作人员提供作业空间。卸料平台设有摄像头，垃圾抓斗控制室值班人员可随时了解卸料平台内各卸车位的情况，并根据垃圾贮坑堆料情况指示卸车位置。

5．垃圾贮坑

垃圾贮坑考虑到施工的难度，含二期工程一次建成，贮坑长为 62 m，宽约为 21 m，深约为 20 m，其中地上部分为 7 m，地下部分为 13 m。垃圾贮坑总有效容积为 26 040 m^3，若垃圾容重按 0.4 t/m^3 计，则可贮存垃圾约为 10 416 t，可满足约整个远期工程 7 d 的焚烧量。通过合理的分区与堆放，可使垃圾贮坑存放约 8 d 的垃圾。垃圾贮坑剖面如图 2-11 所示。

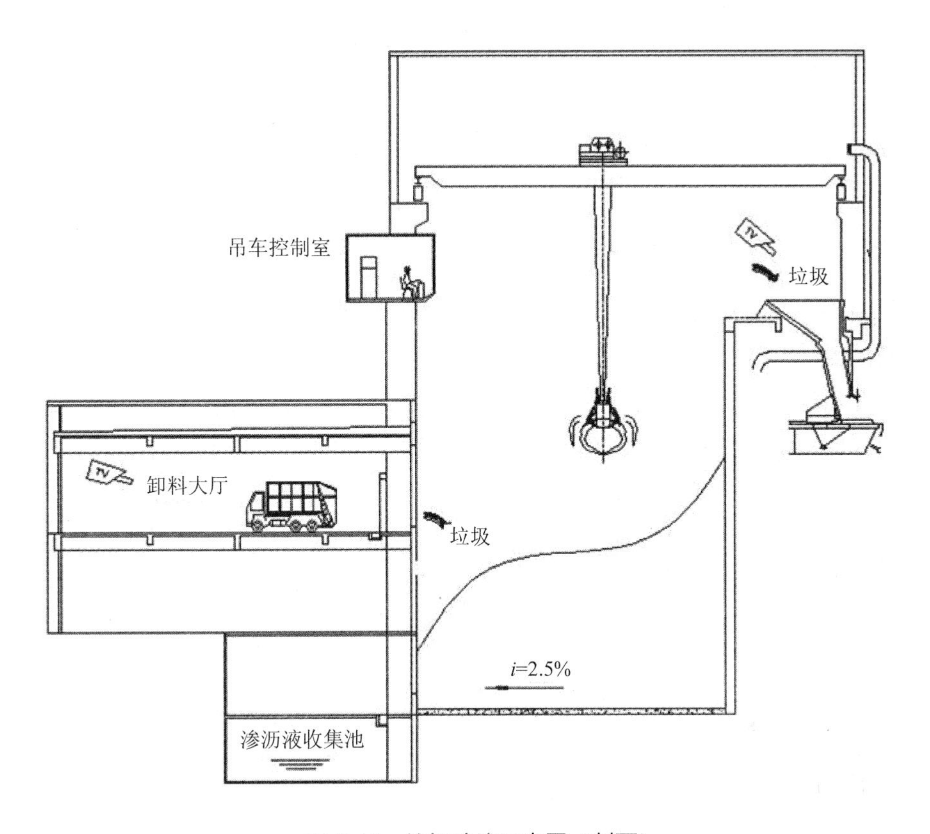

图 2-11　垃圾贮坑示意图（剖面）

针对某市以及国内生活垃圾热值低、含水率高、随季节变化幅度大等特点，本工程对垃圾贮坑进行了以下设计：

为了使垃圾在坑内能够充分的脱水、混合，改善焚烧炉的燃烧状况，提高入炉垃圾的热值，设计将垃圾贮坑容积加大，延长垃圾在坑内的停放时间，使其能够存储 7d 以上的垃圾量；同时，加大垃圾贮坑容积还能够使焚烧厂在自身或外界负荷变化下有较强的缓冲能力。

为了收集垃圾贮坑渗出的污水，应在坑底保持 2°～2.5°的排水坡度，并在卸料平台底部设置一排拦污栅，为防止垃圾贮坑底部垃圾堵塞拦污栅，拦污栅应有一定的高度。渗沥水通过拦污栅进入污水导排沟内，最后汇集在渗沥液收集池。在渗沥液导排不畅的情况下，检修人员可以从两侧身着防护设备进入污水导排沟内进行清理作业。

从建筑结构角度考虑，垃圾贮坑底部位于地下 6 m 处，除承受土压、水压外，还有支撑贮坑内垃圾、上部房屋与吊车的重量的作用，因此垃圾贮坑由具有水密性的钢筋混凝土建造，由于坑身较长，可以考虑在坑身设置结构伸缩缝，以防止由于温度变化不均，混凝土开裂对结构承载力和使用造成的不利影响；同时在伸缩缝处做好防水混凝土和止水带的施工，保证质量。

设置一个渗沥液收集池和两个污水泵，由于渗沥液收集池位于地下 6 m 以下，而某市地下水位较高，为减少工程造价和地下水的渗入，收集池不宜设置太大，收集池按照 120 m^3 设计，能储存 10～14 h 的渗沥液量，并在厂房外设置一密闭的地下渗沥液储存池，容积约为 800 m^3，当收集池内液位到达一定高度时，污水泵将渗沥液打到储存池内，储存池能储存全厂 4～5 d 的垃圾渗沥液。目前某市垃圾热值较低，垃圾中水分含量较高，因此焚烧炉不具备渗沥液回喷条件，所以将渗沥液送往焚烧厂内的渗沥液污水处理装置处理，同时焚烧炉预留渗沥液回喷装置，待将来垃圾热值满足要求后再进行回喷。垃圾贮坑和渗沥液收集池底部和四周都采取了必要的防渗措施，既防止了渗沥液的渗出，也避免了地下水的渗入。通过以上措施，能够做到及时导排渗沥液，大大减少垃圾贮坑内渗沥液的淤积，从而降低入炉垃圾的含水率，提高热值。垃圾贮坑上部设有焚烧炉一次风机和二次风机的吸风口。风机从垃圾贮坑中抽取空气，用作焚烧炉的助燃空气。这可维持垃圾贮坑中的负压，防止坑内的臭气外溢。同时，在垃圾贮坑上部设有事故风机，事故风机出口通过旁路直通到烟囱，在全厂停炉检修或突发事故的情况下，将垃圾贮坑内的气体通过 80 m 高的烟囱排入大气，避免臭气的自由外溢。同时满足消防防爆、防燃的要求。垃圾贮坑屋顶除设人工采光外，还设置自然采光设施，以增加垃圾贮坑中的亮度。垃圾贮坑内设消防水枪，防止垃圾自燃。垃圾贮坑的两侧固定端留有抓斗的检修场地，可方便起重机抓斗的检修。

6. 垃圾吊车

（1）设备比选

垃圾吊车关键部分是抓斗和控制装置。常用的垃圾抓斗有叉式和爪式两种，叉式多用于处理规模小于 200 t/d 的垃圾焚烧厂。本项目选用爪式，爪张开时，其尖端垂直向下，便于尽可能深地插入垃圾堆中，其抓深大。抓斗材料是碳钢，爪的材料采用硬的合金，以防止磨损和腐蚀。抓斗的驱动型式有两种，详见表 2-12。

经比较选择液压驱动抓斗（如国际知名品牌德马格），取其抓取垃圾效果好的优点。为了保证运行平滑、加减速及准确定位，综合考虑垃圾吊车的使用性能，本垃圾吊车电气系统，采用比可控硅控制、脉冲转换控制性能更为优越的国内外先进的“触摸屏+PLC+变频调速”控制方案，实现整机综合监控、自动控制及高精度的调速功能。

表 2-12 抓斗驱动型式比较表

项目	液压驱动	机械驱动	备注
抓取垃圾力度	靠液压缸，力量大；对不均匀垃圾和斜面垃圾效果好	靠抓斗自重，力量小；对不均匀垃圾和斜面垃圾效果差	
稳定性	较好	较差	
投资	较低	较高	
自重	较小	较大	
自高	较低	较高	
维修	周期短、备件费用较高	周期长、备件费用较低	液压维修要求较高

（2）设备功能

垃圾贮坑上方设 2 台垃圾吊车，吊车起重量为 12 t，一用一备。设 8 m^3 抓斗三套，两用一备，备用抓斗放置于车间仓库内，以方便及时更换。吊车小车架上设置一套称量装置，并且具有自动去皮、计量、预报警、超载保护的功能，并能在吊车控制室显示、统计投料的各种参数。

吊车可供三台焚烧炉加料及对垃圾进行搬运、搅拌和倒垛。按顺序堆放到预定区域，以确保入炉垃圾组分均匀、燃烧稳定。鉴于垃圾贮坑内环境恶劣，吊车操作工是在位于垃圾贮坑侧上方的吊车控制室内进行操作。吊车配备手动操作系统及半自动操作功能，并能快速切换。

（3）起重机的控制

起重机所有的运动控制都在一个固定的控制室内操作，具有以下两种运行模式可以选择：手动模式——通过联动台操作杆来控制，配有可旋转的座椅；半自动模式（带自动喂料功能）——可实现移料、喂料、混料、堆料，能设计为一台起重机运行或两台起重机同时运行。控制室里的每一台控制椅控制一台起重机，此外还配有一台无线遥控器，作为紧急情况和维修时用。每一台起重机配一套 PLC，进行起重机的控制信号和位置信号处理，并通过供电系统跟 DCS 系统进行数据交换，并与上一级控制单元有信号接口，两台实时打印机放置在控制室中，用来打印重量、输出信息。

（三）垃圾焚烧系统

推动式垃圾焚烧装置系针对中国城市生活垃圾低热值、高水分的特点而设计，具有适应热值范围广、负荷调节能力大、可操纵性好和自动化程度高等特点，可广泛用于处理不分拣的生活垃圾。在垃圾低位热值达到 5 000 kJ/kg 时，该炉在不添加辅助燃料的情况下就能保证烟气在炉膛出口温度在 850℃以上环境下停留时间不小于 2 s。该焚烧装置的城市垃圾焚烧技术在国内处于领先水平。

1. 进料系统

生活垃圾经给料斗、料槽、给料器进入焚烧炉排，垃圾进料装置包括垃圾料斗、料槽和给料器，如图 2-12 所示。

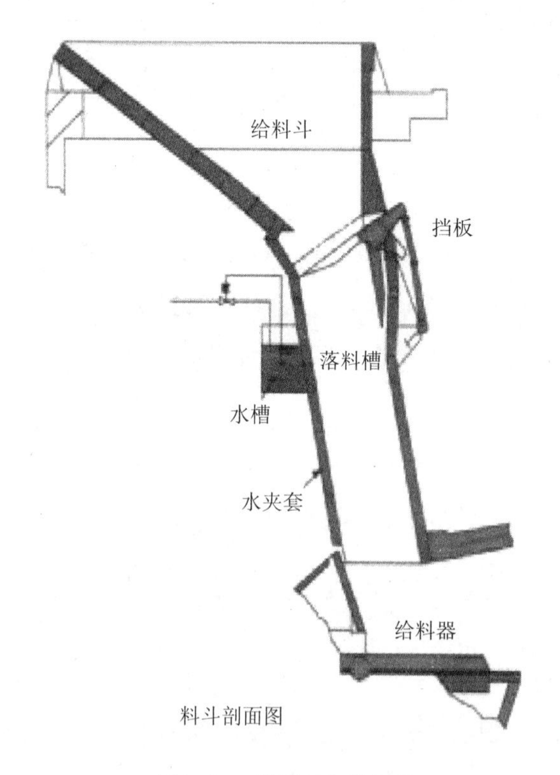

图 2-12 给料斗与落料槽

垃圾给料斗用于将垃圾吊车投入的垃圾暂时贮存，再连续送入焚烧炉处理，给料斗为漏斗形状，能够贮存约 1 h 焚烧量的垃圾，由可更换的加厚防磨板组成。为了观察给料斗和溜槽内的垃圾料位，给料斗安装了摄像头和垃圾料位感应装置，并与吊车控制室内的电脑屏幕相联。料斗内设有避免垃圾搭桥的装置。

给料溜槽设计上垂直于给料炉排，这样能够防止垃圾的堵塞，能够有效地防止火焰回窜和外界空气的漏入，也可以存储一定量的垃圾，溜槽顶部设有盖板，停炉时将盖板关闭，使焚烧炉与垃圾贮坑相隔绝。给料炉排位于给料溜槽的底部，保证垃圾均匀、可控制的进入焚烧炉排上。给料炉排由液压杆推动垃圾通过进料平台进入炉膛。炉排可通过控制系统调节，运动的速度和间隔时间能够通过控制系统测量和设置。

2．焚烧炉

（1）炉排

焚烧炉是垃圾焚烧厂极其重要的核心设备，它决定着整个垃圾焚烧厂的工艺路线与工程造价，为了长期、稳定、可靠的运行，从长远考虑，本工程应选用技术成熟可靠的炉排炉焚烧方式。炉排面由独立的多个炉瓦连接而成，炉排片上下重叠，一排固定，另一排运动，通过调整驱动机构，使炉排片交替运动，从而使垃圾得到充分的搅拌和翻滚，达到完全燃烧的目的。垃圾通过自身重力和炉排的推动力向前前进，直至排入渣斗。炉排分为干燥段、燃烧段和燃烬段三部分，燃烧空气从炉排下方通过炉排之间的空隙进入炉膛内，起到助燃和清洁炉排的作用。

根据垃圾低位热值设计参数以及焚烧炉的技术特点，本项目焚烧炉主要参数见表2-13。

表 2-13　垃圾焚烧炉主要参数表

性能参数名称	单位	数据
焚烧炉单台处理量	t/h	20.83
焚烧炉超负荷运行时的最大处理量	t/h	22.91
无助燃条件下使垃圾稳定燃烧的低位热值要求	kJ/kg	5 000
焚烧炉年正常工作时间	h	≥8 000
全厂年处理能力	万 t	36.5
垃圾在焚烧炉中的停留时间	h	约 1.5
烟气在燃烧室中的停留时间	s	＞2
燃烧室烟气温度	℃	850
助燃空气过剩系数		1.8
助燃空气温度	℃	200～230
焚烧炉允许负荷范围	%	60～110
焚烧炉经济负荷范围	%	90～100
燃烧室出口烟气中 CO 浓度	mg/m^3	＜50
燃烧室出口烟气中 O_2 浓度	mg/m^3	6～8
余热锅炉过热蒸汽温度	℃	450
余热锅炉过热蒸汽压力	MPa	4.1
蒸汽量指标（max）	t/（h·炉）	48
余热锅炉排烟温度	℃	＜230
余热锅炉给水温度	℃	130
单位处理垃圾耗电	kW·h/t	约 22
焚烧炉效率	%	78
焚烧炉渣热灼减率	%	≤3

（2）出渣机

焚烧炉内燃尽的灰渣最终由出渣机（图 2-13）推到炉外，其特点如下：由于采用水封结构具有完好的气密性，可保持炉膛负压；可有效除去残留的污水，使得灰渣含水量仅为 15%～25%。因此，灰坑里的灰渣没有太多渗漏的水分；出渣机推杆的所有滑动面都采用耐磨钢衬，所以寿命很长；出渣机内水温将保持在 60℃以下。

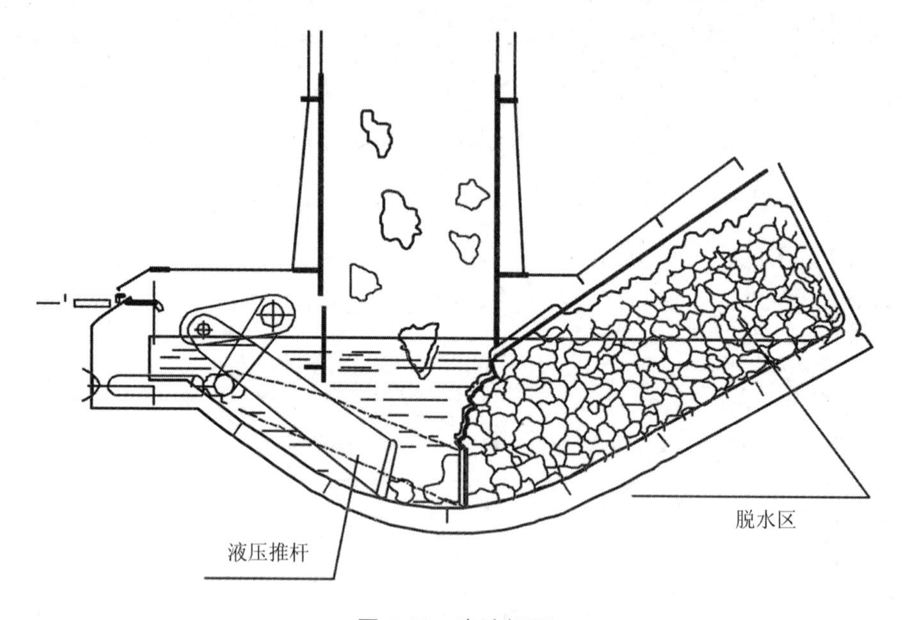

图 2-13　出渣机图

3. 点火及助燃系统

焚烧厂焚烧炉启动点火及助燃采用自厂外运输来的柴油。

（1）点火燃烧器

焚烧炉点火时炉内在无垃圾状态下，使用燃烧器使炉出口温度至 400℃，然后垃圾的混烧使炉温慢慢升至额定运转温度（850℃以上），若急剧升温，炉材的温度分布也发生剧烈变化，因热及机械性的变化发生剥落使耐火材料的寿命缩短，故助燃燃烧器应进行阶段性地温度调整以防温度的急剧变化。本装置由点火燃烧器本体、点火装置、控制装置和安全装置构成，每台炉设置 1 套。停炉时与启动时相同，使用助燃燃烧器使炉温慢慢下降以防止温度的急剧变化，并使燃烧炉排上残留的未燃物完全燃烧。

（2）辅助燃烧器

辅助燃烧器主要设计为保持炉出口烟气温度在 850℃以上，当垃圾的热值较低而无法达到 850℃以上的燃烧温度时，根据焚烧炉内测温装置的反馈信息，本装置自动投入运行，投入辅助燃料来确保焚烧烟气温度达到 850℃以上并停留至少 2 s。本装置由燃烧器本体、点火装置、控制装置和安全装置构成，每炉设置 1 套。

4．焚烧炉液压传动系统

垃圾给料斗的出渣装置、炉排等由液压油缸来驱动。执行机构各自具有独立的控制阀、速度（流量）调节阀和油压控制回路。在充分考虑油压装置的紧凑性、可操作性、容易检修和安全检查的基础上，把油缸、电机、油压泵、各控制阀等的构成部件集中到了共同平台上。

把各控制阀集中在集合管柜上，力求减小管道的数量来达到防止接管处的油漏现象。各个油缸的进油口集中在一个地方，并且在每个进油端口都设有压力监测口。结构上更容易确认调压工作的执行情况，便于调压工作。油缸的油量机、液压油的温度计和压力表的操作在同一个地方就可以全部完成。焚烧炉油压驱动装置的电气控制部件的电线集中在中央集束柜里，充分考虑了与外线接入工作的方便性。炉排液压站既可以就地控制，也可以在中央控制室远程通过 DCS 系统控制。

5．燃烧空气系统

空气系统由一次风机、二次风机、一次和二次空气预热器及风管组成。在燃烧过程中，空气起着非常重要的作用，它提供燃烧所需要的氧气，使垃圾能充分燃烧，并根据垃圾性质的变化调节用量，使焚烧正常运行，烟气充分混合，使炉排及炉墙得到冷却。本焚烧炉的燃烧空气分为一次风系统和二次风系统。燃烧用一次风流量约为 50 000 m^3/h，从垃圾贮坑上方引入一次风机，风量可独立调节。以保证垃圾贮坑处于微负压状态，使坑内的臭气不会外泄。由于垃圾车的倾卸及吊车的频繁作业，造成垃圾贮坑内粉尘较多且湿度较大，因此在鼓风机前风道上设有抽屉式过滤器，定期清除从坑内吸入的细小灰尘、苍蝇等杂物。一次风从垃圾贮坑内抽取，经过一次风蒸汽式预热器后由炉排底部引入，中央控制系统可以通过炉排底部的调节阀对各个区域的送风量进行单独控制。一次风同时具有冷却炉排和干燥垃圾的作用。二次风流量约为 17 000 m^3/h，二次风通常取自焚烧炉厂房内、渣坑或垃圾贮坑。针对本工程，垃圾贮坑是全厂恶臭的主要来源，提高贮坑负压、加大换气次数能够更好地控制污染，因此将二次风取风口位置设在垃圾仓内，每台炉配有 1 台二次风机，二次风经过二次风预热器后，从炉膛上方引入焚烧炉，使可燃成分得到充分燃烧，二次风量也可随负荷的变化加以调节。此外，在焚烧厂房和渣坑内设置通风机，保证其空气流通。

为了保证高水分、低热值的垃圾充分燃烧，加速垃圾干燥过程，一般燃烧空气先进行预热后再进入炉内，针对国内的垃圾特性，通常将一次风和二次风加热到200℃左右，为了减少不必要的热量损失，一般采用两级加热，本工程采用汽轮机一段抽汽+汽包饱和蒸汽为加热汽源，用于将一次风和二次风加热到200℃左右。

（四）余热锅炉系统

1. 概述

余热锅炉是有效回收高温烟气热能、获取一定经济效益的关键设备，是与焚烧炉配套设计的专用锅炉。余热锅炉主要由汽包、水冷壁、炉墙及包括过热器、对流管束、省煤器等在内的多级对流受热面组成的自然循环锅炉。

锅炉加药水是用除盐水和药剂（磷酸三钠）配制，加药设定值通过加药泵来控制。为保证蒸汽品质，锅炉设有连续排污和定期排污管。

2. 余热锅炉流程

锅炉为自然循环式锅炉，在燃烧室后部有三组垂直的膜式水冷壁组成的烟气通道及带有过热器、蒸发器和省煤器的第四通道。锅炉配有必要的平台可达所有的检查孔和观察口。为了便于检查，锅炉设置了必要的人孔及检修门。受热面管束的表面采用了有效的清灰装置。锅炉自身通过钢结构固定，可以进行任何方向的膨胀。通过走廊或阶梯可以容易地到达所有人孔及检修门以便进入所有的主要设备。

（1）锅炉烟气侧流程

烟气流依次通过下列的锅炉受热面：炉膛（耐火材料+部分膜式壁）；第一通道辐射区（膜式壁）；第一、第二通道凝渣管；第二通道（膜式壁）；第三通道（膜式壁）；第四通道对流区包括蒸发器、过热器（共三级）、省煤器。

采用先进的炉排系统可以满足实现高质量的燃烧效果，即便是低热值的垃圾。垃圾的可燃成分在炉膛的燃烧室内与二次风进行充分的混合，随后通道为气密性的膜式壁结构，其表面覆盖有防腐蚀耐磨损的SiC耐火浇注层，从炉膛出来的垃圾中残留的可燃成分可实现完全的燃烧。炉膛后面为三个垂直烟道，在这里热量主要通过辐射方式传送。这些通道四周由气密性的膜式壁构成，均为蒸发受热面。在锅炉的第四通道，设置了蒸发器管束、过热器管束以及省煤器管束。过热器前布置的蒸发器可使烟气温度降至650℃以下，减少了高温烟气对过热器的高温腐蚀。过热器以及省煤器的管束均采用了有效的清灰装置进行清扫。

（2）锅炉汽水侧流程

经过给水调节阀后，锅炉的给水/蒸汽将通过以下锅炉受热面：省煤器，汽包，蒸发受热面，过热器。省煤器设计为连续回路的光管式结构，锅炉的给水以烟气的逆流方向流经省煤器，给水从省煤器集箱的出口经连接管流入锅炉汽包。省煤器的集箱均可进行疏水及排气。锅炉蒸发系统的水来自于下降管，炉水从下降管通过连接管道进入蒸发系统。蒸发系统包括炉膛的上部水冷壁、前三个垂直通道的水冷壁、凝渣管、蒸发器和水平通道的水冷壁，连接管将生成的汽水混合物从蒸发系统的出口导入汽包。整个蒸发系统（包括下降管、连接管及上升管）即使在低负荷和超负荷运行时也能保证水循环的安全。汽水混合物在汽包内通过分离后，饱和蒸汽从汽包顶部导入饱和蒸汽出口集箱，随后流经连接管进入过热器，最终通过过热器进入主蒸汽管道。锅炉装有各种监督、控制装置，如各种水位表、平衡容器、紧急放水管、加药管、连续排污管等。在锅筒和过热器出口集箱上各设有一台弹簧式安全阀。过热蒸汽各段测点上均设有热电偶插座。在锅炉各高点和最低点均设有放空阀和排污疏水阀。为了监督给水、炉水、蒸汽品质，装设了给水、炉水、饱和蒸汽和过热蒸汽取样器。

（3）余热锅炉结构

1）带有减温器的过热器。过热器主要利用烟气的高温加热锅筒输出的饱和蒸汽，以达到蒸汽所需的过热度，提高汽轮机的效率。电厂过热器通常设置于辐射区内，吸收高温烟气的辐射及对流热量，对于垃圾焚烧炉，为防止过热器管材暴露在温度较高的环境下，造成高温腐蚀，通常将过热器设置在对流区中。余热锅炉由三级过热器组成，过热器中部有两个减温器，用减温水来调节蒸汽出口温度。喷水减温器由一个内管及外壳构成，采用焊接结构，包括焊接的头部和喷嘴。

由于烟气中含有大量颗粒状污染物和腐蚀性气体，对过热器等会产生腐蚀作用，严重的会使过热器管壁迅速减薄，强度减低，最终导致爆管。而这种腐蚀，往往是大面积的，检查也比较困难，更换恢复的工作量很大，因此，应采取以下措施避免高温腐蚀：合理组织和控制燃烧工况，使燃烧产生的烟气均匀、炉膛出口温度波动平稳；过热器前设置蒸发受热面吸收热量，将烟气温度降至 650℃以下再进入过热器，避免飞灰熔融粘连在过热器上；高温过热器采用顺流布置，使高温过热器入口处的蒸汽与较热的烟气接触，避免高温蒸汽和高温烟气接触；控制烟气在过热器区域的流速，使其不超过 4.5 m/s，降低对管壁的冲刷作用；高温段过热器采用抗高温腐蚀的钢材；设置吹灰装置，及时清除管壁上的附着灰烬等沉积物，改善锅炉烟气侧受热面的传热条件，提高锅炉效率。离开炉膛燃烧室的烟气流经 3 个垂直通道，过热器安装在第 4 通道。每级过热器根据各段的壁温选择合适的材质，高温段的过热器管子采用耐热合金钢。一级和二级过热器采用逆流布置方式，而末级过热器为顺流布置。过热器受热面的设计布置在能保证在较大范围的锅炉工况负荷的变动下达到符合设计要求的过热蒸汽。

2）蒸发器。除燃烧室以及其后的烟气通道膜式壁外，在水平通道中，末级过热器前安装了一组只有较少受热面的蒸发器管束，以确保在所有运行工况下进入的烟气温度减至 650℃以下。较低的烟气温度以及在过热器前设置小面积蒸发管束的目的是防止烟气的高温腐蚀。

3）省煤器。省煤器位于余热锅炉尾部，利用烟气余热加热给水，以降低烟气温度、回收热量、提高锅炉效率。由于采用非沸腾省煤器，为避免给水受热蒸发产生气泡滞留于管内，使管内局部温度过高而损坏管材，省煤器管内给水流速一般大于 0.3 m/s。省煤器出口的水温应低于锅炉锅筒内的饱和温度（263℃）。

省煤器余热回收系统的采用，降低了烟气的排烟温度，在增加燃烧效率的同时，也增加了材料露点腐蚀的危险，因此要控制烟气温度并避免省煤器处烟气结露现象的产生，控制烟气离开锅炉的温度在 200℃左右，提高给水温度到 130℃等措施，即可避免露点腐蚀的发生。

4）锅炉加药系统。锅炉设有炉水磷酸盐处理设施，每台锅炉设置 1 台加药泵，另设 1 台备用泵，并选用 2 台磷酸盐搅拌箱，1 台向锅炉输送磷酸盐溶液时，另一台加药、溶解、搅拌。

5）锅炉排污系统。本余热锅炉排污系统采用 3 台炉设 1 台连续排污扩容器，单台炉连续排污量为 433 kg/h，连排扩容蒸汽去除氧器回收利用。锅炉的紧急放水送至疏水箱。锅炉的定期排污为每班排放 1～2 次，视炉水水质化验情况而定。

6）余热锅炉性能要求。余热锅炉性能见表 2-14。

表 2-14　余热锅炉性能参数表

序号	设计内容	设计参数
1	蒸汽温度/℃	400
2	蒸汽压力（表压）/MPa	4.1（G）
3	最大连续蒸发量/（t/h）	48（LHV=5 800 kJ/kg）
4	锅炉排烟温度/℃	190～230
5	给水温度/℃	130

（五）烟气净化系统

生活垃圾焚烧烟气中的污染物可分为颗粒物（粉尘）、酸性气体（HCl、HF、SO_x、NO_x等）、重金属（Hg、Pb、Cr等）和有机剧毒性污染物（二噁英、呋喃等）四大类。为了防止垃圾焚烧处理过程中对环境产生二次污染，必须采取严格的措施，利用烟气净化系统控制垃圾焚烧烟气的排放。本套工艺主要包括以下几个部分：石灰浆制备系统、喷雾干燥反应塔系统、袋式除尘器系统、活性炭系统及灰渣输送系统。

1. 工艺流程及技术特点

半干法净化工艺选用目前国内广为使用的“喷雾干燥反应塔+活性炭吸附+布袋除尘器”工艺流程。来自余热锅炉的焚烧烟气首先进入喷雾干燥反应塔，石灰浆制备系统配制好相应浓度的石灰浆由输送系统送至喷雾干燥反应塔，石灰浆与稀释水（可调节给料量）被反应塔顶部高速旋转的雾化器雾化成微小液滴后由切线方向散布出去，与烟气充分混合，发生液相化学反应，从而吸收其中的SO_2和HCl，SO_2与$Ca(OH)_2$反应生成亚硫酸钙（$CaSO_3 \cdot 1/2H_2O$），部分亚硫酸钙再进一步被氧化为硫酸钙（$CaSO_4 \cdot 2H_2O$）。HCl与$Ca(OH)_2$反应生成$CaCl_2$，微量的HF与$Ca(OH)_2$反应生成CaF_2。在上述反应发生过程中，石灰浆雾滴中的水分和稀释水吸收高温烟气的热量而得以蒸发。为了使石灰浆中的水分充分蒸发、酸性气体被净化，烟气在喷雾干燥反应塔中的停留时间设定在10 s左右，既要保证酸性气体完全与石灰浆发生反应，又要保证液态的反应物完全蒸发，反应塔出口维持一定的烟气温度。

在喷雾干燥反应塔中，酸性气体的去除分两个阶段。在第一阶段，烟气在反应塔上部与石灰浆液滴混合，烟气中的酸性气体与液态的石灰浆发生化学反应。同时，烟气的热量使石灰浆液滴中的水分蒸发，生成固态的颗粒物。在第二阶段，固态的颗粒物在反应塔的下部和后续的除尘器中，再与气态污染物继续发生反应。第一阶段的净化反应比第二阶段更为有效。由于反应生成物$CaCl_2$具有很强的吸水性，如果操作温度较低，$CaCl_2$将处于湿黏状态，造成后续处理的困难，所以喷雾干燥反应塔的出口温度设定值保持在140～160℃。反应的生成物由反应塔灰斗排出，进入灰渣处理系统。

携带有大量颗粒物的烟气从反应塔排出后进入后续的布袋除尘器，在进入除尘器前喷入活性炭以吸附Pb、Hg等重金属以及二噁英、呋喃等有机污染物，烟气中的颗粒物被布袋除尘器捕集经除尘器灰斗排出进入飞灰处理系统。为了防止开炉时烟气温度过高或过低导致烧袋或布袋黏结，袋式除尘器设有内旁路烟道。净化后的气体由引风机抽入

80 m 高的烟囱排至大气，烟囱出口内径为 2.0 m。

2. 石灰浆制备系统

石灰浆制备系统由石灰储仓、配制槽、稀释槽及石灰浆泵等设备组成。系统共两个配制槽、两个稀释槽，每个槽都设置搅拌装置、进水管及液位计系统，石灰经石灰仓底部计量螺旋进入配制槽，和水混合成较浓的石灰浆溶液，然后再进入稀释槽加水稀释成所需的浓度，再经石灰浆泵输送至各条烟气净化线。

每条石灰浆制备线都可以供应两条焚烧线烟气净化所需的石灰浆量。每条制备线都配有一台石灰浆泵，另设一台石灰浆泵做备用。因为石灰浆液对设备、管道磨损严重，石灰浆泵的材料都是抗磨损的。石灰浆管路上拐角和垂直部分都采用带快速接头的软管，方便清洗和替换。石灰浆制备系统实物见图 2-14。

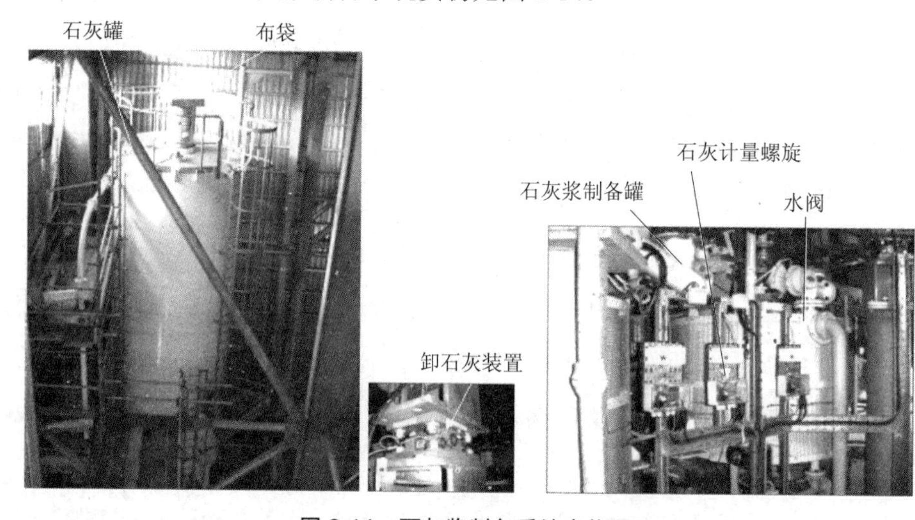

图 2-14　石灰浆制备系统实物图

3. 旋转喷雾反应塔

旋转喷雾反应塔由反应吸收塔、旋转喷雾器及钢结构等组成。烟气从反应塔上部进入，下部排出。高速旋转喷雾器安装在反应塔的顶部。排出后的烟气进入袋式除尘器。

每条焚烧线设一台喷雾反应塔，喷雾反应塔为一圆筒形反应器，底部是锥形的，设有进气和出气口，并进行保温，锥体上设置电伴热系统以防止灰渣结露，底部设有破碎机和卸料阀，以保证反应物能顺利排出。反应塔顶部设有气流分配板，分配板下方设有雾化器，雾化器上方设有电动葫芦以取出雾化器进行更换部件或检修。反应塔顶部平台上布置有石灰浆高位液槽，高位槽的作用是给喷雾器进料管一个恒定的压力，以保证给料调节系统的稳定运行。为了调整反应塔里的烟气温度，在喷雾反应塔顶部还设有高位水槽，为雾化器供水。高速旋转的雾化器将石灰浆雾化成微小的液滴，液滴的喷射方向与烟气的流向垂直。石灰浆液雾滴沿反应塔内腔向下流动，液滴与冷却水随着高温烟气一起蒸发，同时焚烧烟气中的酸性气体 HCl、HF、SO_2 得以去除。烟气经喷雾反应塔后进入后续的布袋除尘器。烟气中的大部分飞灰和反应塔中产生的固体颗粒物随同烟气进入除尘器，剩余的固体颗粒物（粒径较大的部分）则沉降并聚集在喷雾反应塔下部的灰斗中，灰斗设有防止堵塞的破碎机和旋转卸灰阀，从旋转卸灰阀排出的颗粒物经链式输送机送至灰渣仓。

反应塔作为蒸汽冷却系统，它要满足烟气量及烟气成分复杂多变的需要，还要根据烟气的进出口温度、石灰浆液滴直径及饱和温度进行调节。本项目烟气在反应塔中的停留时间为 10～12 s，以保证石灰浆的完全蒸发。旋转喷雾器结构框图见图 2-15。

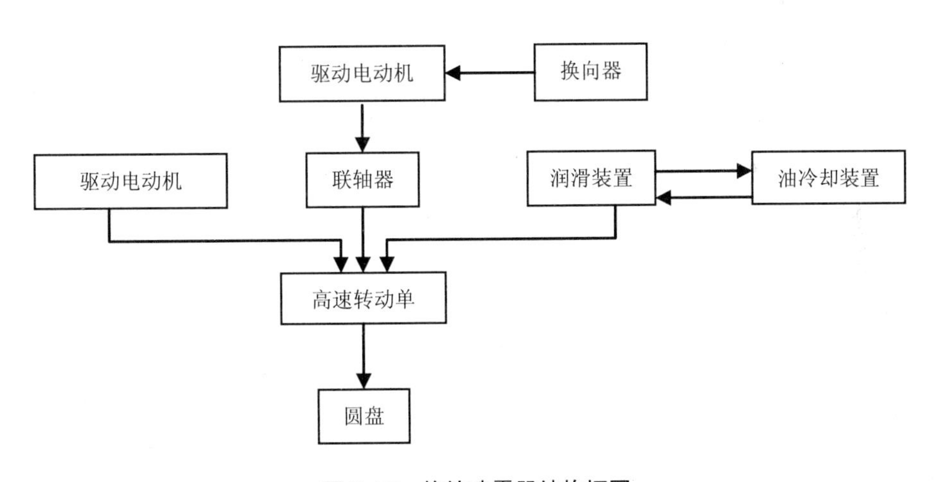

图 2-15　旋转喷雾器结构框图

喷雾反应塔和布袋除尘器中收集的干燥反应产物将由输送机械输送到反应生成物贮仓（灰仓）。贮仓配备了装有特种定量卸料机构，反应产物固化后送至指定的填埋场处置。

4. 袋式除尘器

袋式除尘器选用脉冲式除尘器，离线清灰，适用于垃圾焚烧产生的高温、高湿及腐蚀性强的含尘烟气处理，将烟气中的粉尘除去，并促使烟气中未反应的酸性物质与石灰进一步反应，使烟气达到排放要求。

图 2-16　袋式除尘器示意图

袋式除尘器包括下列设备：灰斗、布袋、笼架、维护和检修通道装置、每个舱室进出口烟道的隔离挡板、旁路烟道和挡板装置、灰斗加热、布袋清扫控制器和脉冲阀等。每台袋式除尘器由气密式焊接钢制壳体及分隔仓组成，每个隔离仓清灰时可与烟气流完全隔离。壳体及分隔仓的设计能承受系统内的最大压力差。支承结构采用钢结构。

每个分隔仓都配备进口及出口隔离挡板。当一个隔离仓隔离时，能保持袋式除尘器正常工作。也就是说，当袋式除尘器运行时，能在线更换分隔仓的滤袋。为达到此目的，应配备足够的检查及维修门。袋式除尘器的顶部和室顶之间的间隙足够大，以便更换布袋时进行操作。如有必要，还提供更换布袋用的吊机的钢梁。壳体、检修门及壳体上电气及机械连接孔的设计均能保证袋式除尘器的密封性能。为了达到良好均匀的烟气分布，预先考虑在烟道内部配备烟气均流装置。为了防止酸或水的凝结，袋式除尘器将配备保温及伴热。保温层厚度足以避免器壁温度低于露点温度。

为了防止灰及反应产物在袋式除尘器、输送系统以及设备的有关贮仓内搭桥和结块（如料斗、阀门、管道等），这些设备的外壁均考虑采用加热系统。袋式除尘器的料斗采用电伴热。

在启动和短期停止期间，启动烟气循环加热设备。该设备由挡板、烟道、再循环风机、电加热设备及必要的仪器和控制设备组成。在启动和短期关闭期间，关闭挡板，将袋式除尘器与主烟道隔离开来。袋式除尘器用循环热烟气加热。温度调节由电热器进行控制。调试期间料斗必须干燥保温以防止冷凝。因为一旦有冷凝液水产生就会妨碍除灰的效果。灰尘料斗上配备成熟的灰拱破碎装置，该装置布置在每支灰斗的外壁上，作为永久设备，当袋式除尘器运行时，可以在灰斗下的平台上对其进行操作。灰斗下部配备了输送机、旋转阀和旋转密封阀。在保证烟气在布袋表面均匀分布上进行了特殊的考虑。袋式除尘器包括支架及附件，其设计保证能有效地清洁烟气，并具有长期的使用寿命。清扫系统经优化设计以保证除尘器除尘效率高、压降低、寿命长。清洁滤袋（即压缩空气脉冲系统）将使用仪表用压缩空气。压缩空气的性质应确保过滤介质内不会出现阻塞或结块。袋式除尘器性能参数见表 2-15。

表 2-15　袋式除尘器性能参数表

序号	名称	单位	数值
1	布袋过滤风速	m/min	＜0.8
2	布袋面积	m^2	3 900
3	系统工作阻力	Pa	＜1 500
4	系统最大阻力（锅炉超负荷时）	Pa	＜1 700
5	压缩空气流量	m^3/min	5～7
6	压缩空气压力	MPa	0.25～0.4
7	喷吹间隔（定时喷吹，有利于空压机安全工作）	min	1～60 min 可调
8	脉冲间隔	s	5
9	最大排灰量	t/h	4
10	耐温	℃	＜250
11	原始排尘质量浓度	g/m^3	＜10
12	排尘质量浓度	mg/m^3	＜30
13	漏风率	%	＜2

5．氮氧化物的去除

在设计工况下，通过控制垃圾焚烧过程的燃烧温度和供氧量，抑制氮氧化物的产生，可以满足排放标准要求，因此本项目不设脱氮系统。但考虑到将来随着垃圾低位热值的升高导致燃烧温度升高而引起氮氧化物增多的问题，故预留 SNCR 喷入口。

6. 活性炭喷射系统

活性炭用来吸附烟气中的重金属、有机污染物等，活性炭的喷射点设在旋风分离器与除尘器之间的烟气管道上，沿着烟气流动的方向喷入，随烟气一起进入后续的除尘器由布袋捕集下来。该系统需连续运行，以保证烟气排放达标。根据活性炭饱和吸附量和本项目烟气设计流量，活性炭喷射量为 17～30 kg/h。设一个活性炭贮仓，贮仓顶部设除尘器，以收集卸料时的粉尘；贮仓底部设置进料管，活性炭由卡车运进厂里，然后经气体输送装置卸到贮仓。贮仓上还设有称重装置和高、低料位报警器，以便及时了解贮仓里的活性炭使用情况，贮仓底部设置卸料螺旋，活性炭由卸料螺旋进入喷射器，然后在喷射风机的作用下喷入管道中。

7. 控制系统

烟气净化装置配备“在线”连续排放监测、报警和计算机控制系统，“在线”检测包括烟气量、烟气温度、O_2、HCl、HF、SO_2、NO_x、CO、H_2O、粉尘等项目。对烟气净化装置实行自动启停，运行参数自动检测和储存，关键参数实行自动调节，使烟气净化装置实现自动化控制，确保烟气脱酸除尘效果和设备安全经济地运行。

烟气净化系统的主控制回路有两条：一条是检测吸收塔后的温度，根据实测温度与设定温度的差值来调整水的加入量；另一条是检测除尘器出口 HCl 的浓度及出口烟气量调节吸收剂的加入量。辅助回路：根据烟气量的变化调节活性炭的加入量，这是一种阶梯性的调节，烟气量与活性炭的加入量有一种比例关系，当负荷变化到一定的时候才调整活性炭的加入量。烟气处理系统主要设备见表 2-16。

表 2-16 烟气处理系统主要设备一览表

序号	项目	设计参数	单位	数量	
				一期	二期
1	半干式反应塔	Φ10 m×20 m	座	2	3
2	袋式除尘器	面积 3 900 m^2	套	2	3
3	石灰浆制备系统		套	1	1
4	石灰储仓		个	1	1
5	活性炭喷射系统		套	2	3

（六）汽轮发电系统

1．设计原则

本期工程垃圾处理规模为 1 000 t/d，远期将达到 1 500 t/d。入炉垃圾设计热值为 6 000 kJ/kg。垃圾经焚烧后，对垃圾焚烧余热通过能量转换的形式加以回收利用，垃圾焚烧炉和余热锅炉为一个组合体，余热锅炉的第一烟道就是垃圾焚烧炉炉膛，对它们组合体的总称为余热锅炉。在余热锅炉中，主要燃料是生活垃圾，转换能量的中间介质为水。垃圾焚烧产生的热量被介质吸收，未饱和水吸收烟气热量成为具有一定压力和温度的过热蒸汽，过热蒸汽驱动汽轮发电机组，热能被转换为电能。为了使垃圾焚烧在获得良好的社会效益的同时取得一定的经济效益，又由于本工程周围无蒸汽的热用户，故本工程拟利用垃圾焚烧锅炉产生的过热蒸汽供汽轮发电机组发电。一期两台焚烧炉配套余热锅炉产生压力 4.1 MPa、温度 400℃的总蒸汽量为 2×39.6=79.2 t/h，二期蒸汽量将达到 118.8 t/h，进入汽轮机带动发电机发电。

2．汽轮发电机组参数

一期与二期汽轮机主要技术参数见表 2-17。

表 2-17　一期与二期汽轮机主要技术参数表

数量/台	2
型号	N12-3.8
额定功率/MW	12
汽轮机额定进汽量/（t/h）	61
汽轮机最大进汽量/（t/h）	64
主汽门前蒸汽压力（绝压）/MPa	3.8（A）
主汽门前蒸汽温度/℃	395
额定转速/（r/min）	3 000
抽汽级数	3 级非调整抽汽
（1 个空气预热器+1 个除氧器+1 个低压加热器）	
给水温度/℃	130
设计冷却水温度/℃	27
最高冷却水温度/℃	33

一期与二期发电机的主要技术参数见表 2-18。

表 2-18 一期与二期发电机的主要技术参数表

数量/台	2
型号	QF-12-2
额定功率/MW	12
额定电压/kV	10.5
额定转速/（r/min）	3 000
功率因数	0.8
频率变化范围/Hz	48.5～50.5
冷却方式	空气冷却
发电机效率/%	＞97

本发电厂的汽轮机组及发电机组在一期统一建设。

3. 热力系统

三台垃圾焚烧余热锅炉产生的过热蒸汽汇集到主蒸汽母管，在主蒸汽母管上分别引出两根管道经汽机主气门进入两台凝汽式汽轮机中做功驱动发电机发电后，排汽进入凝汽器冷凝为凝结水。由凝结水泵将凝结水加压后进入中压热力除氧器，除氧后的 130℃给水由锅炉给水泵送至余热锅炉循环运行。空气预热器所需加热蒸汽从汽轮机气和汽包抽取，加热后冷却的凝结水返回至中压除氧器。

本工程的主蒸汽系统采用母管制。给水泵进出口的高低压给水母管均采用母管制，在给水泵出口处还设有给水再循环管和再循环母管。

全厂设置一台连续排污扩容器和一台定期排污扩容器。连续排污扩容器的二次蒸汽送回除氧器作为加热蒸汽，以回收热量。锅炉排污水排入排污扩容器，排污扩容器的污水排入热井冷却后，进入厂区污水管网。

热力系统中设有两台减温减压器，用于当汽机因故停机或启动时，一级减温减压器将余热锅炉产生的蒸汽降压降温到低压蒸汽，供空气预热器加热用的蒸汽，疏水可利用余压送入除氧器；二级减温减压器供除氧器加热给水用。正常运行时，空气预热器、除氧器和低压加热器所需的加热用蒸汽由汽轮机抽气供给。

为使汽机排汽在凝汽器中凝结，系统中设有循环冷却水系统，循环水除供凝汽器冷却用水外，还供给发电机空气冷却器、油冷却器和部分设备用冷却水。为使汽轮机获得尽可能好的经济性，凝汽器应保持一定的真空度，为此系统中设有抽气器。另外，系统中还设有低位水箱、低位水泵和疏水箱、疏水泵，这些设备可将系统内有关设备和管道内的疏放水收集并送入除氧器，从而减少汽水损失，提高系统的经济性。

为满足汽轮发电机组本体的调节、保安和润滑等要求，汽机间还设有油系统，它包括油箱、油泵、油冷却器等。

（1）主蒸汽系统

由余热锅炉过热蒸汽集汽联箱出口到汽轮机进口的连接管道，以及从主蒸汽母管通往各辅助设备的蒸汽支管均为主蒸汽管道，本工程采用单母管制，三台余热锅炉的主蒸汽管并经分断阀引至主蒸汽母管；在主蒸汽母管上分别引出两根管道经汽机主汽门进入两台凝汽式汽轮机，由主蒸汽母管引出至减温减压器的管道。

（2）主给水系统

主给水系统是由中压除氧器出口经给水泵升压后送至余热锅炉省煤器的进口。系统设有两条母管，即低压给水母管和高压给水母管，两条母管均采用单母管制。共设置两台 60 t/h 的除氧器和四台给水泵（一期设置三台），三台运行、一台备用。每台除氧器水箱容积为 30 m^3，可满足余热锅炉 30 min 以上的给水要求。每台给水泵出口设有给水再循环管，接到除氧器给水再循环母管上，返回除氧器。

（3）汽轮机抽气系统

汽轮机设有三级抽汽。抽汽管道上设有液动逆止阀、安全阀和关断阀。一级抽汽作为空气预热器一次预热蒸汽，凝结下的疏水返回除氧器。二级抽汽作为中压除氧器的加热蒸汽。除氧器加热蒸汽系统采用单母管制，到每台除氧器的加热蒸汽管上设有蒸汽电动调节阀，用于调节除氧器的工作压力。汽轮机的三段抽汽用于加热低压加热器。

（4）主凝结水系统

主凝结水系统是用来将凝汽器热井中的凝结水通过凝结水泵送至除氧器。每台汽轮机设置两台凝结水泵，一台运行、一台备用。每台凝结水泵容量按纯冷凝工况凝结水量100%选择，见表 2-19。

表 2-19　主凝结水泵（12 MW 汽轮机凝结水泵）参数表

型号	4N5
流量/（m^3/h）	50
扬程/m	101
功率/kW	30

（5）化学补充水系统

来自化水车间的化学补充水一路经排污冷却器加热后进入除氧器，一路直接补入疏水箱，供系统补水和锅炉上充水用。除氧器水箱的水位由化学补水调节阀进控制，疏水箱的水位通过与疏水泵连锁控制。

（6）全厂排污系统

两台锅炉的排污水汇集到母管上排放至一台连续排污扩容器，扩容后的蒸汽排放至中压除氧器，排污水经过定期排污扩容器后排至地沟。连续排污扩容器的容积为 5 m^3。

（7）疏放水系统

全厂设置 40 m^3 的疏水箱一台，2 m^3 疏水扩容器一台。低压设备和管道的凝结水或疏水、化学补充水直接进入疏水箱。压力较高的设备和管道的疏水经疏水扩容器扩容后进入疏水箱。除氧器设有一条溢放水母管，当除氧器水箱水位高时，将水放至疏水箱。疏水系统设置两台疏水泵，一台运行、一台备用，电厂设有一条充放水母管。在正常运行工况下，疏水箱中的水经疏水泵升压后进入除氧器；在启动时，疏水泵将疏水箱内的水经充放水母管汲送到垃圾焚烧锅炉的汽包。

（8）厂内循环水系统

厂内循环水系统设有 4 台循环水泵，3 用 1 备，一期工程同时建成，循环水系统的主要设备凝汽器和循环水泵的技术规范如下：12 MW 汽轮机凝汽器型号：N1200-1；冷却面积：1 200 m^2；设计循环水温度：20℃；设计循环水量：3 400 t/h；水阻：27 kPa；循环水泵流量：2 000 m^3/h；扬程：26 m；数量：4 台。

（9）锅炉房和汽轮机厂房内工业水和冷却水系统

锅炉房和发电机厂房内工业水系统由全厂工业水供水，设有两根工业水供水母管，在厂房内形成管网。工业水主要用来冷却少量设备，并且在夏季循环水温度过高时，掺入冷油器和发电机空冷器的循环水降温。工业水排水采用有压排水，排水进入工业水回水母管。大量设备的冷却水循环使用，冷却水回水收集到主厂房热水池内，用泵打入主厂房冷却水塔冷却，而后返回主厂房冷水池，再用泵送到各个冷却设备，循环使用。厂外工业水不断补入水池，以补充其系统损失。

4．运行方式

考虑到焚烧余热锅炉和汽轮发电机组的年工作小时数均为 8 000 h，为满足垃圾焚烧处理不可间断的要求，一台焚烧余热锅炉检修时间预计为 1 个月，各台焚烧炉检修周期应在不同的时段内。当一台焚烧余热锅炉检修时，为尽量多处理垃圾，另一台焚烧余热锅炉应该在允许范围内多处理垃圾。在两台焚烧余热锅炉先后检修的时段内，安排汽轮发电机组检修。正常工况下三炉两机运行，当1台锅炉检修或故障停运时，全厂两炉两机运行。当1台汽机发生故障或检修时，采用两炉一机的运行方式，余热锅炉产生的过剩蒸汽可走旁路凝汽器，同时减少垃圾的焚烧量。

5. 汽机间及给水除氧间布置

汽机间采用双层布置，运行层标高7 m。汽轮机、主汽阀、发电机及励磁机等布置在运行平台上，冷凝器、空气冷却器、冷油器、油泵等油系统辅助设备布置在底层。2台热力除氧器布置在除氧层上。

6. 运行工况技术经济指标

垃圾焚烧发电厂总处理规模：1 500 t/d，其中一期处理规模：1 000 t/d；垃圾焚烧炉数量：三台（一期两台）；单台炉垃圾处理量：500 t/d；设计工况入炉垃圾热值：6 000 kJ/kg；设计工况单台炉产汽量：39.6 t/h；全厂总产汽量：118.8 t/h；一期总产汽量：79.2 t/h。汽轮发电机组数量：两台（2×12 MW）设计工况下单台汽轮机进汽量：48 t/h。正常生产时，实行三炉两机运行制。考虑到每年机炉运行8 000 h，并均要有760 h的检修时间。一期工程年发电量约为115×10^6 kW·h，全部工程建成后年发电量为183×10^6 kW·h。

（七）电气系统

（省略）

（八）主控系统

（省略）

（九）给排水系统

1. 编制依据

（1）《室外给水设计规范》（GB 50013—2006）；

（2）《建筑给水排水设计规范》（GB 50015—2003，2009年版）；

（3）《建筑设计防火规范》（GB 50016—2006）；

（4）《小型火力发电厂设计规范》（GB 50049—2011）；

（5）《工业循环水冷却设计规范》（GB/T 50102—2003）；

（6）《工业循环冷却水处理设计规范》（GB 50050—2007）；

（7）《地表水环境质量标准》（GB 3838—2002）；

（8）《城市污水水质检验方法标准》（CJ/T 51—2004）；

（9）《泵站设计规范》（GB/T 50265—2010）；

（10）《污水综合排放标准》（GB 8978—1996）；

（11）《火力发电厂与变电站设计防火规范》（GB 50229—2006）；

（12）《火力发电厂水工设计规范》（DL/T 5339—2006）。

2．编制范围

本编制范围包括全厂的供水和排水工程，其中包括地表水处理和给排水管网。

3．给水

（1）水源

根据厂址所在区域供水状况和水文地质初步资料考虑，供水水源拟采用市政自来水和某江水作为水源。

（2）市政自来水

生活用水及部分生产用水从市政供水总管引入水管至厂区，同时可作为生产用水的备用水源，管径按工业需水量考虑（DN250）。

（3）流域水源

工业用水拟从某江取水。在某江边建取水泵房，原水经泵加压，通过 2.8 km 管道送入厂区原水预处理系统，过滤后流入厂区工业水池。另外，为了节约用水，拟考虑设置中水系统，厂内的生活污水和生产废水处理达标后，可用于垃圾运输车冲洗、石灰浆制备和绿化等各类用途。

（4）用水量

由于工程二炉二机同时建设，与二期的三炉二机的用水量相差不大，给水管网一次建成。厂区给水系统分为生活用水系统、生产用水系统、中水系统和消防用水系统四大部分。

1）生活用水。生活用水量按 0.2 m^3/（人·班）计算，全厂定员一期为 68 人，二期为 87 人，日用水量一期为 13.6 m^3，二期为 17.4 m^3。

2）生产用水。循环冷却水用水量：循环冷却水供水对象为 2 台 12 MW 汽轮发电机组、空冷器、冷油器等设备，为 175 680 t/d、7 320 t/h。工业新水：主要供给工业冷却水、循环水补水和其他工业用水。工业冷却水主要包括汽机间的高压给水泵冷却水，焚烧车间的取样装置冷却水、一次和二次风机冷却水、焚烧炉液压系统冷却水、火焰探测器冷却水、引风机轴承冷却水等，总用水量为 3 860 m^3/d（一期）、3 937 m^3/d（二期），工业冷却水作为循环冷却水的一部分补水使用。除去工业冷却水作为循环冷却水系统的补水外，不足水量仍须由工业新水补充，该部分水量一期为 1 916 m^3/d，二期为 1 587 m^3/d。绿化用水量为 80 t/d，未预见水量以 15%计。

3）重复利用水用水量。考虑到出渣机用水、锅炉定排降温用水、飞灰固化、厂房地面冲洗、砖厂用水等用水对水质要求较低，循环水水质可以满足要求。因此，考虑采用冷却塔集水池的排污水，实现水的重复利用，从而达到节约厂区用水的目的，这部分用水量一期为 499 m^3/d，二期为 637 m^3/d。消防用水：主厂房内设室内消火栓，用水量为 25 L/s，厂区室外设地上式消火栓，用水量为 25 L/s，同一时间内的火灾次数为 1 次，火灾延续时间为 2 h，垃圾仓四周设置消防水炮，水量为 60 L/s，消防延续时间为 1 h，根据《火力发电厂与变电站设计防火规范》（GB 50229—2006），一次消防用水量为室内消防用水总量与室外消防用水量，共计为 540 m^3，为循环水池内不动水。本工程一期需要日平均用水量为 4 406.6 m^3，其中生活用水量为 546.6 m^3（包括化水站用水）、工业用水量为 3 896 m^3。水量详见表 2-20。

表 2-20 生产、生活用水量表

单位：m^3/d

序号	用水部门		用水量
1	生产用水	设备冷却水系统	1 244
2		化水站用水	480
3		循环冷却水补水	1 916
4		未预见用水	470
5		实验室用水	3
6		净化排污	200
7	生活用水	生活用水	13.6
8		绿化用水	80
合　计			4 406.6

4. 供水

（1）生活用水供水系统

生活用水由市政自来水接入厂区内部自来水供水管网，作为生活用水水源。

（2）生产用水供水系统

生产用水经净化站处理达标后作为工业新水，加压后供厂区生产使用。主厂房外设环状给水管网，管径 DN250，生产用水直接从该管网接入。综合泵房内设 2 台工业水泵，型号：FLG125-200；Q=165 t/h，H=50 m，N=37 kW，2 台，1 用 1 备，配套 2 台变频器，一期、二期共用。供给厂区工业用水和工业冷却水，其中，工业冷却水部分的回水统一收集后回到循环水池，作为循环水系统的补水，中和塔及石灰乳制备等采用循环排污水，化水车间用水采用自来水。

（3）循环冷却水系统

循环冷却水供水对象及设备选择：循环冷却水供水对象一期为 2 台 12 MW 汽轮发电机组、空冷器、冷油器等设备，二期不再增加汽轮发电机组，只新增一台垃圾焚烧炉及一台余热锅炉，总循环冷却水量为 175 680 t/d（7 320 t/h）。选用 3 台循环水泵，型号：20sh-19；单级双吸离心泵，Q=2 500 t/h，H=22 m，配套电动机 N=220 kW，U=380 V，3 台全部投运。厂区循环水供回水母管管径 DN1 000 mm，为焊接钢管。

1）冷却塔的选择。厂区设 3 台逆流式机力通风冷却塔，型号：NH-2500；单台冷却水量为 2 500 t/h，配用玻璃钢轴流风机，单台功率为 120 kW，3 台全部投运。

2）循环水补水系统。由于冷却塔的风吹、蒸发损失的影响会使循环水中的盐分浓缩，从而给设备的运行带来安全隐患。因此，冷却塔系统需要进行排污才能保持盐分的相对稳定，排污的同时需要补水。设计采用工业冷却水、新水作为循环水系统的补充水，除去工业冷却水作为补充水外，其余不足水量从厂区工业新水管网上获取。

（4）消防给水系统

厂区消防系统包括室外消火栓、室内消火栓及垃圾仓消防水炮系统。消防用水储存在冷却塔下的集水池中，采用临时高压消防给水系统，平时由主厂房屋顶水箱保证水压，火灾时启动消防泵灭火。主厂房外四周设置环状消防给水管网，室内外消防共用，管径 DN250 mm，厂区设置室外地上式消火栓，间距不超过 120 m。从室外消防环网上引出 2 条干管，接至室内消防环状管网上，确保消防用水安全可靠。在垃圾仓四周设置 3 台消防水炮，在汽机间、焚烧锅炉间的底层和运转层、除氧间运转层、楼梯间等均设有室内消火栓，每个室内消火栓处均设有启泵按钮，主厂房中控室设有消防控制中心，火灾时按下按钮，启动消防泵灭火，选用消防泵 3 台，设于综合泵房内，型号：XBD7.2/55-200L；Q=55 L/s，H=72 m，N=75 kW，2 用 1 备。消防水炮增压泵 2 台，设于主厂房内，ISG200-400 型管道泵，Q= 60 L/s，H=49 m，N=45 kW，1 用 1 备。各车间设手提式磷酸铵盐干粉灭火器，汽机房内的油箱采用移动式泡沫灭火装置。

（5）厂区供水系统

厂区供水系统见图 2-17。

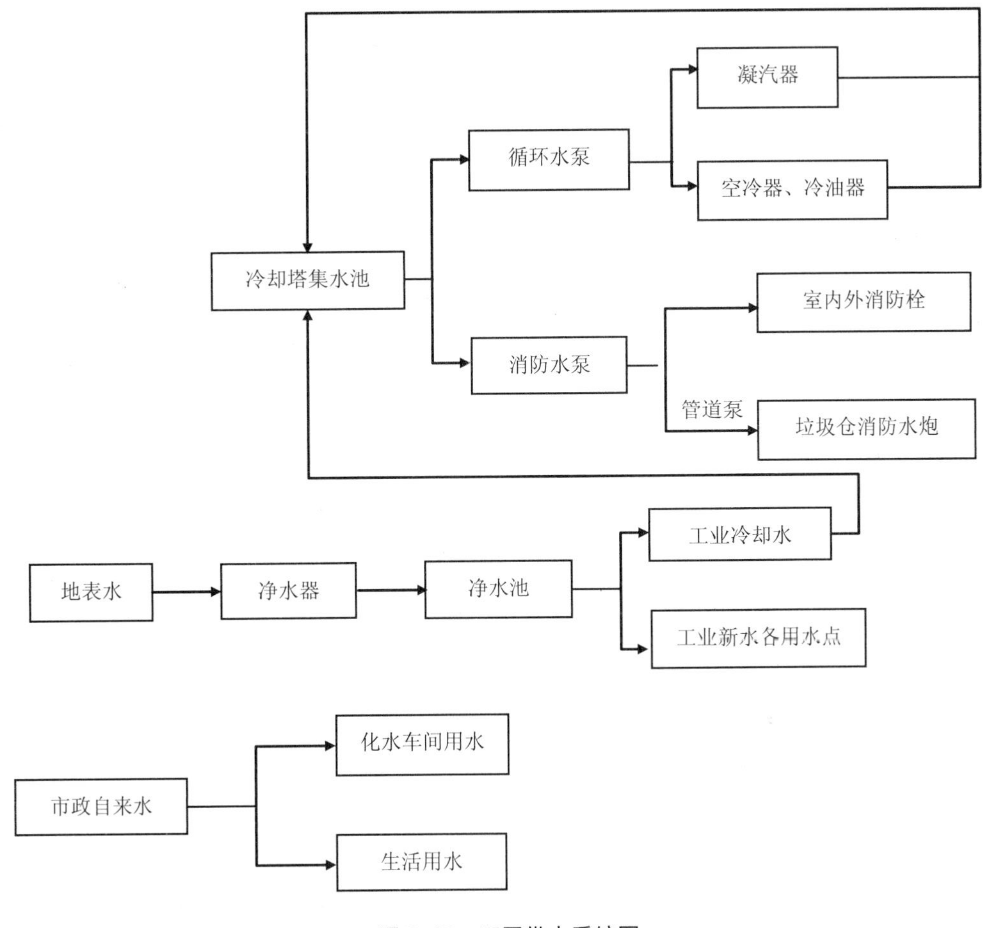

图 2-17 厂区供水系统图

厂区设循环泵房一座，长为 36 m，宽为 9 m，其中：12 m 为配电室及加药间，地上式；其余 24 m 长为泵房部分，半地下式结构，地上部分高 6.2 m，地下部分深 5 m，内设：循环水泵 3 台，型号：20sh-19，单级双吸离心泵，Q=2 500 t/h，H=22 m，配套电动机 N=220 kW，U=10 kV，3 台全部投运；消防主泵 3 台，型号：XBD7.2/55-200L，Q=55 L/s，H=72 m，N=75 kW，U=380 V，2 用 1 备；潜污泵 2 台，型号：JYWQ40-8-10-1200-1.1，Q=8 t/h，H=10 m，N=1.1 kW，U=380 V，2 台，1 用 1 备。厂区设工业水池一座，有效容积为 1 000 m^3，尺寸：24 m×21 m×2 m，其中：地上部分 0.5 m，地下部分 1.5 m，接净水器的出水，储存生产用水。工业水泵 2 台，型号：FLG125-200A，Q=100 t/h，H=48 m，N=30 kW，2 台，1 用 1 备，配套 2 台变频器。

厂区设 3 台逆流式机械通风冷却塔，型号：NH-2500，单台冷却水量为 2 500 t/h，配用风机：单台功率为 120 kW，3 台全部投运。下设集水池，尺寸：43.2 m×14.2 m×

2.35 m，其中：地上部分 0.8 m，地下部分 1.55 m，与消防水池合建，储存厂区 450 m^3 的消防用水。厂区设工业水池一座，有效容积为 1 000 m^3，尺寸：24 m×21 m×2 m，其中：地上部分 0.5 m，地下部分 1.5 m，接净水器的出水，储存生产用水。工业水泵 2 台，型号：FLG125-200A，Q=100 t/h，H=48 m，N=30 kW，2 台，1 用 1 备，配套 2 台变频器。

5．取水及净化处理

（1）取水

全厂生产用水除化水车间及实验室等采用自来水外，其余工业用水全部采用处理后的地表水，地表水经厂内净化站处理后供给生产用水。地表水工程考虑一期、二期一次建成，设计取水量为 4 000 t/d。地表水取水工程包括江边取水泵房及输水管道工程。通过 2.8 km、DN300 mm 管道送入厂区原水预处理系统，过滤后流入厂区工业水池。取水泵 Q=200 m^3/h，H=70 m；自来水接入管径同时按 DN250 mm 考虑，以作为厂区备用水源。

（2）净化系统

地表水预处理系统能力：4 000 t/d，处理后水质 pH=6.5～9.5，浊度＜5 mg/L，总硬度＜250 mg/L。循环水和工业水处理标准达到《工业循环冷却水设计规范》（GB/T 50102—2003），其指标值见表 2-21。循环水处理通过一套管外式净水器进行处理后，经过滤器后，可保证凝汽器不结垢。该设备具有如下特点：不占地方，置于循环水管外、无动力消耗、可使用 25 a、净化效果好、运行稳定可靠。

表 2-21 循环冷却水的水质标准

单位：mg/L

项目	要求和使用条件	允许值
悬浮物	根据生产工艺要求确定	≤20
	换热设备为板式、翅片管式、螺旋管式	≤10
pH	根据药剂配方确定	7.0～9.2
甲基橙碱度	根据药剂配方及工况条件确定	≤500
Ca^{2+}	根据药剂配方及工况条件确定	30～200
Fe^{2+}	＜0.5	＜0.5
Cl^-	碳钢换热设备	≤1 000
	不锈钢换热设备	≤300
SO_4^{2-}	$[SO_4]^{2-}$与$[Cl^-]$之和	≤1 500
	对系统中混凝土材质的要求按现行的《岩土工程勘察规范》（GB 50021—2001，2009 年版）的规定执行	

项目	要求和使用条件	允许值
硅酸	≤175	≤175
	镁离子与二氧化硅的乘积	<15 000
游离氯	在回水总管处	0.5～1.0
石油类	<5	<5（此值不应超过）
	炼油企业	<10（此值不应超过）

注：①甲基橙碱度以 $CaCO_3$ 计；

②硅酸以 SiO_2 计；

③Mg^{2+}以 $CaCO_3$ 计。

6. 排水工程

厂区排水系统分为污水系统（生活污水、生产废水）和雨水系统，实行雨污分流、清浊分流制。

（1）污水工程

污水采用两套独立的系统：渗沥液处理系统和生活污水系统。渗沥液主要来自主厂房的垃圾池、垃圾卸料区地面冲洗及车辆冲洗等污水，渗沥液统一收集后送往渗沥液处理站进行统一处理，达到《污水综合排放标准》（GB 8978—1996）中的三级标准后，采用罐车送到污水处理站处理达标后排放。生活污水经污水管网收集后进入化粪池，经地埋式生活污水成套设备处理后可作农田灌溉。

（2）雨水工程

1）雨水量。雨水量按下式计算：

$$Q = F \cdot \psi \cdot q \tag{2-1}$$

式中，Q—— 雨水流量，L/s；

F—— 汇水面积，hm^2，本项目为 17.78 hm^2；

ψ —— 径流系数，本项目取 0.5；

q—— 设计暴雨强度，L/（s·hm^2）。

参照长沙地区公式计算为

$$q = 2\ 150.5 \times \left(1 + 0.411 1gP\right) / \left(t + 13.28\right) \times 0.685 \tag{2-2}$$

式中，t—— 降雨量历时，min，本项目取 20 min；

P—— 设计重现期，a，本项目区取 1 a。

计算得 q =195 L/（s·hm^2）。

区中雨水总流量 Q=0.195×0.5×17.78=1.73（m^3/s）

2）雨水排水系统。雨水经雨水口收集后，就近根据地形外排。雨水排水管道系统：各道路根据集雨面积大小不同，设置雨水收集口及雨水管，管径 D=300～500 mm。管材均为钢筋混凝土管，雨水管道的建设与道路建设同步进行。

（十）渗沥液处理系统

1. 渗沥液处理规模和水质

（1）处理规模

生活垃圾焚烧厂渗沥液的来源：生活垃圾倒入贮坑内后，垃圾外在水分及分子间水分经堆压、发酵，渗沥液逐渐至垃圾贮坑底部；垃圾卸料平台冲洗污水；垃圾运输车冲洗污水；渗沥液产生量的确定：根据国内类似城市生活垃圾焚烧厂的运行经验并结合××× 生活垃圾的特性，贮坑内垃圾渗沥液产生量约按照垃圾焚烧量的 15%计取。本项目垃圾贮坑中的垃圾渗沥液的产生量一期为 150 t/d，二期为 225 t/d；垃圾卸料平台的冲洗水约 10 t/d（一期）、15 t/d（二期）；垃圾运输车的冲洗水约 5 t/d（一期）、10 t/d（二期）。则生活垃圾焚烧厂渗沥液的总产生量为 250 t/d（贮坑中的垃圾渗沥液按远期考虑）。考虑未预见水量，确定生活垃圾焚烧厂垃圾渗沥液的处理规模为 280 t/d。

（2）设计渗沥液进水水质

焚烧厂渗沥液主要来源于垃圾贮料坑，其主要特点是有机污染物（COD_{Cr}、BOD_5）指标较高但可生化性较好，氨氮指标较高等。参考国内同类型焚烧厂渗沥液的水质和某省生活垃圾的特性指标，预测本生活垃圾焚烧厂产生的渗沥液主要污染物指标，见表 2-22。

表 2-22　生活垃圾焚烧厂渗沥液水质　　单位：mg/L（pH 除外）

项目	COD_{Cr}	BOD_5	NH_3-N	SS	pH
质量浓度	30 000～60 000	10 000～30 000	500～2 000	10 000～20 000	6～8

（3）设计渗沥液出水水质

渗沥液处理后出水水质应达到《污水综合排放标准》（GB 8978—1996）三级排放标准，见表 2-23。

表 2-23　出水水质表　　单位：mg/L

项目	COD_{Cr}	BOD_5	NH_3-N	SS
限值	500	300	—	400

2. 工艺方案

(1) 方案一：IC 反应器+好氧接触+MBR 处理工艺

1）工艺流程。工艺方案为 IC 反应器+好氧接触+MBR，见图 2-18。

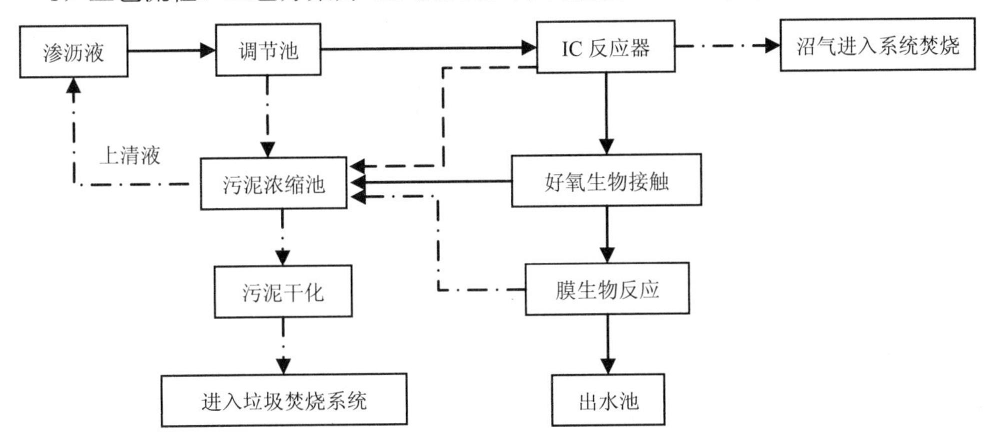

图 2-18 方案一工艺流程图

2）工艺说明。生活垃圾焚烧厂产生的渗沥液进入渗沥液调节池。主要目的是调节渗沥液的水质和水量。渗沥液以重力流方式进入调节池，通过污水泵提升至 IC 反应器。IC 反应器基本构造如图 2-19 所示，它由两层 UASB 反应器串联而成。按功能划分，反应器由下而上共分为 5 个区：混合区、第 1 厌氧区、第 2 厌氧区、沉淀区和气液分离区。

图 2-19 IC 反应器示意图

混合区：反应器底部进水、颗粒污泥和气液分离区回流的泥水混合物有效地在此区混合。

第 1 厌氧区：混合区形成的泥水混合物进入该区，在高浓度污泥作用下，大部分有机物转化为沼气。混合液上升流和沼气的剧烈扰动使该反应区内污泥呈膨胀和流化状态，加强了泥水表面接触，污泥由此而保持着高的活性。随着沼气产量的增多，一部分泥水混合物被沼气提升至顶部的气液分离区。气液分离区：被提升的混合物中的沼气在此与泥水分离并导出处理系统，泥水混合物则沿着回流管返回到最下端的混合区，与反应器底部的污泥和进水充分混合，实现了混合液的内部循环。

第2厌氧区：经第1厌氧区处理后的渗沥液，除一部分被沼气提升外，其余的都通过三相分离器进入第2厌氧区。该区污泥浓度较低，且废水中大部分有机物已在第1厌氧区被降解，因此沼气产生量较少。沼气通过沼气管导入气液分离区，对第2厌氧区的扰动很小，这为污泥的停留提供了有利条件。

沉淀区：第2厌氧区的泥水混合物在沉淀区进行固液分离，上清液由出水管排走，沉淀的颗粒污泥返回第2厌氧区污泥床。从IC反应器工作原理中可见，反应器通过2层三相分离器来实现SRT＞HRT，获得高污泥浓度；通过大量沼气和内循环的剧烈扰动，使泥水充分接触，获得良好的传质效果。

IC反应器的出水进入好氧接触氧化系统，IC反应器处理后的渗沥液含有大量的悬浮物和胶体物质以及死亡微生物、细菌等，对于这部分物质的有效去除，有助于后续的深度处理，因而设置接触过滤处理单元。好氧接触氧化的出水进入膜生物反应器（MBR）系统，MBR系统包括反硝化系统、硝化系统及膜系统，在运行中，硝化池中的混合液回流到反硝化池，使反硝化菌有足够的 NO_3^- 作为电子受体，从而提高反硝化速率。膜生物反应器中微生物菌体通过高效超滤系统从出水中分离，确保大于0.02 μm的颗粒物、微生物和与COD相关的悬浮物安全地截留在系统内，从而使水力停留时间（HRT）和污泥停留时间（SRT）得到真正意义上的分离。MBR系统产生的剩余污泥定期排入污泥收集池进行处理。MBR在高浓度的活性污泥条件下，仍可以进行生物反应。在MBR中，含有更多有机组分的污水在短时间内或在更小的空间内可以被分解，生物反应速度较快。它不仅可以降解BOD等有机物，还具有硝化除氮的功能。而且，在MBR中，不需要二沉池。采用浸没式平板型膜组件生物反应器，反应器内每一只膜元件由平板膜、隔网、支撑板和框架组成，同中空纤维膜比较，平板膜不易污堵、抗污染能力强、透过膜的压力低等特点。在MBR池前端设置反硝化，通过回流泵，使污水在反应池中交替处于好氧、缺氧和厌氧条件，这样可以方便的除磷脱氮。同时这种环境条件的不断变化也可以有效地抑制丝状菌的生长。膜池的出水进入出水池，再经过提升后排入城市市政生活污水管网。渗沥液处理系统产生的剩余污泥进入污泥浓缩池，污泥经浓缩后，上清液回流到调节池，浓缩污泥进行干化后进入生活垃圾焚烧系统。

IC 反应器的构造及其工作原理决定了其在控制厌氧处理影响因素方面比其他反应器更具有优势。其特点是：容积负荷高；节省投资和占地面积；抗冲击负荷能力强；抗低温能力强；具有缓冲 pH 的能力；内部自动循环，不必外加动力；出水稳定性好；启动周期短等。膜生物反应器（MBR）处理系统是生物脱氮的关键，反硝化与硝化作用以缺氧、好氧运作，在好氧情况下，微生物会产生硝化作用；在缺氧情况下，微生物会进行反硝化作用以去除氨氮。它将各种形态的氮最终转化为 N_2，缓解了渗沥液中的氮污染问题；工艺处理效果见表 2-24。

表 2-24 各处理单元去除效率预测表

序号	处理单元	项目	水量/（m^3/h）	COD_{Cr}/（mg/L）	BOD_5/（mg/L）	NH_3-N/（mg/L）	SS/（mg/L）
1	IC 反应器	进水	200	60 000	30 000	2 000	20 000
		出水	200	9 000	4 500	1 800	6 000
		去除率/%	—	85	85	10	70
2	好氧接触	进水	200	9 000	4 500	1 800	6 000
		出水	200	＜3 150	＜1 575	＜1 620	＜2 400
		去除率/%	—	＞65	＞65	＞10	＞60
3	MBR	进水	200	＜3 150	＜1 575	＜1 620	＜2 400
		去除率/%	—	＞85	＞85	＞80	＞85
4	排放要求		—	500	300	—	400

（2）方案二：DT-RO 处理工艺

工艺方案为 DT-RO 处理工艺，见图 2-20。

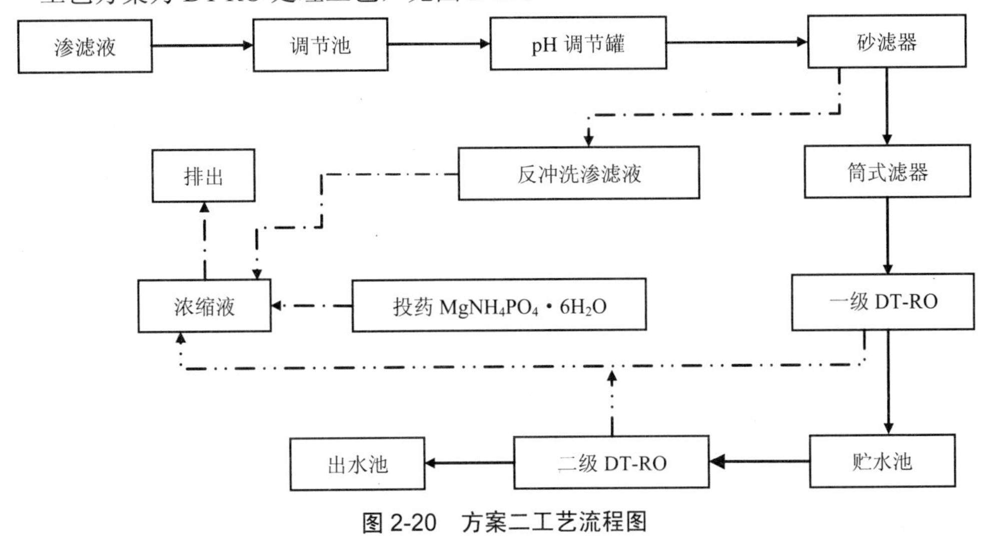

图 2-20 方案二工艺流程图

渗沥液由调节池泵入储罐中进行 pH 调节，控制 pH 为 6～6.5；经 pH 调节的渗沥液加压泵入砂滤器，砂滤器可根据压差自动进行反冲洗，反冲洗水进入浓缩液储存池；经过砂滤的渗沥液泵入筒式过滤器，经过滤后的渗沥液由柱塞泵输入第一级碟管反渗透（DT-RO）系统。一级 RO 系统净水回收率为 75%，设计操作压力为 60 bar；一级 RO 的出水进入贮水池后，浓缩液排至浓缩液储存池；一级 RO 出水进入二级 RO 装置，浓缩液排至浓缩液储存池。二级碟管 RO 系统回收率为 85%，设计操作压力为 50 bar。膜组的反冲洗在每次系统关闭时进行，清洗由系统自动控制，清洗后的液体排入浓缩液储存池中；为避免浓缩液回灌时长期将高浓度的氨氮在垃圾填埋场不断积累循环，在浓缩液储存池设置脱氮系统，通过化学沉淀法将渗沥液中的 NH_3-N 转化为 $MgNH_4PO_4·6H_2O$ 沉淀，沉淀后形成的结晶性状稳定，可以分离出来做肥料，也可进入生活垃圾焚烧系统。预处理比较简单，且不需设生化处理单元；DT-RO 膜组的结垢较少，膜污染减轻，使反渗透膜的寿命延长；DT-RO 系统可扩充性强，可根据需要增加一级、二级或高压膜组。各阶段的出水水质见表 2-25。

表 2-25　各处理单元去除效率预测表

序号	处理单元	项目	水量/（m^3/h）	COD_{Cr}/（mg/L）	BOD_5/（mg/L）	NH_3-N/（mg/L）	SS/（mg/L）
1	一级 DT-RO	进水	200	60 000	30 000	2 000	20 000
		出水	150	＜6 000	＜3 000	＜400	＜2 000
		去除率/%	—	＞90	＞90	＞80	＞90
2	二级 DT-RO	进水	150	＜6 000	＜3 000	＜400	＜2 000
		出水	127.5	＜300	＜150	＜80	＜100
		去除率/%	—	＞95	＞95	＞80	＞95
3	排放要求		—	500	300	—	400

（3）方案选择

1）方案比较。以上两组垃圾渗沥液处理工艺方案汇总比较详见表 2-26。

表 2-26　工艺方案比较

项目	方案一	方案二
基本工艺流程	IC+好氧接触+MBR	两级 DT-RO
处理原理	生化处理与超滤结合	采用单纯的高压反渗透工艺

项目	方案一	方案二
进水水质影响	IC 反应器抗冲击负荷能力较强，进水水质对其影响不大。MBR 系统较好去除氨氮	不依赖生化处理，抗冲击负荷能力强
浓缩液处理	—	浓缩液脱氮后进入垃圾焚烧系统
水质标准	能达到《污水综合排放标准》（GB 8978—1996）三级排放标准	能达到《污水综合排放标准》（GB 8978—1996）三级排放标准
工艺运行比较	技术成熟，运行较多，管理简单，能耗适中	有一定运行经验，运行管理复杂，设备技术要求条件较高，能耗较大
环境效益	由于采用成套设备，对环境的影响较小	由于采用成套设备，对环境的影响较小
单位运行成本	较低	高

2）推荐方案。从各方案的工艺特点、对水质波动的适应性、总投资以及单位运行成本等方面进行分析，并考虑各方案的环境效益、经济效益等综合因素，经过综合比选后认为方案一为优选推荐方案。其理由如下：渗沥液先进行生化处理，该工艺具有较强的适应性和操作上的灵活性，可以适应不同时期的处理需要，经高效生化处理后的渗沥液进入好氧接触、MBR 系统进行处理，出水达到设计排放标准；采用 IC 处理工艺，有机负荷高，抗冲击负荷能力强，进水水质对其影响较小，厌氧出水有机物浓度大幅降低；采用膜生物反应器（MBR）能高效地去除渗沥液中的氨氮，处理后出水可以达到设计出水标准，具有良好的环境效益；此工艺已有丰富的工程及运行经验，运行管理、设备配件供应及人员调配都可与现有工程配套进行；该方案投资较低，运行稳定，出水有保证，且可根据现有工程的经验通过一定的措施降低造价。此外，本方案运行成本较低，在经济指标上具有较大的优越性。

3. 渗沥液处理设计

（1）工艺流程

渗沥液处理工艺经过多方面的方案比较，选定了图 2-21 的工艺流程。渗沥液经处理后达到《污水综合排放标准》（GB 8978—1996）三级排放标准后至城镇污水处理厂处理达标后排放，渗沥液处理工艺见图 2-21。

（2）工艺设计

1）调节池。调节池平面尺寸为 15 m×10 m×5.0 m，总容积为 750 m^3，有效容积为 675 m^3，水力停留时间为 4.5 d。调节池设置在室外，钢筋混凝土地下式结构，池顶为钢筋混凝土盖。安装设备包括：4 台水下推进器，叶片直径 D=30 cm，P=1.5 kW；2 台离心污水泵 Q=10～15 m^3/h，H=15 m，P=4.0 kW。2 台污泥泵 Q=3～5 m^3/h，H=15 m，P=2.2 kW。

2）IC 反应器。IC 反应器尺寸为 Φ 6 m×9 m，设计为 2 座。单座反应器总容积为 254 m^3，有效容积为 199 m^3。罐体外壁设置保温层。2 座罐体并联运行。罐内设备包括：三相分离器 2 套；沼气收集系统 2 套。主要的技术参数：温度 T=25℃；容积负荷率为 8～10 kgCOD/（m^3·d）；水力停留时间为 48 h。

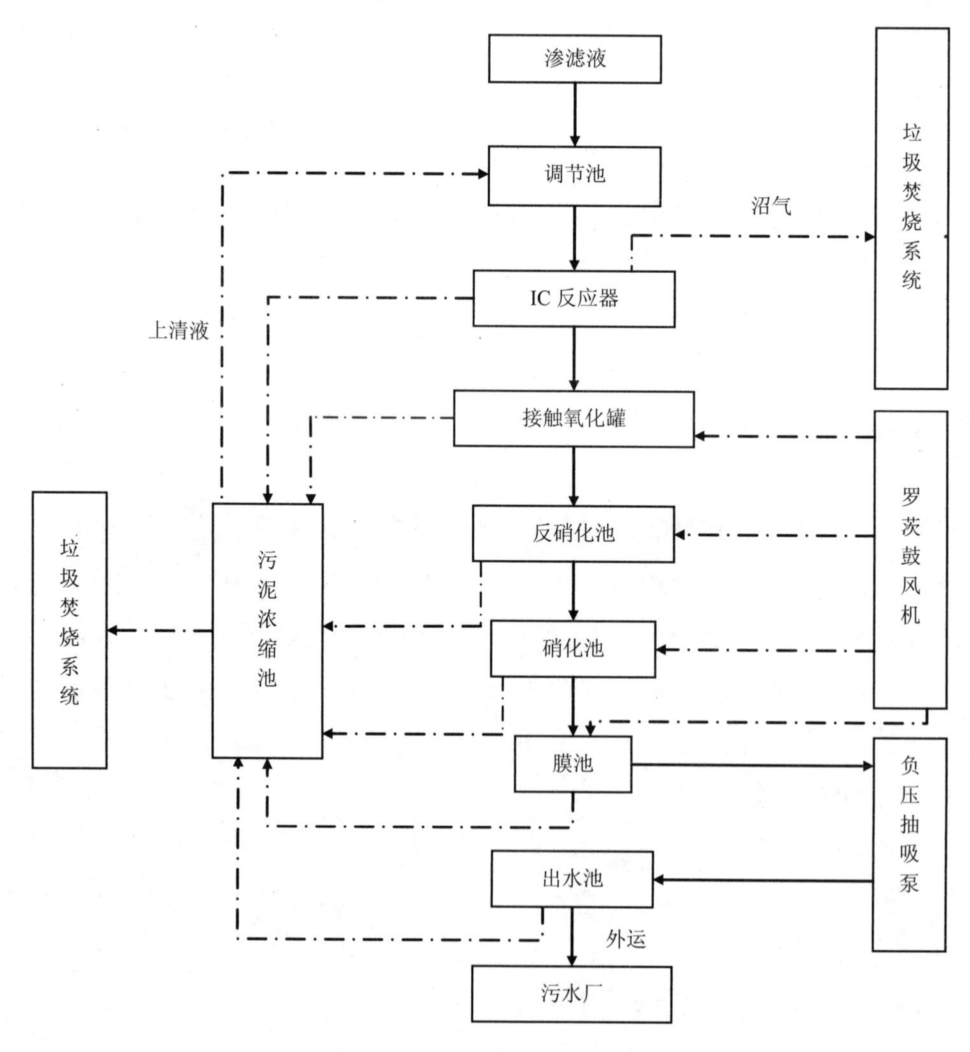

图 2-21　渗沥液处理工艺流框图

3）接触氧化罐。接触氧化罐尺寸为Φ3 m×7 m，设计罐体2座，罐内布设生物填料。单座总容积为49 m^3，有效容积为42 m^3。2座罐体并联运行。主要的技术参数：单座罐内设置215型微孔曝气头18套，2座共安装36套；单座填料体积为38 m^3，2座填料总体积为76 m^3；单座水力停留时间为10.08 h；罐外设计污泥泵2台，Q=3～5 m^3/h，H=15 m，P=2.2 kW。

4）MBR系统。MBR系统主要包括反硝化池、硝化池及超滤池。反硝化池设计2座。单座尺寸为4 m×2 m×3.5 m，容积为28 m^3，有效容积为25.6 m^3，有效水深为3.2 m。2座并联运行，反硝化池顶面设计混凝土盖板。池内设备包括：单座池内设置215型微孔曝气头8套，2座共安装16套；2台污泥泵，Q=3～5 m^3/h，H=15 m，P=2.2 kW；反硝化池主要的工艺参数：停留时间为6.14 h；设计反硝化率为70%；硝化池：硝化池设计2座，单池尺寸为4 m×6 m×3.5 m，容积为84 m^3，有效容积为72 m^3，有效水深为3.0 m。2座并联运行，硝化池顶面设计混凝土盖板。池内设备包括：单座池内设置215型微孔曝气头48套，2座共安装96套；2台污泥泵，Q=3～5 m^3/h，H=15 m，P=2.2 kW。硝化池主要的工艺参数：设计硝化池中溶解氧质量浓度为2.0 mg/L，设计硝化池污泥质量浓度为4 kg/m^3；设计硝化污泥负荷为0.10 kgNO_3-N/（kgMLSS·d）；设计剩余污泥产泥系数为0.07 kgMLSS/kgCOD；膜池：采用内置式超滤膜系统2套。单池尺寸为4 m×4 m×3.5 m，容积为56 m^3，有效容积为43.2 m^3，有效水深为2.7 m。2座并联运行，膜池顶面设计混凝土盖板。池内设备包括：单座池内设置215型微孔曝气头25套，2座共安装50套；2台污泥泵，Q=3～5 m^3/h，H=15 m，P=2.2 kW。膜池主要的工艺的参数：设计过滤通量约为70 L/（h·m^2）。

5）出水池。出水池设计1座，为钢筋混凝土地下结构，尺寸为10 m×5.0 m×4.5 m，总容积为225 m^3，有效容积为200 m^3，有效水深为4.0 m。池内设备包括：2台污水离心泵，Q=8～10 m^3/h，H=15 m，P=4 kW。2台污泥泵，Q=3～5 m^3/h，H=15 m，P=2.2 kW。

6）污泥浓缩池。污泥浓缩池设计为斗形，平面尺寸为6 m×3 m，池深为3.5 m，有效水深为3.0 m，泥斗深度为1.0 m。浓缩池分为并联2格，单池的平面尺寸为3 m×3 m。污泥经浓缩后，通过干化后进入生活垃圾焚烧系统。池内设备包括：2台污泥泵，Q=5～8 m^3/h，H=15 m，P=2.2 kW。

7）综合处理车间。设备间为混凝土框架结构，平面尺寸为15 m×9 m×4.5 m。综合车间内布置：调节池渗沥液提升泵（2台），超滤系统2套，罗茨鼓风机3台，污泥干化设备1套。

(3) 主要建构筑物

渗沥液处理系统主要建（构）筑物尺寸见表2-27。

表2-27　主要建（构）筑物一览表

序号	名称	主要尺寸	数量	单位	备注
1	综合处理车间	15 m×9 m×4.5 m	1	座	框架结构
2	调节池	15 m×10 m×5 m	1	座	钢混（地下式）
3	IC反应器	Φ6 m×9 m	2	座	钢制（地上式）
4	接触氧化罐	Φ3 m×7 m	2	座	钢制（地上式）
5	反硝化池	4 m×2 m×3.5 m	2	座	钢混（地上式）
6	硝化池	4 m×6 m×3.5 m	2	座	钢混（地上式）
7	膜池	4 m×4 m×3.5 m	2	座	钢混（地上式）
8	出水池	10 m×5 m×4.5 m	1	座	钢混（地下式）
9	污泥浓缩池	3 m×3 m×3.5 m	2	座	钢混（地下式）

（十一）灰渣处理系统

1. 炉渣处理

(1) 炉渣产生量

本项目按机组在额定工况下年运行时间8 000 h计算，本项目排渣量见表2-28，主要为垃圾燃烧后的残余物，其主要成分为MnO、SiO_2、CaO、Al_2O_3、Fe_2O_3以及少量未燃尽的有机物、废金属等，炉渣热灼减率≤3%。

表2-28　排渣量表

机组容量	小时排渣量/（t/h）	日排渣量/（t/d）	年排渣量/（t/a）
1×500 t/d炉排焚烧锅炉	4.40	105.6	35 200
2×500 t/d炉排焚烧锅炉	8.80	211.2	70 400

(2) 除渣系统

锅炉排出的底渣落入排渣机水槽中冷却后，由出渣机直接排入渣坑中，经灰渣吊车抓斗装入自卸汽车运送至制砖厂作为制砖材料综合利用（制砖厂本可研不做投资及经济分析）。从炉排缝隙中泄漏下来的较细的垃圾通过炉排漏灰输送机送至渣坑。垃圾焚烧后炉渣通过出渣机经过振动输送带、金属磁选机分离金属后排入灰渣贮坑。

（3）除渣系统设备选型

1）马丁出渣机。该设备与炉底密封有较好的性能，有利于提高锅炉效率。另外还具有省水、运行安全可靠、维护检修方便等优点。本工程在每台锅炉底部设置 1 台，出力为 10 t/h。

2）炉排漏灰输送机。炉排漏灰输送机设置在炉排下部，炉排中一些未燃烬的可燃物通过该设备送往灰渣坑中。每台炉设 2 台输送机，每台出力为 2 t/h。

3）渣坑。土建设置渣坑一座，深 5 m，可满足本项目炉渣贮存 6 d 的量。渣坑内设置灰渣吊车抓斗起重机一台，抓斗容积为 2.5 m^3。

2. 飞灰处理

锅炉燃烧过程产生的飞灰由两个途径来收集，烟气中携带的飞灰一部分受锅炉尾部受热面管束的阻挡落入下部灰斗，受热面吹灰时产生的灰也落入下部灰斗，余下的飞灰与烟气净化系统反应生成物混合后以颗粒的形式部分落入吸收塔灰斗，大部分灰被布袋除尘器收集后落入下部灰斗，所有灰斗的灰用密闭式输送机送到飞灰储仓，最后送入位于处理厂内的固化车间固化处理。

（1）飞灰及反应物产生量

布袋除尘器分离下来的为飞灰及反应产物，烟气净化系统额定工况下的排放量见表 2-29，其主要成分为 $CaCl_2$、$CaSO_3$、SiO_2、CaO、Al_2O_3、Fe_2O_3 等，另外还有少量的 Hg、Pb、Cr、Ge、Mn、Zn、Mg 等重金属和微量的二噁英等有毒有机物。

表 2-29　排灰量表

机组容量	小时排灰量/（t/h）	日排灰量/（t/d）	年排灰量/（t/a）
1×500 t/h 炉排焚烧锅炉	1.31	31.44	10 480
2×500 t/h 炉排焚烧锅炉	2.62	62.88	20 960

（2）飞灰输送及处理系统

本项目的飞灰由三部分组成，即锅炉尾部烟道排灰、吸收塔排灰和除尘器排灰。锅炉尾部排灰采用埋刮板输送机集中，排至焚烧炉尾部，与底渣混合后排到渣坑。2 台炉的半干式吸收塔和布袋除尘器灰斗的飞灰，采用气力输送系统送入位于处理厂内的固化车间固化处理。

飞灰及反应物采用水泥固化，设 1 套处理量为 8 t/h 的水泥固化系统。主要由灰库、水泥贮仓、称重斗、卸灰阀、计量斗、成型机、喷水系统及控制系统组成。灰库 2 只，每只容积为 300 m^3，其容积可以满足 2 台炉正常运行时约 8d 的贮存量；水泥贮仓 1 只，容积为 60 m^3，布置于烟气净化区域右侧。水泥通过气力输送进入水泥仓。灰库存放的飞灰及反应物与水泥、促凝剂按照一定的配比通过卸灰阀进入混料斗，通过振动混料斗混合后，进入固化成型机进行成型。烟气处理后产生的飞灰收集后处理系统见图 2-22。

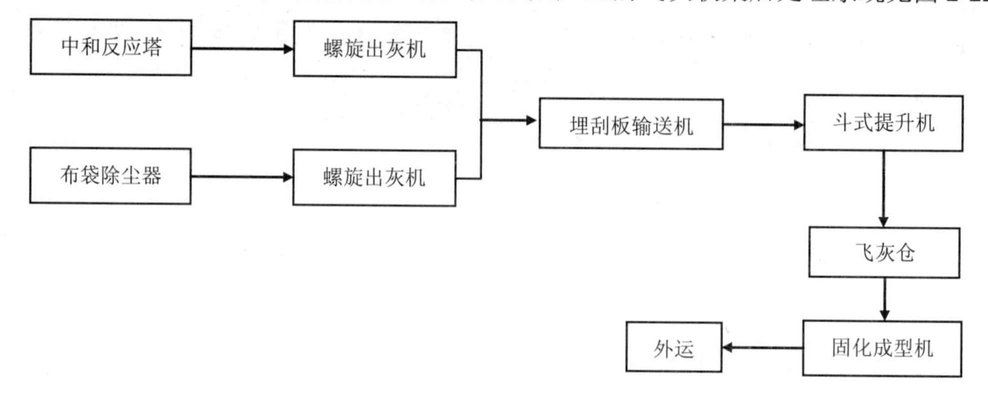

图 2-22　飞灰处理工艺流程框图

本工程设置一套水泥固化处理装置对飞灰进行固化，经过稳定化/固化处理后达到填埋场入场控制标准，再进行安全填埋处置。飞灰水泥固化系统设备主要由配料斗、搅拌机、输送带、成型机、送板机、送块机、水泵、水槽和电脑控制柜等部件组成。固化处理是利用固化剂与飞灰混合后形成固化体，从而减少重金属的溶出。水泥是最常用的危险废物稳定剂，因此工程中常采用水泥固化处理飞灰。飞灰被掺入水泥的基质中后，在一定条件下，经过一系列的物理、化学作用，使其在废物-水泥基质体系中的迁移率减小（如形成溶解性比金属离子小得多的金属氧化物）。另外，有时还添加一些辅料以增进反应过程，最终使粒状的物料变成黏合的混凝土块，从而使大量的废物稳定化/固化，形成强度适宜、抗渗性能良好的固化体。水泥固化工艺简单、成本低廉、应用最为普遍，且特别适用含重金属的废物。

为了使飞灰固化处理物的单轴抗压强度达到 98 N/cm^2 以上，我们采用固化成型机，水泥和水添加量为飞灰的 30%。飞灰及水泥运至搅拌机处，与一定量的水进行搅拌，固化后运至危险废物填埋场。

（十二）辅助生产系统

1. 辅助燃料区

本焚烧厂焚烧炉启动点火及补燃用油为轻柴油。根据焚烧炉冷炉每次启动耗油量约为

10 t、热炉启动约为 5 t 的要求，并加上少量辅助燃烧用油，选取 2 台 20 m^3 的地埋卧式贮油罐。轻柴油用油罐车送至油罐区后，用随车带来的油泵将油卸入贮油罐。用油时油泵房的供油泵启动将油由输油管线送到焚烧炉的点火燃烧器和辅助燃烧器。油泵房选用输油泵 2 台，油泵流量为 3.6 m^3/h，排油压力为 2.5 MPa，型号为 3Gr42x6A，1 台运行，1 台备用。

2. 压缩空气站

压缩空气主要用于袋式除尘器的反冲洗及石灰仓除尘器、气力输送机用气、废水处理用气以及仪表用气，用气点对气源的品质有一定的要求。为此，压缩空气必须经净化干燥处理。

压缩空气用气量及品质要求：用气量为 33 m^3/min；压力露点为 2℃；压力为 0.7 MPa；含油量为 1 mg/m^3；含尘粒径≤1 μm。针对用户特点和品质要求，全场设一个集中的空压站。选用 3 台 5L-40/8-1 型无润滑空气压缩机，2 用 1 备。空压站的运行采用全自动。空压机、冷冻干燥机及系统内设备的运行、监视、保护等均可通过现场集成的 PLC 和主控室的 DCS 系统实现远方控制。

3. 机修

为了维持焚烧厂的正常运行，设计按日常维修配有机修间，并配有维修所需要的工具，如交流电焊机、直流电焊机、普通钻床、台式钻床、普通车床、砂轮机、往复式锯床等小型机修工具。每年的计划检修和加工件将在×××内完成。

4. 仓库

为了存放一定量的备品备件，如炉排片、炉排连接件以及法兰、阀门等，另外还需要存放一定量的材料、油品等，厂房内设置仓库 1 座，仓库内设值班人员。

（十三）建筑与结构

1. 概述

垃圾焚烧发电厂由行政管理生活区、生产区和生产辅助区三大部分组成。主厂房是生产区最主要的建筑物，包括垃圾卸料大厅、垃圾贮坑、锅炉间、烟气净化设备、汽轮发电机间及其他一些设备功能用房；生产辅助区有飞灰贮罐、飞灰固化场地、灰砖暂存场地、循环水泵房及水塔、净水设备、地磅房、污水处理站等；行政管理及生活区部分有办公楼、综合楼、门卫室等。

作为环境卫生工程，结合日益兴起的生态建筑理念，减少对地球资源的不利影响；结合本地区气候的特点，引导新的建筑消费观和对于可持续发展战略的实践。在本工程中考虑以下几点：节约能源；水循环利用：利用透水性地面铺装保持地下水资源平衡；空气循环：利用自然通风、采光、遮阳和立体园艺使人充分接近自然，调节微气候；墙壁蓄热、防晒；屋顶隔热；屋面银粉保护层绝热；利用地方材料，可循环利用的材料。采用钢结构、压型钢板等可循环利用的材料；减少建筑物使用过程中的废物排放，利用生态环境的自然分解；节约土地，采用联合建筑，集约化使用土地。

2. 工程环境

根据区域地质资料，没有全新活动断裂通过拟建建筑场地，场地及周边也未发现滑坡、崩塌、泥石流等影响场地稳定的不良地质作用，故场地稳定性好，适于拟建项目的建设。根据初勘资料，该场地与地基稳定，适于本项目的建设；地下水对混凝土结构无腐蚀性；本区地震基本烈度小于Ⅵ度。根据地质灾害危险性评估报告备案登记表，项目建设区内环境条件简单，建设用地灾害危险性评诂确定为三级，建设用地适宜性为适宜。

3. 建筑

主厂房：垃圾焚烧处理厂的主厂房占地面积约为 12 240 m^2，建筑面积为 28 000 m^2，主厂房包括焚烧厂房、发电厂房、辅助设施三大部分。总宽为 90 m，总长为 136 m。主厂房布置在厂区中部，以达到减少填方量、缩短工程管线、提高环境质量和生态平衡的目的。焚烧厂房包括垃圾仓、焚烧间和烟气净化间。垃圾仓跨度为 25 m，屋架下弦标高为 27 m。内设 15 t 重级工作制抓斗吊车 2 台，轨顶标高为 24 m。在标高为 7 m 处，设有 18 m 宽沿车间通长设置的进料平台，沿车间通长设垃圾仓 1 个，长为 62 m，宽为 21 m，深为 20 m，仓底标高为−13 m。焚烧间屋架下弦标高为 41 m，室内布置焚烧炉 2 台。烟气净化间内布置反应塔、袋式除尘器、引风机及空压机。发电厂房由汽机间、给水除氧间、主控楼、监测及化验、办公室等部分组成。辅助设施由化学水处理站、机修、仓库等组成，利用垃圾仓的卸料平台下部空间。主体采用钢筋混凝土结构，外墙为彩色压型钢板。主体结构为钢结构，外围护墙体为彩色压型钢板。钢结构除屋顶部分不设防火保护，钢柱、外墙内侧的防火处理以喷防火涂料为主，以达到相应的耐火等级。副跨部分的主体结构为现浇钢筋混凝土结构，采用空心砌块填充墙。耐火极限达到二级。

安全疏散：可利用主控楼的封闭楼梯间疏散，另设一室内封闭楼梯作为疏散楼梯，以满足防火要求。主控楼、汽机间、给水除氧间各自设置封闭楼梯，并能够共用，以满足防火要求。焚烧间在长度方向左邻垃圾仓，右邻烟气净化间，毗邻主控楼和汽机间。只有西端的扩建端为开阔地带，故按规范要求，除在西端设一定侧窗以满足进风面积、兼作泄压外，焚烧间主要轻型屋面作为泄压面积。

（1）烟囱

烟囱为多管集束式烟囱，高为 80 m，内套钢管直径为 2 m。

（2）生产辅助区

生产辅助区有飞灰贮罐、飞灰固化场地、灰砖暂存场地、循环水泵房及冷却塔、净水设备、地磅房、污水处理站、危险品库等。

（3）行政管理及生活区

本区由综合楼（含办公室、多功能厅、会议室、职工宿舍、职工食堂等）、大门、传达室、停车场及职工文体活动场等组成，布置在主厂房区东面。综合楼周边有绿化隔离带，以减少日常生产对生活办公区的影响。

（4）建筑防腐

厂房围护结构设计有一定程度的开敞，且室内处于负压状态。因此建筑防腐设计考虑了当地潮湿多雨对建筑的腐蚀影响。垃圾由于其成分十分复杂，且尚无气态与液态腐蚀条件的具体资料。本设计在垃圾仓考虑了弱酸性的气相腐蚀，垃圾渗沥液亦按弱酸性介质考虑。室内金属结构构件采用环氧涂料，垃圾仓内吊车梁因系重级工作制，采用环氧橡胶涂料。垃圾仓仓体采用高标号混凝土，仓底加设密实混凝土面层。

（5）排水

主厂房屋面排水为有组织外排水，内檐沟，屋面坡度为 1/25。副跨为钢筋混凝土屋面，有组织外排水，排水坡度为 1/75。垃圾仓地下部分为卷材外防水，仓内壁为钢筋混凝土刚性防水。

（6）厂房采光

主厂房采光以平天窗采光为主，侧窗为辅。

4．结构

垃圾厂区抗震设防烈度为Ⅵ度，设计基本地震加速度为 0.05 g，设计地震分组为第一组，设计特征周期为 0.35 s。建筑物抗震设防类别为丙类。考虑主厂房为复杂抗震结构，加强概念设计及构造措施，以满足抗震设防原则。结构安全等级为二级。设计使用年限为 50 年。根据所提供的资料以及现场勘察，工程区地形落差较大，地质构造简单，无崩塌、滑坡及泥石流，也未发现地面塌陷、地裂缝，地质灾害不发育。场地稳定，适合作为垃圾焚烧处理厂场地。综上所述，场区内的建筑结构基础形式主要采用预制混凝土管桩。

焚烧厂房为方便工艺布置，采用大跨度、大柱距布局，考虑到厂房比较高大，若采用钢筋混凝土结构，厂房柱截面太大，整个厂房将显得非常笨重，且本工程为软土地基，地基的处理费用也将相应增加。此外，混凝土柱子在施工或吊装阶段均有较大困难。因此，地面以上厂房采用钢结构。

本厂房结构柱、下柱均采用钢结构组合柱，上柱及屋面采用钢结构钢架。垃圾仓跨及卸料大厅屋面采用钢桁架结构。烟气净化间和焚烧锅炉间由于空间较大，屋面采用空间网架结构。垃圾贮存池与主体结构彻底脱离，采用钢筋混凝土结构，由于本工程底下水位较高，底下部分采用防水混凝土。辅助设施用房设在高架桥卸料大厅之下，采用钢筋混凝土框架结构。

各单项建筑的结构类型见表 2-30。

表 2-30　各单项建筑的结构类型表

<table>
<tr><th>子项号</th><th colspan="3">子项名称</th><th>结构形式</th><th>火灾危险性类别</th><th>耐火等级</th><th>层数</th><th>总高度/m</th></tr>
<tr><td rowspan="6">1、2</td><td rowspan="6">主厂房</td><td>A</td><td>垃圾卸料大厅</td><td>钢筋砼框排架</td><td>丙</td><td>二级</td><td>2，局部 3</td><td>8.5</td></tr>
<tr><td>B</td><td>垃圾贮坑</td><td>钢筋砼框排架</td><td>丙</td><td>二级</td><td>1，局部 2</td><td>45</td></tr>
<tr><td>C</td><td>焚烧间</td><td>钢筋砼框排架</td><td>丁</td><td>二级</td><td>4</td><td>45</td></tr>
<tr><td>D</td><td>烟气处理车间</td><td>钢屋架结构</td><td>丁</td><td>二级</td><td>4</td><td>40</td></tr>
<tr><td>E</td><td>汽机间</td><td>钢筋砼框架</td><td>丁</td><td>二级</td><td>3</td><td>30</td></tr>
<tr><td>F</td><td>综合车间</td><td>钢筋砼框架</td><td>丁</td><td>二级</td><td>2</td><td>12</td></tr>
<tr><td>3</td><td colspan="3">循环水泵房（净水设备）</td><td>钢筋砼框架</td><td>戊</td><td>二级</td><td>1</td><td>6</td></tr>
<tr><td>4</td><td colspan="3">循环冷却水塔</td><td>钢筋砼框架</td><td>戊</td><td>二级</td><td>1</td><td>100</td></tr>
<tr><td>5</td><td colspan="3">地磅</td><td>—</td><td>—</td><td>—</td><td>—</td><td></td></tr>
<tr><td>6</td><td colspan="3">污水处理站</td><td>钢筋砼框架</td><td>—</td><td>二级</td><td>1</td><td>5</td></tr>
<tr><td>7</td><td colspan="3">危险品库</td><td>钢筋砼框架</td><td>甲</td><td>二级</td><td>1</td><td>5</td></tr>
</table>

（十四）通风与空气调节

1．焚烧间自然通风

焚烧间和汽机间均利用自然通风排出大量余热，这是经济、合理、有效的通风方式。自然通风的气流组织是室外空气经外侧窗及大门进入，厂房内的热空气经高侧窗排出。

2．化学水处理站机械排风

为排除化学水处理站酸碱储罐间、酸碱计量和制备氨液间产生的酸雾及有害气体，设计玻璃钢轴流风机 3 台，其风量按每小时大于 15 次的换气次数计算。

3．电气设备通风

厂用配电室、10 kV 配电室均采用轴流排风装置排出室内余热，按排出电气设备的散热量计算，并考虑不小于 12 次/h 的事故排风量。电工室、电工测量仪表室、热工仪表维修室等辅助用室均设空调通风降温。

4．油泵房通风

为排出泵房内的散热量及易燃的油蒸气，必须设置排风装置。排风量不小于 10 次/h 的换气次数，选用防爆轴流风机。

5．环境监测室通风

环境监测室按化验室功能设置通风系统，2 台化验通风柜各设一排风系统，选用玻璃钢风机及风管。

6．中央控制室及电气、仪表间

中央控制室及电气、仪表间是焚烧厂的控制中心、全厂的神经中枢，室温要求（20±2）～（23±2）℃。设计采用分体柜式空调系统。

7．垃圾仓控制室空调

为保持垃圾仓控制室内正常的工作环境，需维持其正压，抑制垃圾仓内臭气进入。拟设置外挂式新风换气机，输入净化的新鲜空气，高效排出污浊空气。控制室设冷暖型壁挂式空调器，维持冬夏适宜的温度。

8．办公室和会议室

办公室采用分体式空调。

9．换气次数

各子项换气次数见表 2-31。

表 2-31　各子项换气次数表

建筑物名称	换气次数/（次/h）	气流组织
垃圾贮坑	1.5	自然进风、机械排风
锅炉房	根据设备发热量计算	自然进风、机械排风
高压配电房	8	机械进风、机械排风
低压配电房	20	自然进风、机械排风
电缆夹层	10	机械进风、机械排风
卫生间	12	自然进风、机械排风
空压机房	10	自然进风、机械排风
水处理间、锅炉给水间	6	自然进风、机械排风
酸碱储罐间	6	机械进风、机械排风
渗滤液坑	6	自然进风、机械排风
烟气处理间	12	机械进风、机械排风
其他需要通风的工艺车间，如机修间、燃料分析间等	6	自然进风、机械排风

七、环境保护与环境监测

（一）主要法规及标准

（省略）

（二）环境现状

本工程主要处理某市的垃圾，一期建设规模为日处理城市垃圾 1 000 t，选用 2 台 1 000 t/d 机械炉排焚烧炉，与其配套 2 台余热锅炉和 2 套烟气净化装置。发电机装机容量 2×12 MW，主机设备年运行时间为 8 000 h，设备轮流检修，垃圾焚烧处理全年连续运行。场地位于某电厂灰坝北侧，占地面积约为 11.7 hm^2。场地现状用地标高为 70.0～157.0 m，地势相对较高，现状主要为林地、少量的农田及分散的 4 户村民住宅。

（三）主要污染物及污染源

1．大气污染物

生活垃圾焚烧厂排放的废气主要来自焚烧炉所产生的烟气，烟气中主要包含以下几类污染物：烟尘；酸性气体，如 NO_x、SO_x、HCl 等；重金属，主要是 Hg、Pb、Cd 及其化合物；有机污染物，主要是二噁英、呋喃和恶臭。按处理垃圾的元素分析，锅炉出口产生总烟气量（标态）为 169 463 m^3/h，每台焚烧炉烟气排放量为 84 732 m^3/h，见表 2-32。

表 2-32　垃圾焚烧烟气量及其成分

序号	污染物名称	单位	数值
1	烟气量	m^3/h	169 463
2	烟温	℃	185
3	CO_2	mg/m^3	161 537
4	烟尘	mg/m^3	5 000～12 000
5	HF	mg/m^3	50
6	SO_x	mg/m^3	500
7	HCl	mg/m^3	500
8	CO	mg/m^3	50
9	NO_x	mg/m^3	400
10	Hg	mg/m^3	1

序号	污染物名称	单位	数值
11	Cd	mg/m^3	4
12	Pb+As+Sb+Cu	mg/m^3	100
13	二噁英	$ng.TEQ/m^3$	5

2．废水

生活垃圾焚烧厂产生的废水主要有生活污水、生产废水、垃圾渗沥液、垃圾车冲洗污水等，主要污染因子有 pH、SS、COD_{Cr}、BOD_5、NH_3-N、大肠杆菌群等。废水种类及质量浓度见表 2-33。

表 2-33　焚烧厂废水种类及质量浓度（二期）

废水种类	pH	BOD_5/（mg/L）	COD_{Cr}/（mg/L）	SS/（mg/L）	排放量/（m^3/d）
渗滤液	5～7	10 000～30 000	30 000～60 000	10 000～20 000	250
生产废水	中性	10	60	20	930（回用）
中和池	中性				80
生活污水及地面冲洗水	中性	100～200	300～500	200	35.92

3．噪声

噪声是由不同频率和振幅组成的无调杂音，它让人烦躁、厌恶，对人体危害极大。按照产生机理可分为空气动力性噪声、机械振动噪声和电磁性噪声。本工程的噪声源主要来自设备，如汽轮发电机、锅炉排汽系统、风机、水泵等；另外，车辆也会产生一定的噪声，设备噪声源强见表 2-34。

表 2-34　设备噪声源强

序号	设备名称	声级范围/dB（A）
1	锅炉对空排汽	130～140
2	汽轮机、发电机、风机	90～95
3	各类水泵	80～85

4．恶臭

恶臭污染源主要来自进厂的原始垃圾，垃圾运输车在卸料过程中和垃圾堆放在垃圾储坑内要散发出带恶臭的气体。其主要成分为 H_2S、NH_3 等。

5．炉渣、飞灰

根据国家有关标准规定，焚烧炉渣与除尘设备收集的飞灰应分别收集、存贮和运输。本工程炉渣的产出量约为 211.2 t/d（8.8 t/h），每飞灰量（包括烟气处理时加入消石灰和活性炭后产生的副产品）约为 62.88 t/d（2.62 t/h）。

（四）本工程对环境影响

随着经济发展，生活垃圾已经成为城市最严重的公害之一，如垃圾堆放产生的恶臭和渗沥液对地下水和地表水水质的影响，造成周围环境质量的恶化，影响公众的生活质量等问题；不但影响到市容市貌，还污染了人类的生存环境，给人类带来了极大的危害。特别是在当前日益恶化的生态环境面前，正确地处理生活垃圾是改善人类生存环境，是建设优美、整洁、文明的现代化城市不可缺少的条件和当务之急。本工程采用焚烧的方式对生活垃圾进行处理，可最大限度地实现垃圾的“无害化”“减量化”与“资源化”，不但处理了生活垃圾，而且还可利用焚烧热能发电，节约了国家的不可再生资源，弥补了我国电力的不足。对生活垃圾的无害化、资源化处理，是一项处理生活垃圾和保护环境质量的公益性事业，具有很大的环境效益和社会效益。

（五）采用的环境保护标准

1．烟气排放标准

由于本工程的特殊性和重要性，烟气排放标准满足《生活垃圾焚烧污染控制标准》（GB 18485—2001）[①]，并预留将来扩展的余地，在设计上将二噁英的排放质量浓度降低到 0.1 ng/m^3 以下，以适应经济发展对环境保护的需要。本工程确定的烟气排放指标如表 2-35 所示。

表 2-35 烟气排放标准（标态）

序号	污染物名称	单位	GB 18485—2001	本工程目标
1	颗粒物	mg/m^3	80	30
2	HCl	mg/m^3	75	75
3	HF	mg/m^3	—	—
4	SO_x	mg/m^3	260	260
5	NO_x	mg/m^3	400	400

① 注：现行标准为《生活垃圾焚烧污染控制标准》（GB 18485—2014）。

序号	污染物名称	单位	GB 18485—2001	本工程目标
6	CO	mg/m^3	150	150
7	Hg 及其化合物	mg/m^3	0.2	0.2
8	Cd 及其化合物	mg/m^3	0.1	0.1
9	Pb	mg/m^3	1.6	1.6
10	其他重金属	mg/m^3	—	—
11	烟气黑度	林格曼级	1	1
12	二噁英类	$ng.TEQ/m^3$	1.0	0.1

注：1. 本表规定的各项标准限值，均以标准状态下含 11% O_2 干烟气为参考值换算。
2. 烟气黑度时间，在任何 1 h 内累计不超过 5 min。

2. 废水排放标准

目前某垃圾热值较低，垃圾中水分含量较高，尚不具备渗沥液回喷条件，但焚烧炉预留渗沥液回喷装置，待将来垃圾热值满足回喷要求后进行处理。因此渗沥液经焚烧厂内的污水处理装置处理后达到《污水综合排放标准》（GB 8978—1996）三级排放标准再送霞湾污水处理厂处理达标后排放。

3. 噪声标准

声环境执行《声环境质量标准》（GB 3096—2008）中的两类标准。即本项目运营期场区边界的声环境达到《工业企业厂界环境噪声排放标准》（GB 12348—2008）中的Ⅱ类标准要求，即昼间等效声级≤60 dB（A），夜间等效声级≤ 50 dB（A）。施工期场区边界执行《建筑施工场界环境噪声排放标准》（GB 12523—2011）要求，见表 2-36。

表 2-36　施工阶段作业噪声限值　　单位：dB（A）

施工阶段	主要噪声源	噪声限值	
		昼间	夜间
土石方	推土机、挖掘机、装载机等	75	55
打桩	各种打桩机等	85	禁止施工
结构	混凝土搅拌机、振捣棒、电锯等	70	55
装修	吊车、升降机等	65	55

此外，噪声控制还应满足《工业企业设计卫生标准》（GBZ 1—2010）、《工业企业噪声控制设计规范》（GBJ 87—85）[①]规定的限值，见表 2-37。

① 该标准已废止，现行标准为《工业企业噪声控制设计规范》（GB/T 50087—2013）。

表 2-37　工业企业厂区内各类地点噪声标准　单位：dB（A）

序号	地点类别		噪声限值
1	生产车间及作业场所（每天连续接触噪声 8 h）		90
2	高噪声车间设置的值班室、观察室、休息室（室内背景噪声级）	无电话通信要求时	75
		有电话通信要求时	70
3	精密装配线、精密加工车间的工作地点、计算机房（正常工作状态）		70
4	车间所属办公室、实验室、设计室（室内背景噪声级）		70
5	主控制室、集中控制室、通信室、电话总机室、消防值班室（室内背景噪声级）		60
6	厂部所属办公室、会议室、设计室、中心实验室（包括试验、化验、计量室）（室内背景噪声级）		60
7	医务室、教室、工人值班宿舍（室内背景噪声级）		55

4. 恶臭控制

本工程所散发的恶臭污染物浓度应满足《恶臭污染物排放标准》（GB 14554—1993）中厂界二级标准值，见表 2-38。

表 2-38　恶臭污染物厂界标准值

序号	控制项目	单位	一级	二级		三级	
				新扩改建	现有	新扩改建	现有
1	氨	mg/m^3	1.0	1.5	2.0	4.0	5.0
2	三甲胺	mg/m^3	0.05	0.08	0.15	0.45	0.80
3	硫化氢	mg/m^3	0.03	0.06	0.10	0.32	0.60
4	甲硫醇	mg/m^3	0.004	0.007	0.010	0.020	0.035
5	甲硫醚	mg/m^3	0.03	0.07	0.15	0.55	1.10
6	二甲二硫	mg/m^3	0.03	0.06	0.13	0.42	0.71
7	二硫化碳	mg/m^3	2.0	3.0	5.0	8.0	10
8	苯乙烯	mg/m^3	3.0	5.0	7.0	14	19
9	臭气浓度	量纲一	10	20	30	60	70

5. 固体废物控制标准

《生活垃圾焚烧污染控制标准》（GB 18485—2001）[①]第 9.1.2 条规定，"焚烧炉渣按一般固体废物处理，焚烧飞灰应按危险废物处理，其他尾气净化装置排放的固体废物按 GB 5085.3 危险废物鉴别标准判断是否属于危险废物，如属于危险废物，则按危险废物处理"。

① 现行标准为《生活垃圾焚烧污染控制标准》（GB 18485—2014）。

最新发布的《生活垃圾填埋场污染控制标准》（GB 16889—2008）第 6.3 条规定，生活垃圾焚烧飞灰和医疗废物焚烧残渣（包括飞灰、底渣）经处理后满足下列条件，可以进入生活垃圾填埋场填埋处置；含水率＜30%；二噁英含量低于 3 μgTEQ/kg；按照 HJ/T 300 制备的浸出液中危害成分质量浓度低于表 2-39 规定的限值。

表 2-39　浸出液污染物质量浓度限值

单位：mg/L

序号	污染物项目	质量浓度限值
1	汞	0.05
2	铜	40
3	锌	100
4	铅	0.25
5	镉	0.15
6	铍	0.02
7	钡	25
8	镍	0.5
9	砷	0.3
10	总铬	4.5
11	六价铬	1.5
12	硒	0.1

（六）污染物治理措施

1. 大气污染物

高效的烟气净化系统的设计和运行管理，是防止垃圾焚烧厂二次污染的关键。本工程采用了现行国家推荐的半干法流程，它具有净化效率高且无须对反应产物进行二次处理的优点。烟气经净化塔、活性炭喷射系统、布袋除尘器后，烟气中的污染物可以达到规定标准，最终通过 80 m 高烟囱排至大气，以提高烟气扩散能力，减轻本工程空气污染物排放对当地特别敏感受体的影响。

为了满足电厂运行过程对烟气中污染物排放监督管理的需要，确保电厂污染物达标排放，也为了适应不断完善的企业污染物排放收费制度，在烟道上安装烟气排放连续监测装置，其监测主要项目为：NO_x、SO_2、HCl、烟尘、温度、压力等；另外在烟道上设置采样孔，便于取样与环保监测。

（1）烟尘防治

与其他固体物质的燃烧一样，生活垃圾在焚烧过程中，由于高温热分解、氧化的作用，燃烧物及其产物的体积和粒度减小，其中的不可燃物大部分以炉渣的形式排出，一小部分质小体轻的物质在气流携带及热泳力的作用下，与焚烧产生的高温气体一起在炉膛内上升，经过与锅炉的热交换后从锅炉出口排出，形成含有颗粒物即飞灰的烟气流。

根据国内外生活垃圾焚烧厂烟尘处理的经验，袋式除尘器具有烟尘净化效率高、维修方便、净化效率不受颗粒物比电阻和原浓度的影响等优点，同时对有机污染物和重金属均有良好的处理效果，除尘效率大于99%，故本工程采用袋式除尘器。

（2）酸性气体的防治

本项目采用半干法净化工艺，采用"半干式反应塔+袋式除尘器"的组合方式，焚烧炉燃烧废气经余热锅炉回收热量后，进入反应塔，在反应塔内与喷入的石灰浆反应以去除其中的HCl、SO_2、HF等酸性气体。氮氧化物在垃圾焚烧时产生，它的形成与炉内温度及空气含量有关，主要成分为NO，一般在1 200℃以上开始生成。本工程的燃烧温度控制在850～950℃，控制过量空气系数，排放的氮氧化物浓度符合国家标准。硫氧化物主要以SO_2的形式存在，由生活垃圾中的硫元素和氧燃烧合成。由于垃圾中的含硫量很低，属低硫分燃料，硫氧化物排放量较低，烟气中 SO_2 经半干法烟气处理系统的$Ca(OH)_2$中和后，其排放浓度低于允许标准。

氯化氢主要来自垃圾中含有的卤化聚合物（如 PVC 塑料）和带有无机盐的厨余类物质，在焚烧过程中，这些物质会分解反应生成氯化氢气体。烟气中氯化氢经半干法烟气处理系统的$Ca(OH)_2$中和处理后，其排放浓度低于允许标准。

一氧化碳是由于垃圾中有机可燃物不完全燃烧产生的。本工程中焚烧炉的燃烧温度、过量空气量及烟气与垃圾在炉内的滞留时间，足可保证垃圾完全燃烧，可使产生的废气中的CO符合排放标准，不必经过特殊处理。

（3）二噁英的防治

有机污染物的产生机理极为复杂，伴随有多种化学反应。有机污染物的形成机理目前还没有成熟的理论，有待于进一步研究。在垃圾焚烧产生的有机污染物中，以二噁英及呋喃对环境影响最为显著。二噁英（PCDD）及呋喃（PCDF）是到目前为止发现的无意识合成的副产品中毒性最强的物质，是由苯环与氧、氯等组成的芳香族有机化合物，被认为是能致癌、致畸形、影响生殖机能的微量污染物。PCDD 有 75 种以上的同分异构体，PCDF 有 135 种以上的同分异构体，其中毒性最强的是 2,3,7,8-四氯联苯（2,3,7,8-TCDD）。二噁英的生成机理相当复杂，已知的生成途径可能有以下几方面：

1）垃圾中本身含有微量的二噁英。由于二噁英具有热稳定性，尽管大部分在高温燃烧时得以分解，但仍会有一部分在燃烧以后排放出来。

2）在燃烧过程中由含氯前体物生成二噁英。含氯前体物包括的聚氯乙烯、氯代苯、五氯苯酚等，在燃烧中前体物分子通过重排、自由基缩合、脱氯或其他分子反应等过程会生成二噁英。这部分二噁英在高温燃烧条件下大部分也会被分解。二噁英在一定温度下分解 99.99%所需时间见图 2-23。

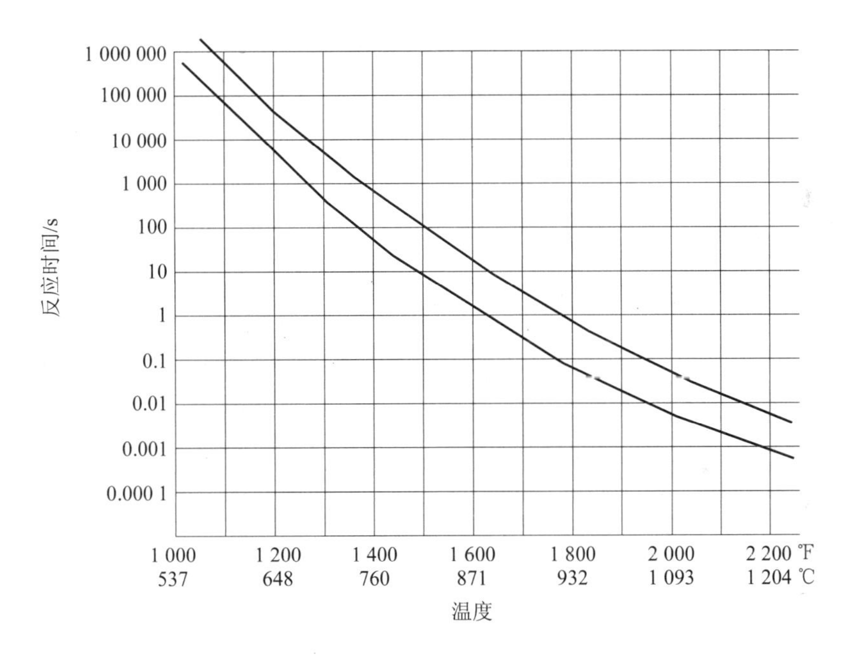

图 2-23　二噁英（TCDD）分解 99.99%所需时间

3）当燃烧不充分时，烟气中产生过多的未燃尽物质，在 450～500℃的温度环境下，若遇到适量的触媒物质（主要为重金属，特别是铜等），在高温燃烧中已经分解的二噁英将会重新生成。

为降低烟气中的二噁英浓度，首先从焚烧工艺上要尽量抑制二噁英的生成。选用合适的炉膛和炉排结构，使垃圾充分燃烧；炉温控制在 850℃以上，停留时间不小于 2 s，O_2 含量不少于 6%，并合理控制助燃空气的风量、温度和注入位置，也称“三 T ”控制法；缩短烟气在处理和排放过程中处于 450～500℃温度域的时间，以防二噁英重新合成；选用高效的袋式除尘器，控制除尘器入口处的烟气温度低于 200℃，并在进入袋式除尘器前，在反应器入口烟道上设置活性炭喷射装置，进一步吸附二噁英；设置先进、完善和可靠的全套自动控制系统，使焚烧和净化工艺得以良好执行。如有条件，还可通过分类收集或预分拣，控制生活垃圾中氯和重金属含量高的物质进入垃圾焚烧厂。本工程通过采取上述措施，可使烟气中的二噁英浓度达标排放。由于通过上述烟气净化处理工艺，大气污染物排放浓度均可控制在标准限值以内。

（4）重金属的防治

重金属类污染物源于焚烧过程中生活垃圾所含的重金属及其化合物的蒸发。由于不同种类重金属及其化合物的蒸发温度差异较大，生活垃圾中的含量也各不相同，所以它们在烟气中以气相和固相存在形式的比例分配上也有很大差别。“高效的颗粒物捕集”和“低温控制”是重金属净化的两个主要方面。本工程在半干法烟气处理系统喷入活性炭吸附，再配以高效的布袋除尘器，可以有效去除重金属，达标排放。布袋除尘器本是用来除去废气中的粉尘等浮游物质的装置，但用于生活垃圾焚烧炉后的布袋除尘器，由于在气体中加入反应药剂消石灰和吸附药剂活性炭，废气中的有害气体被反应吸附，然后通过袋式除尘器过滤而除去；关于利用袋式除尘器除去有害物质的机理如下。

废气中的粉尘是通过滤袋的过滤而被除去的：粉尘在滤袋表面形成一次吸附层，随着吸附层的形成，废气中的粉尘在通过滤袋和吸附层时被除去；考虑到运行的可靠性，一次吸附层的粉尘量大致为 100 g/m^2。一般生活垃圾焚烧炉废气中的重金属种类如表2-40 所示，基本上可被布袋除尘器除去，汞（Hg）的去除率略低些，这是由于汞（Hg）的化合物作为汞蒸气存在的原因。

表 2-40　垃圾焚烧炉布袋除尘器废气重金属含量及去除率

重金属	除尘器入口/（mg/m^3）	除尘器出口/（mg/m^3）	去除效率/%
Hg	0.04	0.008	80
Cu	22	0.064	99.7
Pb	44	0.064	99.8
Cr	0.95	0.064	93.3
Zn	44	0.032	99.9
Fe	18	0.23	98.7
Cd	0.55	0.032	94.2

因此，布袋除尘器已不单单用来解决除尘问题，而作为气体反应器。国外主要采用的是玻璃纤维与 PTFE 混防滤料。为提高其可靠性，本设计布袋除尘器的布袋选用直接进口的“焚烧王”。

（5）NO_x 的防治

NO_x 的防治应通过燃烧控制以抑制其产生，可以满足排放标准，但在设计上预留有

SNCR 装置的位置以及喷入口。

（6）CO 的防治

在焚烧过程中通过炉排的运动对垃圾进行充分的翻动和混合，避免局部的缺氧造成 CO 的产生，同时在炉膛内喷入适量的二次空气与烟气混合，使 CO 在高温下进一步氧化。

（7）污染物去除装置（系统）

烟气经锅炉回收大部分热量后，进入烟气净化系统。本工程共有焚烧炉 3 台，设计 3 套烟气净化系统。烟气净化系统由石灰浆制备系统、喷雾干燥反应塔、袋式除尘器和 80 m 排放烟囱组成。烟气进入石灰浆喷雾干燥反应塔，除去 HCl、SO_2、HF 和其他有害物质，烟气再经袋式除尘器净化后由引风机通过烟囱排至大气，以提高烟气扩散能力，减轻本工程空气污染物排放对当地特别敏感受体的影响。

2．废水

如前所述，生活、生产废水处理系统实行清浊分流。生活和部分生产废水经地埋式一体化生活污水处理成套设备处理达标后可作农田灌溉用水。雨水直接排入雨水管网。中和池废水经酸碱调节达到中性后排放到雨水管网。冷却水排水可作飞灰固化、中和塔、砖厂等，多出的排至雨水管网。产生的渗沥液经焚烧厂内的污水处理装置处理后达到《污水综合排放标准》（GB 8978—1996）三级排放标准后外运至污水处理厂处理达标后外排。

3．噪声

（1）施工期噪声治理

合理安排施工时间，尤其对噪声大的施工设备的作业时间的合理安排，是避免设备噪声扰民的必要措施。高噪声设备安装位置要远离人集中区，并采取适当声屏障（如绿化带）以降低噪声对周围环境的影响。

（2）运行期噪声治理

厂区总体设计布置时，将主要噪声源尽可能布置在远离操作办公的地方，以防噪声对工作环境的影响；在运行管理人员集中的控制室内，门窗处设置吸声装置（如密封门窗等）、室内设置吸声吊顶，以减少噪声对运行人员的影响，使其工作环境达到允许的噪声标准；对设备采取减振、安装消音器、隔声等方式；余热锅炉对空排汽最高噪声源强可达 120 dB（A）以上，若不加防治，对 1 km 以外的农居点噪声贡献值可达 65～75 dB，为此在余热锅炉对空排汽口加装消音器，将噪声源强降到 65 dB 以下；垃圾车辆来回行驶对道路两旁居住人群带来影响，垃圾车辆在正常行驶时在 15 m 外，其噪声值均为 85～

90 dB，对马路附近声环境有一定影响，因此应控制垃圾车行驶车速，改善路面状况，尽量避免在夜间来回运输垃圾；采用低噪声的设备；厂区加强绿化，以起到降低噪声的作用。

4．恶臭

恶臭控制主要采用隔离的方法。为了防止垃圾储运车辆中的臭气外逸和渗沥液流失，必须采用全封闭、具有自动装卸结构车型；垃圾储运车进入车间后，通过自动门将垃圾倾倒进垃圾贮坑中。垃圾贮坑为密闭式，鼓风机的吸风口设置在垃圾贮坑上方，使垃圾贮坑和整个焚烧系统处于负压状态，不但能有效地控制臭气外逸，同时又将恶臭气体作为燃烧空气引至焚烧炉，恶臭气体在焚烧炉内高温分解，恶臭气味得以清除。当锅炉停运时，通过吸风管将贮坑中的臭味气体吸入装置在贮坑平台上的除臭装置处理，以免臭气外逸；在建筑设计上尽量减少气流死角，防止气味堆积；在厂区总平面布置时，根据当地的主导风向，把生产区和生活区分开合理布置，将恶臭的影响降低到最低程度；本工程还设有喷药系统，定期向垃圾贮坑内喷洒化学药剂，既可减轻异味，又可防止微生物滋生；设离子除臭装置，将贮坑内臭气经旁通除臭装置排至室外，除臭效率可达80%，停炉时使用。根据工程实践，采取上述措施可使厂界恶臭浓度控制在要求的《恶臭污染物排放标准》（GB 14554—1993）厂界标准值中的二级标准以下。

5．炉渣、飞灰

本工程产生的主要固体废物为垃圾经焚烧后产生的炉渣、除铁器除下的废金属、烟气处理系统捕捉下的飞灰等，对于上述固体废物可采用以下控制措施：

垃圾经焚烧后，污染物被彻底消除，炉渣中不含有有机物，可进行综合资源化利用。炉渣经处理后提供给制砖厂作为制砖材料；余热锅炉及烟气处理系统产生的飞灰为危险废物，不能与灰渣混合处理。本项目采用“水泥+螯合剂”固化/稳定化，处理后的飞灰送往生活垃圾填埋场指定区域填埋；除铁器除下的废金属打包后装车送到有关物资回收部门销售，综合利用。

（七）厂区绿化

本工程设计绿化的重点为主厂房区东面与厂前生活区之间及生活区，主厂房区西面与循环水泵房及冷却塔之间，还有建、构筑物周围、道路两侧及围墙内侧，适当设置集中绿地，种植草皮，适当配植乔木、灌木和花卉；同时，在道路两侧以及产生噪声和灰尘的地点适当种植滞尘、隔声的树种。使厂区内形成点、线、面相结合的绿化空间系统，为人们创造一个清新、优雅的绿化环境。绿化率为25%。在红线范围内进厂道路两侧同时考虑适当的绿化。厂区四周开挖后的边坡应及时种植草皮及灌木、花卉等，防止水土流失，保持生态平衡。

（八）环境影响初步分析

某生活垃圾焚烧厂采用国内先进的垃圾焚烧工艺和污染控制技术，对焚烧过程中产生的水、气、渣、声等污染物采取了有效的控制措施，整个工程建设完成运行以后对环境影响较微，在取得良好经济效益的同时，也将取得了良好的环境效益和社会效益，在环境方面是可行的。

（九）环境管理及监测

1. 环境监测机构

某生活垃圾焚烧厂的环境监测由企业环保科负责，主要负责环境管理、定期采样监测及分析、环境教育等。配备一定的仪器和设备进行日常监测工作，并对日常监测工作资料进行统计，为环境管理及污染治理提供依据。

2. 环境监测计划

环境监测工作可在环境管理部门的领导下进行，监测项目有：大气中的烟气含氧量；SO_2、NO_2、HCl、二噁英、烟尘的浓度和排放量；废水中的COD_{Cr}、BOD_5、SS、氨氮等。监测项目和时间见表 2-41。

表 2-41　监测项目和时间表

监测种类	监测项目	监测方法	监测频率
烟气	烟气量、烟尘、SO_x、NO_x、HCl、CO、HF、O_2、CO_2	按 GB/T 16157 执行	实时在线监测
污水	BOD_5、COD_{Cr}、NH_3-N、SS、pH、污水量	按有关规范规范执行	实时监测
噪声监测	汽轮机、发电机、各种泵、风机、空压机等噪声源	按 GB 12348 执行	每月 1 次，每次 2 d，每天昼夜各 1 次
垃圾分析	垃圾容重、含水率、热值	按有关规范规范执行	每月 1 次
炉渣	热灼减率	按有关规范规范执行	每月 1 次
二噁英	烟气和环境空气中的二噁英	委托专业机构取样测定	烟气二噁英每年 1 次，环境空气二噁英每两年 1 次
恶臭污染物	环境空气中的恶臭	委托专业机构取样测定	每季度 1 次
飞灰浸出毒性	飞灰固化物浸出毒性	委托专业机构取样测定	每年 2 次
重金属	烟气中重金属	委托专业机构取样测定	每季度不少于 1 次

以上监测项目可采取在线监测和取样监测相结合的办法，部分项目可在当地的环境监测部门的协助下进行。

八、节能

节约能源是我国经济发展的一项长期战略任务，因此设计中认真贯彻国务院《节约能源管理暂行条例》的有关规定，设计中注意采用节能措施，注意采用新技术、新工艺、新材料是本次设计的宗旨。

本工程利用垃圾焚烧发电，在正常运行情况下，年发电量约 1.15 亿 kW·h。该焚烧厂建成后，年可焚烧处理垃圾 36.5 万 t，年可节约标准煤量为 3.3 万 t。扣除焚烧工程所需的厂用电量后，每年可向电网供电 0.954 5 亿 kW·h。一般炉排炉垃圾发电厂厂用电率为 22%～25%，本厂采用以上节能措施后，厂用电率可降低到 20%以内。

九、消防

（一）总平面消防

在总平面设计中，厂房的生产火灾危险性为丙丁类，建筑物耐火等级均不低于二级，其相互间防火间距满足《建筑设计防火规范》（GB 50016—2006）[①]第 3.4.1 条、第 3.4.4 条、第 4.5.1 条要求。厂区设有环形消防通道，道路宽为 7 m 或 5 m，消防车辆可以迅速驶达厂内各个建筑物。

（二）建筑消防

主厂房包括垃圾卸料大厅、垃圾贮坑、焚烧间、烟气净化设备、汽轮发电机间、综合厂房（中央控制室、锅炉给水泵间、除氧层）。考虑焚烧发电厂的工艺要求和实际情况，将整个建筑分为 3 个防火分区：垃圾贮坑与垃圾卸料平台为第一防火分区；汽机间为第二防火分区；其余部分为第三防火分区。

① 该标准已废止，现行标准为《建筑设计防火规范》（GB 50016—2014）。

（三）消防灭火系统和灭火设施

1．消防用水量

室内、室外消火栓灭火系统用水量按需水量最大的主厂房计算；主厂房建筑高度大于 24 m，建、构筑物耐火等级为二级，生产火灾危险性为丙类。根据《建筑设计防火规范》（GB 50016—2006）[①]及《火力发电厂与变电站设计防火规范》（GB 50229—2006）的要求，消防用水量见表 2-42。

表 2-42　厂区消防用水量表（按主厂房需求计算）

灭火系统名称	消防用水量	火灾延续时间	一次火灾灭火最大需水量
室外消火栓灭火系统	25 L/s（90 m^3/h）	2 h	180 m^3
室内消火栓灭火系统	25 L/s（90 m^3/h）	2 h	180 m^3
消防水炮灭火系统	60 L/s（216 m^3/h）	1 h	216 m^3
合计	105 L/s（162 m^3/h）		540 m^3
消防水池需贮水量	540 m^3		
主厂房建筑高度大于 24 m，建、构筑物耐火等级为二级，生产火灾危险性为丁类			

2．消防水源、贮水量

本厂区消防利用生产循环冷却水池储水（兼作消防水池）。室内、室外消火栓灭火系统用水，贮存于生产冷却循环水池，循环水池容积约为 4 000 m^3，消防用水平时不会被动用，满足消防灭火要求。

本厂消火栓灭火系统采用室内、室外消火栓合用的临时高压消防供水系统。消防用水利用生产冷却循环水池贮水，消防泵、消防稳压泵及稳压罐布置在综合水泵房内。平时通过消防稳压泵及稳压罐维持管网压力，消防灭火时，除可根据电接点压力控制主消防泵启动供水外，还可通过消防按钮启动主消防泵供水灭火。另在现有一期工程主厂房的最高屋面处已设有效容积为 18 m^3 的高位消防水箱，可确保消防灭火前 10 min 室内消火栓的消防用水量。

3．消防供水设备

室内、室外消火栓灭火系统用水量为 50 L/s（180 m^3/h），供水量和水压由消防水池及室内、消火栓灭火系统全自动气压供水设备保证。厂区在现有循环水泵房内已配有消防供水设备 1 套，额定供水量 Q=180 m^3/h，供水额定压力 P=0.75 MPa，可满足厂区消防要

① 该标准已废止，现行标准为《建筑设计防火规范》（GB 50016—2014）。

求。消防设备配主消防泵2台（150DL180-25×3），1用1备，水泵供水量Q=160～180～200 m^3/h，水泵扬程H=78～75～70 m，电机功率为55 kW；配稳压泵（40GDL6-12×7）2台，1用1备，水泵供水量为6 m^3/h，水泵扬程H=84 m，电机功率为3.0 kW。配气压罐1个。

市政消防车同时可从冷却循环水池（兼作消防水池）取水加压供水进行灭火。

4. 室外消火栓灭火系统

室外消火栓灭火系统用水量为25 L/s（90 m^3/h），与室内消火栓系统合用，供水量和水压由全自动消火栓消防气压供水设备保证。室外消火栓灭火系统管网布置，沿厂区建筑物四周道路边布置成DN200～DN150环状给水管网，管网上设SS100/65-1.6型室外消火栓，供室外消防用水。室外消火栓的布置间距按60～100 m布置，保护半径不超过120 m。

5. 室内消火栓灭火系统

室内消火栓灭火系统用水量为25 L/s（90 m^3/h），供水量和水压由全自动消火栓消防气压供水设备保证。室内消火栓灭火系统供水管网布置成环状。室内消火栓的布置，保证建筑物内同层有两股充实水柱同时达到室内任何部位进行灭火，室内消火栓的布置间距：主车间不大于30 m，其余不大于50 m。室内消火栓箱配置Φ19水枪1支，DN65 mm长25 m水带1条，同时设置DN25 mm自救式小口径消防卷盘栓。消火栓箱旁设破碎玻璃按钮、警铃、指示灯，可直接启动消防水泵，并向消防中心控制室报警。另在厂区消防中心控制室和消防水泵房内均设有手动启动和关闭消防水泵的控制装置。

6. 固定消防水炮灭火系统

主厂房垃圾贮坑采用固定消防水炮灭火系统，供水量为60 L/s（216 m^3/h）。设3台PS30型消防水炮，作为垃圾贮坑灭火使用。PS30型消防水炮：额定流量为30 L/s，额定工作压力为1.0 MPa，射程≥55 m。固定消防水炮灭火系统，在综合水泵房内设一套全自动气压供水设备，额定供水量Q=216 m^3/h，供水额定压力P=1.0 MPa。设备配主消防泵3台（100DL108-20×5），2用1备，水泵供水量Q=72～108～126 m^3/h，水泵扬程H=115～100～90 m，电机功率为45 kW；配稳压泵（VP5013）2台，1用1备，水泵供水量为6～10～12 m^3/h，水泵扬程H=125～104～85 m，电机功率为7.5 kW。配气压罐1个（Φ1 200 mm×2 800 mm）。

7. 灭火器的配置

按《建筑灭火器配置设计规范》（GB 50140—2005）的规定和要求，在全厂建筑物内的不同场所，配置磷酸铵盐手提式和推车式 ABC 类干粉灭火器和二氧化碳灭火器。另按有关消防法规的要求在建筑物内的不同场所按要求，配备相应的防火、防毒面具。

8．消防管道材料

室外消火栓给水管采用焊接钢管，焊接和法兰连接；室内消火栓采用内外热镀锌钢管，用丝扣和沟槽式卡箍连接。

（四）火灾自动报警系统、监控及通信

本系统根据《建筑设计防火规范》（GB 50016—2006）、《火灾自动报警系统设计规范》（GB 50116—98）[①]，以及消防安全管理部门的有关规定，结合本厂实际情况，采取安全可靠的防火措施，保障当发生火灾时，能及时发现并迅速采取可靠的控制方式，使火灾损失减少至最低限度。在厂区内所有室内消火栓旁均装有消防栓按钮及警铃，打破消防栓按钮时，即启动消防水泵，同时火灾报警控制器显示启动消防泵的按钮位置，在消防联动柜上设有手/自动控制消防泵及运行、故障状态显示。

（五）消防电力

消防设备由两回路电源供电，应急电源由保安电源提供，备用应急电源与正常工作电源有末端配电箱处自动切换，并采用电气与机械连锁装置，以防止并列运行。应急照明备用电源由蓄电池直流电源装置提供。

十、劳动安全与工业卫生

（一）编制依据

《建设项目（工程）劳动安全卫生监察规定》（劳动部第 3 号令）；

《工业企业设计卫生标准 》（GBZ 1—2010）；

《工业企业噪声控制设计规范》（GBJ 87—85）；

《生活饮用水卫生标准》（GB 5749—2006）；

《建筑物防雷设计规范》（GB 50057—2000）[②]；

《建筑设计防火规范》（GB 50016—2006）；

---

① 该标准已废止，现行标准为《火灾自动报警系统设计规范》（GB 50116—2013）。

② 该标准已废止，现行标准为《建筑物防雷设计规范》（GB 50057—2010）。

《蒸汽锅炉安全技术监察规程》(劳部发〔1996〕276 号);

《压力容器安全技术监察规程》(质监局锅发〔1999〕154 号);

《安全标志及其使用导则》(GB 2894—2008)。

(二)主要危害因素分析及防范措施

1. 主要职业危险、危害综述

本工程在运行过程中造成安全和卫生危害的主要因素有:垃圾贮存和焚烧过程所产生的有害气体,垃圾的渗沥液,在生产过程中使用和生产的各类油品挥发性气体,高压电、高温高压蒸汽、噪声、高空作业、转动机械等。这些因素会影响环境和职工的身体健康和生产的正常运行。

2. 自然危害因素及其防范措施

(1)防暑防寒

当环境温度超过或低于一定范围时,会对人体产生不良影响。为防暑热,在所有控制室和办公设施内采用分体式空调机进行舒适性空气调节,以改善职工的工作环境。

(2)防雷击

建筑物防雷按三类考虑。采用屋顶钢筋焊接成网,形成避雷网;烟囱安装避雷针,沿爬梯装设两根引下线,接地电阻不大于 10 Ω;防雷接地、工作保护接地共用一套接地系统,接地电阻不大于 4 Ω。

(3)防洪

本焚烧厂防洪标准按 50 年一遇考虑。为了防止内涝,及时排除雨水,避免积水毁坏设备、厂房,在厂区内设雨水排除系统。

(4)抗震

地震对建筑物的破坏作用明显,作用范围大,进而威胁设备和人员的安全,但是,地震一般出现的概率较小。本工程所在区域地震基本烈度为Ⅵ度。设计中应采取相应的抗震构造措施。

3. 生产危害因素及其防范措施

(1)防臭气

垃圾仓能容纳约 7 d 的垃圾量。垃圾在贮存过程中,形成的挥发性产物为臭气。为防止臭气外逸,垃圾仓采用全密闭设计,给料由抓斗控制室控制;垃圾仓顶部设带过滤装置的一次风和二次风抽气口,把臭气抽入炉膛内作为助燃空气,达到净化的目的;同时使垃圾仓内形成微负压，防止臭气外逸，保持垃圾仓外工作场所空气清新。在卸料平台底部设有活性炭吸附装置，用于吸附处理渗沥液收集池和污水处理站内的臭气，此外还可以在停炉检修的情况下吸附处理垃圾卸料平台和垃圾贮坑内的臭气。

为保证控制室内有良好的工作环境，设计外挂式新风换气机，输入净化后的新鲜空气，排出污浊空气，同时保持室温基本不变。

（2）防粉尘

焚烧炉烟气净化以石灰作为吸收剂，石灰制备槽加料口处会产生粉尘。为减少粉尘飞扬、改善劳动条件，在石灰仓顶部设置除尘系统，选用 1 台除尘机组。为防止排灰渣时产生扬尘，烟气净化系统设计增湿装置，炉渣和炉底漏灰经带水封的除渣机组排除。垃圾抓斗运行时会产生灰尘飞扬。为此，垃圾抓斗控制室设在垃圾贮坑上方，并用大玻璃窗封闭。清洗装置能自动清除玻璃窗外壁上的粉尘，不会影响操作人员的操作。

在总体布置时，将人员出入通道与垃圾、灰渣出入通道分开，将办公区尽量远离粉尘产生地。其他场所，将加强绿化，以尽量减少粉尘的危害。

（3）防毒、防化学伤害

在产生有害气体的室内设机械通风设施，强制通风，避免对人体的毒害作用。当需要检修人员进入垃圾贮坑或其他有毒区域检修时，应戴防毒面具，身着防护服，检修时间不超过 2 h。

（4）防噪声

尽可能选用低噪声设备。总图布置上将生产区与行政办公区、生活区分开，高音设备集中布置在焚烧工房内。设备基础作减振处理。对送风机、引风机、空压机等安装消声器。分别设计汽机间、风机房、空压机房，利用建筑物的隔声作用，减弱噪声声强。对可能产生振动的管道，特别是泵和风机出口管道，采取柔性连接的措施，以控制振动噪声。

（5）防火防爆

各建筑物、构筑物防火、生产工艺系统的防火、消防及报警系统见第十章。对易燃易爆的场所设计中考虑加强通风，在存在爆炸危险的场所如垃圾贮坑处，选用防爆电器元件、防爆电机、防爆灯具。选用压力容器符合我国压力容器的等级标准，并取得我国劳动监察部门的认可，设备均安装有安全阀、压力表和报警器，设计和选型均符合现行的有关标准和规定。

（6）电气设施防电伤

防雷击接地、工作接地和保护接地工程采用复合人工接地装置，并尽量利用基础工程进行接地以降低电阻并减少接地工程投资。所有电气设备外壳均做保护接地，在接地网附近和通道交叉处采取降低跨步电压的措施。厂用电和配电装置故障都配备声和光信号报警，根据生产工艺及技术要求对必要设备进行联锁控制。检修照明、焚烧炉照明都采用安全电压，并加装漏电保护开关。

4．其他安全防范措施

厂区内道路围绕焚烧厂房环形布置，既可满足垃圾、灰渣运输车辆行驶要求，又可作为消防车道使用，同时满足事故疏散要求。

设备外露转动部位设计防护罩或挡板，变压器安设过流断电保护装置，以避免意外人身伤亡事故的发生。事故照明有应急灯和有蓄电池供电的直流灯，在各出入口及重要部位设应急照明灯。所有照明电源插座，均为单向三孔式插座。利用 36 V 及以下的低压照明。热力设备和管道采取必要的保温隔热措施，使管道外壁温度不大于 50℃，既减少热量的损失，又防止了对人员的烫伤，改善了劳动条件。按照《安全标志及其使用导则》（GB 2894—2008）的规定，在各危险部位设立安全警示牌。在烟囱的顶部装设飞机航行指示灯。通过提高设备的自动化率，减轻运行、检修人员的劳动强度。对操作频繁的阀门采用气动阀或电动阀。定期进行安全卫生教育，制订安全操作规程，严格管理。

（三）劳动卫生措施

（1）给水

生活饮用水水质符合《生活饮用水卫生标准》（GB 5749—2006）。

（2）工作照明

工作照明采用高效节能灯具，焚烧厂房采用钠汞混光灯，办公室采用节能型日光灯，照明照度不低于 60 lx，以保护工作人员视力。

（3）自动化水平

本厂的焚烧炉给料、燃烧控制系统，烟气净化控制系统，发电机组控制系统以及除氧给水系统的自动化水平均较高，大大减轻了岗位工人的劳动强度。

（4）厂区保洁

随时清扫厂区撒落的垃圾入垃圾仓；垃圾车清洗由市环卫处负责在厂外实施。

（5）绿化

通过厂区绿化，净化与美化环境，改善微小气候。

（6）定期体检

每年对岗位工人进行 1 次体检。

（四）安全卫生机构

为了满足安全及卫生的需要，本工程拟设立相应的安全卫生机构，并配备专职与兼职的安全卫生设施维修、保养、日常监测检验人员与监督管理人员，负责厂区的安全卫生工作；设置环境监测室，定期对主厂房各生产车间及厂区内的粉尘及有害物质进行采样，提出化验报告；设立医务室，解决职工常见病的医治和工伤事故的临时处置。

（五）应急措施

本项目为生活垃圾焚烧厂，以焚烧处理生活垃圾为主要功能，但遇到外界突发事件时，应能采取必要的措施，避免事故，应对外界变化。

1．设备故障

焚烧厂设备发生故障时，应迅速查清故障点和故障原因，采取必要的应急措施。主要故障与应对措施有：循环水泵、给水泵等设备发生故障时，迅速启动备用设备，避免对运行造成影响；汽轮机产生故障和隐患，采取降低负荷、停机等措施，蒸汽通过减温减压器后回收；焚烧炉和余热锅炉发生故障时，可以采取降负荷、停炉、排空等措施；尾气处理系统出现故障时，为避免袋式除尘器高温损害，可以临时将烟气从旁路导出。

2．接入系统线路故障

当上网线路故障时，10 kV 线路主断路器断开，此时两台发电机应降负荷运行，发电量降低，维持厂用电负荷的运行或保证安全完成机组的停机，来进行故障点的检修。

3．变压器故障应对措施

厂内设 1 600 kV·A 厂用工作变压器 3 台，10 kV 电源经 3 台工作变压器降压后，分别供给 3 条焚烧线和全厂公共负荷。另设 1 600 kV·A 备用变压器 1 台，备用变压器−400/230 V 低压母线与各工作变压器的−400/230 V 工作母线之间设有联络开关，任何一台工作变压器事故跳闸时，联络开关自动关合，由备用变压器承担该故障工作变压器的全部负荷，维持厂内的正常运行。

（六）预期效果

生产必须安全，安全促进生产。遵照“安全第一，预防为主”的方针，本工程采用成熟可靠的设备并致力提高生产过程的机械化、自动化程度，因而大大减少危害工人健康的因素和安全隐患。同时针对本项目焚烧垃圾的特点，对垃圾臭气、渗滤液、恶臭等的防范做了周到的设计，并在防火、防人身伤亡事故方面采取防患于未然的、积极的措施。可以预见，本项目投产后，在取得环境效益、社会效益、经济效益的同时，也将保障工人在生产过程中的劳动安全卫生。

十一、组织机构和劳动定员

（一）组织机构

按照国家的有关法律规定，实行股份制、项目法人责任制，负责焚烧厂的项日策划、资金筹措、组织建设、生产经营、债务偿还和资产的保值增值。公司为独立的法人机构。公司组建董事会、监事会，董事会任命总经理，并通过公司设置各职能部门全面负责项目的建设、生产、经营和管理工作。

管理机构设置的原则为机构合理、人员精炼、方便生产、利于管理。

（二）工作制度和劳动定员

按照有关企业劳动定员定额标准的有关规定，本垃圾焚烧厂为连续工作制，连续生产岗位按五班制配备、三班制操作。职工定员为 87 人（一期 68 人），其中生产人员为 60 人（一期 47 人），管理人员 18 人（一期 15 人），维修人员 9 人（一期 6 人）。本焚烧厂内服务和后勤人员将从社会上招聘，不设专门的定员。

（三）人员组成和培训

1. 人员组成

为使本项目能够顺利建成投产，正常运行，企业员工的素质（包括文化水平、技术熟练程度、工作责任心、劳动纪律等）起关键性作用。因此员工的招聘与培训十分重要。

2. 人员培训

（省略）

十二、项目实施进度安排及招标方案

（一）项目实施

工程实行业主负责制。由业主委托设计，筹措建设资金，组织项目的招、投标工作，执行国内合同法有关要求，并组织施工及生产。

（二）进度安排

本工程一期工期预计 24 个月。具体的实施进度安排见表 2-43。

表 2-43　计划进度表

工程项目		2009 年					2010 年												2011 年						
		8	9	10	11	12	1	2	3	4	5	6	7	8	9	10	11	12	1	2	3	4	5	6	7
1	准备工作																								
1.1	可行性研究																								
1.2	环境评估																								
1.3	工程招标																								
1.4	设备洽谈定货																								
1.5	勘探																								
2	工程建设																								
2.1	施工图设计																								
2.2	订货及施工准备																								
2.3	土建设施施工																								
2.4	设备安装																								
3	系统调试																								
4	工程竣工验收																								
5	稳定性运行																								
6	完工验收																								

（三）工程招标计划

（省略）

十三、投资估算及资金筹措

（一）工程概况及编制依据

本项目一期工程新增建设投资 49 557.15 万元，各项具体投资及投资比例见表 2-44。

表 2-44　一期工程新增建设具体投资情况

序号	项目	投资/万元	投资比例/%
1	建筑工程费	1 227.63	3.19
2	设备购置费	17 420.93	45.24
3	设备安装费	6 215.14	16.14
4	其他费用	13 646.96	35.43
	合计	38 510.66	100

（二）流动资金估算

按详细估算法估算，本项目一期达产年需要流动资 291 万元。

（三）投资使用计划与资金筹措

本项目投资使用计划按设计进度安排资金使用。资金筹措包括建设投资：申请银行贷款 32 000 万元，企业自筹 17 557 万元（含争取国家专项资金）；流动资金：企业自筹 291 万元。

十四、财务评价

（一）概述

1．项目概况

本工程主要处理某城市生活垃圾，包括焚烧及烟气处理工程、余热利用工程、污水处理工程、辅助工程等几部分，一期处理规模为 1 000 t/d，二期扩建到 1 500 t/d。

2．编制依据

根据国家发改委、建设部颁布的《建设项目经济评价方法与参数》（第三版）中的原则和规定，结合现行财税制度及有关规定、本行业特点及有关优惠政策，按照投资估算额度，进行本项目的经济评价。

3．主要技术经济指（一期）

生活垃圾年平均处理量：36.5 万 t；年最大上网电量：95.45×10^6 kW·h；渗液处理规模：250 t/d；劳动定员：68 人；工程总投资：49 848 万元；平均年总成本：6 323 万元；平均年经营成本：3 019 万元；单位垃圾处理成本：173.26 元/t；单位垃圾经营成本：82.72 元/t；垃圾补贴费：55 元/t，上网电价根据国家发改委印发的《可再生能源发电价格和费用分摊管理试行办法》（发改价格〔2006〕7 号）规定执行。基本电价 0.384 元/（kW·h），补助电价 0.25 元/（kW·h），自投产日起 15 年内享受电价补贴。自 2010 年起，补贴电价每年递减 2%。

一期财务评价指标（排除所得税后）：财务内部收益率 FIRR=4.12%；财务净现值 FNPV（i=4%）=400 万元；投资回收期（含建设期）=12.72 年；项目资本金内部收益率 FIRR=4.37%。

（二）财务评价基础数据

1．项目财务评价计算期

按实施进度计划，项目建设期为 2 年。根据行业和本项目的实际情况，本项目财务分析计算按 17 年计。

2．项目总投资

项目总投资由工程静态投资、建设期利息和流动资金组成，共计 49 848 万元。其中，建设投资为 49 557 万元；流动资金为 291 万元。

3．生产成本

外购原材料费，材料费包括消石灰、活性炭、磷酸三钠、氨水、液碱、盐酸、水泥、螯合剂等的费用等。预计年费用 40 万元；燃料及动力费预计年费用 1 741 万元；飞灰处理费预计年费用 383 万元。渗沥液处理排污费预计年费用 164 万元；固定资产折旧和无形、递延资产摊销计算：项目采用直线法折旧，残值率为 5%。房屋及建筑物平均折旧年限为 30 年。机械设备平均折旧年限为 15 年。其他资产（建设单位管理等）按 5 年摊销；维护费按折旧费的 20%计算人工费，定员 68 人，人均工资福利费按 30 000 元/（人·a）计；管理费用每年按 85 万元估算；财务费用为生产期需支付的长期贷款利息。年均总成本为 6 323.99 万元；运营期内年均单位垃圾处理总成本为 173.26 元/t。本项目的年均经营成本为 3 019.40 万元。运营期内年均单位垃圾处理经营成本为 82.72 元/t。

（三）财务分析与评价

1. 收入及利润预测

本工程经计算，在设计热值下，年可售电 9 545 万 kW·h，但在运行初期，由于垃圾热值较低，无法达到设计要求，因此上网电量也较低，在运行第 1 年上网电量按 70%的额定电量计算，售电收入 4 170 万元；在运行第 2 年上网电量按 90%的额定电量计算，售电收入 5 320 万元；此后每年以额定值计算，售电收入 5 866 万元。

仅依靠售电收入，还不能维持工程的正常收益，为使本项目在财务上可行，必须收取一定的垃圾处理费，在垃圾收费未落实之前，应由财政予以补贴。经测算，按正常税收情况考虑，保本微利；按国家有关规定资本金内部收益率为 4%，垃圾补贴费标准为 55 元/t，正常年垃圾补贴费为 2 008 万元，可基本达到这一标准。

2. 税金

营业税：项目投产后，需交纳增值税，税率为 17%。根据财政部、国家税务总局规定，对处置垃圾获得的垃圾销售电费增值税实行即征即返。城市建设维护税：增值税按 7%计；教育费附加：增值税按 4.5%计；实行即征即返。收入、成本均为含税价，本项目增值税按营业部分的销项税减去进项税。企业所得税：税率为 25%。本项目垃圾补贴费不征所得税。由于上网售电利润扣除成本为负数，所以项目计算期内不交所得税。

3. 利润估算

按垃圾补贴标准 55 元/t 的情况和上网售电分析企业利润，项目在运营期内年平均利润可达 1 134.65 万元/a。

4. 盈利能力分析

总投资收益率为 2.28%；项目资本金利润率为 6.36%；项目投资财务内部收益率：项目计算期内（含建设期 2 年），所得税后为 4.12%，所得税前为 4.12%；项目投资财务净值：项目计算期内（I_c=4%）财务净现值所得税后为 400 万元，所得税前为 400 万元；项目投资回收期：本项目全部投资回收期所得税后为 12.72 年（含建设期 2 年）。所得税前为 12.72 年（含建设期 2 年）。项目资本金内部收益率为 4.37%，符合国家的规定。

5. 财务生存与清偿能力分析

生存能力：本项目的贷款还清后各年收支后均有较多盈余资金，企业生存能力较强；贷款偿还：本项目贷款按年利率 5.94%计息，本项目贷款偿还的资金来源为折旧费、摊销费和税后利润。资产负债：资产负债率、流动比率、速动比率均在理想状态中。

6．不确定性分析

盈亏平衡分析：生产能力利用率 BEP=固定成本/（营业收入–营业税金–可变成本）×100%=65.98%。

敏感性分析：对投资、产量、经营成本、售价进行单因素敏感性分析，计算结果汇总如表 2-45 所示。

表 2-45 敏感性分析计算结果 单位：%

序号	项目	内部收益率	较基本方案增减
	基本方案	4.12	
1	投资×（1+10%）	2.88	−1.24
2	产量×（1−10%）	2.91	−1.20
3	经营成本×（1+10%）	3.20	−0.92
4	售价×（1−10%）	2.41	−1.71

从表 2-45 可以看出：本项目产量、投资及售价对项目敏感性强。

（四）国民经济评价

国民经济评价是在财务评价的基础上进行的，根据国家发改委、建设部颁布的《建设项目经济评价方法与参数》（第三版）中的原则和规定，按社会折现率 8%进行本项目的国民经济评价。

1．直接效益

营业电量直接效益：上网电价按影子价格 0.38 元计算，达产年营业效益为 3 627 万元。垃圾处理直接效益：按每吨垃圾填埋需发生费用 105 元计，本项目年处理垃圾 36.5 万 t，垃圾处理直接效益为 3 833 万元。

2．间接效益

按每吨垃圾处理产值 0.5 元计（减少环境污染的国民增加值），年间接效益约为 15 万元；营业电量间接效益按 0.05 元/（kW·h）计，年间接效益约为 480 万元。间接效益计算单价已扣除了间接费用。达产年国民经济经济效益值为 7 956 万元。

3．经济效益与费用分析

经济内部收益率 EIRR=8.73%，大于社会折现率 8%的要求；经济净现值 ENPV（i=8%）=2 268 万元。通过国民经济评价，说明项目可行。

（五）可行性结论

本垃圾处理项目主要体现环境效益和社会效益，项目本身的经济效益较低，必须通过征收垃圾处理费或财政补贴的形式维持运营。对于本项目，在正常税收情况下，生活垃圾收费或补贴按 55 元/t 计，其投资财务内部收益率（税后）为 4.12%。资本金内部收益率为 4.37%。在按所建议的标准收取垃圾处理费或给予补贴的情况下，从财务分析的角度看，该项目是可行的。通过国民经济评价，说明项目可行。

十五、社会评价

（一）项目对社会的影响分析

垃圾是危害生态环境和人体健康的重要污染源之一，如不进行有效处置而随意堆放，不仅对水环境、空气环境和土壤环境造成严重的影响和破坏，还会对人身的安全健康构成直接威胁。因此，本项目作为环保公益性工程，其社会效益十分显著，项目建成后，将对社会产生如下影响：

①解决垃圾污染环境问题，改善公众生活质量；

②减少垃圾占地，改善投资环境；

③增加上网电量，提供就业机会。

（二）项目与社会的互适性分析

根据《城市生活垃圾处理工程政策及污染防治技术政策》（建成〔2000〕120 号）、《生活垃圾焚烧污染控制标准》（GB 18485—2001）[①]的要求，垃圾处置设施选址必须严格执行国家法律、法规、标准等有关规定。因此，通过现场调查和必要的监测、预测，对拟建厂址周围的社会环境、自然环境、环境影响等因素进行综合分析，以确定社会适应性。

（三）社会风险及对策分析

本项目建设和运营所存在的社会风险主要为垃圾的收集、存放、运输中转和处理的

① 该标准已废止，现行标准为《生活垃圾焚烧污染控制标准》（GB 18485—2014）。

相关系统，发生突发性灾难事故时所造成的环境风险。

经过对以上风险进行分析，根据不同的风险类型进行不同风险评价，方法主要有：对烟气处理车间有毒有害气体排放散布事故进行源项分析；采用模式预测分析，预测污染物影响范围、程度；其他系统采用类比调查、专家调查法进行风险评价。

（四）社会评价结论

本项目建成后，将进一步完善某市的环境卫生基础设施，促进对城市固体废物无害化、减量化处理，不仅提高城市环境卫生质量，为城市居民提供良好的生活与工作环境，而且为广大投资者提供良好的投资环境，为城市的经济与社会发展奠定良好的基础，因而具有良好的社会效益。

十六、风险分析

由于人的有限理性、信息的不完全性与不充分性以及未来事件发生的随机性，本工程项目可能会遇到来自项目本身和外部环境等方面的风险和不确定性，从而带来损失或额外成本。根据项目情况，本可行性报告拟从政策、市场、技术和投资四方面分析本项目可能产生的风险，并提出相应的预防措施。

（一）政策风险

（省略）

（二）市场风险

（省略）

（三）技术风险

（省略）

（四）工程风险、外部协作条件风险

（省略）

（五）社会风险

（省略）

（六）投资风险

（省略）

习 题

1. 项目可行性报告包括哪些内容，有何作用？

2. 如果让你做一个废弃塑料再生利用制备汽油项目的可行性报告，你认为需要做哪些工作？主要内容包括哪些？

3. 城市垃圾处理项目可行性报告主要内容有哪些？主要考虑哪些环境管理问题，哪些法律法规，哪些技术问题，哪些工艺问题？

4. 作为一个环境工程师，要做好城市垃圾处理相关技术工作，你认为需要储备哪些知识和能力？

5. 分别以上海城区和郊区垃圾处理工作特点，给出一个可行性报告用于某一企业处理与处置两个地方生活垃圾。

参考文献

[1] 韩风亭. 珠江三角洲地区港口工程风险分析及经济评估[D]. 青岛：中国海洋大学，2009.

[2] 国家核安全局. 核质量保证安全规定（HAF 0400—1986）[S]. 1991.

[3] 李召胜. 城市垃圾处理项目可行性分析[D]. 青岛：中国海洋大学，2010

[4] 李松干. BM 区城市生活垃圾焚烧发电项目可行性研究[M]. 广州：广东工业大学，2014.

第三章　城市固体废物问题系统解决方案及其优化

第一节　城市垃圾管理现状与问题解决方案

一、城市生活垃圾处理行业概况

（一）行业界定及主要特征

垃圾处理行业属于环保产业的一个分支，下辖工业固体废物、危险品处理和城市垃圾处理三类子行业。下面主要就城市生活垃圾处理行业（以下简称垃圾处理行业）展开探讨。

我国垃圾处理行业起步较晚，关于垃圾处理行业的认识，业内争论不绝于耳。如行业边界与属性等都是近年来争论的焦点。关于前者，垃圾处理始于垃圾的产生，止于垃圾最终处置，是一个综合性的服务体系，包括从垃圾的产生、收集、分类、运输、拣选、综合利用、最终处置的整个过程。关于后者，垃圾处理具有管理和技术并重的共同属性。在当前缺乏资金、社会经济飞速发展的特殊背景下，人们往往容易扭曲垃圾处理行业的本性，过多关注垃圾处理中的资金、工程和技术问题，存在一定程度的片面性。垃圾处理行业具有如下特征：

（1）准公共物品属性。政府部门负责垃圾处理基础设施建设的统一规划，并将逐步退出垃圾处理的实际运营，由运动员角色向裁判员角色转变，垃圾处理活动必须在政府部门的严格监管下进行。对这种准公共物品的提供，目前我国多采取收费加补贴的方式，以垃圾处理服务费的名义向运营商支付。

（2）区域垄断性。按照我国特许经营管理办法，运营商一旦获取某区域的特许经营权并正常运营，将在特定范围、特定时期内排斥其他运营商的进入，形成区域垄断。

（3）政策导向性。垃圾处理是典型的政策导向性行业，行业市场规模、经营模式、技术选型、运行规范（标准）等各个方面均在国家相关政策法规中有明确规定或受其影响较大。

（4）投资回收期较长，属“保本微利”行业。垃圾处理基础设施建设投资较大，且经济效益较低，投资回收期较长，社会效益、生态效益是垃圾处理的主要动力。联系到水务行业相关收费政策关于“保本微利”一词的定义，6%～12%的净资产收益率应是运营企业的合理盈利水平。

（5）公共性。与政府、企业、市民、环境息息相关，涉及面广，仅仅有一方关心和运作该类行业。几十年的经验告诉我们，这种模式往往出力不讨好。全民参与，集思广益，照顾各方利益，各方都有积极性的行业运作模式才是王道。

（二）市场细分

世界著名期刊《环境商业杂志》（*Environment Business Journal*，EBJ）将环保行业的企业分为以下 3 类：环保设备、环保服务、资源利用。参照该方法，结合自身特点，垃圾处理行业主要包括以下 3 类企业：设备供应类、工程类、运营类。其中，设备供应类企业主要从事垃圾处理设备的生产与销售；工程类企业主要为运营类企业或下游企业提供设备安装和技术支持服务；运营类企业则专业从事固体废物处理业务，如专业环卫清运公司、垃圾填埋厂、垃圾焚烧发电厂等。根据固体废物的不同种类，固体废物处理行业又可划分为城市生活垃圾处理、工业固体废物处理和危险废物处理 3 大领域。其中危险废物具有污染性强、处理难度大且处理成本高等特点，因此一般单独列出。

近年来，我国城市生活垃圾处理产业雏形初现，现已初步形成了以下几大细分市场：垃圾焚烧发电厂建设与运营市场，卫生填埋场建设与运营市场，堆肥厂建设与运营市场，垃圾填埋气体利用市场，垃圾渗沥液处理市场，垃圾综合处理厂建设与运营市场，大型垃圾处理转运站建设与运营市场，道路清扫保洁市场，垃圾收运市场等。也有向多种垃圾混合一体化处理模式发展的趋势。

（三）产业链构成

在完全市场化条件下，垃圾处理产业链构成主体主要包括垃圾源、设备供应商、工程企业、专业运营企业。其中，专业运营企业包括纯粹的垃圾处理厂（场）、保洁公司、运输公司等。产业链上下游之间主要涉及 3 类主要需求：①运营企业对工程企业的建设需求；②运营企业或工程企业对设备供应商的设备需求；③下游运营企业对上游运营企业、垃圾源的垃圾输送需求（如图 3-1 黑线箭头所示）。

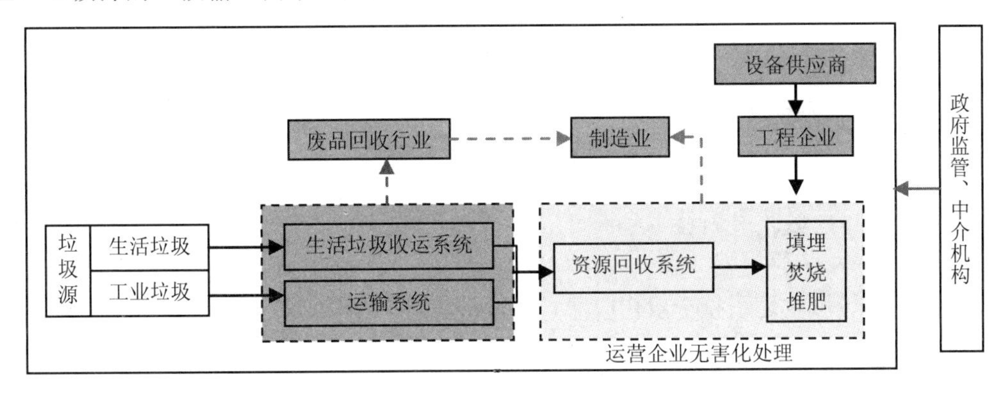

图 3-1　垃圾处理行业产业链

由于我国垃圾处理行业市场化起步较晚，如收运系统、垃圾处理厂（场）运营职责多由市政管理部门承担，因此从严格意义上讲，这些市政管理部门也应成为构成主体之一，但本书不再另行论述，将其一并归入专业运营企业对待。

此外，垃圾处理作为市政公用事业的一部分，政府监管、中介服务也会对产业链构成产生重要影响。

二、关键驱动因素

环保产业的发展与国家政策、环保市场需求、社会的经济发展水平、公众的环境意识以及技术进步与创新等因素密切相关，其中国家政策与生态破坏程度所决定的环保市场需求是影响产业持续发展的核心驱动因素。据此本书认为，垃圾处理行业发展的关键驱动因素也有 2 个：一个是国家的行业政策法规；另一个是垃圾存量及产生量，两者基本上决定了垃圾处理市场的规模和发展潜力。其中，垃圾产生量主要取决于国家的工业发展水平和生活消费水平，行业政策法规则与行业所处的发展阶段密切相关。

主要的影响机制较为简单：①政策标准越高，行业面临的市场需求就越大；②垃圾治理已经成为不可逆转的全球趋势，垃圾总量越大，行业面临的机会也就越多。

目前我国垃圾处理产业化尚处于初级阶段，市场化改革还处于局部试点阶段，相关政策法规、技术标准体系、健全的市场化运作体系都需要在实践中形成、检验和不断完善。根据近年国内外对环境保护的重视程度推断，未来一段时间，我国垃圾处理行业面临重大发展机遇期，市场化程度和行业技术水平都有望取得实质性进展。

第二节　城市垃圾处理行业概述

一、垃圾收运系统

（一）生活垃圾收运系统

城市生活垃圾收运系统一般由收集、运输（清运）和转运 3 个环节组成，是否设置转运环节应依据垃圾运距、垃圾产生量与车辆运输能力来确定。该领域现阶段的研究重点是如何通过优化转运节点布局及运输线路，达到提高收运效率、降低收运成本的目的。目前我国城市生活垃圾收运职责由市政部门履行。

（二）生活垃圾收集方式

（1）容器式

所谓容器式指的是收集容器放置于固定的地点，服务时间为一天中的全部或大部分时间。常见的收集容器有桶式和厢式两种。主要街道的两侧和公共场所设置果皮箱也属于容器式收集方式。目前使用的收集容器材料多为钢或塑料制品。钢制容器结构强度大，可制成较大的容积，但也有易腐蚀，洗刷不便的缺点。塑料垃圾筒具有重量轻、耐腐蚀、易于保洁等优点，正在获得较多的应用。

（2）收集站式

收集站式以固定构筑物作为其收集容器。构筑物一般为砖、水泥结构，样式各异，容器为 5～10 m^3，不密封。这种收集方式的特点是收集容器为半永久型，故此容器使用寿命长，费用较低，但它具有容积固定，高峰季节会发生垃圾满溢的情况，易造成周围卫生状况的恶化，保洁困难；适用于人口密度高、区内道路窄小的地区。一些对噪声、粉尘等污染控制要求较高的地区，实行上门收集、分类收集的地区也较适宜于采用这种收集方式。

（3）垃圾管道收集式

在多层和高层住宅楼中，通过铺设垃圾道收集居民生活垃圾的收集方式。该方式技术先进，收集效率相当高，适用于居住密度较大的大型高层住宅群。但这种收集方式投资相当大，日常运行费用也较高，且不便于对垃圾收集的管理和控制以及推行分类收集。

因此仅在日本、瑞典等少数发达国家的少数城市有应用实例。目前，北京、广州和上海等城市相继规定新建住宅楼不设垃圾道，许多城市还将已建住宅楼的垃圾道封闭。

（三）生活垃圾运输

根据操作方法的不同，运输方式分为固定式和移动式两种模式。固定式收运的容器始终在原地不动，收集车把垃圾装入车中运走，空的垃圾容器留在原地。移动式收运是把装满垃圾的容器整个运往转运站或处理场，卸空后再把容器拉回原处或其他地点。

（四）转运站

城市生活垃圾转运站是为了使小型垃圾收集车从居民、商业和其他单位等各收集点清除的垃圾在这里合并，并将其投入大型车辆或其他运输成本较低的运载工具继续运往处理厂（场），以节省运输费用的设施。影响垃圾转运站和转运方式的选择的主要因素是经济上的合理性。在城市生活垃圾处理的全过程中，垃圾的收集和运输是耗费人力和物力最大的一个环节，采用垃圾中转的目的，就是提高垃圾收集运输的效率和质量。

二、工业垃圾收运系统

工业垃圾收运并没有固定的模式，各垃圾源均有各自的运输处置方式，但必须在国家相关部门的严格监管下执行。对于建筑、医疗垃圾等运输方式，相关规定中均有具体要求。

三、垃圾分类及特征

（一）生活垃圾

生活垃圾具有产生量大、成分复杂、含有大量有机质、容易滋生大量细菌及散发恶臭等特点。统计年鉴数据显示，全国城市生活垃圾清运量为1.55亿t，县城、建制镇约为0.7亿t。

生活垃圾的主要组成成分有煤灰、厨渣、果皮、塑料、落叶、织物、木材、玻璃、陶瓷、皮革和纸张以及少量的电池、药用包装材料铝箔、SP复合膜/袋、橡胶等。归纳起来可以将其分为四大类。

厨余垃圾：如果皮、菜皮、剩菜剩饭、骨头、菜根菜叶等食品类废物及花草等生物类废物，所占比重通常为 40%～60%；

可回收垃圾：包括纸张、塑料、玻璃、橡胶、金属、纺织品、竹木等，所占比重为 10%～25%；

其他垃圾：主要包括除上述几类垃圾之外的砖瓦陶瓷、渣土、卫生间废纸等难以回收的废物，所占比重约为 20%；

有害垃圾：包括日光灯管、电池、喷雾罐、油漆罐、废润滑剂罐、药品、药瓶、涂改液瓶、过期化妆品、一次性注射器等。

当前我国城市生活垃圾的突出特点是含水率高，一般为 45%～65%；热值低，一般在 4 200 kJ/kg 左右；有机成分高，厨余类有机生活垃圾部分占 40%～60%；垃圾中可回收成分低，占 10%～25%。此外，生活垃圾成分受季节、地理位置、经济发展状况以及燃料结构等影响较大。例如，气化率低、经济生活水平低的城市的生活垃圾热值低、煤灰等成分相对较高；气化率高、消费水平较高、城市人口基数大、气候干燥的城市生活垃圾的热值相对较高，煤灰的含量较低；南方的城市生活垃圾中有机物的含量较高，为 40%～75%；而经济生活水平和消费水平较高的东部地区生活垃圾的易回收的废品含量相对较高。

近几年来，随着我国各大城市，尤其是北方城市随着城市燃气化率的不断普及，城市生活垃圾中的有机物含量及垃圾热值有增长趋势，同时随着居民消费水平升级，废纸、塑料、玻璃、金属、织物等可回收物所占比例也在不断提高。

填埋、焚烧处理和有机堆肥是当前国内外城市生活垃圾处理的主要方法。

（二）建筑垃圾

随着我国城市化建设进程的推进，每年产生的建筑垃圾数量惊人。据不完全统计，按照新建施工 500～600 t/万 m^2，拆迁 7 000～12 000 t/万 m^2 的标准推算，近年新建、拆迁产生的建筑垃圾高达 2 亿 t。目前我国绝大部分建筑垃圾没有得到妥善处理，被露天堆放或者不做任何处理的直接填埋。其危害在于：

①占用大量土地。据相关资料显示：奥运工程建设前对原有建筑的拆除，以及新工地的建设，北京每年都要设置二三十个建筑垃圾消纳场，造成不小的土地压力。②造成严重的环境污染。建筑垃圾中的建筑用胶、涂料、油漆不仅是难以生物降解的高分子聚合物材料，还含有有害的重金属元素。这些废弃物被埋在地下，会造成地下水的污染，直接危害到周边居民的生活。③破坏土壤结构、造成地表沉降。

（三）电子垃圾

主要包括各种使用后废弃的电脑、通信设备、电视机、电冰箱、洗衣机等电子电器产品。电子信息技术产业作为我国发展最快的产业之一，由此产生的电子垃圾也在快速增长，未来10～20年将是我国电子垃圾增长的高峰时期。

电子垃圾是毒物的集大成者。一台普通的CRT电脑显示器就含有镉、汞、六价铬、聚氯乙烯塑料和溴化阻燃剂等有害物质、电脑的电池和开关含有铬化物和水银，电脑元器件中还含有砷、汞和其他多种有害物质；电视机、电冰箱、手机等电子产品也都含有铅、铬、汞等重金属；激光打印机和复印机中含有碳粉等。如果将废旧电子产品作为一般垃圾丢弃到荒野或垃圾堆填区域，其所含的铅等重金属就会渗透污染土壤和水质，经植物、动物及人的食物链循环，最终造成中毒事件的发生；如果对其进行焚烧，又会释放出二噁英等大量有害气体，威胁人类的身体健康。

电子垃圾中含有很多可回收再利用的有色金属、黑色金属、玻璃等物质。尤其是贵金属，其品位是天然矿藏的几十倍甚至几百倍，回收成本一般低于开采自然矿床。目前国内尚无专门的电子垃圾处理厂。“破碎—解离—分选”的物理处理方法将是未来电子垃圾处理的首选方案。

（四）医疗垃圾

根据中国卫生部门统计，2008年年末，全国医疗机构床位403.6万张，病床利用率为74.7%，按每个床位1 kg/d计算，全年医疗垃圾总产生量约为110万t。医疗垃圾虽然产生量不大，但危害性较大，其收运、处理都需严格按照国家相关规定执行。医疗废物共分五类，并列入《国家危险废物名录》：

感染性废物：是指携带病原微生物且具有引发感染性疾病传播危险的医疗废物，包括病人血液、体液、排泄物污染的物品，传染病病人产生的垃圾等；

病理性废物：指在诊疗过程中产生的人体废弃物和医学试验动物尸体，包括手术中产生的废弃人体组织、病理切片后废弃的人体组织、病理蜡块等；

损伤性废物：指能够刺伤或割伤人体的废弃的医用锐器，包括医用针、解剖刀、手术刀、玻璃试管等；

药物性废物：指过期、淘汰、变质或被污染的废弃药品，包括废弃的一般性药品、废弃的细胞毒性药物和遗传毒性药物等；

化学性废物：指具有毒性、腐蚀性、易燃易爆性的废弃化学物品，如废弃的化学试剂、化学消毒剂、汞血压计、汞温度计等。

医疗废物带有各种细菌、病毒，其危害程度不言而喻。此外，医疗废弃物中含有较高比例的塑料成分，焚烧过程会产生剧毒性物质二噁英，是焚烧产生二噁英类物质的主要源头。

医疗废物的处理处置技术主要包括焚烧、高压蒸汽灭菌、等离子体、微波辐射、破碎高压消毒、化学消毒等，其中，焚烧是医疗垃圾最普遍的无害化处理方式。

（五）农业垃圾

主要包括：①农田和果园残留物（如秸秆、杂草、枯枝落叶、果壳果核等）；②牲畜和家禽的排泄物及畜栏垫料；③农产品加工的废弃物和污水；④农村居民粪尿和生活废弃物。农业废弃物如果任意排放不仅造成农村生活环境的污染，而且会污染农业水源，影响农业产品的品质，危害农业生产，传染疾病，影响居民健康。农业废弃物主要是有机物，若这些废弃物处理得当，多层次合理利用农业废物，可成为重要的有机肥源，如饲草的过腹还田、鸡粪处理后作为部分猪饲料、利用作物秸秆和粪便制取沼气、沼渣养蚯蚓、渣液当作肥料等，是当今生态农业研究和推广的重要内容之一。

四、垃圾处理方法

（一）卫生填埋

填埋处理是大量消纳城市生活垃圾的有效方法，也是所有垃圾处理工艺剩余物的最终处理方法。该方法在国际上得到了广泛的应用。我国经济欠发达地区以及干旱少雨、土地利用价值低、丘陵山区等地区的生活垃圾处理，多以填埋处理为主。根据工程措施是否齐全、环保标准能否满足来判断，可分为简易填埋场（Ⅳ级填埋场）、受控填埋场（Ⅲ级填埋场）和卫生填埋场（Ⅰ、Ⅱ级填埋场）3 个等级。

填埋处理是将垃圾填入已预备好的坑中盖上压实，使其发生生物、物理、化学变化，分解有机物，达到减量化和无害化的目的。

填埋处理工艺主要采取场底防渗、分层压实、每天覆盖土、填埋气导排、渗漏水处理、填埋气体用于发电等措施，进行垃圾的填埋处理，如图 3-2 所示。

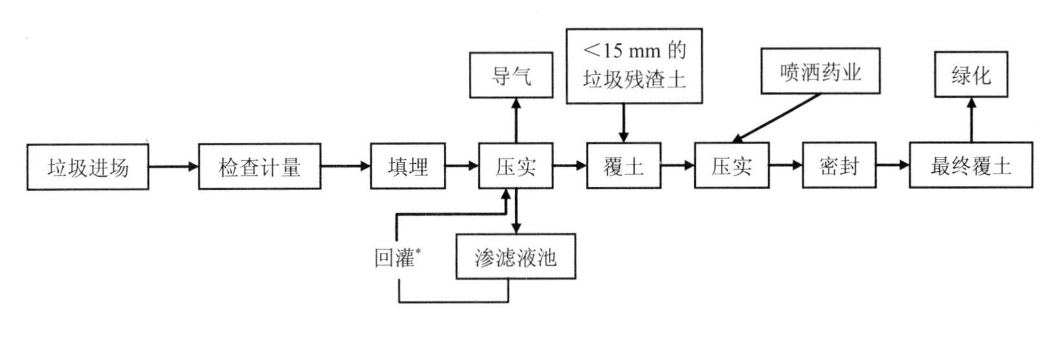

图 3-2　卫生填埋场处理工艺

* 渗滤液回灌是用适当的方法将从填埋场底部收集到的渗滤液，将其再从覆盖层表面或覆盖层下部重新灌入填埋场，借助填埋堆层中的垃圾层及覆盖土层的生物降解、物理化学的吸附、螯合、离子交换等净化作用来处理填埋场渗滤液的方法。该方法能有效加快垃圾填埋场的降解速率、提高降解程度、减少渗滤液量并净化其水质，在英国等少数发达国家得到了一定程度的应用。

填埋处理的关键是对渗滤液及填埋气体进行有效控制。早期的垃圾填埋处理由于未控制其对环境的污染，造成了严重的后果。直到 20 世纪 30 年代，在美国的加利福尼亚州才首次诞生了“卫生填埋”的概念。伴随经济社会的迅速发展，垃圾总量也出现大幅增长，而且往往富含有毒有害物质，这不仅造成环境污染的可能性大大增加，同时也促使垃圾填埋场的操作运行管理越来越严格，技术标准不断提高。

①卫生填埋要防止从废物中挤压出的液体滤沥及雨水径流对地下水的污染。一般规范要求回填地最低处的标高要高出地下水位 3.3 m，并且回填地的下部应有不透水的岩石或黏土层。否则需另设黏土、沥青、塑料薄膜等不透水层。②填埋场应设置排气口，使厌氧微生物分解过程中释放出的甲烷等气体能及时逸出，避免发生爆炸。回填后的场地，一般在 20 年内不宜在其上修建房屋，避免由于回填场不均匀下沉造成的结构破坏，但可作绿地、农田、牧场等使用。填埋处理用地，尽量选用天然的或人工挖出的洼地，开发资源后的废黏土坑、废采石场、废矿坑等。将垃圾填埋于坑中，有利于恢复地貌，维持生态平衡，但如果在大面积的洼地、港湾、山谷等回填，则需考虑是否会破坏生态平衡。

相比其他处理方式，填埋处理具有建设和运营成本低、产生的有害物质少及操作简单等优点。缺点为：①浪费土地资源。垃圾填埋需要极大的空间，因为被填埋的垃圾体积不会随着时间变化而减小。填埋过的土地可以恢复植被，但这块土地的使用受到很大的限制，原因是填埋区会产生气体和填埋体的不稳定性；②技术的难点。垃圾填埋后在相当长时间内还会产生很多危险因素。因为垃圾的不均一性是使之在填埋后发展不固定。因此技术上很难准确地操作，填埋体内物质的不可及性也给有害物质的确定和处理带来很大的困难；③副产品处理成本高。填埋区渗漏液的收集和处理成本非常高，并且需要很多能源。同样，很多老填埋区散发的气体也必须收集和处理，这种气体不仅会发出强烈的臭味，而且会给环境带来负担。对于填埋区附近居民而言，填埋区里的灰尘、气体和噪声（垃圾运输车和推土机的声音）都是很大的问题；④后续管理问题。基于以上的问题填埋区必须要有一个长期的后续管理。有些填埋区的后续管理甚至长达500年。

（二）焚烧处理

焚烧处理是将垃圾置于高温炉中，使其中可燃成分充分氧化的过程，产生的热量用于发电和供暖。其实质是碳、氢、硫等元素与氧的化学反应。垃圾焚烧后，释放出热能，同时产生烟气和固体残渣。热能回收—烟气净化—残渣消化是焚烧处理必不可少的工艺环节。一座大型垃圾焚烧系统主要由以下部分组成：前处理/进料系统、焚烧系统、废气处理系统、废热回收/发电系统、灰渣处理系统。具体工艺如图 3-3 所示。

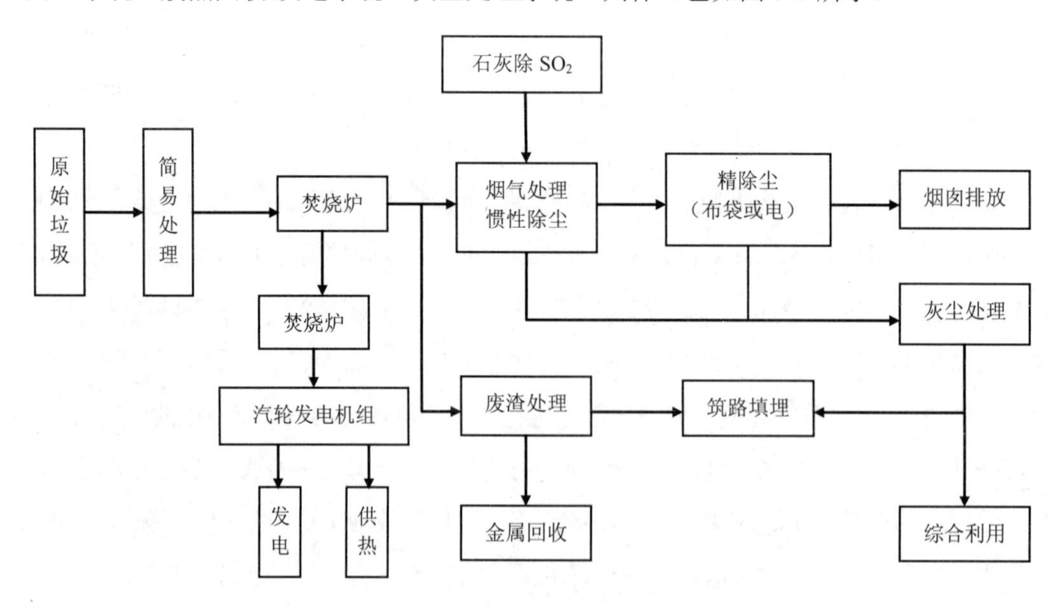

图 3-3　垃圾焚烧工艺流程

（三）有机堆肥

堆肥是中国、印度等国家处理垃圾、粪便、制取农肥的古老技术，也是当今世界各国均有研究利用的一种方法。堆肥是使垃圾、粪便中的有机物，在微生物作用下进行生物化学反应，最后形成一种类似腐殖质土壤的物质，用作肥料或改良土壤。该方法主要适用于垃圾中可腐有机物含量高以及待处理生活垃圾产品消纳能力强的地区。主要分布在北京、上海、天津、武汉、杭州、无锡、常州等城市。

堆肥处理是利用微生物分解垃圾有机成分的生物化学过程。在生物化学反应过程中，有机物、氧气和细菌相互作用，析出二氧化碳、水和热，同时生成腐殖质。根据堆肥原理，可分为厌氧分解与好氧分解两种。厌氧分解需在严格缺氧条件下进行，厌氧微生物分解较慢，故不多用。好氧分解过程可同时产生高温，杀灭病虫卵、细菌等，我国主要采用好氧分解法。主要工艺路线有静态高温好氧工艺及动态高温好氧工艺（个别另有间歇动态好氧堆肥工艺的分类，与动态好氧堆肥类似，此处不单独列出），如图 3-4 所示。

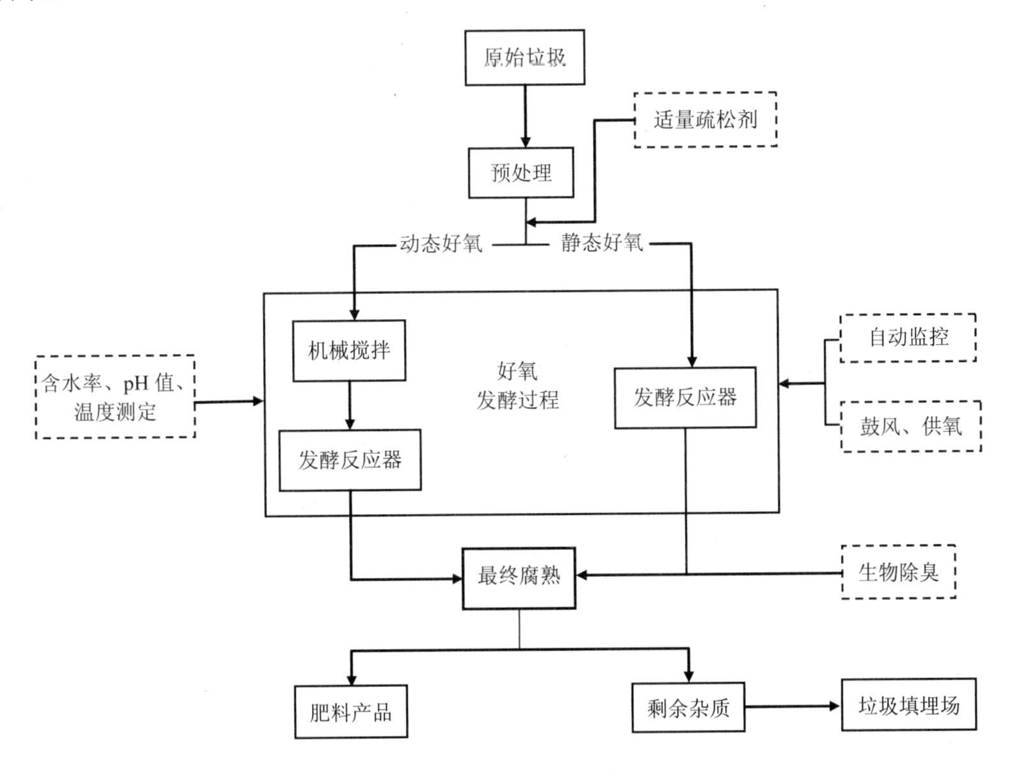

图 3-4 好氧堆肥工艺流程

堆肥处理的优点在于：①建设、投资成本适中；②技术简单；③有机物分解后可作为肥料再利用。缺点在于：①对垃圾分类要求很高，因可分解的只是有机成分，适用对象是厨余垃圾如剩饭剩菜和水果皮等，园林垃圾如树枝杂草、动物粪便等，不能处理不可腐烂的有机物和无机物，因此减容、减量及无害化程度低。仅仅依靠堆肥处理仍然不能彻底解决垃圾问题，往往与其他处理方法综合使用。②有氧分解过程易产生渗漏液和臭味污染。

填埋、焚烧及有机堆肥是当前垃圾处理的主要方法，三种方法各有利弊（技术对比如表 3-1 所示），具体方案选型需要综合考虑垃圾构成、经济状况、地理状况、环境污染等多方面因素。随着社会的进步、人们生活水平的提高，垃圾成分越发复杂，有机物、人工合成材料增多。这种现状要求垃圾处理方法应由单一处理方法向多种方法、互助配合、共同处理的综合处理转变。这种综合处理方法的内涵是：将多种生活垃圾处理处置技术以适当的方式有机地结合在一起，形成完整的处理系统，每种处理技术或设施仅处理适宜的生活垃圾组分，从而改善生活垃圾处理的效果，降低生活垃圾处理的费用，在生活垃圾无害化的基础上，实现生活垃圾的资源化。

表 3-1　三种垃圾处理方式技术比较

内容	填埋处理	焚烧处理	有机堆肥
处理速度	日产日清，整体分解时间上百年	1～2 d	9～45 d
占地面积	1 000 亩（500 t/d 规模）	150 亩（500 t/d 规模）	300 亩（500 t/d 规模）
建设工期	9～12 个月	30～36 个月	12～18 个月
吨产能造价（不含征地费）	15 万～25 万元/t（单层合成衬底，压实机引进）	50 万～70 万元/t（余热发电上网，国产化率 50%）	25 万～35 万元/t（设备国产化率 60%）
运营成本	35～55 元/t	80～140 元/t	50～80 元/t
自动化程度	人工+机械作业	可实现全自动	半自动
防护距离	500 m	500 m	500 m
选址	较困难。要考虑地形、地质条件，防止地表水、地下水污染，一般远离市区	易。可靠近市区建设，运输距离较近	较易。仅需避开居民密集区，气味影响半径小于 200 m，运输距离适中
适用条件	无机物含量大于 60% 含水量小于 30% 密度大于 0.5 t/d	垃圾低位热值大于 3 300 kJ/kg 时不需添加辅助燃料	从无害化角度，垃圾中可生物降解有机物不小于 10%；从肥效出发，应大于 40%
资源回收	无现场分选回收实例，但有潜在可能	前处理工序可回收部分原料，但取决于垃圾中可利用物的比例	前处理工序可回收部分原料，但取决于垃圾中可利用物的比例
产品市场	可回收沼气发电	能产生热能或电能	含重金属较高的低效有机肥，废品回收
最终处置	本身就是最终处理方式	仅残渣需作填埋处理，为初始量的 10%～20%	非堆肥物需作填埋处理，为初始量的 30%～40%

内容	填埋处理	焚烧处理	有机堆肥
地表水污染	有可能，但可采取措施减少可能性	在处理厂区无，在炉灰填埋时，其对地表水污染的可能性比填埋小	在非堆肥物填埋时与卫生填埋相仿
地下水污染	有可能，虽可采取防渗措施，但仍然可能发生渗漏	灰渣中没有有机质等污染物，仅需填埋时采取固化等措施可防止污染	重金属等可能随堆肥制品污染地下水
大气污染	有，但可用覆盖压实等措施控制	二噁英等微量剧毒物需采取措施控制	有轻微气味，污染性不大
土壤污染	限于填埋场区	可能因二噁英的有毒物质沉降造成	需控制堆肥制品中重金属含量

五、国内外垃圾处理现状分析

（一）国外城市生活垃圾处理概况

欧洲国家在垃圾处理运营管理与技术方面处于领先地位，如法国、德国、瑞士、丹麦、英国等国家，在垃圾收集、运输和处理管理与技术等各方面日趋成熟，并积累了许多经验。下文以欧洲国家为例展开论述。

1. 欧洲国家的垃圾政策

欧洲国家的垃圾处置有一个显著的特点，即受欧盟统一政策指令的影响。目前欧洲国家的垃圾数量仍在持续增加。因此，欧盟的长期政策主要是为了减少垃圾数量。各成员国在此基础上根据自身特点因地制宜地制定国家层面的具体法律法规、行业技术规范及标准。

2. 欧洲国家垃圾管理的主要原则

旨在改善垃圾管理的欧洲共同战略中提及了四项主要原则：源头控制原则——应该在源头上限制垃圾的产生；污染者付费原则——处理废物的成本应该由生产废物的个人或机构承担；预防原则——预期可能发生的问题；邻近原则——尽可能在接近源头处对废品进行处理。欧洲各具体国家在本国的垃圾管理中一般都遵循这些原则。

3. 欧洲国家在垃圾处理问题上采取的措施

欧盟成员国越来越关注垃圾处置问题，着眼于通过经济的方法来减少填埋和焚烧的处置方式，如税收或回收利用/循环再造业务。一般采取的措施包括：

（1）选择性的垃圾收集和应纳税的垃圾箱和垃圾袋

一方面，大部分欧洲国家都要求将垃圾从收集源头进行分类。垃圾分类非常详细，具体分为纸、玻璃（分为棕色、绿色、白色）、有机垃圾（残余果蔬、花园垃圾等）、废旧电池、废旧油、塑料包装材料、建筑垃圾、大件垃圾（大件家具等）、废旧电器、危险废物等。另一方面，源头上控制垃圾数量。通过实行塑料袋收费制度大大减少了塑料的使用。此外，在一般居民住户家中，都设有机垃圾收集桶和剩余垃圾收集桶，各户居民可根据自己产生的垃圾量，确定所需垃圾桶的大小，桶大小不同交费价钱也不同。

（2）可退回包装的押金制度

许多国家对城市居民均实行生活垃圾收费制度，不少国家还在商品流通领域实行抵押金制度。如德国规定产品的销售者有义务在一次性容器及包装上加贴标签，并向消费者收取抵押金。挪威规定消费者在购买汽车时要缴纳一定数额抵押金，在汽车被回收时再连同利息一起返还。而对于低值包装物的押金设计，一般认为应该占商品价值的大部分，否则很难实现回收的目的。

（3）推广清洁工艺

由于垃圾填埋、焚烧、堆肥等处置方式的采用，仍然会产生一系列的环境问题，如焚化炉可能导致附近的人恶心、头痛、皮肤和眼睛不适，并有显著的精神性应激。类似这样的健康危害导致市民更有力地反对在其家园附近兴建新的废物处理场。针对这些处理方式产生的环境问题，欧洲国家正在努力改进技术，减少处置过程中的渗漏，废气排放等，实现无害化、清洁化。

（4）废旧产品的回收和循环再造

近年来，欧洲国家把实现生活垃圾资源化提高到了社会可持续发展的战略高度，垃圾资源化已经成为各国谋求的垃圾治理目标。各国在推进生活垃圾资源化进程中，都制定了符合本国国情的相关法律、规章和各种标准规范。如德国制定了《关于容器包装废弃物的政府令》，法国制定了《容器包装政府令》，丹麦制定了《再循环法》，奥地利制定了《包装条例》等。除法规保障外，这些国家还对废弃物循环利用和再生利用予以政策上的支持。同时遵循“谁污染谁负担”的原则，借助经济手段来保证有关举措的实施，如采取税收制度等。

（5）为再生产品创造市场

通过政策支持或是财政支持为再生产品制造商创造发展环境，如税收减免、财政补贴等。欧洲国家的垃圾处理行业通常由大型跨国公司主导，政府或地方市政通过招投标或建立合营公司来实现垃圾处理行业的私有化，必然要求跨国公司在该行业中清洁技术和循环利用技术的采用，也必然要求政府或市政提供相应的平台——市场的创造和保护，特别是保证公私企业的竞争。

（二）欧洲国家垃圾处理技术应用现状

西欧国家在垃圾处理技术上处于世界领先地位（如德国等国家），而北欧（如瑞士、丹麦等国家）也在迅速发展。从欧洲国家城市垃圾处理技术的发展史可以看到，要实现城市生活垃圾的无害化、减量化和资源化处理，并严格达到行业各项标准，是多种技术并用的结果。目前欧洲各国使用的技术主要有：卫生填埋技术、焚烧技术、堆肥（生化）技术和分类回收利用技术。由于垃圾组分具有复杂性、多变性和地域差异性等特点，各种方式在不同国家的构成比例有所差异。

1．卫生填埋

大多数国家在早期都采用垃圾填埋技术处置生活垃圾，英国最早于 1930 年就开始采用生活垃圾卫生填埋法。之后，由于填埋技术无法解决垃圾渗滤液的问题，以及该技术无害化程度低，对水源和大气的影响程度较大，各国逐渐改进垃圾填埋方式，对垃圾进行分层压实和每日覆盖，并控制填埋沼气的转移。但是，该方法占地面积大、资源回收率低等弊端，欧洲各国政府制定了相应的限制性法规，如相关规定要求垃圾不能直接填埋，必须要经过前处理，最终处理后剩余的残渣才可填埋，例如，对焚烧等处理后的残渣进行填埋。此外，欧盟关于垃圾填埋出台了新的规法，要求 2009 年欧洲多数国家只允许有一个垃圾填埋场。在此背景下，填埋处理渐渐被焚烧和回收利用等方式所取代，即在处理的比例方面逐渐下降，目前该应用占比为 15%～35%。尽管如此，填埋仍是垃圾处理的最终方式。

2．焚烧处理

垃圾焚烧处理在欧洲已有 100 多年的历史，近年来的发展重点在于焚烧后的余热利用及烟气处理。目前欧洲国家有 20%～40%的垃圾通过该方法得到有效处理。而在荷兰、瑞士、丹麦、瑞典及日本（非欧洲国家）等国，焚烧已成为垃圾处理的主要手段，其中瑞士垃圾焚烧率为 80%，日本、丹麦垃圾焚烧率在 70%以上。预计将来垃圾焚烧技术仍会继续得到发展。

3．有机堆肥

对堆肥技术进行科学研究始于 20 世纪 20 年代。早在 20 世纪 70—80 年代，欧洲国家在提高垃圾堆肥产品质量、扩大垃圾堆肥产品销售和拓展垃圾堆肥产品使用范围等方面做了大量工作，有效地推动了垃圾堆肥技术的推广应用。20 世纪 80 年代后期，发达国家的生活垃圾堆肥技术应用陷入低谷，有不少国家的许多规模较大且机械化程度较高的生活垃圾堆肥厂相继倒闭。即使在这种形势下，一些国家或城市仍在坚持不断改进垃圾堆肥技术，提高垃圾堆肥产品质量，稳步发展着生活垃圾堆肥技术。目前，国外生活垃圾堆肥厂数量总体呈下降趋势，但市场前景仍被看好。

4. 回收及循环利用

该方法被欧洲甚至世界各国广泛接受，应用前景非常广阔。欧盟国家在推进生活垃圾资源化进程中，都制定了符合本国国情的相关法律、规章和各种标准规范。对生活垃圾尽可能进行回收和循环利用，最有效的途径是尽可能对生活垃圾实施分类收集。在瑞士，铝制品的回收利用率在90%以上，全瑞士有17个铝制品处理中心负责金属铝及其合金的回收再生产工作，使每年消耗的铝资源基本得到回收而循环使用。垃圾回收在瑞士有法可依，政府立法规定，企业生产塑料瓶包装的产品，必须保证回收空瓶75%以上，否则不予批准。对于有害物质的回收，规定则更为严格。该国几乎所有的废旧干电池由销售商店回收后，运到废电池厂进行集中处理。废弃的家用电器集中收回后还要在专门工厂进行检测、分拣、分类处理。

（三）中国城市生活垃圾处理现状

1. 政策法规

垃圾处理行业具有很强的政策导向性。《中华人民共和国循环经济促进法》（2009年1月1日起施行）对工业固体废物“减量化、再利用和资源化”提出了相关规定。《中华人民共和国固体废物污染环境防治法》（2016年修正）第三十二条规定：“国家实行工业固体废物申报登记制度。

产生工业固体废物的单位必须按照国务院环境保护行政主管部门的规定，向所在地县级以上地方人民政府环境保护行政主管部门提供工业固体废物的种类、产生量、流向、贮存、处置等有关资料。

前款规定的申报事项有重大改变的，应当及时申报。”

《国务院关于落实科学发展观　加强环境保护的决定》（国发〔2005〕39号）指出：“加强政策扶持和市场监管，按照市场经济规律，打破地方和行业保护，促进公平竞争，鼓励社会资本参与环保产业的发展。重点发展具有自主知识产权的重要环保技术装备和基础装备，在立足自主研发的基础上，通过引进消化吸收，努力掌握环保核心技术和关键技术。大力提高环保装备制造企业的自主创新能力，推进重大环保技术装备的自主制造。培育一批拥有著名品牌、核心技术能力强、市场占有率高、能够提供较多就业机会的优势环保企业。加快发展环保服务业，推进环境咨询市场化，充分发挥行业协会等中介组织的作用。”

《城市生活垃圾处理及污染防治技术政策》（建设部、国家环境保护总局、科学技术部，2000 年 5 月 29 日实施）对城市生活垃圾“减量化”“综合利用”“收集运输”“垃圾处理方式选型及填埋、焚烧、堆肥技术”提出了相关要求。

《国务院办公厅关于限制生产销售使用塑料购物袋的通知》（国办发〔2007〕72 号）规定：“从 2008 年 6 月 1 日起，在全国范围内禁止生产、销售、使用厚度小于 0.025 mm 的塑料购物袋（以下简称超薄塑料购物袋），”并“实行塑料购物袋有偿使用制度”。

2002 年，国家发展计划委员会、财政部、建设部、国家环境保护总局联合发布《关于实行城市生活垃圾处理收费制度促进垃圾处理产业化的通知》（计价格〔2002〕872 号），首次明确提出“实行城市生活垃圾处理收费制度”，为推动我国城市生活垃圾处理产业化和市场化奠定了坚实基础。同年，国家发展计划委员会、建设部、国家环境保护总局联合发布《关于推进城市污水、垃圾处理产业化发展意见的通知》（计投资〔2002〕1591 号），该意见囊括了财政、金融（融资）、土地使用、电价优惠等多项重要条款，为推进垃圾处理市场化发挥了实质性促进作用。

税收方面国家出台了一些优惠政策。《国家税务总局关于垃圾处置费征收营业税问题的批复》（国税函〔2005〕1128 号）文件规定：“根据《中华人民共和国营业税暂行条例》的规定，单位和个人提供的垃圾处置劳务不属于营业税应税劳务，对其处置垃圾取得的垃圾处置费，不征收营业税”；《财政部　国家税务总局关于污水处理费有关增值税政策的通知》（财税〔2001〕97 号）规定：“为了切实加强和改进城市供水、节水和水污染防治工作，促进社会经济的可持续发展，加快城市污水处理设施的建设步伐”，根据《国务院关于加强城市供水节水和水污染防治工作的通知》（国发〔2000〕36 号）的规定：“对各级政府及主管部门委托自来水厂（公司）随水费收取的污水处理费，免征增值税。本通知自 2001 年 7 月 1 日起执行，此前对上述污水处理费未征税的一律不再补征。”《中华人民共和国企业所得税法实施条例》第八十八条规定：“企业所得税法第二十七条第（三）项所称符合条件的环境保护、节能节水项目，包括公共污水处理、公共垃圾处理、沼气综合开发利用、节能减排技术改造、海水淡化等。项目的具体条件和范围由国务院财政、税务主管部门商国务院有关部门制订，报国务院批准后公布施行。

企业从事前款规定的符合条件的环境保护、节能节水项目的所得，自项目取得第一笔生产经营收入所属纳税年度起，第一年至第三年免征企业所得税，第四年至第六年减半征收企业所得税。”第一百条规定：“企业所得税法第三十四条所称税额抵免，是指企业购置并实际使用《环境保护专用设备企业所得税优惠目录》《节能节水专用设备企业所得税优惠目录》和《安全生产专用设备企业所得税优惠目录》规定的环境保护、节能节水、安全生产等专用设备的，该专用设备的投资额的10%可以从企业当年的应纳税额中抵免；当年不足抵免的，可以在以后5个纳税年度结转抵免。”

《再生资源回收管理办法》（商务部、国家发改委、公安部、建设部、国家工商行政管理总局、国家环保总局，2007年5月1日起施行）明确指出：“国家鼓励以环境无害化方式回收处理再生资源，鼓励开展有关再生资源回收处理的科学研究、技术开发和推广。”同时对再生资源经营规则进行了约定，另明确指出：“商务部负责制定和实施全国范围内再生资源回收的产业政策、回收标准和回收行业发展规划”；“商务主管部门是再生资源回收的行业主管部门”，行使监督管理职能。

《城市生活垃圾管理办法》（建设部令　第157号，2007年7月1日起施行）是1993年《城市生活垃圾管理办法》（建设部令　第27号）的修订版，此次修订重要意义在于：①明确了城市生活垃圾治理的责任主体及权利与义务，系统考虑了有关生活垃圾治理的发展趋势和新问题；②增加了对城市生活垃圾治理规划编制、垃圾收集、处置设施建设的规定；③第一次以规章形式明确生活垃圾产生者缴纳城市生活垃圾处理费的义务，并在法律责任中设立了相应的罚则；④明确建立特许经营制度，同时规定了从事城市生活垃圾经营性清扫、收集、运输、处置企业的市场准入条件、许可程序、应履行的义务等；⑤进一步完善了城市生活垃圾监督管理机制。

另外，国家相关部门对电子垃圾、医疗垃圾收运、处理系统也制定了严格的管理条例或办法，如《废弃电器电子产品回收处理管理条例》（国务院令　第551号，2011年1月1日起施行）、《电子废物污染环境防治管理办法》（国家环保总局令　第40号，2008年2月1日起施行）、《医疗废物管理条例》（国务院令　第380号，2003年6月16日起施行）、《城市建筑垃圾管理规定》（建设部令　第139号，2005年6月1日起施行）。随着行业改革的不断推进，相关政策法规也会随之完善。除了以上所列部分，还有很多关于具体问题的管理办法、地方性政策法规，如《可再生能源发电价格和费用分摊管理试行办法》等，在此不再一一列示，下文若遇到再做具体分析。

2. 标准

经过长期的标准体系建设，我国已初步形成涵盖垃圾收集、转运到最终处理各环节的标准体系框架，内容涉及设备、工程、运营、维护和评价等众多方面。据不完全统计，我国近年颁布的标准有如下一些：

《粪便无害化卫生要求》（GB 7959—2012）

《环境卫生设施设置标准》（CJJ 27—2012）

《生活垃圾转运站技术规范》（CJJ/T 47—2016）

《恶臭污染物排放标准》（GB 14554—1993）

《医疗垃圾焚烧环境卫生标准》（CJ 3036—1995）

《生活垃圾堆肥处理厂运行维护技术规程》（CJJ 86—2014）

《生活垃圾卫生填埋处理工程项目建设标准》（建标 124—2009）

《生活垃圾卫生填埋处理技术规范》（GB 50869—2013）

《生活垃圾卫生填埋场运行维护技术规程》（CJJ 93—2011）

《医疗废物焚烧炉技术要求（试行）》（GB 19218—2003）

《生活垃圾填埋场无害化评价标准》（CJJ/T 107—2005）

《生活垃圾转运站运行维护技术规程》（CJJ 109—2006）

《生活垃圾卫生填埋场防渗系统工程技术规范》（CJJ 113—2007）

《生活垃圾填埋场污染控制标准》（GB 16889—2008）

《生活垃圾焚烧炉及余热锅炉》（GB/T 18750—2008）

《建筑垃圾处理技术规范》（CJJ 134—2009）

《沼气电站技术规范》（NY/T 1704—2009）

《生活垃圾焚烧厂运行维护与安全技术标准》（CJJ 128—2017）

3. “十一五”规划目标

2006 年和 2007 年，建设部、国家发改委、国家环保总局三部委依据《国民经济和社会发展第十一个五年规划纲要》，先后编制并发布了《全国城镇环境卫生“十一五”规划》和《全国城市生活垃圾无害化处理设施建设“十一五”规划》，两个规划成为“十一五”规划期间我国垃圾处理行业发展的最高指导纲领。

2006 年，由建设部编制并发布的《全国城镇环境卫生“十一五”规划》提出总体建设目标是：建立合理的垃圾收运、处理体系，优化配置综合处理技术和设施，提高垃圾无害化处理水平，推进城市垃圾处理向减量化、资源化发展；完善城镇日常保洁系统，提高城镇日常保洁能力和环境卫生公共服务设施的建设、运营和服务水平；积极推进城镇环境卫生行业政企分开、政事分开，形成市场机制，加强政府监管，促进垃圾处理产业化发展，基本建立我国环境卫生体系。

具体建设目标为规划期内新增生活垃圾无害化处理能力不低于 20 万 t/d，城市生活垃圾无害化处理率不低 60%。

在设施建设与管理规划方面，《全国城镇环境卫生“十一五”规划》提出：要推行生活垃圾分类收集，通过有效管理，尽可能地提高可回收物的利用，实施源头减量。完善固体废物收运体系，按标准建设一批与处理处置设施相配套的大中型垃圾转运站，实施城镇生活垃圾收集系统全覆盖。提高生活垃圾无害化处理水平，坚持因地制宜、技术可行、设备可靠、适度规模、综合治理和利用的原则，经济较发达地区可选择先进的处理技术和设备，同时应采用多种技术有机组合，经济欠发达地区所建的处理设施在满足最低环保标准的条件下应尽量因地制宜节省投资，因地制宜选择适宜的处理方式。“十一五”期间，作为生活垃圾最终处置方式的卫生填埋处理技术和设施是每个地区所必须具备的保证手段。加快处理处置设施建设，在加快新增城市生活垃圾无害化处理能力的同时，规划选择不同区域、不同规模的城市建设一批餐厨垃圾处理设施示范项目。

2007 年，国家发改委、建设部、国家环保总局联合发布《全国城市生活垃圾无害化处理设施建设“十一五”规划》，对我国垃圾处理体系建设目标和重点任务进行了战略部署。

（1）规划目标

统筹城乡生活垃圾处理与管理，发展循环经济，建设资源节约型社会。开展生活垃圾分类收集，建立合理的生活垃圾收运、处理处置体系，优化配置综合处理技术和设施，提高生活垃圾处理无害化水平，推进城市生活垃圾处理向无害化、减量化、资源化发展。

进一步推进生活垃圾处理收费制度，完善生活垃圾处理市场竞争机制，实现生活垃圾处理产业化发展。具体规划目标为：①到“十一五”末期，全国城市生活垃圾无害化处理率达到 60%，其中设市城市生活垃圾无害化处理率达到 70%，县城生活垃圾无害化处理率达到 30%；②在全国约 90%以上的县城建立、完善生活垃圾收运体系。

（2）重点任务

合理布局生活垃圾处理设施，缩小不同区域、不同城市规模的生活垃圾处理水平的差距，促进不同区域城市的生活垃圾处理设施协调发展。

进一步提升设市城市生活垃圾无害化处理能力和处理水平，配套完善设市城市垃圾转运设施。

大力推进县城的生活垃圾无害化处理设施建设，重点建立和完善县城生活垃圾收运体系，提高生活垃圾收集覆盖范围和运输设备水平。减少东部地区、经济发达地区的原生生活垃圾填埋量，节省土地资源，鼓励选用先进的焚烧处理技术。到“十一五”末，东部地区设市城市的焚烧处理率不低于35%。逐步统筹城乡生活垃圾管理和处理设施的规划和建设，实现资源共享，完善现有生活垃圾处理设施技术改造和污染防治设施，提高无害化处理水平。选择不同地区、不同规模的城市建设一批餐厨垃圾处理设施示范项目，为逐步建立规范的餐厨垃圾收运处理系统取得经验。在有条件的地区建设一些完全由社会融资、按市场机制运作的示范项目。深化环卫管理体制与管理机制的改革，完善生活垃圾处理收费制度，进一步推行生活垃圾处理设施特许经营或委托经营。

2009年1月6日，住房和城乡建设部部长姜伟新在“全国住房城乡建设工作会议”所做工作报告中提出：“2010年住建部将配合有关部门制定生活垃圾填埋和焚烧监管标准，继续开展垃圾焚烧厂和填埋场等级评定工作。2010年，设市城市生活垃圾无害化处理率要达到72%。”

（四）我国垃圾处理总体状况

1. 垃圾行业发展现状

近年来，我国用于环境保护的年投资额呈现稳定上升趋势。2004—2008年，环境保护的年投资额分别为1 908.6亿元、2 388.0亿元、2 566.0亿元、3 387.3亿元和4 490.3亿元，占同期GDP比重分别为1.19%、1.30%、1.22%、1.36%和1.49%。环境保护部相关规划显示，2010年该比重将达到1.6%。在环保产业迅速发展的同时，垃圾处理成为环保投资的重点受益领域之一。

根据《中国统计年鉴2009》，截至2008年年末，全国设市城市垃圾清运量1.55亿t，无害化处理量1.03亿t，共有垃圾处理厂（场）500座，城市生活垃圾处理率达到66.7%，垃圾处理能力达到31.5万t/d，较2007年分别增长1.97%、9.57%、10.38%、7.58%、15.81%。如表3-2所示。

表 3-2 2008 年我国城市生活垃圾处理能力及增长情况

	2007 年	2008 年	增长率/%
垃圾清运量/亿 t	1.52	1.55	1.97
垃圾处理量/亿 t	0.94	1.03	9.57
生活垃圾厂（场）/座	453	500	10.38
垃圾处理率/%	62	66.7	7.58
日处理能力/万 t	27.2	31.5	15.81

数据来源：根据杂志《中国投资》“我国城市生活垃圾处理行业 2008 年发展综述”整理。

近年来，我国城市生活垃圾清运量为 1.5 亿 t 左右，垃圾处理量有一定幅度的增长，垃圾处理率稳步上升，垃圾处理厂（场）数量曾因技术标准提高部分关闭等原因出现短期减少现象，2007 年开始一改颓势，呈现迅猛增长的态势。详情见表 3-3 和图 3-5。

表 3-3 2004—2008 年我国城市垃圾处理增长情况

	2004 年	2005 年	2006 年	2007 年	2008 年
垃圾清运量/t	15 509	15 577	14 841	15 215	15 500
垃圾处理量/t	7 848	8 108	7 873	9 379	10 300
垃圾处理厂（场）/座	559	477	419	453	500
垃圾处理率/%	52.10	51.70	52.20	62.00	66.70

注：1. 数据来源：《中国统计年鉴 2009》，国家统计局《城市环境情况（2000—2007 年）》。

2. 2006 年起住房和城乡建设部发布的《中国城市建设统计年鉴》修订，统计范围、口径及部分指标计算方法都有所调整，故不能与 2005 年直接比较。

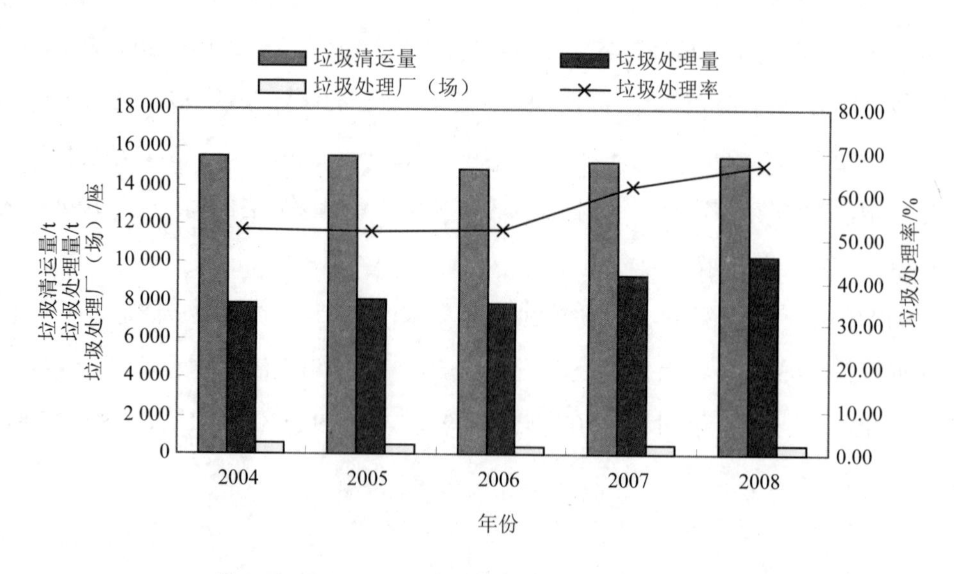

图 3-5 2004—2008 年我国城市垃圾处理增长情况

从处理方式看，目前仍以卫生填埋为主，而焚烧处理技术应用发展较快，堆肥处理市场逐渐萎缩。2008 年，城市生活垃圾无害化处理量为 1.03 亿 t，其中卫生填埋 8 424 万 t，占 81.8%；焚烧处理 1 570 万 t，占 15.2%，堆肥处理 174 万 t，仅占 1.7%；按清运量统计分析填埋、焚烧处理和堆肥比例分别占 54.6%、10.2%和 1.1%（这些数据不包括个别综合处理厂）。如表 3-4 和图 3-6 所示。

表 3-4　2008 年我国城市生活垃圾处理方式构成　　单位：%

	按处理量统计			按清运量统计		
	2007 年	2008 年	增长率	2007 年	2008 年	增长率
填埋	81.70	81.80	0.37	50.40	54.60	8.33
焚烧	15.60	15.20	−2.56	9.60	10.20	6.25
堆肥	2.70	1.70	−37.04	1.60	1.10	−31.25

数据来源：根据杂志《中国投资》“我国城市生活垃圾处理行业 2008 年发展综述”整理。

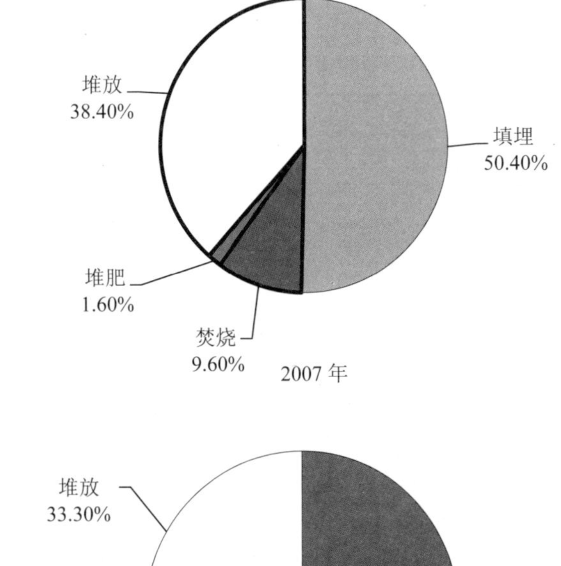

堆放
33.30%
填埋
54.60%
其他
0.80%
堆肥
1.10%
焚烧
10.20%
2008 年

图 3-6　2007 年、2008 年我国城市垃圾处理方式构成情况

表3-4数据显示，填埋仍是我国垃圾处理的主导方式；堆肥处理市场呈现大幅萎缩态势，这与我国当前完全不加分类处理的混合收集模式有关，由此导致垃圾堆肥生产成本高、品质不易保证。此外，近年来，产生垃圾较多的大城市，周边的农业生产逐年萎缩，加之肥料需求的强季节性，垃圾堆肥的市场空间有限，这些因素都对堆肥市场拓展产生不利影响；而焚烧处理在两种统计方式下增长率一负一正，说明焚烧处理方式仍然取得了一定的发展，只是在新增市场竞争中处于劣势；按清运量统计，2007年、2008年三大处理方式占比分别为100%、98.9%，主要应是统计口径不一所导致的，因为2007年我国已有数家其他类型的垃圾处理厂投入运行。这一变动从另一个层面说明，以综合处理为代表的其他处理方式开始迅速抢占新增市场。

从地域分布情况来看，已建成的垃圾处理设施主要集中在东部沿海大中城市，中西部城市、中小城市基础设施建设稍显落后。需要特别指出的是，生活垃圾焚烧处理设施主要分布在长三角和珠三角地区，以广东、江苏、上海和浙江为代表。详细分布情况见表3-5。

表3-5　我国城镇垃圾处理设施分布情况　　单位：座

地区		生活垃圾处理厂（场）				
		合计	卫生填埋	焚烧	堆肥	其他类型
全国	2008年	518	406	90	13	9
	2007年	453	363	67	17	6
北京		17	13	1	3	—
天津		7	5	2	—	—
河北		18	12	2	4	—
山西		10	8	2	—	—
内蒙古		10	9	—	1	—
辽宁		12	10	1	1	—
吉林		8	7	1	—	—
黑龙江		15	15	—	—	—
上海		8	4	2	2	—
江苏		32	23	9	—	—
浙江		41	27	14	—	—
安徽		12	10	1	—	1
福建		16	11	4	1	—
江西		11	11	—	—	—
山东		41	36	3	—	2
河南		31	26	2	2	1
湖北		16	15	—	—	1
湖南		14	14	—	—	—

地区	生活垃圾处理厂（场）				
	合计	卫生填埋	焚烧	堆肥	其他类型
广东	33	17	16	—	—
广西	13	9	2	2	—
海南	4	3	1	—	—
重庆	10	9	1	—	—
四川	23	20	2	—	1
贵州	9	9	—	—	—
云南	13	12	—	1	—
西藏	1	1	—	—	—
陕西	6	5	1	—	—
甘肃	4	4	—	—	—
青海	4	4	—	—	—
宁夏	5	5	—	—	—
新疆	9	9	—	—	—

资料来源：《中国城市建设统计年鉴 2008》、城建部网站。

注：1. 生活垃圾处理厂（场）在全国各省、直辖市、自治区分布数据为截至 2007 年年底统计数据。

2. 上海市有 12 座垃圾处理厂，但其中 4 座处理量为 0，因此没有计入；

3. 其他类型的处理厂主要为采用分选制的综合处理厂；

4. 2008 年新增垃圾处理设施具体分布情况暂无可靠资料，故只列出总数；

5. 此统计不包括港、澳、台地区的数据。

2. 近年垃圾处理设施建设情况

（1）卫生填埋

2006 年，建设部组织专家对全国 31 个省、直辖市、自治区的 372 座垃圾卫生填埋场进行了检查和等级评定。2007 年 2 月，下发了《关于全国生活垃圾填埋场无害化处理检查情况的通报》（建城〔2007〕32 号），结果显示：达到或基本达到无害化标准（即Ⅰ、Ⅱ级）的垃圾填埋场占 51%，Ⅲ、Ⅳ级分别占 13%、36%。

2008 年，住房和城乡建设部组织专家对第一次评比中的Ⅲ、Ⅳ级和随后新建的垃圾填埋场进行第二次检查评级，涉及 23 个省、自治区、直辖市的 156 座生活垃圾填埋场。2009 年 9 月发布了《关于全国第二次生活垃圾填埋场无害化等级评定情况的通报》（建城函〔2009〕234 号），审核结果为：135 座生活垃圾填埋场符合评定条件，48 座被评定为Ⅰ级（占比 36%），76 座被评定为Ⅱ级（占 56%），11 座被评定为Ⅲ级填埋场（占 8%）。另有 20 座为县级填埋场，1 座运行时间不足一年，按规定缓评。

在《全国城市生活垃圾无害化处理设施建设“十一五”规划》的推动下，新投入运行的生活垃圾填埋场主要集中在中小城市，特别是以县城为服务中心的生活垃圾填埋场数量有明显增加。例如，河南省 2008 年实现了县县建有生活垃圾填埋场的目标，其他一些省区也相继提出类似建设目标。考虑我国垃圾处理率城乡差异明显的现状，预期未来垃圾填埋场数量仍将保持较大的增长幅度，并主要体现在县城及农村生活垃圾填埋场的增加。

随着《生活垃圾填埋场污染控制标准》（GB 16889—2008）的实施，填埋场垃圾渗滤液处理、填埋气体收集利用成为该领域备受关注的焦点。目前国内大部分填埋场垃圾渗滤液的处理还达不到标准要求。从技术上分析，要达到新的标准要求，渗滤液处理后端工艺都需要采用膜处理技术，而采用膜处理技术工艺，就需要对浓缩液进行进一步处理，同时也就要求最大限度地实行雨污分流，否则在大量渗滤液产生的条件下，即使处理技术能够达标，渗滤液处理成本也是非常之高。

对填埋气体进行收集和处理，不仅可以减少环境污染，同时也能有效减少温室气体排放，当填埋气体产生规模较大时，还可以进行发电或进行回收利用。据不完全统计，2008 年、2009 年，绵阳（绵阳市垃圾填埋场）、福州（红庙岭垃圾填埋场）、上海（上海老港生活垃圾填埋场）、天津（双口垃圾填埋场）、沈阳（老虎冲垃圾填埋场）、厦门（东孚垃圾填埋场）、海口（颜春岭垃圾填埋场）等城市均有填埋气体发电厂新投入使用。

填埋气体利用是目前我国垃圾处理领域申报 CDM 项目的一个主要方向。通过对国家发改委发布的相关资料汇总，截至 2009 年 12 月 31 日，大约有 38 个填埋气体利用项目得到国家发改委批准，其中 2009 年获批项目 7 项（序号 32～38）。目前较大规模的填埋场绝大部分都已经与一些外国公司签订了填埋气体利用协议，但填埋气体利用工程总体上进展缓慢，许多填埋场填埋气体利用工程还停留在协议阶段。

（2）焚烧处理

垃圾焚烧处理自 1988 年我国第一座生活垃圾焚烧发电厂（深圳市市政环卫综合处理厂）投入运营以来，一直争论不断。学术界形成了鲜明的支持派和反对派，争论的焦点问题是对二噁英等有害物质能否有效控制。随着人们健康生活理念的增强，21 世纪以来，北京、天津、武汉、广州、佛山等地垃圾焚烧项目均受到当地居民的强烈抵制。

尽管如此，在环保效益和经济效益的驱动下，焚烧处理还是在一片争议声中缓缓前行。根据住建部统计，截至 2008 年年底，我国建成投入运营的垃圾焚烧厂约 90 座。2009 年又有规划建设或在建项目至少 50 项，北京、天津、上海、广州等一线城市都正在筹划新建更多的垃圾焚烧厂。

国家环保部门对垃圾焚烧问题持谨慎态度，但原则上还是支持其发展。原环境保护部曾通过官方途径表示，将部分地区的垃圾焚烧比例提高到35%。北京则成为我国第一个在政策性文件中提出将垃圾焚烧比例提高到一个较高水平的城市，在其 2009 年发布的《关于全面推进生活垃圾处理工作的意见》提出：到 2015 年，将焚烧、生化处理和填埋的结构比例由目前的 2%、8%、90%调整为 4∶3∶3。考虑到政策支持和一线城市的带动效应，预测未来我国垃圾焚烧厂数量将持续增加。

目前我国的生活垃圾焚烧发电厂普遍采用流化床加煤混合燃烧工艺，其中相当一部分受售电收益的驱使，掺煤比例大大高于《国家鼓励的资源综合利用认定管理办法》（发改环资〔2006〕1864 号）“入炉燃料不得高于 20%（质量比）”之规定标准，成为名副其实的“小火电厂”。另外，考虑垃圾焚烧可能引发二次环境污染，相关部门对相关项目的审批和监管日趋严格。

满足国家相关规定的垃圾焚烧发电项目可以申请政府补贴。申报条件及补贴标准可参考《国家鼓励的资源综合利用认定管理办法》《可再生能源发电价格和费用分摊管理试行办法》《可再生能源电价附加收入调配暂行办法》。

垃圾焚烧发电不仅符合我国 CDM 政策，在减排量、技术、财务等方面具有明显的额外性，具有鲜明的 CDM 项目特征。尽管理论上完全成立，但垃圾焚烧发电申报 CDM 在实际操作上却存在诸多困难，主要原因在于：CDM 执行理事会（下称 EB）批准的基准线和项目监测方法学（AM0025）要求的各项条件非常严格，实际运作中难以全部满足，例如“垃圾焚烧必须严格执行所在国家的环境标准且灰渣的含碳量小于 1%”，要达到上述标准即使是发达国家也难以做到。截至 2009 年年底，全球仅有一项垃圾焚烧发电项目成功注册 CDM：中国绍兴垃圾和污泥焚烧发电项目。国家发改委网站发布数据统计，截至 2009 年年底，有 17 项生活垃圾焚烧发电项目通过国家发改委批准。因此，尽管垃圾焚烧对温室气体减排的贡献是显著的，但并不适宜申请 CDM 项目，即使成功注册，要最终获签 CERs 并由此获得减排指标出售收益也异常困难。

（3）堆肥处理

由于目前我国城市生活垃圾仍为混合收集模式，难以达到可降解有机物含量的相关要求，造成堆肥处理呈现停滞甚至萎缩的状态。截至 2008 年年底，我国有垃圾堆肥处理设施 13 座，较 2007 年减少 4 座，2009 年也无新的堆肥处理项目上马。目前较多地作为综合处理厂的一道处理工序，由此产生的甲烷可以转化成热能发电。

德国 RWE 集团分别与我国德润环保科技有限公司、新疆城建环保有限公司合作开发的“广西梧州城市生活垃圾堆肥项目”“新疆乌鲁木齐城市垃圾堆肥项目”已分别于2007年7月和2009年5月在EB成功注册。

六、行业运营核心问题探讨

（一）市场规模增长预测

就废弃物管理的市场规模而言，中国目前已是全球第二大市场。在美国，这一市场规模高达400亿美元。按照近年我国垃圾处理增长速度推测，未来5年内，中国有望达到和美国同等的规模。具体预测数据如下：

1．垃圾清运量保持低速增长

我国拥有近1/5的世界人口数量，2008年全球约4.9亿t的垃圾总量中，我国年清运垃圾量为1.55亿t，占比超过30%。2006—2008年，垃圾清运量增长趋缓，年均增长率约为 2.3%。综合考虑人口增长、经济增长、城镇化建设步伐加快、城市环卫水平不断提高等积极因素，以及社会节能减排意识增强等消极因素，保守估计，垃圾清运量在未来6年内将以不低于3%的速度增长。具体增长情况如表3-6所示。

表3-6　我国垃圾清运量增长预测

年份	2009	2010	2011	2012	2013	2014	2015
清运量/亿t	1.60	1.64	1.69	1.74	1.80	1.83	1.87
日清量/（万t/d）	44	45	46	48	49	51	52

2．垃圾处理设施建设投资增长翻番

根据2007年国家发改委、建设部、国家环保总局联合编制发布的《全国城市生活垃圾无害化处理设施建设“十一五”规划》，全国“十一五”期间生活垃圾无害化处理设施建设规划总投资为862.9亿元，较“十五”期间投资总额（垃圾处理设施）198亿元增长了336%：①生活垃圾处理设施投资713.6亿元，其中设市城市为579.3亿元，县城为134.3亿元；②转运及收运设施投资149.3亿元，其中设市城市为116.6亿元，县城为32.7亿元。

2009年，环境保护部副部长吴晓青在“2009中国环保产业发展高峰会”开幕式上表示：据初步预测，“十二五”期间我国环保投资将超过3万亿元，较“十五”期间1.4万亿元翻番。据此预测，“十二五”期间，我国城市生活垃圾处理设施建设规划总投资将超过1 700亿元，年均投资340亿元。城市生活垃圾转运、处理厂（场）运营市场规

模年均增长约 6%。

目前我国城市生活垃圾转运、处理厂（场）运营收入主要来自两个方面：政府补贴、售电收入。除此之外，售肥收入、资源回收利用收益等也在运营收入中占有一定份额，但占比不大，故本处仅考虑政府补贴及售电收入测算运营市场规模，不包括建设投资。政府补贴主要适用于垃圾处理系统的两个环节：一个是垃圾转运，一个是垃圾处理厂（场）运营。本处称前者为垃圾转运补贴（M_1），后者为垃圾处理补贴（M_2）。

垃圾处理补贴：全国各地标准不一，差异较大。较低的省份如海南为 50 元/t，广东、浙江两地补贴标准较高，为 120 元/t 左右。个别城市或地区甚至更低或者更高。据此假设 1：垃圾处理补贴标准为 80 元/t。

垃圾转运补贴：补贴标准与运输距离有关，各地差异较大。假设 2：转运站至垃圾处理厂（场）的平均转运距离为 20 km，单位转运成本 0.7 元/（t·km），平均单位转运补贴为 14 元/t。

售电收入（M_3）：假设 3：根据垃圾发电厂运营现状，垃圾焚烧平均平均发电量为 300～500 kW·h/t，除自用电外，上网电量应在 300 kW·h/t 以上（取低值 300 kW·h/t），上网电价约 0.5 元/（kW·h），按此推算，平均售电收入 150 元/t。假设 4：2009 年垃圾处理率为 69%，随后 6 年的前 4 年每年增长 3 个百分点，后两年每年增长 2 个百分点。

2008 年我国城市生活垃圾垃圾清运量为 1.55 亿 t，无害化处理量为 1.03 亿 t，焚烧处理量为 0.157 亿 t，基于上述假设，仅垃圾转运和垃圾处理厂（场）运营两大领域，市场规模（M）为：M=1.03×80+1.55×14+0.157×150=127.65 亿元。

若只考虑垃圾处理量的变动影响，垃圾处理方式结构保持不变，预计至 2015 年年年底，垃圾转运、处理厂（场）运营市场规模将达到 186 亿元。年度递增情况如表 3-7 所示。

表 3-7 垃圾处理率增长预测

年份	2008	2009	2010	2011	2012	2013	2014	2015
垃圾处理率/%	66.7	69	72	75	78	81	83	85
垃圾清运量/亿 t	1.55	1.60	1.64	1.69	1.74	1.80	1.85	1.91
无害化处理量/亿 t	1.03	1.10	1.18	1.27	1.36	1.46	1.54	1.62
M_1/亿元	22	22	23	24	24	25	26	27
M_2/亿元	82	88	95	102	109	116	123	130
M_3/亿元	24	25	25	26	27	28	29	30
M/亿元	128	135	143	152	160	169	177	186

注：以上数据均按保守原则测算，预计未来受垃圾处理方式结构变化等因素影响，运营市场规模增长趋势将大于预期。

（二）投融资模式分析

“十一五”是我国城市生活垃圾处理事业发展的重要时期，《全国城市生活垃圾无害化处理设施建设“十一五”规划》明确提出：“十一五”期间新增城市生活垃圾处理能力 32 万 t/d。这一数据超过 2005 年年底 21 万 t/d 的垃圾处理能力（无害化处理能力为 17 万 t/d）。建设项目资金来源以地方政府投入为主，国家给予适当补助，鼓励各种形式的社会资本积极参与。初步估计，目前采用非政府投资方式建设运营的垃圾处理设施有 100 座左右，约占全国垃圾处理设施的 20%、总投资规模的 15%，主要投资主体或来源如下。

1. 政府投入

①地方财政；

②国家财政；

③国债资金；

④CDM 资金支持。

2. 社会资本

①国内垃圾处理投资运营商；

②国外垃圾处理投资运营商；

③银行融资；

④股市融资；

⑤环保产业基金；

⑥风险投资基金。

为弥补巨额建设资金缺口，国家政策鼓励各种社会资本（含国外 CDM 基金援助）以特许经营模式参与垃圾处理设施设计、建设和运营，主要参与方式有：

①CDM 资金支持；

②BOT 模式；

③TOT 模式；

④DBO（EPC）模式；

⑤BOO 模式；

⑥委托运营。

（三）盈利模式解析（厂、场内运营部分）

1. 收入构成分析

垃圾处理的收入形式多样，因处理方式不同而不同。对于卫生填埋而言，主要收入形式有垃圾处理补贴、渗滤液处理补贴等；焚烧发电厂收入形式包括垃圾处理补贴、售电收入（含电价补贴）、资源回收利用收入等；堆肥处理厂收入形式包括垃圾处理补贴、售肥收入等，如表 3-8 所示。

表 3-8　不同垃圾处理方式的收入形式

垃圾处理方式	收入形式
卫生填埋	垃圾处理补贴
	渗滤液处理补贴
焚烧发电	垃圾处理补贴
	售电收入
	资源回收利用收入
堆肥处理	垃圾处理补贴
	售肥收入

以垃圾焚烧处理厂为例，我国垃圾处理补贴具有以下特点：①补贴标准较低；②补贴费标准地域差异较大。垃圾处理补贴费最少的发电项目为山东菏泽垃圾发电厂，仅为 10 元/t，最多的为上海浦东御桥垃圾焚烧厂，达到了 243 元/t。据了解，美国垃圾处理补贴费平均标准为 56 美元/t，对比来看，我国的垃圾处理补贴标准相对较低。就区域差异而言，目前该补贴较高的有上海、深圳等地，较低的有山东菏泽、安徽芜湖、海南等地。就近年各地出台的政策来看，补贴标准有上涨趋势，如芜湖市人民政府从 2005 年 10 月 1 日起，把垃圾处理补贴标准由每吨 8 元提高到 16 元，浙江宁波镇海区物价局日前批复同意“镇海区生活垃圾焚烧处理厂”垃圾处理补贴调升至 85 元/t。

对上网电价范围，目前掌握的资料显示：上网电价最低的项目也是山东菏泽垃圾发电厂，为 0.285 元/kW，山西大同富乔垃圾焚烧发电有限公司［弘乔实业投资有限公司（北京）和鼎富集团有限公司（香港）共同投资建设，中德环保科技总承包］上网电价最高，为 0.745 元/kW，约 70%城市上网电价为 0.5 元/kW 或 0.55 元/kW（比例大致相当），0.285～0.5 元/kW 与 0.5～0.55 元/kW 两个价位区间各占 15%左右。垃圾处理补贴与售电收入是垃圾焚烧厂的主要收入来源，资源回收利用收入占比较小，在此不再展开论述。

2. 成本构成分析

垃圾处理费用支出主要有基本经营成本、折旧费、资本成本和税费。基本经营成本是用生产要素法来估算总成本费用，包括外购原材料费、人工费、维修费、管理费等。以垃圾焚烧处理厂为例，具体费用形式如表 3-9 所示。

表 3-9 垃圾处理费用支出情况

序号	项目	备注
1	外购材料费	基本经营成本
2	外购燃料及动力费	
3	工资及福利费	
4	修理费	
5	污水处理费	
6	炉渣处理费	
7	飞灰处置费	
8	其他费用	
9	折旧费	
10	摊销费	
11	利息支出	
12	税费	

垃圾处理成本因处理方式不同而不同。同一处理方式又受所执行的排放标准、工艺特点、特许经营期长短、政府监管等因素的影响。

以垃圾焚烧发电厂为例，表 3-9 中 1～8 项基本经营成本通常为 60%～80%。与 9～12 项每项费用大致相当，共占 20%～40%。当然，如前所述，由于排放标准、技术设备、特许经营期不同，各厂（场）经营成本也表现出较大差异。

目前我国大部分焚烧厂执行《生活垃圾焚烧污染控制标准》(GB 18458—2014)，按照环保部《关于进一步加强生物质发电项目环境影响评价管理工作的通知》(环发〔2008〕82 号）要求，二噁英执行 0.1 ng.TEQ/m^3 的排放标准。进口焚烧设备通常执行欧盟 1992 标准，严于国内标准，其投资和运行费用高于国产技术，配备高效滤袋和 SNCR 的焚烧厂，每吨垃圾基本经营成本高于国产设备的焚烧厂 8～16 元。

我国目前多采用闭式循环冷却系统的水冷式汽轮机组，循环冷却水补水量占全厂用水量超过 80%，这在水价不断上涨的必然趋势下，空冷方式不失为一种可行方案。从运行成本角度来看，空冷和水冷对收益的影响都不大，但从效益的角度来看，由于空冷机组背压较高，会减少发电量，通常使发电量减少 5%以上，售电收入较水冷减少 7～11

元/t。因此，从远期来看，如果焚烧发电厂工业用水价格大于 6 元/t，采用空冷机组的经济效益将好于水冷机组。

一般垃圾焚烧 BOT 项目经营期限不宜过短，焚烧炉设备按照标准运行期限不少于 20 年。通常国内的 BOT 项目，特许经营期在 25～30 年，去除建设期，实际运行期在 23～28 年。BOT 项目经营年限过短，投资人没有充足的利润回报期，就会过度使用而不进行必要的维修，并且垃圾补贴费会比较高；BOT 项目经营年限过长，部分设备可能报废或无法使用。通常，特许经营年限对垃圾处理补贴费的影响为 3～5 元/t。

七、垃圾行业最新发展

垃圾处理成本因控制标准、工艺特点、特许经营年限、政府监管等不同因素影响而存在较大差异，为投融资咨询等专业机构提供了比较宽松的操作空间，通过对边界条件的灵活把控，可适度调配利益分配格局。特别是焚烧发电，未来数年市场增幅较大，且不同边界条件影响甚大。以 1 000 t/d 处理能力的垃圾焚烧发电厂为例，取低值 300 kW/t 的上网电量水平和 350 d 工作日计算，年上网电量约为 1.05 亿 kW·h，若能在上网电价上多争取 1 分钱，年净利润可增加约 105 万元。而按照相关政策，该费用分摊到全省用电量中，对单位电价的影响已微乎其微。因此，垃圾处理领域对于企业而言蕴藏了诸多商业机遇。

（一）垃圾处理费征收情况

我国从 1994 年起收取垃圾服务费，内容仅限于垃圾收集和运输。21 世纪初，一些城市相继收取垃圾无害化处理费，并将两费合一，统称垃圾处理费。从 2002 年开始实行城市生活垃圾收费制度以来，全国 655 个城市已有 300 余个城市开征了城市生活垃圾处理费。

表 3-10 我国大中城市生活垃圾处理费征收情况

序号	城市	常住人口收费标准/[元/（户·月）]	开征年份
1	深圳	13.5	2006
2	厦门	10	2006
3	重庆	8	2003
4	成都	8	2004
5	昆明	8	2007

序号	城市	常住人口收费标准/[元/（户·月）]	开征年份
6	南宁	7	2003
7	海口	7	2009
8	大连	6	2006
9	福州	6	2003
10	西宁	6	2007
11	青岛	6	2006
12	太原	5	2002
13	南京	5	2001
14	郑州	5	2007
15	天津	5	2001
16	广州	5	2002
17	银川	4	2004
18	北京	3	2009
19	石家庄	3	2008
20	长春	3	2006
21	西安	2	2005
22	济南	2	不详
23	贵阳	2	2010
24	哈尔滨	1.5	2003
25	兰州	1	2008
26	合肥	1元/（人·月）	2000
27	杭州	40元/（户·年）	2006
28	乌鲁木齐	1元/t	2003

我国垃圾处理费征收情况可以用“三低”简单概括：城市开征率低、收费标准低、收缴率低。截至2009年，我国36个大中城市仅有28个开征了生活垃圾处理费，开征率约为78%，山东县域范围、海南省、长沙、上海、武汉等地即将启动收费制度。从表中数据可知，多数城市居于5～8元的收费标准，深圳最高，达到了13.5元/户。收缴率方面，一般为30%～50%，中山市最高，达到97%，个别城市收缴率不足10%。几乎所有城市均采取定额收费制。

（二）市场竞争格局

中国积极的环保政策取向造就了垃圾处理市场一片欣欣向荣的景象。综合分析有以下特点：①国际巨头纷纷进军国内市场，如美国废弃物管理公司（占有美国市场1/3份额)、威立雅环境等，凭借其雄厚的资本实力和先进的运营管理经验，通过在中国设立公司、参股中国专业企业等途径，在中国市场占有一席之地；②国内老牌运营企业，如上海环境集团有限公司（简称上海环境）和北京中科通用能源环保有限责任公司（简称中科通用）等，凭借良好的企业背景和专业经验，牢牢把控国内市场的主要份额；③一批类似的环保企业，如首创股份（600008）也正式涉足垃圾处理行业。

统计数据显示，截至 2009 年 12 月，城市垃圾处理行业投资公司以市场化手段（包括控股、参股企业）累计获得的城市生活垃圾处理能力（不包括危险废物和医疗垃圾项目）排在前三位的分别是威立雅环境服务（中国）有限公司（简称威立雅）、上海环境和中科通用。2008 年，这三家公司同样是垃圾处理行业的三甲，且名次均未发生改变。

尽管市场上的三足鼎立之势并无多大变化，但 2008 年尚未显山露水的深圳市能源环保有限公司（简称深圳能源）可谓进步神速。资料显示：2009 年深圳能源共获得 3 个垃圾处理新项目，新增处理能力 4 800 t/d，累计处理能力比上年增长了 1.3 倍，达到 10 250 t/d，行业排名从 2008 年的第 14 位跃升 10 个名次至第 4 位，其累计垃圾处理能力与排在第 3 位的中科通用已经十分接近。在行业数十家市场竞争主体中，不论是新增项目的数量还是新增处理能力，深圳能源的增长速度都首屈一指。与此同时，威立雅、上海环境和中科通用在 2009 年并没有太多新项目拓展方面的大动作，除了中科通用的处理能力增加了 2 000 t/d 以外，威立雅和上海环境在 2009 年都没有新的垃圾处理项目产生，能够维系行业的龙头地位凭借的还是多年来的积累。然而，深圳能源能否真正撼动三甲地位还有待观察。

2009 年，中国垃圾处理市场虽然受到经济危机的冲击、技术路线选择的争议、公众舆论的压力等诸多影响，但总体来看依旧是发展最为蓬勃的环保行业之一。2010 年，市场火热程度令人瞩目。2010 年 1 月，成功引入外资的上海环境公告投资漳州蒲姜岭生活垃圾焚烧发电厂 BOT 特许经营项目，项目总投资 3.97 亿元，一期规模 700 t/d，二期规模为 1 050 t/d。此外，国内最大的国有控股水务公司首创股份也在 2010 年 2 月进军城市垃圾处理市场，旗下的全资子公司湖南首创投资公司与湘西自治州吉首市政府签订《吉首市垃圾处理项目特许经营协议》，从而在战略部署上将触手延伸至垃圾处理领域。

（三）最新行业动态

1. 政策动态

行业继续不断修订和发布新增细分领域标准规范。自 2015 年以来，新增或修订的环境卫生行业、产品、工程标准规范 14 项，包括《生活垃圾焚烧厂运行监管标准》(CJJ/T 212—2015)、《生活垃圾焚烧厂检修规程》(CJJ 231—2015)、《垃圾源臭气实时在线检测设备》(CJ/T 465—2015)、《埋地式垃圾收集装置》(CJ/T 483—2015)、《生活垃圾渗沥液卷式反渗透设备》(CJ/T 485—2015)、《生活垃圾填埋场防渗土工膜渗漏破损探测技术规程》(CJJ/T 214—2016)、《生活垃圾卫生填埋场运行监管标准》(CJJ/T 213—2016)、《垃圾专用集装箱》(CJ/T 496—2016)、《生活垃圾生产量计算及预测方法》(CJ/T 106—2016)、《压缩式垃圾车》(CJ/T 127—2016)、《城镇环境卫生设施属性数据采集表及数据库结构》(CJ/T 171—2016)、《剪切式垃圾破碎机》(CJ/T 499—2016)、《生活垃圾流化床焚烧锅炉》(GB/T 34552—2017)、《生活垃圾渗沥液厌氧反应器》(CJ/T 517—2017)。此外，根据住建部城镇市容环境卫生标准项目计划进度统计，目前在编或修订的工程建设标准项目共计 27 项，其中国标 4 项，行标 23 项，包括《农村生活垃圾处理技术规程》《县域生活垃圾处理工程规划规范》《生活垃圾焚烧飞灰固化稳定化处理技术标准》《老生活垃圾填埋场生态修复技术规范》等。目前在编的产品标准项目共计 11 项，其中国标 4 项，行标 7 项，包括《移动式水平生活垃圾压缩机通用技术条件》《生活垃圾除臭剂技术要求》等。

2. 投资与市场

2015 年，全国城市环境卫生固定资产投资为 398.04 亿元，比 2014 年减少 19.56%；但垃圾处理投资为 156.98 亿元，比 2014 年大幅增加 20.20%，资金继续青睐垃圾处理终端环节；环境卫生固定资产投资占市政公用设施固定资产投资的比例为 2.46%，较 2014 年的 3.05%有一定下降。2015 年，全国县城环境卫生固定资产投资为 73.95 亿元，比 2014 年大幅较少 23.41 亿元；垃圾处理投资为 31.65 亿元，比 2014 年减少 4.34 亿元。在整体经济放缓的脚步下，县城环卫新增固定资产也未逆势增加。2015 年全国城市生活垃圾无害化处理设施达到 890 座，无害化处理量为 18 013.01 万 t，比 2014 年分别增长 8.8%和 9.88%。卫生填埋、焚烧依旧是我国采用的垃圾无害化处理两种主要方式。其中，卫生填埋设施有 640 座，比 2014 年增加了 36 座，无害化年处理量为 11 483.14 万 t，比 2014 年增加了 6.88%。生活垃圾焚烧厂 220 座，比 2014 年增加了 32 座，无害化年处理量为 6 175.52 万 t，比 2014 年大幅增加 15.87%。其他类型处理设施有 30 座，比 2014 年增加 4 座，无害化年处理量为 354.35 万 t，比 2014 年增加 10.88%。填埋、焚烧分别占总无害化处理量的 63.74%、34.28%，“十二五”期间，填埋处理总量比例持续小幅下降，焚烧厂数量和处理能力持续保持明显上升，其他类型处理方式一直未有突破性发展。2015

年，全国县城生活垃圾无害化处理设施共有 1 187 座，无害化处理量为 5 259.94 万 t，比 2014 年分别增长 5.14%和 10.35%。目前，卫生填埋无论是从设施数量还是处理能力上来看，依旧是我国县城垃圾无害化处理最主要方式。2015 年卫生填埋场有 1 108 座，比 2014 年新增 53 座；填埋无害化处理能力 157 615 t/d，年无害化处理量为 4 688.26 万 t，占县城生活垃圾无害化处理总能力的 89.13%，与 2014 年的 89.41%基本持平。2015 年，全国县城焚烧厂有 37 座，较 2014 年增长了 3 座；无害化处理总量达 401.43 万 t，较 2014 年的 344.1 万 t 增长了 16.66%，但占县城生活垃圾无害化处理总能力比例只稍微提升了 0.41%。其他无害化处理设施，2015 年县城共有 42 座，较 2014 年的 40 座只增长了 2 座，总的处理量与 2014 年相比也只增长了 9.42 万 t。县城生活垃圾的处理设施和能力未发生明显变化。2015 年全国城市共清运生活垃圾 19 141.87 万 t，比 2014 年增加 7.18%，清运量较以往增速非常明显。2015 年生活垃圾无害化处理率已达到 94.10%，较 2014 年 91.79%继续提升了 2.31%，表明生活垃圾采用简易处理方式的情况将会越来越少。2015 年全国县城共清运垃圾 6 655.1 万 t，与 2014 年的 6 657.47 万 t 基本持平。但 2015 年全国县城生活垃圾无害化处理总量增长迅速，由 2014 年的 4 766.44 万 t 增加到 5 259.94 万 t，因此县城生活垃圾无害化处理率也从 2014 年的 83.58%快速增加到 88.15%。

3．业内重点企业简介

固体废物资本市场继续风云涌动，众多企业继续借助资本力量谋求拓展 2015 年投资额，企业的并购争夺动作频繁，整个固体废物行业资本市场可圈可点。其中有东方园林、铁汉生态与上风高科等破门而入的新军，分别大举进军固体废物处理领域。还有通过并购继续大举延伸产业链的老牌环保企业，典型代表有启迪桑德亿元并购 3 家再生企业，迅速成为电子废弃物处置行业第一梯队；云南水务拟 4.1 亿元对山东腾跃增资，进一步扩张危险废物处理市场；瀚蓝环境牵手德国瑞曼迪斯工业服务国际有限公司，力求继续拓展行业产业链等。2015 年固体废物企业走出海外的力度也大幅增加，首创股份继 51 亿元大手笔购买新西兰固体废物处理处置厂后，又以 11 亿元收购新加坡固体废物处理公司 ECO 工业环保工程私人有限公司 100%股份；北控水务集团、光大国际与首创集团等中国国企正在竞购德国废物管理公司 Energy from Waste（EEW）；环卫装备龙头企业之一的中联重科联合曼达林基金共同出资 6 700 万欧元收购意大利 LADURNER 公司 75%股权，高起点全面跨入全球环境产业。据 E20 统计，2015 年固体废物领域发生及拟进行的并购案例有 42 起，涉及交易总金额近 170 亿元，比 2014 年同期增长 60 多亿元。

（四）行业发展趋势分析

1. 生活垃圾焚烧行业机遇与挑战继续并存，行业信息公开监管趋严

趋势展望：生活垃圾焚烧行业机遇与挑战继续并存，行业信息公开监管趋严。国家发改委、住建部发布的《“十三五”全国城镇生活垃圾无害化处理设施建设规划》（发改环资〔2016〕2851号）中，依然在持续提升焚烧处置的行业地位，提出了下述建设目标：到2020年年底，直辖市、计划单列市和省会城市（建成区）生活垃圾无害化处理率达到100%；到2020年年底，具备条件的直辖市、计划单列市和省会城市（建成区）实现原生垃圾“零填埋”；到2020年年底，设市城市生活垃圾焚烧处理能力占无害化处理总能力的50%以上，其中东部地区达到60%以上。因此，预计“十三五”期间，焚烧设施建设仍将维持高速推进，到2020年年底，相关项目关联投资可能达千亿元。但是目前垃圾焚烧行业已经从蓝海变成了红海，使得产业发展既存在巨大的机遇，也存在很多的不确定因素和挑战，特别是邻避效应和低价竞争这两大行业顽疾，更是直接制约了项目的落地和高水平项目的建设运行。标准提高、监管趋严、低价竞争及成本提升，为行业的发展形成了压力，但也为有社会责任感的高水平企业提供了机遇。破解行业顽疾，推动行业进步，化解挑战、寻找机遇，需要政府和企业共同努力。在社会环境保护要求越来越严格的大背景下，进一步严格化、公开化、法制化的政府监管已成为行业的共识，也是批结邻避效应和转型升级的必由之路。企业治理要规范化，公众参与要常态化，社会监督要更加严格化、多元化。在此规划中，也持续强化设施监管的重要性，要求到2020年年底，建立较为完善的城镇生活垃圾处理监管体系，并要求生活垃圾焚烧处理设施应落实日常监管与定期监督性监测制度，以生活垃圾焚烧厂为重点，加快建立生活垃圾焚烧厂运营月报制度、年报制度，并按要求主动公开相关信息。对不能在线监控的污染物如二噁英等，监控频次严格执行国家标准规范。预计在“十二五”工作经验的基础上，“十三五”期间的监管工作，依据将更加规范，技术将更加专业，机制将更加完善，信息将更加透明，力度将更加强硬。设施监管必将成为化解邻避危机的利器，推动行业前进。

2. 生活垃圾填埋比例继续下降，封场修复和存量整治是下阶段工作重点

根据《“十三五”全国城镇生活垃圾无害化处理设施建设规划》目标，到2020年，预计全国城镇生活垃圾填埋处理能力占无害化处理总能力的比例会由目前的63.74%下降到50%以内，尤其未来5年内，以上海、深圳等为代表的有条件的城市和地区，将会显著减少原生垃圾填埋量，垃圾填埋场将主要作为填埋焚烧残渣和应急使用。虽然填埋

处置比例将会继续下降，但是规划明确指出，卫生填埋技术作为生活垃圾的最终处置方式，是每个地区必须具备的保障手段。原则上，县级生活垃圾填埋场剩余库容应能够满足该地区 10 年以上的垃圾焚烧残渣及生活垃圾填埋处理要求。

同时，在全国范围内仍有大量的填埋场，特别是简易堆场，进入封场阶段，填埋工作的重点转为封场修复和二次污染控制，以及存量垃圾的综合整治等内容。根据规划，“十三五”期间，政府将会继续加大存量垃圾的治理力度，预计“十三五”期间实施垃圾填埋场封场治理项目 845 个，拟封场处理能力达 147 585 t/d，占当前填埋处理能力的 21%，存量整治工程投资 77 亿元。对于非正规生活垃圾堆放点，优先开展水源地等重点区域治理工作；对于渗滤液处理不达标的设施，尽快新建或改造处理设施；对于服役期满的填埋设施，按照相关要求进行规范封场。规划还规定，到 2020 年年底，建立较为完善的城镇生活垃圾处理监管体系。表明未来政府主管部门将会采取多种措施，对垃圾填埋过程、二次污染控制、封场修复等环节严格监管，特别是加强对卫生填埋场渗滤液、填埋气体排放和渗漏情况的监测，以及填埋场监测井的管理和维护，促进设施的高效达标运转。

3. 餐厨垃圾运营市场值得期待

“十三五”期间将进一步加强餐厨废物资源化利用与无害化处理工作，积极推动设区城市餐厨垃圾的分类收运和处理。在能力建设方面，提出“十三五”期间将继续推进餐厨垃圾无害化处理和资源化利用能力建设，力争达到 4.1 万 t/d 的处理能力。整个餐厨垃圾专项工程投资约 221 亿元，约占全国城镇生活垃圾无害化处理设施建设总投资的 7.8%。如果按日处理量达到 4.1 万 t，整个运营市场规模将有望达到百亿元，当前我们统计的所有立项或在建和已完成的项目有 104 项，即便全部完成后，处理能力也只有 1.97 万 t/d，不足规划能力的一半，而实际已完成建设的餐厨垃圾项目不过 50 座，因此未来餐厨处理行业非常具有潜力，未来“十三五”期间的发展值得期待。

4. 环卫服务行业的市场化将进入高增长期，市场空间规模巨大

以道路清扫和垃圾收运为代表的环卫服务行业一直面临人力成本占比高、机械化率低和老龄化严重等问题，在政府和民众对城市环卫质量要求持续提高背景以及政府购买服务及 PPP 政策的推动下，整个环卫服务行业的市场化程度正在快速前进。“十三五”期间将迎来全行业市场化的快速成长期，有望从目前的 10%～15%市场化渗透率提高到 50%以上。按 2015 年我国城市清扫面积 73.03 亿 m^2、垃圾清运量 1.91 亿 t 测算，2015 年环卫服务行业规模已经超过 1 000 亿元。在清扫质量提高导致的单价上升与清扫面积

不断提高两大驱动力下，行业将以 10%～15%的增速发展，预计到 2020 年市场化率达到 60%的情况下，环卫市场化部分的营业收入将超过 1 000 亿元。因此整个市场空间规模巨大，甚至有专业机构提出未来中国最大的环保企业有望在环卫领域产生。

5. 信息化、智能化将引领行业管理和技术模式不断升级

随着信息化技术的不断成熟和发展，国内环卫行业也正逐渐进入信息化管理时代，以信息化带动环卫行业大跨越的阶段也成为必然趋势，环卫市场自身也需要跟上时代向智能化、信息化、精细化、一体化方向发展，智能化已经成为行业发展的重要趋势。智慧化环卫依托物联网技术可以实现对环卫工人和环卫设备的实时监控，可以及时分配任务、提高突发事件应急能力，大大提高企业管理效率，有效降低管理成本。除了提升传统作业效果，智慧环卫还给传统环卫商业模式带来了新的可能，例如，结合互联网实施物流快递、设备广告位出租、再生资源上门回收附加业务等。

一些从事物联网技术应用的研究人员结合国内环卫行业信息化管理平台建设的实践经验，在未来我国环卫事业信息化发展之路上，提出了环卫信息化大数据平台构建、适应信息化的环卫行业构件平台建设、大数据分析优化环卫决策支撑、卫生设施管理 GIS 平台网格化以及引入 OBD 诊断技术建立环卫车辆智能诊断管理系统等发展方向。

第三节　城市垃圾处理行业存在的问题与解决方案

一、城市生活垃圾处理存在的问题及原因分析

（一）法律法规与政策

我国城市目前推进垃圾分类工作主要依据的法律法规可分为五大层次，如图 3-7 所示。首批“垃圾分类试点城市”实际执行成效并不理想，其主要原因之一就在于缺乏立法上的确切规定，主要依靠民众自觉遵守，长效动力不足。首先，缺乏一部占主导地位和统领地位的法律，从而难以构建保障垃圾分类处理和资源回收的完善的法律体系。《中华人民共和国环境保护法》是环境保护方面的基本法，规定了防治包括城市垃圾在内的污染物对环境的污染，是城市垃圾管理及污染防治其他立法的基础。但该法中对城市生活垃圾分类并无具体规定。其次，有关法律和行政法规规定得都是比较原则性的。《中华人民共和国固体废物污染环境防治法》第四十二条规定，“对城市生活垃圾应当及时

清运，逐步做到分类收集和运输，并积极开展合理利用和实施无害化处置”，但对于具体如何分类在收集、清运、末端处理和回收各个流程应遵守什么样的标准以及主体责任，未进行立法层面的规定。再次，实行垃圾分类回收依据的相关法律多为倡导性规范。如“城市生活垃圾应当逐步实行分类投放、收集和运输”，“城市生活垃圾实行分类收集的地区，单位和个人应当按照规定的分类要求，将生活垃圾装入相应的垃圾袋内，投入指定的垃圾容器或者收集场所”等等。这些规定与中国台湾地区台北市设定了高额“不分类”罚款相比，缺乏强制性要求以及违规制裁的具体措施。

（二）管理架构与执行落实

目前我国的城市生活垃圾管理体制分为两级，分别是国家级的城市生活垃圾管理机构与城市级的管理机构。国家级的由住建部与环保部组成，城市级的由地方政府的环卫部门组成（图 3-7）。以某市为例，市环卫管理系统由 3 个层次 6 个部门构成，见图 3-8。

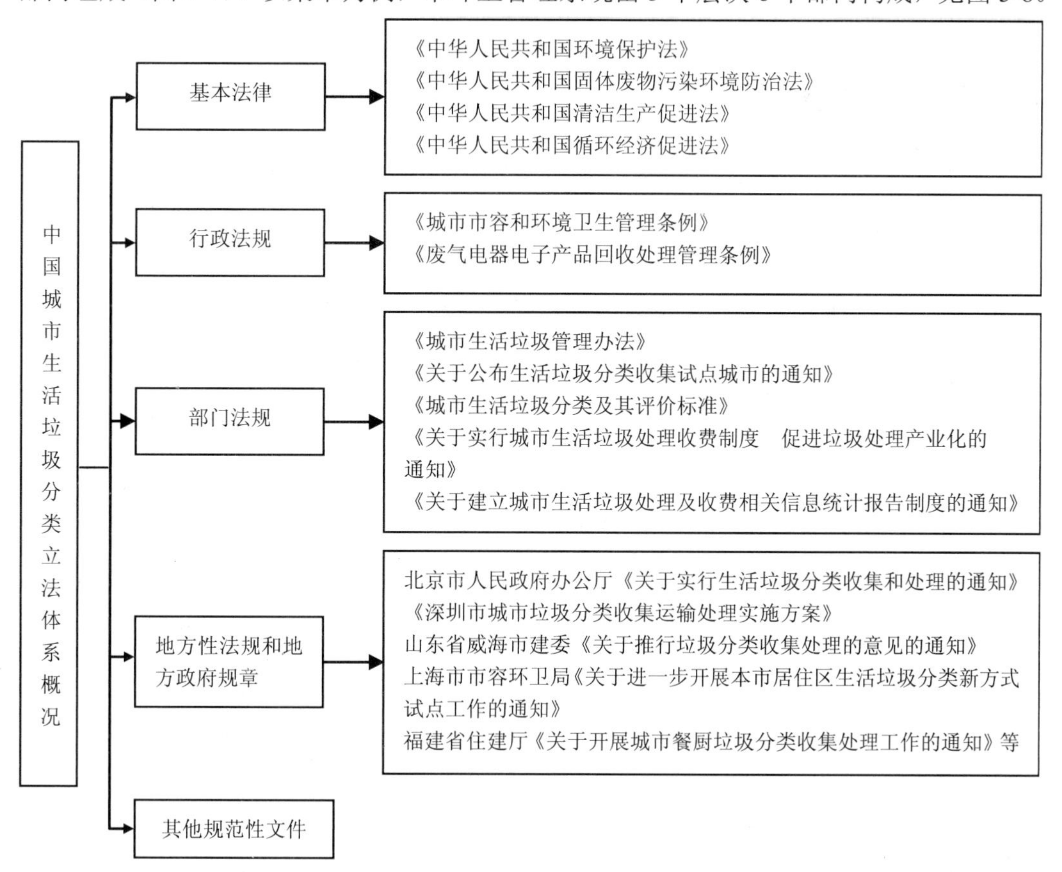

图 3-7　我国内地城市生活垃圾分类相关法律法规体系

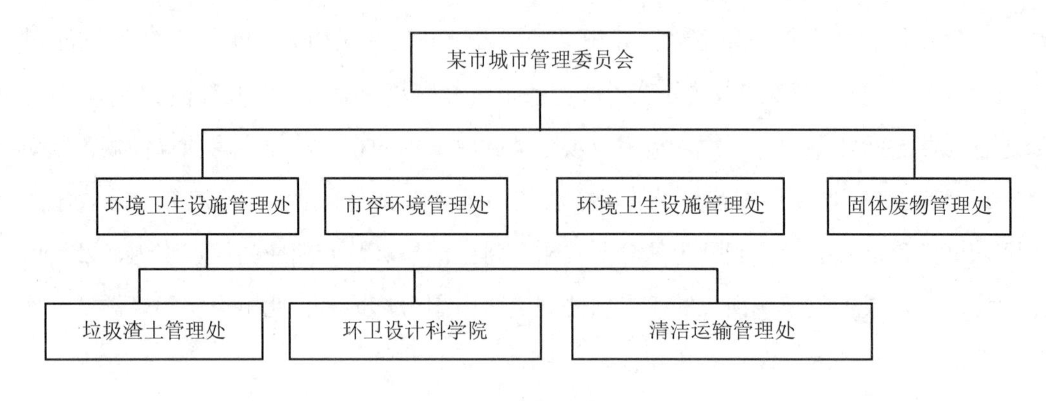

图 3-8　某市环卫管理系统

某市城市管理委员会处于最高层，负责市政基础设施、公用事业、环境卫生和城市市容环境综合整治。市商务局负责再生资源利用、废旧物品回收，下辖市容环境管理处和环境卫生设施管理处，分别负责实施本市环境卫生质量标准和城市市容标准，协调、监督、检查全市市容环境管理工作及环境卫生设施建设，再下一级则是垃圾渣土管理处、环卫设计科学院、清洁运输管理处，固体废物管理处负责指导管理本市生活垃圾、餐厨垃圾、粪便、渣土等固体废物清扫、收集、运输、处置工作。某市政管理委员会下辖科室少、部分机构之间分工不够明确细致，也没有把垃圾处理当作一个系统工程进行更为细致的操作执行层面的分工，垃圾处理流程在布局上没有得到体现，从职能上看，居委会、街道、物业等部门具体负责生活垃圾的分类回收，市政市容管理委员会负责垃圾清运、处理，市商务局负责再生资源利用、废旧物品回收。城市生活垃圾处理这项系统工程工作量繁重，涉及机构部门较多，而在操作上各部门职能尚未形成合力，例如，再生资源管理就呈现出政出多门、分头管理的特点。虽然各自的职责都有所划分，但在一些职能上又有所重叠，其表现为中央和地方设立了多种管理部门负责同一职能，其结果必然是增加协调成本和交易费用，降低管理效率。当遇到有利益的项目时，部门之间表现为争抢将其划归自己的管辖范围，当管理中出现漏洞和问题时，则表现为互相推卸责任。这样也会造成再生资源回收与再生利用割裂，一线清运人员在没有强制推行垃圾分类的大背景下，只单纯地收集运输混装垃圾，城市生活垃圾产生量的逐年增长使城市生活垃圾收运与处理工作大、工作压力重，但清运人员的薪资水平却维持在较低水平。近年来关于环卫工人被歧视、被侮辱的社会报道层出不穷，垃圾清运这项能够体现奉献精神的职业很难吸引年轻人的注意，甚至被世人所不齿，居民对垃圾分类知识了解较少，践行层面也就大打折扣。调查发现，许多地方实际上只摆放一个垃圾桶，生活垃圾回收率不到 5%。一名基层管理者表示："我在这个行业工作了 20 多年，说实话垃圾分类工作一直在推进，但实效性不好，宣传上一阵风，热热闹闹，过后还是那样。每个小区里都有几个垃圾分类桶，但大家还是混合扔到桶里，小区里收废品人员捡有价值的纸板之类的，剩余的也就都混合装运走了。每个区都有市政管理委员会负责垃圾分类的科室，也就是出些宣传品、发些垃圾桶，做些小试点，但坚持不了多久就又恢复原状了。"由于不存在长效分类激励和处罚机制，居民难以自觉形成分类投放垃圾的习惯。因此将各类生活垃圾打包投放或是直接倾倒进附近的大垃圾桶，是居民比较日常的做法，居民对垃圾分类资源再利用的认识还浮于表面，并没有扎根于内心，内化成一种公民意识。2015 年，调研发现，关于垃圾处理责任承担问题，只有 39%的调查对象认为垃圾排放者应当承担分类的责任，从自身做起。而半数以上居民认为垃圾分类主要依靠政府和环卫部门，与自己关系不大，未能意识到自身责任。

（三）垃圾处理流程

目前某市按照"大类粗分"的原则，分为可回收垃圾、厨余垃圾和其他垃圾三类。生活垃圾一般采取定点投放、混合收集方式。居民将垃圾置于废物袋内，丢到指定大垃圾桶，由环卫部门收集、清运到中转站进行二次分拣，再进行处理。居民也可以选择从源头处实行分类，分离可回收再利用的资源。自行送至回收服务站点出售或致电收购人员上门收购，图 3-9 为某市垃圾处理简图。某市厨余垃圾比重很大，但除餐饮行业厨余垃圾进行单独回收外，家庭厨余未进行单独分类处理，某个小区曾经是全市重点学习的垃圾分类先进社区，却在 2014 年被媒体报道指出"破旧的皮鞋被扔到厨余垃圾桶里"，混装垃圾、混合收集、混合运输的现象普遍存在。在末端处理上，据统计，目前某市有垃圾处理厂 28 处，采用卫生填埋方法的 11 处、焚烧处理方法的 11 处、堆肥处理方法的 4 处、综合处理方法的 2 处，无害化正规垃圾填埋场处理能力不能满足垃圾处理需要，过半填埋场超负荷运行，一个垃圾卫生填埋场设计日处理量为 1 000 t，但实际日处理量达 3 585 t，负荷率为 358%，垃圾填埋场未达使用年限就已达饱和状态。大量垃圾被简单填埋或直接露天放置在城乡结合地带，产生垃圾渗沥液、填埋气等臭味源，同时给周边环境埋下重大隐患。生活垃圾堆肥虽然发展起步早，但原料垃圾的有机质和养分含量低、杂质多，堆肥不宜直接施用农作物，市场反响差。

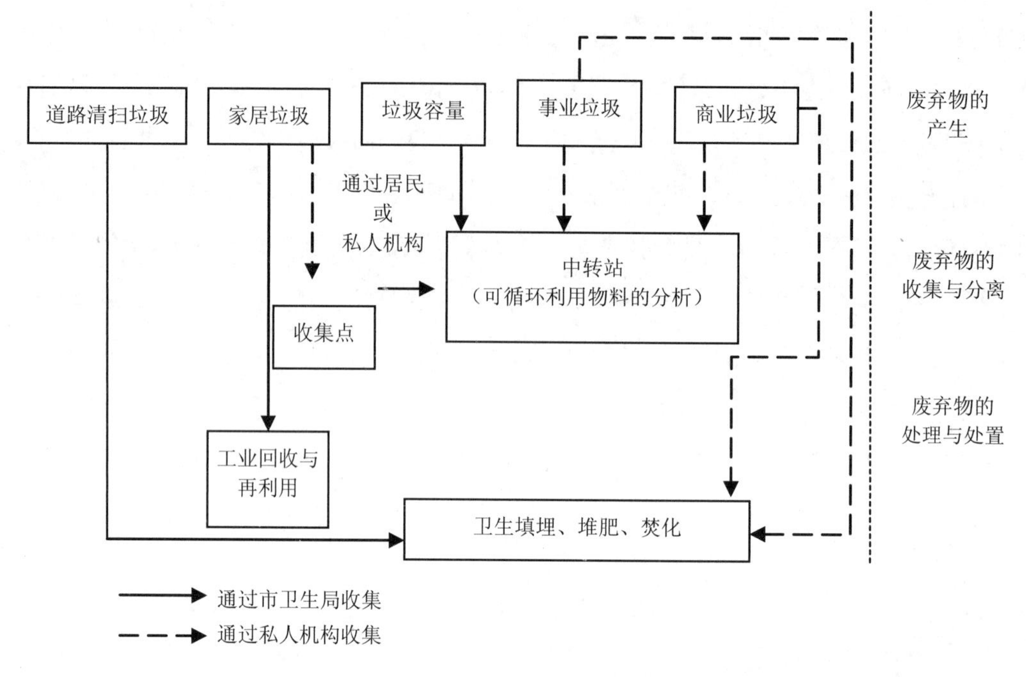

图 3-9 某市垃圾处理简图

某市垃圾焚烧处理比例呈上升趋势，虽然处理效率高，但由于源头不分类，塑料厨余等可回收物与一般垃圾混合，垃圾湿度大会导致焚烧效率低，降低焚化炉使用寿命，产生二噁英等有毒气体，从而引发居民对垃圾焚化厂建设的抵制。

（四）居民意识与宣传教育

通过调查了解到，居民目前对垃圾处理的认识还比较有限，环境资源主体责任意识缺乏。有关“居民对垃圾分类的认知”，13%的受访者表示对垃圾分类知识很了解，知道大部分垃圾如何分类，44%的受访者表示比较了解，43%的受访者表示对分类知识基本不了解或完全不了解。多数垃圾不知道该如何分类，居民对垃圾分类知识的缺乏，必然导致其无法践行。加之意识不到垃圾分类的益处，缺乏对垃圾回收的认同与践行的动力，对垃圾分类处理得不到应有的重视也在情理之中。卫生部门对垃圾混合装运也在一定程度上导致居民认为垃圾分类无意义，反映出政府宣传力度不够、垃圾桶设置不足等缺陷，北京市的垃圾分类试点小区会在一些特定阶段进行密集的宣传，但目前未形成常态化的机制，宣传深度和持久性不足，民众参与度不高，没有落实到每家每户。家庭社区垃圾分类氛围未真正形成，在学校教育方面，主要是在宏观上教育学生要节能、环保、低碳。尚缺失细致的环境教育和引导青少年确立的垃圾分类观念、掌握垃圾分类科学知识、养成分类习惯。

二、对生活垃圾处理工作完善的建议

（一）完善相关法律法规和政策

分阶段推进：根据中国台湾地区台北市分类意识推广快的阶段的特点，法律政策起到的作用非常巨大。调查显示台北市民垃圾分类的重要动因就是源于政策的规定，因而针对我国内地城市现行有关垃圾分类的政策，建议加入强制性的法律内容、垃圾分类与民众利益挂钩，能快速有效地引起民众的重视。另外，台北市的垃圾分类资源回收的政策也显现出其因地制宜、具有创意性的特点。在实际操作层面具有可实行性，能让民众、生产商、回收商各个利益相关者参与进来。相关政策也应考虑垃圾分类整个流程中涉及的利益相关者，能够细化到操作层面，既有普适性又有区域的特色，更重要的是如何有效地传达给民众，需要相关机构制定切实的方案来执行。在落实法律法规与政策时，可以按以下 5 个阶段推进：规划宣传期、预先试用期、持续推广期、教育规劝期和处罚执行期，以保证民众充分适应接受和配合，逐步养成垃圾分类的生活习惯，具体见表 3-11。

表 3-11　垃圾处理不同阶段的措施

阶段	规划宣传期	预先试用期	持续推广期	教育规划期	处罚执行期
措施	①完善垃圾分类回收相关法律制度。出台有利于促进垃圾分类的有效政策；②授权一个主要机构负责执行落实，并进行人力、资金、技术等配置；③完善垃圾分类系统，加大垃圾分类基础设施建设	①进行线上线下对垃圾分类回收的大力科普宣传；②环保组织进行引导和带头实践；③相关机构人员及一线清运人员认真履行职责，起榜样作用；④形成一个以经济刺激为导向的回收系统	①宣传的落实与反馈；②相关咨询及民众反馈处理；③政府环保部门、环保团体、社区、学校、媒体相互合作；④垃圾处理各流程专业化	对于不分类的民众，以教育规劝和适当利益分享为主，耐心地引导	①对于任不配合分类的民众，拒收垃圾直至处以罚款；②设置巡查人员，对乱丢垃圾行为进行罚款

（二）协调社会各界分工合作

政府、企业、民间环保团体、媒体、学校通力合作非常重要。建议政府提供制度和政策支持并授权独立的环保部门着力策划布局、执行与监督，给予相应资金、技术、人力支持。规范垂直管理部门和地方政府的关系，加大机构整合力度，探索实行职能有机统一的大部门体制。健全部门间协调配合机制，减少行政层次，降低行政成本，着力解决机构重叠、职责交叉、政出多门问题。环保部门要合理配置资源形成、组织架构，把垃圾处理当作一个系统工程进行更为细致的操作执行层面的分工。可按垃圾处理各个流程中所要涉及的工作内容作为部门划分标准并规划相关促进垃圾分类资源回收的方案和措施。同时，寻求和企业、环保团体、媒体等社会各界的合作，在各个层面设立奖励激励机制，设立经济利益分享，体积较大之资源垃圾需通知清洁队特别安排或自行联络回收商进行回收，厨余垃圾主要包括“堆肥厨余”（生厨余、未经烹调）及“养猪厨余”（熟厨余一般家庭剩饭菜），应着重回收厨余垃圾。一般垃圾即指厨余垃圾和可回收垃圾之外的生活废弃物。而对于有害垃圾如日光灯管，干电池等，掩埋后可能渗出重金属污染土壤或地下水，应单独处理避免二次污染。完善垃圾分类的各项基础设施，公共场合合理设置三种垃圾桶，到后期可逐渐撤掉部分垃圾桶。提倡“带着垃圾回家”。设置垃圾站（定时开放）及垃圾站管理与监督员，严格监督，接收家户垃圾，只收专用垃圾袋（环保 PE 材质，不同规格不同价格），并随袋征收垃圾费以经济因素促使居民减少垃圾的产生，同时有利于资源回收。专用垃圾袋的推广需要政府相关部门与企业合作，初期可由政府免费发放给民众使用，作为强制垃圾分类及随袋征收政策的推广宣传，中后期则采取指定企业专门制作，民众付费购买的方式，可回收物有价征收。清运与末端处理环节，每天定时定点清运垃圾站垃圾，可回收物送到可回收工厂。一般垃圾送到相应焚烧厂，厨余送到厨余处理厂，学校、商业区、工作区的垃圾可外包给经过审核批准的清洁公司进行清运处理。

对于厨余垃圾处理，还可借鉴英国在厨余垃圾变废为宝的经验，集中收集生产出有机肥料，既有利于厨余垃圾处理设备制造企业的兴起，也有利于一些闲置土地被投资开发利用。另外，可发展厨余发电，2011 年英国废物处理公司斯塔福德郡坎诺克市建设了全球首个全封闭式厨余垃圾发电厂。目前该厂平均每天可以处理 12 万 t 垃圾。发电 150 万 kW·h，可供应数万户家庭 24 h 用电。垃圾焚烧适合北京土地紧张、经济实力强、垃圾热值大的特点。要完善垃圾焚化处理技术，增加配套设施和惠民工程，将焚烧垃圾所

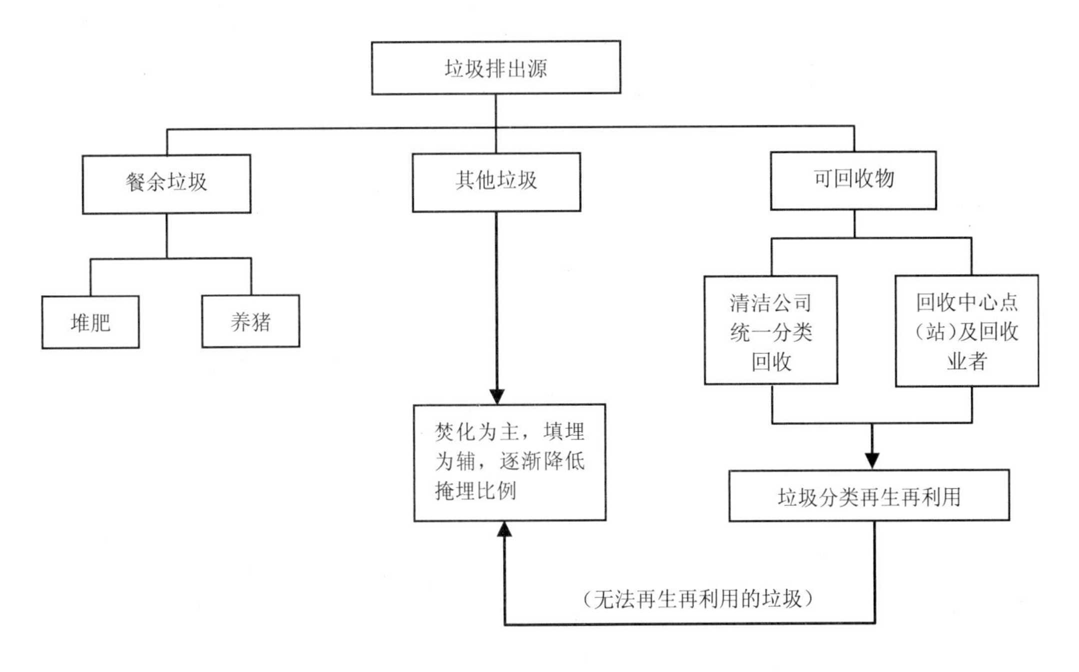

图 3-10　城市生活垃圾处理流程

产生的部分经济利益回馈民众，实现信息公开化，接受社会监督，将有利于化“邻避效应”为“邻喜效应”。生活垃圾填埋可借鉴德国 10 多年的实践经验，将垃圾的机械处理和生物处理相结合，设立物质分拣系统，利用机械的分选设备原理，把垃圾中的高热值物质与金属和玻璃等有用物质分离，主要采用筛分、次选、破碎等，分选后的垃圾中的有机质经过生物的好氧堆肥（符合我国厨余垃圾比例大的特点）或厌氧消化后，对其剩余产物进行填埋。

三、人才培养与教育普及

垃圾分类回收处理是个长期工程，目前我国对这方面的人才培养力度不足，高级人才不愿意投身“垃圾”事业，“垃圾”事业带头的专家太少。从中国台湾环保组织联盟的经验来看，环保组织的背后需要有智力团体的支撑，为相关议题的研究提供知识背景，为宣传人员提供专业教育。先进的垃圾处理技术背后是一群科技研究人才的深耕与自我牺牲，所以我国需要在教育与引导上下工夫，吸引更多的人才进入这一行业并进行系统的培养。同时，需要充分重视环境教育，发挥学校对青少年环境资源意识强化、分类观念和分类习惯养成方面的重要作用，发挥青少年在带动家庭垃圾分类方面的作用，学校与环保组织、社区对接，培养学生公民意识与主体责任意识，形成相互促进、社会共识的局面，“垃圾是放错位置的资源”。当下，我国面临着垃圾围城困境和资源匮乏的严峻考验，垃圾的分类处理和回收利用是可持续发展的必然选择，而“台北模式”对破解城市面临的“垃圾之围”有很高的借鉴价值。各地应从法律政策层面进行规范，明确主体责任，完善奖惩和激励机制，采取民众可接受的方式。加强分类宣传，普及环境教育，使政策设计深入民心，参与方都能从垃圾分类回收中获益，从而在根本上扭转垃圾处理的困境，建设绿色可持续发展城市。

第四节　城市建筑废弃物资源化利用系统解决方案

一、城市建筑废弃物概况

随着地球上各种自然资源的逐渐枯竭，另一种“资源”——建筑废弃物却在不断增长，建筑废弃物现已成为继城市生活垃圾之后的第二大城市固体废物。

（一）建筑废弃物的内涵

2003 年 6 月，建设部在《城市建筑垃圾和工程渣土管理规定（修订稿）》中对建筑垃圾做出了更为详尽的解释，并与工程渣土归为一类，建筑垃圾、工程渣土合称建筑废弃物，指建设、施工单位或个人对各类建筑物、构筑物等进行建设、拆迁、修缮及居民装饰房屋过程中所产生的余泥、余渣、泥浆及其他废弃物。2005 年 3 月，建设部在《城市建筑垃圾管理规定》第 2 条第 2 款中对建筑垃圾作了进一步的界定，即建筑垃圾是指建设单位、施工单位新建、改建、扩建和拆除各类建筑物、构筑物、管网等以及居民装饰装修房屋过程中所产生的弃土、弃料及其他废弃物，以下称建筑废弃物。

在科研领域，对建筑废弃物的界定也不尽相同。概括起来，建筑废弃物是指构造物（所有类型的建筑物和市政基础设施）在新建、改建、扩建和拆毁活动中所产生的废弃物。可以把建筑废弃物分为 6 大部分，包括建筑物拆除下来的砖，旧建筑拆除后不能再使用的废弃部分，建筑物施工过程中产生的废弃物（如未用完木材、散落砂浆、混凝土、金属制品、钢筋头、钢材、塑料制品、五金等），建筑物施工过程中开挖基础的基坑土、边坡土或碎石等，家庭装修过程中产生的各类废料，道路翻修产生的废料。

（二）建筑废弃物的特性

城市建筑废弃物与其他固体废物相似，具有鲜明的时间性、空间性和持久危害性。

1. 时间性

任何建筑物都有一定的使用年限，随着时间的推移，所有建筑物最终都会变成建筑垃圾。另外，所谓“垃圾”仅仅相对于当时的科技水平和经济条件而言，随着时间推移和科学技术的进步，除少量有毒有害成分外，所有的建筑垃圾都有可能转化为有用资源。例如，废弃混凝土块可作为生产再生混凝土的骨料，房屋面沥青料可回收用于道路的铺砌。

2. 空间性

从空间角度看，某一种建筑废弃物不能作为建筑材料直接利用，但可以作为生产其他建筑材料的原料而被利用，即通常所说的“垃圾是放错位置的资源”。例如，废木材可以用作原料，生产出一种具有质量轻、导热系数小等优点的绝热黏土-木料-水泥混凝土复合材料。

3. 持久危害性

建筑废弃物主要为废弃混凝土、渣土、碎石块、废砂浆、砖瓦碎块、沥青块、废塑料、废金属、废竹木等的混合物，如不做任何处理直接运往建筑废弃物堆场堆放，一般需要经过数十年才可趋于稳定。在此期间，废砂浆和混凝土块中含有的大量水合硅酸钙和氢氧化钙使渗滤液呈碱性，废石膏中含有的大量硫酸根离子在厌氧条件下会转化为硫化氢，废纸板和废木料在厌氧条件下可溶出木质素和单宁酸并分解生成挥发性有机酸，废金属可使渗滤液中含有大量的重金属离子，从而污染周边的地下水、地表水、土壤和空气，受污染的地域还可扩大至存放地之外的其他地方。即使建筑废弃物达到稳定化程度，堆场不再有有害气体释放，渗滤液不再污染环境，大量的无机物仍然会停留在堆放处，占用大量土地，并继续导致持久的环境问题。

（三）建筑废弃物的分类与组成

1. 建筑废弃物的分类

从方便开展建筑废弃物资源化利用生产方面考虑，其具体分类标准为：先将建筑废弃物分为金属类和非金属类，同时按能否燃烧分为可燃物和不可燃物，剔除金属类和可燃物后的建筑废弃物再按强度分类——标号大于 C10 的混凝土或石块等建筑废弃物为

Ⅰ类建筑废弃物；标号小于C10的废砖块等建筑废弃物命名为Ⅱ类建筑废弃物。此外，也可进一步将Ⅰ建筑废弃物细分为$Ⅰ_A$类（＞C20）和$Ⅰ_B$类（C10～C20），将Ⅱ类细分$Ⅱ_A$类（C5～C10）和$Ⅱ_B$类（＜C5）。

按建筑废弃物的化学性质分类：根据建筑废弃物的无害化处理及提高建筑废弃物的处置效率，可将建筑废弃物按其化学性质分为惰性组分和非惰性组分，如图3-11所示。

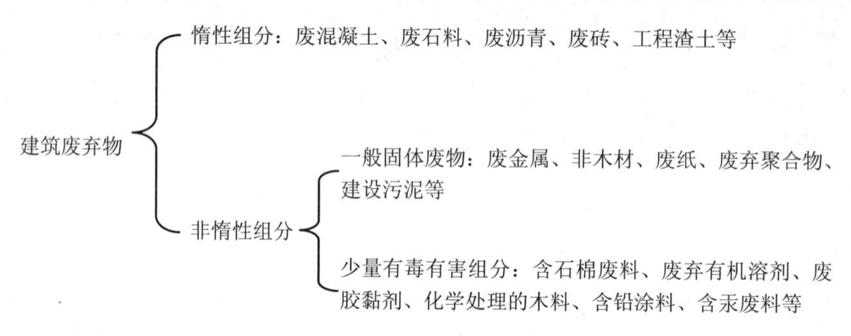

图 3-11　建筑废弃物按化学性质分类

据研究资料表明，超过80%的建筑废弃物为惰性组分，如果惰性建筑废弃物未被活性或非惰性废弃物污染，则其中一部分惰性建筑废弃物可直接用作回填材料或经过一定程度的资源化技术处理之后进行再生利用。

为了便于建筑废弃物资源化再利用，根据可再生性和可利用价值，将建筑废弃物分为三类：可直接利用的材料、可作为材料再生或可以用于热回收的材料以及没有利用价值的废料。其中，可直接利用的建筑废弃物有旧建筑拆除中窗、梁、尺寸较大的木材、部分渣土、砖块、混凝土块等，可作为材料再生的主要是废金属及废弃混凝土、砂浆等。

2．建筑废弃物的组成

（1）从建筑结构类型方面分析

建筑废弃物主要由砖块、混凝土块、钢筋、渣土组成，其余为瓦砾、木料、碎玻璃、石灰、玻璃、塑料制品等。建筑垃圾除极少部分有毒有害外，其他大部分性质稳定，可进行资源化处理。

不同的建筑结构类型的建筑施工所产生的建筑施工废弃物组成成分基本相同，但其中各种成分比例会各有不同，表3-12列出了主要三种结构形式的建筑施工废弃物组成比例以及建筑施工废弃物占建材购买量的比例，可以看到，建筑砖混结构产生的施工废弃物较多，因此改进结构体系是减少建筑废弃物产生的一个途径，另外建筑施工废弃物占建材采购量的比例是不容忽视的，因而要加强建材使用的管理。

表 3-12　不同建筑结构类型产生的建筑施工废弃物分析　　单位：%

废弃物组成	施工废弃物组成比例			施工废弃物主要组成部分占其材料购买量的比例
	砖混结构	框架结构	框架-剪力墙结构	
碎砖	30～50	15～30	10～20	3～12
砂浆	8～15	10～20	10～20	5～10
混凝土	8～15	15～30	15～35	1～4
桩头	—	8～15	8～20	5～15
包装材料	5～15	5～20	10～20	—
屋面材料	2～5	2～5	2～5	3～8
钢材	1～5	2～8	2～8	2～8
木材	1～5	1～5	1～5	5～10
其他	10～10	10～20	10～20	—
合计	100	100	100	—
废弃物产生量/（kg/m^2）	50～200	40～150	40～150	24～67

建筑结构类型不同，建筑拆毁时产生的旧建筑拆除废弃物组分也会有很大差别，如表 3-13 所示。

表 3-13　不同结构类型的旧建筑拆除废弃物量分析　　单位：m^3/m^2

结构类型	组成成分						
	钢筋	混凝土	砖	非金属	玻璃	木材	合计
钢混	0.011 7	0.601 0	0.070 5	0.000 2	0.000 8	0.03	0.714 2
砖	0.000 0	0.000 0	0.480 0	0.000 2	0.000 8	0.20	0.681 0
砖混	0.002 7	0.320 0	0.400 0	0.000 2	0.000 8	0.32	1.043 7
木	0.000 0	0.000 0	0.050 0	0.000 2	0.000 8	0.08	0.851 0
其他	0.007 4	0.228 1	0.212 2	0.001 1	0.000 8	0.276	0.725 6

在钢混结构建筑物的拆毁垃圾中，废混凝土、废砖瓦和废木料分别为 60%、7%和 3%；而在砖混结构建筑物的拆毁垃圾中，则分别为 32%、40%和 32%。可见，因建筑拆除而产生的建筑废弃物产量是很大的，因此要进行合理的建筑拆除管理，减少建筑拆除废弃物的产生，促进其资源化利用。

（2）从建筑废弃物的产生来源方面分析

建筑废弃物的主要来源包括种植、回填、造景等土地挖掘、整理活动；混凝土或沥青道路的道路平整、铺设活动；旧建筑物的拆除废弃物，包括砖石、混凝土、木材、塑料、石膏、灰浆、废金属等；建筑工地废弃物，主要是工程中剩余的混凝土；建筑碎料，即凿除、抹灰时产生的旧混凝土、砂浆，以及木材、金属、纸等。

在建筑业生产活动中，旧建筑物拆除和新建建筑施工中产生的建筑废弃物，其组分的组成比例变化是比较大的。以中国香港地区为例，如表 3-14 所示，两种建筑废弃物的主要成分均为混凝土、石块和碎石、渣土，这三大组分之和在旧建筑拆除和新建建筑施工中所占的比例分别高达 77.9%和 72.8%，其他组分含量变化不大。然而，三大组分各自在两类建筑废弃物中所占比例却不尽相同，其中，旧建筑拆除废弃物中混凝土块成分比例为 54.21%，较新建建筑施工废弃物多出 35.79%，而新建建筑施工废弃物中的石块和碎石、渣土所占的比例分别为 23.8%和 30.55%，是旧建筑拆除废弃物中相应成分的 2 倍和 2.5 倍。

表 3-14　香港地区建筑拆除废弃物与施工废弃物组成的对比分析　　单位：%

主要成分	组成比例	
	旧建筑拆除废弃物	新建建筑施工废弃物
沥青	1.61	0.13
混凝土	54.21	18.42
渣土	11.91	30.56
石块、碎石	11.78	23.87
竹子、木料	7.46	10.83
砖	6.33	5.00
玻璃	0.2	0.56
塑料管	0.61	1.13
砂	1.44	1.70
金属	3.41	4.36
其他杂物	0.95	1.17
其他有机物	1.3	3.05
总计	100.0	100.0

（四）城市建筑废弃物的年产量分析

建筑废弃物是城市发展建设过程中不可忽视的产物，是城市排放量最大的固体废物，从发达国家和地区的建筑废弃物比例数据可知，多数发达国家和地区的建筑废弃物产生量占城市固体废物的比例为 20%～60%。我国建筑的平均寿命是 30 年，上海每年产生的城市建筑废弃物占城市垃圾总量的比例为 30%～40%，这个比例也是目前我国关于建筑废弃物产量分析中较为统一的，显然也符合发达国家和地区的统计范围要求的。

根据全国固体废物普查年公布的统计数据，2005 年北京建筑废弃物排放量为 3 600 万 t，人均 2 t；2005 年上海固体废物总量为 3 600 万 t，其中建筑废弃物为 2 350 万 t，且呈逐年递增趋势。另有资料表明，我国每年仅施工建设所产生和排出的建筑废弃物就达 4 000 万 t，已成为继城市生活垃圾之后的第二大城市固体废物。

我国正处在大规模城镇化建设的阶段，也是世界最大的建筑市场，目前的建筑量占到世界的一半还多，我国大规模的建设还会持续 30～35 年。由此可见，在未来很长一段时间，我国将产生巨大的建筑废弃物，这里面还没有包括具有极大破坏性的地震建筑废弃物。

（五）城市建筑废弃物对环境的影响

目前，许多参考文献中都不同程度地述及建筑废弃物对人类生态环境造成的危害，图 3-12 归纳说明了不同类别的建筑废弃物对环境造成的严重影响。

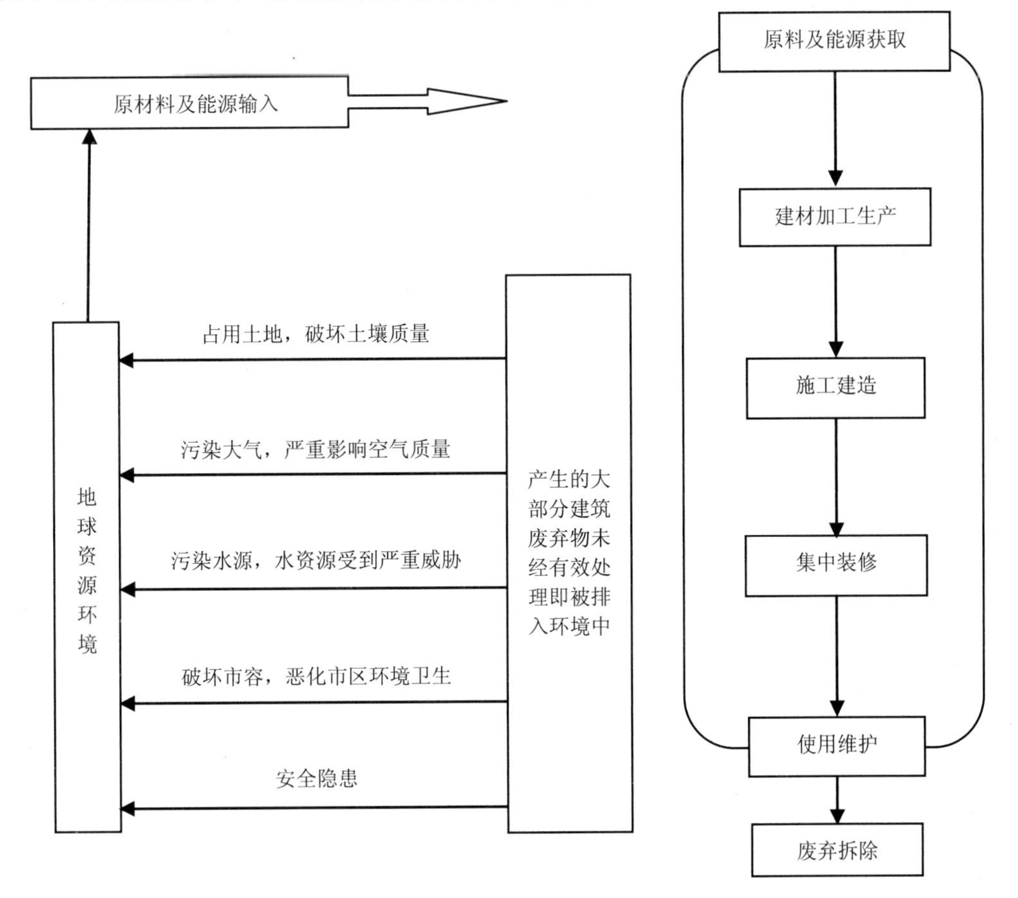

图 3-12　不同种类的建筑废弃物对环境造成的影响示意图

从图 3-12 中可以看出，多环节产生的建筑废弃物对环境的影响并非是某一时段的，而是长久性的。广泛性存在的环境不良影响随着建筑废弃物产量的逐年递增呈现逐年上升、逐年恶化的趋势。另外，与城市生活垃圾相比，建筑废弃物中大多数的惰性成分对环境的影响不易在短时间内及时显现，因而表现出建筑废弃物形成的环境影响滞后性和模糊性。这种滞后性和模糊性直接形成了人们主观上对广泛而长久性存在的建筑废弃物环境影响危害认识的不足，更缺少对其资源化利用的意识。

总之，建筑废弃物的随意堆放或仅采取简单的填埋方法处理，其危害主要表现在以下几个方面：

（1）占用大量的土地，破坏土壤结构，造成地表沉降。据相关资料显示，工程建设前对原有建筑物的拆除，以及新工地的建设，每年都会造成很大的土地压力。通常采用的填埋方法是：垃圾填埋 8 m 后加埋 2 m 土层，但土层之上基本难以重长植被。而填埋区域的地表则会产生沉降和下陷，要经过相当长的时间才能达到稳定状态。

（2）造成严重的环境污染，危害人类健康。建筑废弃物不仅会破坏市容，恶化城市环境卫生，而且会直接影响人类的身体健康。例如，少量建筑废弃物在焚烧过程中会产生有毒的致癌物质；建筑废弃物在清运及堆放过程中的遗撒和粉尘飞扬污染大气；露天堆场严重污染临近饮用水等等。其中的建筑用胶、涂料、油漆不仅是难以生物降解的高分子聚合物材料，还含有有害的重金属元素，若这些建筑废弃物被埋在地下，会造成地下水的污染，直接危害周边居民的生活；若被安置在坑塘沟渠，结果必然会降低水体调蓄能力，降低地表排水和泄洪能力。

（3）会带来安全隐患，一般体现在城市建筑废弃物堆放地选址的随意性。在现实情况中，施工场地附近多成为建筑废弃物的临时堆放地，由于其缺乏应有的防护措施，在一些外界因素的影响下，建筑废弃物堆有时会出现崩塌事故，阻碍道路甚至冲向其他建筑物。另外，建筑废弃物中裸露在外的玻璃、砖块等，也会造成人员伤害事故。

二、城市建筑废弃物的资源化利用

（一）必要性和依据

1. 必要性

随着经济建设的持续快速发展，城市的工程建设也步入了高峰期，工程建设规模逐年扩大，所耗资源也迅猛增长，与此同时，工程建设过程中的建筑废弃物产生量也在大幅增长。据统计，建筑废弃物一般占城市垃圾总量的30%～40%，上海市每年产生量约为300万t。

建筑废弃物的随处丢弃、倾倒等现象，不仅会造成大量的资源浪费，而且严重地污染环境。如果不对建筑废弃物的资源化处置与回收利用予以高度的重视和管理，将严重影响节能减排、资源开发、循环经济等法律法规和政策的落实。据估计，我国城市垃圾的历年堆存量达60多亿t，其中建筑废弃物就占了30%～40%；垃圾堆存侵占土地面积达5亿m^2；全国有200多个城市已陷入垃圾的包围之中。另外，建筑行业是典型的资源和能源高消耗产业，其物流量超过世界总物流量的40%，能源消耗接近全球总量的40%。例如，我国的水泥产量目前已居世界第一位，产量为每年5亿多t，与之相伴使用需要消耗20多亿m^3的砂石；另外，建筑和建材生产还要消耗大量的钢材、木材、玻璃、燃料和电能等。如此巨大的物质流和能耗，如果不采取措施任由发展，对于我国这样一个人口众多、自然资源人均占有量远远低于世界平均水平的发展中国家，不仅会加剧资源和能源的危机，而且会造成相当大的环境压力，严重制约我国经济和社会的可持续发展。

建筑废弃物在城市固体废物中属于较清洁的废弃物，无机物占90%以上，其物理化学性质相对稳定，经过处理可作为再生资源利用。预计到2020年，我国城市化率将达到55%，城市的规模将更大，而在46种支持性资源中，只有6种资源能够自给，其余大量依靠进口，城市建设必须资源化城市建筑废弃物。建筑废弃物资源化不但可以解决建筑垃圾堆放占用土地、污染环境等问题，还可以减少资源开采对生态环境造成的负面影响，有着良好的经济效益、社会效益和环境效益。

建筑废弃物资源化作为循环经济建筑业发展研究的重要方面，是我国建设资源节约型、环境友好型社会，推动经济社会全面、协调、可持续发展以及引导、支撑循环经济发展等重大发展战略中急需解决的问题。因此，建筑废弃物资源化是我国保护环境的需要，是节约资源的需要，是发展循环经济的需要，是发展新型建筑材料的需要。

2．依据

2011年3月5日，第十一届全国人大第四次会议上正式提出的《中华人民共和国国民经济和社会发展第十二个五年规划纲要》中明确指出："按照减量化、再利用、资源化的原则，减量化优先，以提高资源产出效率为目标，推进生产、流通、消费各环节循环经济发展，加快构建覆盖全社会的资源循环利用体系。""推进大宗工业固体废物和建筑、道路废弃物以及农林废物资源化利用，工业固体废物综合利用率达到72%。""完善再生资源回收体系，加快建设城市社区和乡村回收站点、分拣中心、集散市场‘三位一体’的回收网络，推进再生资源规模化利用。加快完善再制造旧件回收体系，推进再制造产业发展。建立健全垃圾分类回收制度，完善分类回收、密闭运输、集中处理体系，推进餐厨废弃物等垃圾资源化利用和无害化处理。”

建设部颁布的《城市建筑垃圾管理规定》（建设部令 第139号）中也明确指出“国家鼓励建筑垃圾综合利用，鼓励建设单位、施工单位优先采用建筑垃圾再生利用产品”。针对建筑废弃物的特殊部分——装潢垃圾，《城市建筑垃圾管理规定》和《北京市市容环境卫生条例》（2002年9月）已明确规定，装饰装修垃圾必须实行单独收集和单独处置。上海市也已对居民装潢垃圾的处置管理做出了规定，例如2002年4月1日起实施的《上海市市容环境卫生管理条例》第三十条规定：“居民产生的装修垃圾，应当在物业公司或者居民委员会指定的地点堆放，并承担清运的费用。”对居民装修房屋产生的垃圾，物业管理企业或者居民委员会应当及时委托市容环境卫生作业服务单位，运至市容环境卫生管理部门指定的场所处置。浦东新区环保市容局在2011年初公布的《浦东新区生活垃圾分类收集处置实施方案》中也指出，装修垃圾不能与生活垃圾混置，应由各街镇组织物业部门清运至上海元亨利通新型建材有限公司进行资源化处理。

在科研领域，国务院在《国家中长期科学和技术发展规划纲要（2006—2020年）》中明确指出：环境领域的首要发展思路为引导和支撑循环经济发展，大力开发重污染行业清洁生产集成技术，强化废弃物减量化、资源化利用与安全处置，加强发展循环经济的共性技术研究。将综合治污与废弃物循环利用列为优先主题，开发废弃物等资源化利用技术，建立发展循环经济的技术示范模式。科学技术部在《国家“十一五”科学技术发展规划》中积极开展垃圾处理资源化及环境管理支撑技术研究，其中在“十一五”科技支撑计划项目中关于发展循环经济、构建节约型社会、促进废弃物资源化的子项目占据很多比重，最具典型性的如“建筑垃圾再生产品的研究开发”项目（2006BAJ02B05）。

（二）城市建筑废弃物资源化利用的主要途径

建筑废弃物资源化利用可分为产品回收利用和材料回收利用两大类：产品回收利用，是指建筑废弃物以它们原有的形式被重新利用或是进一步地延伸其使用范围，如旧房拆除时尚完好的门窗、砖、钢材等构件，经鉴定可作抵挡建筑如民用或临时建筑的材料；材料的回收利用是指回收的建筑废弃物经加工制备后可在原有的产品中利用，如用于混凝土作为骨料。建筑废弃物经过产品回收和废品回收（废竹木、金属、包装材料等可被废品收购部门收购）后主要由混凝土、碎砖瓦、碎砂石土等无机物类组成，物理、化学性质均比较稳定。以下主要介绍建筑废弃物资源化的主要途径。

1. 作为回填材料

（1）作为工程填方料

建筑废弃物的主要成分是混凝土、石灰、渣土等，性质稳定，一般不存在“二次污染”的问题，将这些废弃物进行破碎，然后对其筛分，再按照所需土石方级配要求混合均匀，完全可以用作工程回填材料。另外，建筑废弃物中能用于覆盖生活垃圾的成分约占 6%，还可以利用建筑废弃物作生活垃圾覆土，保护耕地。在各种资源化途径中，填方料消耗量最大，且仅需粗碎即可再利用，但是附加价值较低。

（2）用作桩基础填料加固软土地基

建筑废弃物具有足够的强度和耐久性，若入地基中，不受外界影响，不会变为酥松体，能够长久地起到骨料作用。将基坑中填充一定粒径的建筑废弃物（一般为碎砖和生石灰的混合料或碎砖、土和生石灰的混合料）进行夯实，以使建筑废弃物能拖住重夯，再进行填料夯实，使其加固软土地基。

2. 用于道路路基和铺面工程

将机场道路、城市道路与公路等改建或扩建时产生的大量旧混凝土破碎成再生骨料，经筛分级配后作水泥混凝土骨料，来配制道面、路面再生混凝土（以下简称再生混凝土），在当前骨料来源渐渐短缺、砂石价格不断上涨的情况下，无论是经济上还是环境保护方面，都有重大的现实意义。废旧道路水泥混凝土用作路面基层材料，或在公路养护中用来当块石，维修、加固挡土墙。

3. 用于制备再生骨料和再生混凝土

利用建筑废弃物中的混凝土及砖石砌体残骸碎片，经过一系列的处理，作为循环再生骨料。一般来讲，将废弃的混凝土及其制品，包括散落的混凝土、报废的混凝土构件、打桩截下的混凝土桩头和混凝土碎块等，经剔除、破碎、清洗、分级，按一定的比例配合后得到的骨料称为再生骨料。再生骨料可分为再生细骨料和再生粗骨料，作为部分或全部替代天然骨料配制成的混凝土则称为再生混凝土。

（1）用于再生骨料

废弃混凝土中往往混有金属、玻璃及木材等杂质，通过设置磁分离等装置以便去除铁质成分将其预破碎与二次破碎后，与水泥等原料进行一定比例的配比形成再生骨料。

（2）用于再生混凝土

将废弃混凝土块经破碎、清洗、分级后按一定的比例混合形成再生骨料，部分或全部代替天然骨料配制的新混凝土从而形成再生骨料混凝土。混凝土再生骨料完全可以用作混凝土的骨料，用于配制和生产中低强度等级的混凝土及其制品，并可用于修筑、铺设道路的路基。其再生细骨料可以替代天然砂，用于配制砌筑砂浆、抹灰砂浆等。另外，混凝土再生骨料还可以用于制作承重砖、道沿、路面砖、铺路二灰石、路地面垫层等。

4．用于生产轻质砌块

将建筑废弃物经过一系列科学的工艺加工粉碎成颗粒和粉末，配合一定比例的粉煤灰和水泥，能生产出80%左右的砖末和砂浆末，砖末和砂浆可用于制作非承重轻质砖，这种砖相对空心黏土砖重量轻，能降低建筑物的总荷载，增强了建筑物的安全性。而独特的孔型结构，使得保温、隔热、隔声性能也有很大优势，且生产过程不会产生任何污染。

5．用于回收利用

建筑废弃物中的废钢筋、废铁丝、废电线和各种废钢配件等金属，经分拣、集中、重新回炉后，可以加工制成各种规格的钢材；废竹木材可以用于造纸、制造人造板材。

（三）国外建筑废弃物资源化利用及研究现状

1．国外建筑废弃物的利用现状

发达国家和地区十分重视废弃物减量化和资源化管理措施的研究，并早已开始探索将垃圾变为资源的途径和技术，再生资源产业正在成为具有广阔前景的新兴产业。

（1）德国

德国是最先大规模利用建筑废弃物的国家，在“二战“后的重建期间，对建筑废弃物进行循环利用，不仅降低了清运费用，而且大大缓解了建材供需矛盾。截至 1955 年年末，德国共利用建筑废弃物再生了约 1 150 万 m^3 的废砖集料，并用这些再生材料建造了 17.5 万套住房。目前，德国有 200 家企业的 450 个工厂进行建筑废弃物的循环再生，年营业额超过 20 亿德国马克。碎旧建筑材料主要用作道路路基、造垃圾填埋场、人造风景和种植等。德国政府在废弃物法增补草案中，将各种建筑废弃物的利用率比例做了规定，并对未处理利用的建筑弃物征收存放费。

（2）美国

美国每年产生城市垃圾 8 亿 t，其中建筑废弃物 3.25 亿 t，约占城市垃圾总量的 40%。

经过分拣、加工，再生利用率约为70%，其余30%的建筑废弃物填埋处理。美国的建筑废弃物综合利用大致可以分为3个级别：①低级利用，即现场分拣利用，一般性回填等，占建筑废弃物总量的50%～60%；②中级利用，即用作建筑物或道路的基础材料，经处理厂加工成骨料，再制成各种建筑用砖等，约占建筑废弃物总量的40%。美国的大中城市均有建筑废弃物处理厂，负责本市区建筑废弃物的处理；③高级利用，所占比重较小，如将建筑废弃物加工成水泥、沥青等再利用。

美国对建筑废弃物实施“四化”，即减量化、资源化、无害化和综合利用产业化。美国对减量化特别重视，从标准、规范到政策、法律，从政府的控制措施到企业的行业自律，从建筑设计到现场施工，从建材优胜劣汰至现场使用规程，无一不是在限制建筑废弃物的产生，鼓励建筑废弃物“零排放”。这种源头控制方式可减少资源开采，减少制造和运输成本，减少对环境的破坏，比各种末端治理更为有效。美国还把处理建筑废弃物作为一个新兴产业来培育，研究如何使建筑废弃物处理成为新的产业。

美国在混凝土路面的再生利用方面成绩斐然，采用微波技术处理沥青建筑垃圾，利用率达100%，成本低且能够保证产品质量，节约了清运和处理费用，并且大大地减轻了环境污染。对已经过预处理的建筑废弃物，则运往再资源化处理中心，采用焚烧法进行集中处理。目前，美国每年拆除的混凝土大约为6 000万t。为了解水泥混凝土再生利用情况，2004年美国联邦公路局进行了全国调查，在50个州中，有41个州利用废弃混凝土生产再生集料，有38个州在路面基层（无结合料粒料基层）中使用再生集料，有11个州在水泥混凝土中使用再生集料。

美国于1976年就制定和颁布了《固体废物处置法》。美国加利福尼亚州于1989年通过《综合废弃物管理法》，要求在2000年以前，50%废弃物通过源削减和再循环的方式进行处理，未达到要求的城市将被处以每天1万美元的行政罚款。目前，美国的再生资源产业的产值已即将超过汽车产业。

（3）日本

由于相对匮乏，日本十分重视建筑废弃物的再生利用，将建筑废弃物视为“建设副产品”，其再生材料被用于建材的原材料、道路路基、扩展陆地围海造田的填料等。日本对处理建筑废弃物的主导方针是：尽可能不从施工现场运出废弃物，而要尽可能重新利用。1974年日本便在日本建筑业协会中设立了建筑废弃物再利用委员会，在再生集料和再生集料混凝土方面取得大量研究成果。20世纪90年代初，日本就制定规范，要求建筑施工过程中的渣土、混凝土块、沥青混凝土块、木材与金属等建筑垃圾，必须送往再生资源化设施进行处理。

日本于1997年制定了《再生集料和再生混凝土使用规范》，此后相继在全国各地建立了以处理拆除混凝土为主的再生工厂，生产再生水泥与再生骨料，有些工厂的规模达到100 t/h。目前，日本已经形成成熟的建筑废弃物处理技术，建筑废弃物资源再利用率已超过50%，其中废弃混凝土利用率更高。如1998年，东京的建筑废弃物再生利用率已达到56%。目前，在住宅小区的改造过程中，已能实现建筑废弃物就地消化，经济效果显著。

（4）其他国家

丹麦的主要激励措施是对填埋和焚烧建筑废弃物的税收，税收在建筑垃圾再循环方面起着主要的作用，截至1999年，建筑垃圾循环率已提高到了约90%。

巴西每年约产生6 800万t 建筑、拆除废弃物（CDW），其中约50%是新建过程中产生的。目前，巴西已有许多城市建起了再生集料生产工厂，再生率（生产再生集料）最高可达25%，但其中只有一小部分可以用于生产水泥混凝土，大部分再生集料被用于道路的底基层。为提高再生集料的使用效益，需要对建筑、拆除废弃物进行分类，分类工作力求在施工现场进行，也可通过转运站进行分类处理。

新加坡于2002年8月开始推行“绿色宏图2012废物减量行动计划”，将垃圾减量作为重要发展目标。在建筑领域，建筑工程广泛采用绿色设计、绿色施工理念，优化建筑流程，大量采用预制构件，减少现场施工量，延长建筑设计使用寿命并预留改造空间和接口，以减少建筑废弃物产生。同时，对建筑废弃物收取77新元/t的堆填处置费，增加建筑废弃物排放成本，以减少排放。为减少处理费用，承包商一般在工地内就将可利用的废金属、废砖石分离，自行出售或用于回填和平整地面，其余则付费委托给建筑废弃物处理公司。在综合利用场所内，对建筑废弃物实施二次分类：已拆卸的建筑施工防护网、废纸等将被回收打包，用于再生利用；木材用于制作简易家具或肥料；混凝土块被粉碎后加工用于制作沟渠构件；粉碎的砂石出售用于工程施工。未进入综合利用厂的其他建筑废弃物则被用于铺设道路或填埋。

2．国外建筑废弃物资源化的研究现状

20世纪90年代，国外关于建筑废弃物资源化的起步研究基本上围绕着对建筑废弃物基本问题的认识，如建筑废弃物来源分析、分类组成分析及产量分析等。近几年，国外关于建筑废弃物资源化的深入研究主要体现在将建筑废弃物视作一种“错位资源”，在确保建筑废弃物源头减量化的同时，促进其资源化利用。

Jing Zhang 等提出以“操作生产与减少垃圾——垃圾处理”替代传统的“操作生产——垃圾处理”的管理办法，形成一种减少垃圾产生、持续改进生产文化的独有和统一目标的管理哲学。Catherine Charlot-Valdieu 考察了法国建设与建筑计划局（PCA）和环境与能源控制局（ADEMA）在实验工地对建筑废弃物削减与管理所进行的积极尝试，并总结出较为具体的工地上建筑废弃物解决方案。Ming Lu 等对施工中建筑废弃物处理过程进行建模，实现现场建筑废弃物分类过程的仿真模拟。联邦德国废物处理工业协会（BDE）会长 Frank-Rainer Billig Mann 在 2000 年科隆国际废物处理与再循环展（Entsorga）中论述了德国废物处理及再循环市场的发展与建设，这对促进全球建筑废弃物资源化利用研究有很大的指导作用。

日本的坂本广行、山本博之、大原直指出建筑业生产中资源化课题的研究方向，主要内容包括推进纸浆、建筑污泥等废弃物的原料化、再资源化的而研究开发；工程建设中加大利用资源化处理过的混凝土或污泥等再生资源；完善现有的资源化处理方面的法律与技术规程等。

美国的 Inyang H I 把定量方法和检验计算机协议集成到一个评价计划中，该计划旨在对建筑垃圾再生材料使用及其对传统建材的全面替代提出可靠度评价。

（四）国内建筑废弃物利用及研究现状

1. 国内建筑废弃物的利用现状

国外对建筑废弃物再生利用的研究起步较早，积累了很多宝贵的经验，技术也相当成熟。我国建筑废弃物管理起步于 20 世纪 80 年代末，部分大中型城市的管理体系已经较为完善，但总体的科学化处置和设施建设严重滞后。据统计，我国建筑废弃物的资源化率不足 5%。

我国大多数建筑废弃物不经分类或分类极其粗略，有的甚至与生活垃圾混合收集、混合填埋，造成诸多隐患，还加大了建筑废弃物资源化、无害化处理的难度。现有的建筑废弃物处理手段较单一，通常都是填埋、燃烧或粉碎加工。加工的技术水平普遍不高，产品少，主要还局限在生产再生骨料。小城镇主要采用露天堆放或简易填埋的方式进行处理，而建筑废弃物占用空间很大，这样就将耗用大量征用土地费、垃圾清运费。一些大城市引进了先进的设备，但由于接纳量、运输、产值等各种原因，收效并不理想。据统计，我国建筑废弃物有 98%未经任何处理就直接填埋，这样不仅占用了大量的土地，而且严重地破坏了生态环境。

（1）香港特别行政区

香港特别行政区每年大约有 1 400 万 t 的建筑拆除材料，并且有逐步增长的趋势。其中约 20%为混凝土块或石块，可用于生产再生集料。再生集料主要用于水泥混凝土、粒料填料、排水、路面底基层、混凝土步道砖等方面。香港特别行政区制定了再生集料用于水泥混凝土的规范，要求再生细集料不能用于水泥混凝土，满足相关要求的再生粗集料可用于水泥混凝土，拌混凝土之前要将再生粗集料充分浸湿。规范中规定了 2 种使用途径：20 MPa 以下，用于水泥凳、工厂围墙、大体积混凝土墙体以及其他小型混凝土结构的水泥混凝土，可 100%使用再生粗集料，但不能使用再生细集料；25～35 MPa 水泥混凝土，最多可使用 20%再生粗集料替代原生集料，同样不能使用再生细集料，同时使用再生集料的混凝土不能用于护岸工程。

（2）北京市

2001 年起，北京市建筑垃圾排放量一直居全国建筑废弃物排放量首位，2005 年达到 3 600 万 t。据预测，在今后一段时间内北京市建筑废弃物排放量还会保持在 3 000 万 t 以上的水平。其中废弃水泥混凝土约占 54%。目前还没有废弃水泥混凝土再生利用的相关统计数据。

（3）上海市

上海废弃混凝土的产生数量约为每年 800 万 t，预计未来 10 年内，将达到每年 1 390 万 t。为妥善处理废弃水泥混凝土，减少工程建设对天然资源的开采需求，上海市市政规划设计研究院先后开展了《沥青混凝土、水泥混凝土和三渣垫层材料旧料再生利用应用研究》《再生混凝土集料用于水泥稳定碎石的应用研究》，并取得了一系列研究成果。研究结果表明，再生集料总用量可达到 40%，该研究成果已在沪太路改造工程中得到了推广应用。

（4）南京市

根据南京市固体废物管理处的统计，2007 年南京市因拆迁产生的废弃混凝土量约为 527.4 万 t，预计到 2010 年将达到 1 063.8 万 t。2004 年，南京某科研开发单位与南京市固体废物管理处合作，将混凝土再生技术应用于场区出入主干道的试验路段中。2007 年 11 月，南京市青年支路西段正式成为废弃混凝土作道路基层的市政试验路段。虽然进行过不少研究，但目前南京市对废弃水泥混凝土的再生利用率仍很低。

2．国内建筑废弃物资源化的研究现状

与发达国家和地区相比，我国建筑废弃物资源化研究处于起步阶段。10 余年来，国内许多建筑、建材界专家、学者围绕建筑废弃物资源化的可行性与必要性，建筑废弃物资源化利用技术等方面，也发表了大量的理论研究文章和技术专著。

国家和建筑施工企业应投入一定资金，立项开展建筑垃圾综合利用的深入研究与开发，并提出借鉴国外做法——“建筑垃圾源头消减策略”的思想。目前我国政府相关性政策不明确，投资收益不明确，阻碍了企业对建筑垃圾资源化投资的力度，为此政府要建立相关的指导性政策：国家必须有相应扶持政策和财政补贴，同时也指出建筑垃圾再利用产品由实验室研究成果扩大到规模化生产中存在的问题。

装潢垃圾是建筑废弃物中特殊的一类，装潢是房屋使用前的必要工序，一般以 5～7 年为一个周期。而且随着人们生活水平的提高，装修档次逐年提高，材料也更加复杂。由于目前我国建筑废弃物总体的科学化处置和设施建设严重滞后，造成绝大部分装潢垃圾未经任何处理便直接运往郊外或城乡接合部露天堆放或简易填埋。这种处置方式占用了大量土地，同时对周边环境造成严重污染。王艳等分析了北京市装潢垃圾的污染特点及存在的问题，结合北京市的实际情况提出了收集、运输、处置方案；同时对装潢垃圾处置设施的建设、运营方案、配套政策法规等方面都提出了合理化的建议；并从循环经济的角度，提出装饰装修垃圾处置设施的合理规划与布局。

综上所述，发达国家和地区对建筑废弃物资源化利用的研究与实践成效显著，回收利用的先进经验也很多。而我国建筑废弃物资源化实践处于初级发展阶段，所做的研究大多表现为局部的建筑废弃物资源化处理与利用，关于建筑废弃物资源化处置的专业化、市场化等方面的研究不足，因此我国推进建筑废弃物资源化的研究任重道远。

（五）我国城市建筑废弃物资源化的特点及存在的问题

1. 主要特点

（1）逐渐以“五化”综合管理模式为引导

目前，我国各大城市在建筑废弃物资源化方面，借鉴发达国家及中国香港、中国台湾等地区废弃物资源化管理模式，逐步引入建筑废弃物管理源头化、措施制度化、市场准入化、车辆密闭化及处置资源化等“五化”综合管理模式，逐步解决了以往管理工作中存在的问题，逐步地将建筑废弃物管理工作推上了制度化、规范化和法制化的管理轨道。

（2）逐步以制定并完善管理法规为保障

发达国家对废弃物的综合管理起步较早，经过多年不断的实践和总结，为废弃物管理相关的法律法规的制定积累了丰富的经验，至今已逐步建立了一整套较为完善的法律法规体系。从污染的防治、废弃物的管理、资源的再生利用、延长生产者的责任等角度出发，为废弃物减量化的管理提供了有效的法律依据和保障。在对建筑废弃物资源化管理过程中，我国政府也制定了专门的法规，解决了建筑废弃物的收集、运输、处置等问题，而且有效地抑制了偷倒乱倒等现象。

（3）主要以“建筑废弃物制砖”再利用为资源化途径

我国大部分城市在建筑废弃物再利用途径上，主要通过以建筑废弃物为原料，用高新技术分选。破碎、配料并压制成混凝土制品，或将其按比例制成骨料作为建筑材料，用于房屋、道路的建造中。其中，利用建筑废弃物制成的砖具有强度高、自重轻、耐久性好、外形尺寸规整以及良好的保温隔热性能等优点。

（4）逐步以政府、社区等机构作为循环利用的主干力量

建筑废弃物资源化产业顺利运作需要开发商和建筑企业、建筑垃圾资源化企业、政府、社会大众四个主体的相互作用。在建筑废弃物资源化产业中，政府逐渐处于核心地位，且由于其巨大的社会效益和对构建节约型社会的重大意义，政府通过自身及社区的管理，逐步扶持企业参与废弃物的处理，并提高社会大众的环保意识。

2. 存在的问题

与国外相比，目前我国（以上海市为例）对建筑废弃物的处理和资源化利用工作尚存在以下几个方面的问题。

（1）偷倒乱倒现象时有发生

受处置卸点、运输成本、从业人员素质等众多原因的限制，建筑废弃物偷倒乱倒现象时有发生。据统计，目前上海市偷倒乱倒垃圾中占一半以上为建筑废弃物，其已经成为影响市民正常生活、社会环境的一大因素。

（2）分类和资源化利用水平低下

目前大部分建筑废弃物依然采用混合收集方式，由于分类收集所需劳动力较多，且劳动强度大，工作条件差、待遇低，专业分拣的人员较少，所以大部分可以再利用的资源都被填埋或抛弃处理了。我国建筑废弃物处理及资源化利用技术水平落后，缺乏新技术、新工艺开发能力，设备落后。垃圾处理多采用简单填埋和焚烧，既污染环境又危害人体健康。国内现有的 10 余家建筑垃圾资源化工厂，技术装备落后，粉尘、噪声污染大，且年处理建筑垃圾都不足 10 万 t，远远满足不了大城市建筑垃圾处置需要。

（3）相关法律法规不健全，政策支撑缺乏

建筑废弃物处理投资少，法规不健全，建筑、回收等人员的资源、环境意识有待提高。建筑废弃物的产业化和市场化运作过程尚面临成本、价格、政策等诸多问题。上海市建筑废弃物处置及资源化利用途径缺乏已经成为建筑废弃物处置管理的一大难点。由于缺乏政策支撑、用地限制等因素制约，很多有志于从事建筑废弃物资源化利用的企业也未能很好地发挥其影响。

（4）运输市场混乱

目前，除纳入市容环卫管理部门管理范围的运输车辆以外，还有大量的社会车辆从事建筑废弃物的运输处置，低价竞争、无序竞争已经对市场造成极大的损害，直接导致运输市场混乱，车辆车况脏、乱、差等情况的产生。

（5）监管能力不足

上海市建筑废弃物管理部门主要是各区市容环卫管理部门，由于存在管理人员、执法配套、设施设备等问题，以及物业管理部门未能很好履行源头管理职责，建筑废弃物处置管理系统还不是十分完善，监管能力还处于严重不足的状况。

总之，我国在建筑废弃物资源化综合利用方面的主要障碍是缺少有效的组织，未形成产业规模，缺少技术研发。我国在建筑废弃物的再回收、再利用、再循环方面存在较大的潜力，可借鉴发达国家的经验，大力发展资源再生产业，尽快出台相关政策，形成产业规模，这样可以较大地缓解我国资源紧缺、浪费巨大、污染严重的矛盾。

三、建筑废弃物资源化利用的理论基础

面对产量如此巨大并呈上升趋势的建筑废弃物，为了有效、合理解决问题，相关管理部门和责任人必须转换观念，将认识从原来的“建筑垃圾”转变成一种特殊的“建筑废弃物资源”。在此，国家倡导的科学发展观、大力构建循环经济型、资源节约型社会等社会发展方法和方向为开展建筑废弃物资源化提供了坚实的理论指导基础。

（一）可持续发展理论对建筑废弃物资源化的指导作用

1994 年 3 月 25 日，国务院常务会议讨论并通过了体现中国可持续发展之路的《中国 21 世纪议程》，其内容涵盖了中国人口、经济、社会、资源和环境保护等多方面的可持续发展战略、政策及行动框架。其中，中国的发展与应用的可持续发展理论对建筑废弃物资源具有指导作用。

1. 转变建筑业的发展模式，发展建筑业的“福利量”生产

可持续发展理论指出，人类发展的衡量应包括社会、经济、环境、生态等多个方面的综合化指标加以体现，这个综合化衡量指标概括起来就是“福利量”。从建筑废弃物产量分析中可以看到，传统建筑业发展模式导致城市建筑废弃物的产生与建筑业发展水平（表现为建筑面积逐年增长、城镇人口增加对住房的需求等）严格正相关。在满足人们居住需求的同时，建筑废弃物对生态环境造成严重影响，进而影响到人们的居住适宜性，从而降低了建筑业发展的“福利量”，这种因果关系链如下所示：传统建筑业发展→消耗更多的天然建材资源→排除更多建筑废弃物→需要消耗更多的资源处理→加速生态资源耗竭、造成严重的环境污染→降低建筑业发展的“福利量”

增加建筑业发展中的“福利量”就要改变现有的建筑业生产方式，使建筑业发展模式从粗放型向集约型转变。在这一转变过程中，不仅要研究和推广建筑业生产中各类集约型技术，还要不断降低新建建筑在建筑业生产中的份额（目前，我国建筑业产值很大一部分由新建建筑量增长所贡献），逐步形成以建筑改建、扩建为主的建筑业生产格局，使建筑业发展与新建建筑增量之间的高度相关关系得以解脱，减少因新建而产生的旧建筑拆除废弃物和新建建筑施工废弃物，真正实现在建筑业发展前提下的建筑废弃物“减量化”。

2. 建筑废弃物管理的源头减量与处置资源化的协调发展

可持续理论指导下的建筑废弃物管理应体现源头减量的最优先策略。然而，实现根本性的源头减量是以全社会发展指引标准的转化、建筑业发展模式的转变为提前的，这些转变归根结底又涉及人类意识的根本转变，并受到建筑业发展模式的巨大惯性制约。因此，新时期的建筑废弃物管理除了需要长期坚定不移地积极实施各种科学合理的源头减量化管理之外，更为有效而积极的管理方法就是最大限度地资源化处置建筑废弃物，使其变废为宝。另外，对于建筑废弃物资源化处置产品主管部门要进行适当的市场干预，使建筑废弃物资源化过程融入经济发展体系之中，使其能可持续生存和发展。

3. 全社会公平参与建筑废弃物管理

可持续发展理论中包含公平性原则，社会成员具有公平的发展权、公平的资源利用享受权以及公平地承担保护生态环境的责任与义务。因此，可持续发展的建筑废弃物管理应该是全面化、综合化的管理，需要公众、建筑废弃物生产者、资源化处置者、建筑废弃物主管部门等社会成员共同承担管理责任与义务。

（二）循环经济理论对建筑垃圾资源化的指导作用

循环经济理论已通过立法的形式逐渐成为我国社会经济发展的重要指导性理论，它将为建筑业和环保业的未来发展指明方向，并为建筑废弃物资源化利用的研究提供理论指导依据。

1. 建筑废弃物管理的技术经济特征

循环经济理论指导下的建筑废弃物管理要体现三大技术经济特征：①减少建筑生产过程中的资源、能源消耗，提高资源利用率，减少建筑废弃物源头产量；②延长和拓宽生产技术链，将建筑废弃物尽可能在施工（包括建筑拆除施工、新建和改、扩建施工）企业内部进行处理，减少建筑废弃物外运填埋量；③对需要外运处置的建筑废弃物，企业将其集中分类回收，交由代谢性质的建筑废弃物资源化处置企业进行处理。另外，国家层面上要鼓励和支持扩大环保产业与资源再生产业规模，最大限度地减少初次资源的开采，最大限度地利用可再生资源，最大限度地减少建筑废弃物污染。

2. 建筑业发展循环经济的两类循环模式分析

根据建筑废弃物管理三大特征分析，建筑业发展循环模式分析如下。

第一类循环模式如图 3-13 所示，此类模式存在于建筑生产中，主要涉及建筑规划、设计、施工、建筑废弃物处理等环节，要求各环节主体积极节约有限的自然资源、充分开展利用可再生资源（如建筑废弃物再生利用或资源化处置等）的措施行为。

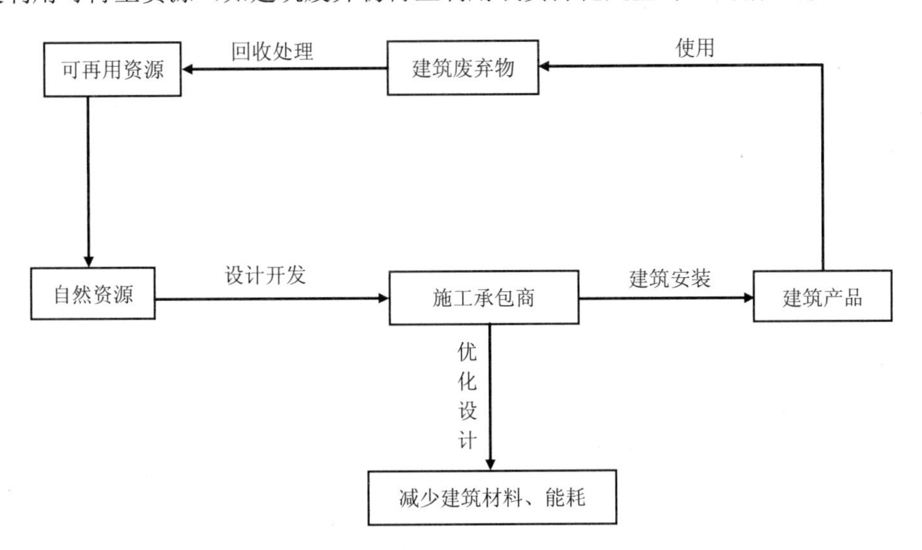

图 3-13 建筑生产层面上节约自然资源的循环模式示意图

第二类循环模式如图 3-14 所示，建筑企业与跟建筑业生产相关的多个企业之间形成企业间的工业代谢和共生关系，并围绕一个核心企业形成“生态链”。例如，可以把某水泥生产厂家作为核心企业，在为建筑企业提供水泥及制品的同时，建筑企业生产的建筑废弃物可作为水泥的原料。另外，水泥生产中的矿渣可作为墙体材料厂家的原料，水泥包装袋也可回收再利用，热能又为其他企业提供能源。

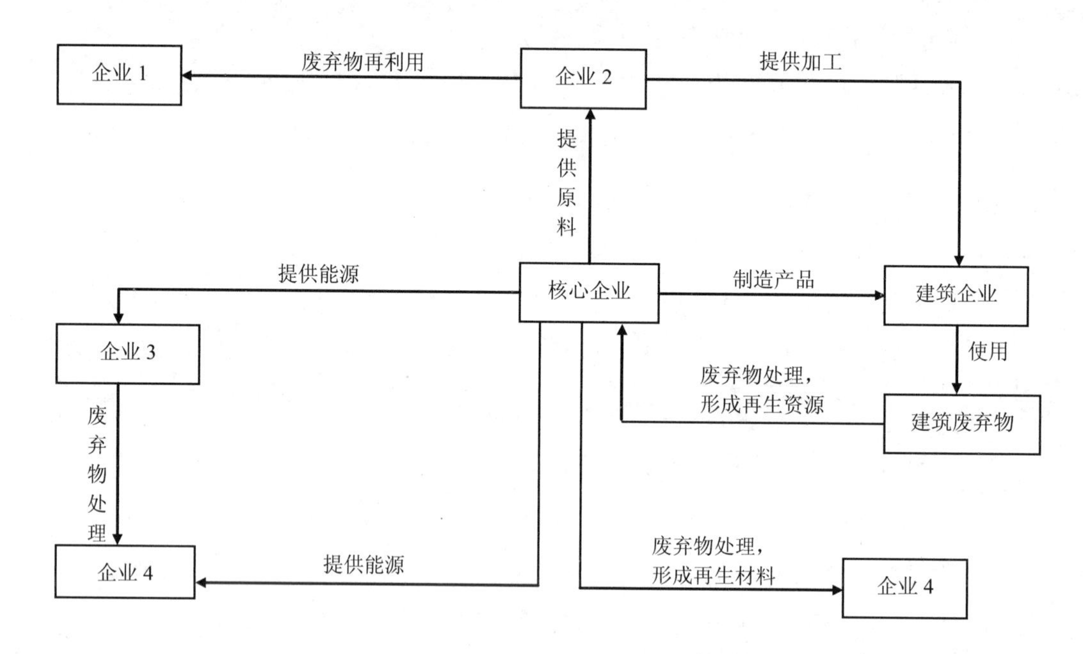

图 3-14　企业共生层面上的资源循环模式示意图

（三）建筑废弃物资源化的原则

基于上述理论指导性分析，可见现阶段建筑废弃物管理应体现一种全过程的建筑废弃物资源化管理，其管理原则也由原来的末端管理中的“无害化、减量化、资源化”发展成全过程资源化管理中的“减量化、资源化、无害化”。

1. 建筑废弃物资源化的内涵

从可持续发展理论、循环经济理论方面来看，建筑废弃物资源化的内涵有狭义和广义两个方面。建筑废弃物资源化的狭义方面主要是指建筑废弃物的处置采用资源化的处置方式，即从建筑废弃物中回收有用物质和资源，目前建筑废弃物资源化处置方式大致包括 3 个方面：①物质回收，即从建筑废弃物中回收二次物质，如从建筑废弃物中回收废塑料、废金属料、废竹木、废纸板等；②物质转换，即利用建筑废弃物制取新形态物质，如利用废混凝土生产再生混凝土的骨料或再生混凝土制品；③能量转换，即从建筑废弃物处理过程中回收能量，生产热能或电能，如通过建筑废弃物中的废塑料、废纸板和废竹木的焚烧处理回收热量或进一步发电，利用建筑废弃物中的废竹木作燃料生产热能。通过上述 3 个方面的建筑废弃物资源化处置方式，可使建筑废弃物从传统简单的末端填埋处置向利用建筑废弃物资源形成再生原料方向转变。

然而，建筑废弃物是一种特殊的“错位资源”，并非符合传统意义上的“资源越多越好”概念，因此建筑废弃物资源化的广义内涵就是将建筑废弃物的资源化处置外延至建筑废弃物的减量化控制，从而形成减量化控制与资源化利用相结合的全过程建筑废弃物资源化。广义的建筑废弃物减量化是指开展建筑业的“清洁生产”，减少建筑废弃物的产生量和排放量，这不仅要求减少建筑废弃物的数量和减少其体积，还包括尽可能减少其种类、降低其有害成分的浓度、减轻或消除其危害特性等。为了全面而系统地说明问题，本章正是从广义方面来分析、研究推进建筑废弃物资源化的管理方法。

2．建筑废弃物资源化的原则

在分析建筑废弃物资源化内涵的基础上，开展建筑废弃物资源化主要体现以下原则：

（1）产生源优先原则

建筑废弃物资源化的最高理想化目标是建筑废弃物“零排放”，而最容易达到“零排放”的状态就是建筑废弃物的“零产生”，因此建筑废弃物资源化的最优先原则就是对产生源控制。建筑废弃物产生源控制的目标就是实现“源头减量”，加强建筑废弃物产生源头的管理，即从建筑的全生命周期、全过程管理方面考虑，在建筑的规划、设计、施工和拆除各个阶段进行仔细的规划、设计和组织实施，力求减少建筑废弃物的产生。

（2）原地资源化原则

全过程的建筑废弃物资源化不再局限于处理与利用过程中通过工程技术手段来实现的资源化处理的目标，而是从建筑废弃物的产生领域就开始对其再利用。城市建筑废弃物产生于新建筑的建设场地和旧建筑的拆除场地，一般还要在原地继续建设，可以在原地资源化建筑废弃物，以减少清运费用。例如，美国 CYCL EAN 公司采用微波技术，可以 100%的回收利用旧沥青路面料，其质量与新拌沥青路面料相同，同时成本可降低 1/3。因此，在对于产生建筑废弃物的资源化过程中，其资源化优先次序即为建筑废弃物现场再利用、集中资源化处理、最终填埋。

（3）适材适用原则

建筑废弃物的组成因地区经济发展水平、建筑结构、拆除方式不同而变化，但其基本组成是一致的，应根据不同材料的性质进行资源化利用。

（4）全过程“无害化”原则

建筑废弃物资源化本身就是一个环保范畴的项目，更应当注意加强环保意识。建筑废弃物的全程“无害化”就是在保留对建筑废弃物末端处理、处置过程产生的环境影响加以无害化控制的基础上，在建筑废弃物产生领域的分类回收管理、建筑废弃物资源化产品使用方面的管理都遵循“无害化”原则，即通过法规化的管理手段对建筑废弃物产生源中的有害或危险成分加以分流管理，保证惰性、非惰性建筑垃圾的分类处置；保证在建筑废弃物资源化处理、利用过程中“次生垃圾”的排放安全；保证资源化产品再利用时安全，确保资源化利用时的经济与技术性最大化的同时，不会对人体健康造成伤害。

（5）市场和政策扶持原则

建筑废弃物主管部门应改革现有的管理体制，转变运行机制，政企分开、明确各自的责权利关系，政府负责城市环境卫生的规划和宏观调控，以及环境卫生基础设施建设等；在市场机制和利益驱动下，鼓励在社会中积极成立建筑处理处置企业，进行废弃物的回收、分选、中转运输和处理等具体工作，在政府的宏观调控和政府扶持下对相应的市场化处理行为进行干预与扶持。

我国建筑废弃物还没有实施分类收集，其资源化需经过收集、运输、分选、粉碎、加工等环节，生产费时费工，而按垃圾处置（如填埋）费用很低，资源化费用高于填埋费用。而且我国资源税普遍较低或不收取，天然原料价格偏低，造成再生建材的成本和价格高于原生建材。因此，应对建筑废弃物资源化项目在土地、信贷、税收上给予扶持，还可将收取的建筑废弃物处置费补贴到再生利用上，提高再生建材的市场竞争力。

（6）产业化运作原则

建筑废弃物资源化利用的“产业化”就是把处理建筑废弃物作为一个新兴的产业领域来培育，并深入探讨如何使建筑废弃物资源化利用形成新的产业化。施工单位、建设单位资源化建筑废弃物，也只能利用其中的一部分，只有实施产业化运作，才能提高其资源化率，并且降低其成本。建筑废弃物的产业化运作涉及旧建筑拆除、废弃物收集、运输、加工、再利用等内容。旧建筑拆除，采用人机混合拆除方式，尽量保持材料的完整，使其可再利用。分类收集建筑废弃物，在原址加工成粗骨料、再生混凝土等低等级建材。

四、城市建筑废弃物资源化利用的生产工艺技术

随着国民经济的发展和生活水平的提高，源源不断的装饰装修垃圾已成为污染环境、困扰市民的社会问题。若采取简易混合处理方式，无害化程度极低，而且与社会和谐发展极不适应。所以应按照可持续发展战略的基本要求，选用技术可靠、经济适用、环境达标的处理技术，从根本上实现建筑废弃物减量化、资源化、无害化的治理目标。

目前，处于中、高级别的建筑废弃物资源化利用生产技术主要表现为物质转换和能量转换的特点。大量资料显示，现阶段，企业进行建筑废弃物资源化利用的生产技术大多为物质转换类型，而能量转换类型的建筑废弃物资源化利用生产技术的推广适用面不大，这主要受技术和投资成本方面制约。因此，一方面要继续加强对物质转换方式的建筑废弃物资源化利用生产技术的研究及其实际推广力度；另一方面也要从国家长远的角度来看，逐渐加大对能量转换方式的建筑废弃物资源化利用生产技术的研究工作，提高其能量产出率。

针对建筑废弃物中数量最大的废弃混凝土，从目前的研究与应用情况来看，其资源化即再生集料、再生混凝土和制砖技术已基本成熟，而针对成分较复杂的装潢垃圾，我国的资源化生产技术仍处于初步发展阶段。

（一）再生骨料技术

再生骨料技术就是利用建筑废弃物中混凝土及砖石砌体残骸碎片，经过一系列的处理，形成了循环再生骨料。其中，粒径 5～40 mm 的为再生粗骨料，粒径 0.15～0.25 mm 的为再生细骨料。

再生骨料一般有两大应用领域：①用在道路工程中，如道路工程的基础下垫层、素混凝土垫层、道路面层等；②用在钢筋混凝土结构工程中。在工程应用中，对再生骨料的强度、粒径、洁净水平等方面提出较高要求，对再生骨料拌制的混凝土的工程特性（强度、应力应变、弹性模量、收缩等）也有质量控制技术参数的要求。目前，关于再生骨料的研究也大多基于上述两个方面要求。

图 3-15 为常见的建筑废弃物生产再生骨料的工艺流程，建筑废弃物运输至厂内露天堆场后，先根据情况用镐头机将大块物振碎解体，人工分拣出部分木质类、塑料类和金属类等废弃物后，由铲车装运进振动喂料机送入一级破碎机进行初级破碎，经三级振动筛进行分选，根据不同用户需要，再经过二级和三级破碎，品质技术条件符合《房屋

渗漏修缮技术规程》（JGJ/T 53—2011）和《普通混凝土用砂、石质量及检验方法标准》（JGJ 52—2006）要求的再生料。在各级破碎机进料口前均安装有磁选装置，对金属类废弃物进行再次剔除。

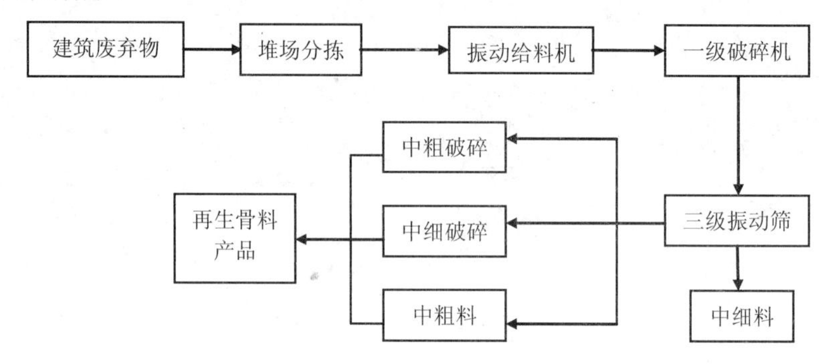

图 3-15　再生骨料生产工艺流程

图 3-16 为上海元亨利通新型建材有限公司利用回收的建筑废弃物生产的几种不同粒径规格的再生骨料，其中 0～5 mm 的再生集料占 20%，可生产混凝土路面砖；5～15 mm 的占 15%，可生产透水砖；15～30 mm 的占 20%，可制成水稳碎石；30～65 mm 的占 45%，可配制三渣路基材料；部分碎石还可用作人行道垫层。

（a）0～5 mm　（b）5～15 mm　（c）15～30 mm　（d）30～65 mm

图 3-16　不同粒径的混凝土再生骨料

（二）再生混凝土技术

部分或全部利用再生骨料可配制再生混凝土。1977 年，日本就相继在国内各地建立以处理混凝土废弃物为主的再生加工厂，主要生产再生水泥和再生骨料。其最大生产效率可达 100 t/h。自 20 世纪 90 年代，发达国家在再生混凝土方面的开发利用研究已取得了重大成就。2001 年，可持续发展研究机构（SRL）为再生混凝土骨料提供了环保标准。

再生混凝土的生产工艺技术前段与图 3-15 再生骨料生产技术相同，只是在后续阶段加上配料系统。

废弃陶瓷再生砂配制的砌筑砂浆相同强度等级下抗压强度甚至比天然砌筑砂浆还高；建筑废弃物中无机渣经粉磨后作为水泥混合材是可行的，对 P·I 型硅酸水泥细磨后，使其比表面积达 432.2 m^2/kg 时，掺入 20%无机渣的水泥，其 28 d 胶砂抗压强度可达 54.1 MPa，且凝结时间、安定性等指标均达到国家标准；碎砖再生混凝土技术上是可行的，并通过掺加适宜的塑化剂、粉煤灰和采取将集料预湿等技术措施，改善和提高混凝土拌合物的黏聚性、保水性和流动性等工作性能，可满足施工或制品成型工艺要求。另外，在相关研究中还发现：若采用加热、磨砂技术生产再生混凝土骨料，其质量与天然骨料具有同样功能，以此骨料所形成的再生混凝土完全可以用于建筑工程中梁、板、柱等重要受力构件。目前，我国香港特区以大量推广应用废弃混凝土再生骨料，加工处理之后的再生骨料品质可以满足混凝土配制要求。再生混凝土具有以下特性：①抗渗性：由于再生骨料的孔隙率较大，基于自由水灰比设计方法之上的再生混凝土的抗渗性比普通混凝土低。②抗硫酸盐侵蚀性：由于孔隙率及渗透性较高，再生混凝土的抗硫酸盐和酸侵蚀性比普通混凝土稍差。③再生骨料的抗磨损性较差，从不同强度的基体混凝土中得到的再生骨料其抗磨性不相同。用再生骨料混凝土的抗磨性比普通混凝土低 12%。试验表明，随着再生骨料尺寸的减小，其抗磨性明显降低。原因是再生骨料尺寸越小，其含有硬化砂浆颗粒的概率越大，而砂浆的抗磨性较差。再生骨料的抗磨损性较差导致了再生混凝土的抗磨性较差。④干缩比高：用再生骨料的混凝土的干缩比普通混凝土高 25%。⑤再生混凝土的抗冻融性比普通混凝土差。再生骨料与天然骨料共同使用时或通过减小水灰比可提高再生混凝土的抗冻融性。

（三）新型砌筑材料技术

1997 年，上海市建筑构件制品公司就开始利用建筑工地爆破拆除的基坑支护等废弃混凝土制作混凝土空心砌块，其产品各项技术指标完全符合上海市标准《混凝土小型空心砌块工程施工及验收规程》（DG/TJ 08-20006—2000）。利用碎砖块和碎砂浆块生产多排孔轻质砌块技术取得成功。南通市兴发建筑节能材料公司积极进行该建筑再生砌块的生产，产品投放市场后深受欢迎，现已在南通市多项重点工程中广泛应用。利用旧建筑拆迁下来的碎砖块和碎砂浆块作为骨料生产混凝土小型空心砌块，其产品质量符合《轻集料混凝土小型空心砌块》（GB/T 15229—2011）的要求。利用废旧丝切砖和模具制砖作为粗骨料与普通波兰水泥（43 级）、天然河砂及适量水配合制成再生混凝土砌块可以做载重墙体的砌块。

上海某新型建材有限公司自成立以来，一直致力于建筑废弃物的资源化处置工作，该公司主要生产混凝土再生骨料、路基水稳材料和各种混凝土建材制品，如混凝土路面砖、植草砖、河岸护坡砖等，主要生产工艺技术如图 3-17 所示。

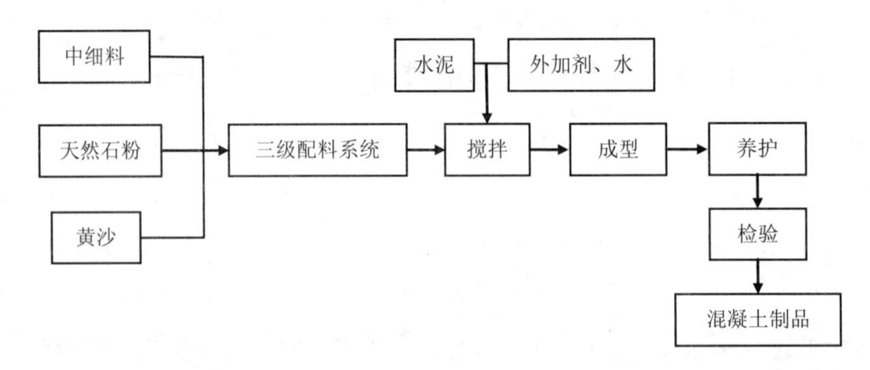

图 3-17　建材制品生产工艺流程

除上述三种主要的建筑废弃物资源化利用技术之外，还有对废旧沥青、木材等建筑废弃物的资源化利用技术。这些资源化利用技术为建筑废弃物资源化利用提供了坚实的技术支持与保障。

因此，发展市场化形式的建筑废弃物资源化回收利用是提高建筑废弃物资源化利用率的根本途径。另外，要实现企业形式的建筑废弃物资源化回收、利用，较一般企业而言，在市场化发展的初级阶段更需要相关的职能部门给予大力支持与保障，在保证建筑废弃物来源的基础上，配合企业的经营发展，促进建筑废弃物资源化产品的市场转化，从而确保建筑废弃物资源化处置的市场化不断深入。

（四）环保工艺技术

建筑废弃物资源化本身就是一个环保范畴的项目，更应当注意加强环保意识。一方面，建筑废弃物的堆积应与其他建材隔离，避免污染其他建材；另一方面，建筑废弃物资源化项目应在噪声、粉尘、烟尘、污水等方面避免二次污染。因此，在建筑废弃物资源化利用生产项目的实施过程中，还必须采用相应的环保工艺技术，即大气污染、水污染及噪声污染控制技术。例如，在破碎和筛分过程中各扬尘点分别采用雾化喷头水浴除尘技术和 ZXMC-180 袋式收尘器对含尘气体进行净化处理后达标排放，除尘效率达 98%以上，收集的粉尘再作为制品原料再利用；生产及场地冲洗用水可全部循环利用；生产全线采取封闭或半封闭方式，以降低噪声污染；金属类废弃物回收再用，塑料、泡沫类可再造粒或制生物柴油，木质类废弃物可作为燃料。

五、城市建筑废弃物资源化利用的生产示范

建筑废弃物也是资源，只要合理利用，就可以发挥其价值。国家应该通过开展建筑废弃物资源化利用示范项目，让大家了解和接受建筑废弃物的资源化，并对建筑废弃物再生利用起到引领和示范作用。虽然现已涌现大量建材再生的研究成果，实际投产的比例却十分有限。国内目前仅有 10 余家规模化的生产示范基地。本章对邯郸、都江堰、上海等地区几项生产示范工程做简要介绍。

（一）全有建筑垃圾制砖有限公司

目前，邯郸市是全国建筑废弃物回收利用最好的城市。近几年，邯郸市相继出台了一系列对建筑废弃物的综合管理政策（如《邯郸市城市建筑垃圾处置管理规定》《邯郸市城市市容环境卫生管理条例》）和措施，创出一套“五化”建筑废弃物综合管理体制，包括管理源头化、措施制度化、市场准入化、车辆密闭化和处置资源化。邯郸市政府一方面严把建筑废弃物管理源头，规范运输市场，健全管理制度，构建长效综合管理机制；另一方面利用市场化运作手段，扶持筹建了全有建筑垃圾制砖有限公司，该公司是我国首家利用建筑废弃物资源生产生态建材的企业。

全有建筑垃圾制砖有限公司总投资 1.6 亿元，占地 260 余亩，年处理建筑废弃物 40 余万 t。企业利用拆迁建筑物形成的废旧混凝土、砖瓦、灰渣、陶瓷等为原料，并配比一定数量的粉煤灰和水泥，主要生产不同规格型号的建筑废弃物多孔砖、标准砖、异

形砖、小型空心砌砖、空心砖、环保装饰砖、荷兰砖以及轻质墙板等，基本上可以把邯郸市的建筑废弃物全部利用。邯郸市建设的 32 层的金世纪大厦，所用的砖全部是由建筑装修垃圾制成，经检验，工程质量良好。

"邯砖"生产表现出"三节""三洁""三化"的特点，即用建筑废弃物制砖具有节能、节水、节煤和空气洁、环境洁、生产洁的特点，可以实现建筑垃圾的减量化、资源化和无害化。全有公司除"邯砖"外，还研制出了建筑废弃物室内外隔墙，经检验和专家认定，该产品属轻质混凝土墙体，能减少主体结构的承重、加快施工速度、增加建筑的使用面积。

（二）都江堰地震废弃物产业化处置示范工程

2006 年，上海德滨环保科技有限公司以建筑垃圾资源化成套技术获得科技部国家创新基金支持。2007 年，其"100 万 t 建筑废弃物资源化大型成套装备"获得上海市重大技术装备专项支持；"大掺量再生建材生产与应用技术"获得上海市资源综合利用专项支持。这 3 个项目奠定了上海德滨环保科技有限公司在建筑废弃物资源化技术开发方面的地位。2007 年年底，"潜伏"了 3 年的上海德滨环保科技有限公司以其立体布局、模块组合等很多技术优势，击败国外众多竞争对手，首套 50 万 t/a 建筑废弃物资源化成套装备在广东东莞安装、调试成功，并投入使用，而且完全达到设计研发目标。

所谓建筑废弃物资源化是个系统工程问题，实现建筑废弃物资源化，涉及科学收集、科学处置再生、科学再利用三大挑战，除此之外，这类企业还要有高度的社会责任感，长远、清晰的战略规划和雄厚的技术、资本实力。基于这些考虑，2008 年，上海德滨环保科技有限公司在四川都江堰投资运营了国内第一个年产 100 万 t 的建筑废弃物资源化示范基地。至此，德滨成功完成了从建筑废弃物资源化设备供应商到产业引导者的转型。

2010 年 3 月 24 日，德滨公司投资建设和运营的都江堰建筑废物资源产业化处置示范工程，通过了四川省建设厅、省发改委、省经信委联合组织的验收。依托于科技部的"地震灾区建筑垃圾资源化与抗震节能房屋建设科技示范"项目，针对地震灾区实际情况，项目开发和示范了四种不同体系的抗震节能示范房屋，形成了建筑废弃物资源化产品生产工艺和成套技术等，对建筑废弃物再生利用起到引领和示范作用。同时，专家也认定该示范项目具有产业化水平，工艺技术合理，项目达到《四川省汶川地震建筑废弃物资源化实施指南》的相关要求，具有示范和推广意义。

（三）上海寰保渣业处置有限公司

上海寰保渣业处置有限公司早已具有一套成熟的城市垃圾焚烧飞灰等有毒有害危险废弃物收集、运输、处置、利用管理办法，且拥有年处理 10 万 t 炉渣的新型土木环境材料生产基地。在原有设备的基础上，该公司租用浦东新区焚烧厂北侧土地（现为浦东陆家嘴开发区与北蔡联勤村土地，总面积为 40 亩左右）作为建筑废弃物利用基地，应用产业生态学的原理，结合建筑废弃物制砖的工艺条件，建立了一条建筑废弃物制砖示范线，主要从事建筑废弃物粉碎、配料储存以及建筑废弃物再生制品的生产、保养和存放，有效地将浦东新区产生的建筑废弃物资源化。

上海寰保渣业处置有限公司的建筑废弃物资源化生产基地以公司模式运营生产，主要人员配置如下：总经理、副经理、生产、销售、财务和行政等部门，建筑废弃物预处理生产线操作工 24 人，建筑废弃物再生制品生产操作工 10 人，部分生产岗位外包。

建筑废弃物制砖示范线的关键设备由上海寰保渣业有限公司自主研发，其中多个设备已申请国家专利。表 3-15 为产线主要设备的规格型号。

表 3-15　主要设备规格型号

序号	名称	规格型号
1	破碎机	PF
2	振动筛	YA 圆振动筛
3	鼓风机	T4-74 通风机
4	磁选机	RCTG 永磁除铁机
5	涡电流分选机	平板式非铁金属分选机
6	皮带输送机	B1000，B650
7	附属设施	

（四）上海浦东金元路基材料有限公司

上海使久环保建材有限公司系上海浦东金元路基材料有限公司下属企业，注册地在浦东，选地闵行陈行镇，占地 42 亩，距徐浦大桥 6 km，距卢浦大桥 10 km，地址位置优越，预计可年消耗建筑装修垃圾 50 万 t，生产再生骨料 40 万 t。再生骨料可用于制造 EF 建筑板材、EF 混凝土、EF 砂浆、EF 砌块等生态建材。此类生态建材具有孔隙率大、容量轻、保温隔热性能优越等特点，是天然砂石建材的有益补充，是我国建筑建材业循环经济需要发展的品种。

主要设备：为提高生产能力，防止生产过程中产生粉尘、噪声等污染，公司采用国家科技创新基金项目［编号：06（6213100898）］成套技术和装备，生产全过程在较封闭状态下进行，生产中产生的粉尘可回收作替代原料用于生产。大型路桥拆除时的混凝土柱体也能通过公司成套设备进行粉碎处理并资源化。图 3-18 和图 3-19 为金元路基材料有限公司的建筑废弃物原料堆场及生产设备组图。

随着城市的发展，道路大建设将逐趋放缓，城区的改造，亦将产生大量建筑废弃物，如何将这些废弃物一并消化、利用，已纳入金元公司的二期工程，目前工程正处于试运行阶段。

图 3-18　建筑废弃物原料堆场

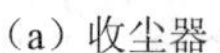

（a）收尘器

（b）振动筛

（c）皮带输送

（d）生产线总图

图 3-19　上海浦东金元路基材料有限公司设备组图

（五）上海元亨利通新型建材有限公司

上海元亨利通新型建材有限公司注册地在浦东，现有固定资产净值 1.2 亿元，员工 119 人，其中中级及以上职称各类专业人员 17 人。公司多年来一直致力于建筑废弃物资源化综合利用项目的研究和生产示范，2008 年 4 月，为配合中环线浦东段及浦东机场北通道建设工程废弃混凝土再生利用的需求，投资 3 230 万元建成一条年产 60 万 t 再生建筑集料（主要是路基水稳层集料）破碎生产线和一条年产 30 万 m^2 混凝土制品自动砌块成型机生产线（该系统更换模具可年产 20 万 m^3 空心砌块墙体材料及其他各种砌块制品）。

自建成以来，该公司共计处置建筑废弃物 80 余万 t，其中处置中环线浦东段、机场北通道工程建筑废弃物近 20 万 t，累计生产公路路基水稳层、“三渣”等材料 80 万 t，混凝土路面砖 20 余万 m^2，其中用于中环线浦东段、机场北通道工程水稳碎石、“三渣” 15 万 t，混凝土路面砖 12 万 m^2。该工程顺利通过竣工验收，取得了很好的循环利用效果，得到了建设方、施工方及社会各界的赞誉。此应用技术已申报上海市科委科技支撑计划项目（编号：08DZ1204002）“浦东国际机场北通道节能减排综合技术应用研究”专项科研课题。

为进一步实现节能减排，大力发展循环经济，为构建资源节约型、环境友好型社会做出更大贡献，公司于 2010 年 6 月会同上海市环保局废弃物管理处、同济大学、上海大学组成产学研联合体，承担上海市科委 2010 年度“科技创新行动计划”“城市建筑废弃物资源化综合利用技术研究”专项科研课题项目（编号：10231202002），深入开展各项研究工作。根据上海市科委要求，公司再投资 6 014.59 万元，增建建筑废弃物年综合处置量达 100 万 t 的示范项目生产基地；同时，根据浦东新区环保局要求，投资安装了年综合处置 20 万 t 装潢垃圾的生产流水线，该生产线已于 2011 年 2 月 28 正式建成并进入试生产阶段。

（六）废弃混凝土资源化利用示范生产线

1. 概述

在所有的建筑废弃物中，废弃混凝土的数量最大。据不完全统计，目前我国每年产生的废弃混凝土已达 1 亿～2 亿 t。但是，除小部分废弃混凝土被用于施工场地平整、低洼地区填埋外，大部分堆放在郊区的垃圾填埋场，这不但占用了大量土地，而且处理费用高。另外，清运和堆放过程中的遗撒和粉尘、灰砂飞扬等又造成二次污染；混凝土的弱碱性造成大量土壤失活，严重破坏了生态环境。对废弃混凝土进行回收利用，将废弃混凝土资源化，加工成再生集料进而配制成再生混凝土，不仅可以实现回收利用，而且可解决部分环境问题，具有明显的社会效益、经济效益和环境效益。近年来我国在该方面进行了较为广泛深入地研究与工程应用，取得了大量的研究成果。

2. 生产工艺技术

表 3-16 是亨利通新型建材有限公司废弃混凝土资源化利用生产线的主要设备，该公司的废弃混凝土收集与处置路线图及混凝土制品生产工艺流程基本同再生骨料和新型砌筑材料的生产工艺流程。根据目前国内再生骨料技术和再生混凝土技术，可以将回收的废弃混凝土制成再生骨料、再生混凝土或路基水稳材料。根据建筑废弃物制砖技术，即建筑废弃物粉碎成颗粒和粉末，配合一定比例的粉煤灰和水泥，经过搅拌、预养等工序后，即可生产出不同标号的标砖和多孔砖。根据已有的性质分析试验和工程性能测试试验表明，建筑废弃物制成的砖块具有强度高、自重轻、耐久性好、外形尺寸规整以及良好的保温隔热性能等优点，是优质建筑材料。

表 3-16　主要生产设备一览表

设备名称	规格型号	生产厂家	数量	单位
振动筛	S22-YKJ180×540	通惠机械制造公司	1	台/套
颚式破碎机	PEX250×1000		2	台/套
颚式破碎机	PE600×900		1	台/套
振动给料机	ZSW3800×950		1	台/套

设备名称	规格型号	生产厂家	数量	单位
袋式收尘器	ZXMC-180		1	台
自动砌块成型机	QFT10-15	泉州市三联机械制造公司	1	台
送板机、出砖机			1	台/套
液压站			1	台
叠板机			1	台
双卧轴强制式搅拌机	JS-750		1	台
圆筒式搅拌机	JZ250		2	台
三级配料机	SL1200		1	台
螺旋输送机	DZ200		1	台
砌块成型机	QTJ3	常州明辉机械厂	1	台
变压器	250 kVA		2	台
电子地磅	80 t		1	台
蒸汽锅炉	4 t/h	上海	2	台
铲车	5 t	合力公司	5	辆
叉车	3 t	合力公司	4	辆
三级计量配料秤	SL1200	泉州市三联机械制造公司	1	台
压力试验机	DYE-2000	无锡德佳意试验仪器厂	1	台
低温箱	DWX	北京京丽低温仪器厂	1	台
电热鼓风干燥箱	101A	上海试验仪器厂	1	台
温湿度表	HM10	上海气象仪器公司	1	支
精密电子天平	MP200B	上海良平仪器仪表公司	1	台
称重显示器	XK3100	上海友声衡器公司	1	台
砖用卡尺	ZK-1	浙江精密量具公司	1	把
分析筛	0.075～16 mm	浙江上虞道墟筛具厂	1	套

3. 环境数据分析

元亨利通公司建筑废弃物资源化利用项目的实施，对环境基本无负面影响，生产过程中大气污染、水污染、噪声污染均采用相应的控制技术。例如，破碎和筛分过程中各扬尘点分别采用雾化喷头水浴除尘技术和ZXMC180袋式收尘器对含尘气体进行净化处理后达标排放，除尘效率可达98%以上，收集的粉尘再作为制品原料再利用；生产及冲洗用水全部可循环利用；生产全线采取封闭或半封闭方式，以降低噪声污染。在项目投产初期，公司已经委托上海师范大学环评专家负责该项目的环境影响评价工作，主要污染物产生及预计排放情况如表3-17和表3-18所示。全过程无二次污染，资源综合利用率可达90%以上。

表 3-17　建筑废弃物再生利用项目主要污染物产生及预计排放情况

类型	排放源	污染物名称	处理前产生浓度及产生量	排放浓度及排放量
大气污染物	运送材料	扬尘	—	—
水污染物	生活污水（0.3 t/d）	COD_{Cr} NH_3-N SS	300 mg/L，0.9 kg/d 25 mg/L，0.008 kg/d 350 mg/L，1.05 kg/d	＜300 mg/L，0.9 kg/d ＜25 mg/L，0.008 kg/d ＜350 mg/L，1.05 kg/d
	场地冲洗废水	SS	沉淀后清水用于生产，沉渣作为回用原料	
固体废物	沉淀池 生活垃圾	沉渣 生活垃圾	约 200 kg/d 约 2 kg/d	回收利用 约 2 kg/d
噪声	主要为破碎机产生的噪声、运送材料及产品的车辆所产生的噪声，最大噪声为 65～85 dB（A）			
其他	—			
主要生态影响：无				

表 3-18　建筑废弃物再生制品项目主要污染物产生及预计排放情况

类型	排放源	污染物名称	处理前产生质量浓度及产生量	排放质量浓度及排放量
大气污染物	运送材料	扬尘	—	—
水污染物	生活污水（0.75 t/d）	COD_{Cr} NH_3-N SS	400 mg/L，8 kg/d 25 mg/L，0.019 kg/d 350 mg/L，7 kg/d	＜300 mg/L，6 kg/d ＜25 mg/L，0.019 kg/d ＜350 mg/L，7 kg/d
	场地冲洗废水	SS	沉淀后清水用于生产，沉渣作为回用原料	
固体废物	沉淀池 生活垃圾	沉渣 生活垃圾	约 150 kg/d 约 4.5 kg/d	回收利用 约 4.5 kg/d
噪声	主要为项目砌块成型机产生的噪声及运送材料及产品的车辆所产生的噪声，最大噪声约为 75 dB（A）			
其他	—			
主要生态影响：无				

（七）装潢垃圾资源化利用示范生产线

1．概述

装饰装修垃圾作为建筑废弃物中较为特殊的一类，它产生于城市区域内的室内、室外装潢过程中，通常称装潢垃圾，占城市垃圾总量的 5%～10%。与其他的城市固体废物相比，装潢垃圾具有其特殊性，首先表现在产生位置的相对集中，主要是建设中或已经完工的建筑工地、居民小区内、公共场所和企事业单位等；其次是组分的复杂性，由于材料品种多样，组分相应复杂，其中含有一定量的有毒有害成分，如胶黏剂、灯管、废油漆和涂料及其包装物、壁纸、人造板材以及一些人工合成化学品等。若采取简易的填埋处置方式，不仅从可持续发展角度来说不科学，而且会对填埋场周边的环境造成严重的污染。

随着经济的持续快速发展和人们生活水平的提高，居室装修也成为一种时尚和潮流，装潢使用的材料也越来越复杂，同时也产生了大量不利于环境的装潢垃圾。据统计，装潢过程中一般每平方米的建筑面积将要产生 0.1～0.4 m^3 的垃圾，其值的浮动与装潢的精致程度及要装修的房屋原状有关。上海市每天产生的装潢垃圾就达数千吨之多，其中浦东新区就占 30%左右，约 20 万 t/a，且年均增长率在 10%左右。

2．原料情况分析

上海元亨利通新型建材有限公司 2011 年 3 月从浦东三林地区垃圾堆场运进一批装潢垃圾，将新建的装潢垃圾资源化利用生产线投入使用。由于此批垃圾堆积时间较久，其中很多成分已经变质，因此较常规的装潢垃圾有很大区别。经分拣后的各种物质组成参见图 3-20。

图 3-20　装潢垃圾主要物质组成

经统计分析，其各种物质的质量及其比例如表 3-19 所示，本公司可利用部分（混凝土、砂浆及砖瓦石块）占总量的 50.22%，计 1 231.79 t；完全废弃、需填埋或焚烧处置的成分占 49.59%，计 1 212.27 t；可回收的橡塑类占 0.041%，计 0.991 t；金属类占 0.005%，计 0.117 t；木质类占 0.143%，计 3.5 t。垃圾处置后的再生集料，用于曹路镇征迁安置小区的路基底层填料的共 100 t，用作透水砖（1 000 m^2）及路面砖（2 000 m^2）原料的共 250 t。

表 3-19　装潢垃圾分类统计明细表

<table>
<tr><th>类别</th><th>重量/t</th><th>比例/%</th><th>备注</th></tr>
<tr><td>混凝土、砂浆、砖瓦等</td><td>1 231.79</td><td>50.22</td><td>公司可利用</td></tr>
<tr><td>金属类</td><td>0.117</td><td>0.005</td><td rowspan="3">0.19%
可回收利用</td></tr>
<tr><td>橡塑类</td><td>0.991</td><td>0.041</td></tr>
<tr><td>木质类</td><td>3.5</td><td>0.143</td></tr>
<tr><td>废纺织品类</td><td>4.08</td><td>0.165</td><td rowspan="3">49.59%
完全废弃，需填埋或焚烧</td></tr>
<tr><td>渣土</td><td>956.59</td><td>38.615</td></tr>
<tr><td>生活垃圾等杂物</td><td>280.21</td><td>11.311</td></tr>
<tr><td>总量</td><td>2 477.278</td><td>100</td><td></td></tr>
</table>

3. 工艺技术

装潢垃圾的成分复杂而不稳定，资源化综合利用前需先对其进行分选，分选的效果由资源化物质的价值和是否可以进入市场及其市场销路等重要因素决定；分选的目的是将废物中可回收利用和不利于后续处理、处置工艺要求的物料分离出来，这是综合利用方面重要的操作之一。最广泛采用的分选方法是从传送带上进行人工分选，然而这种方法效率低，更不能适应大规模的垃圾资源化再生利用系统。若仅靠机械设备分选，虽然速度快，但往往也达不到理想的效果。所以在进行大规模的城市装潢垃圾处理时，通常都是采用机械结合人工分选的方式。虽然分选方法不一，但基本原理是普遍适用的。元亨利通公司所采取的分选技术是以粒度、密度差等颗粒的物理性质差别为基础的分选方法为主，而以磁选、人工等分选方法为辅。

该项目主要生产线工艺流程见图 3-21，其中虚线框内为装潢垃圾再生产品生产线工艺流程，其余部分为破碎生产线工艺流程，箭头表示物料走向。

装潢垃圾经指定单位运输至公司处理厂内堆场（图 3-22），先根据情况用镐头机将大块物料振碎、解体，然后采用挖掘机辅助人工分拣（图 3-23）出部分金属类、橡胶类、塑料类和木质类等其他废弃物后，由铲车装运至喂料斗附近，直接喂料或由小型挖机辅助入料（图 3-24），经皮带输送至反击式破碎机（输送过程中仍须人工再次分拣（图 3-25、

图 3-26)，破碎后的物料再经皮带及提升机传输至三级振动筛进行分选（图 3-27)，根据不同用户需要，品质技术条件符合《再生混凝土应用技术规程》(DG/TJ 08—2018—2007）规范要求的再生集料分别用作路基垫层、路面砖及护坡砖集料。

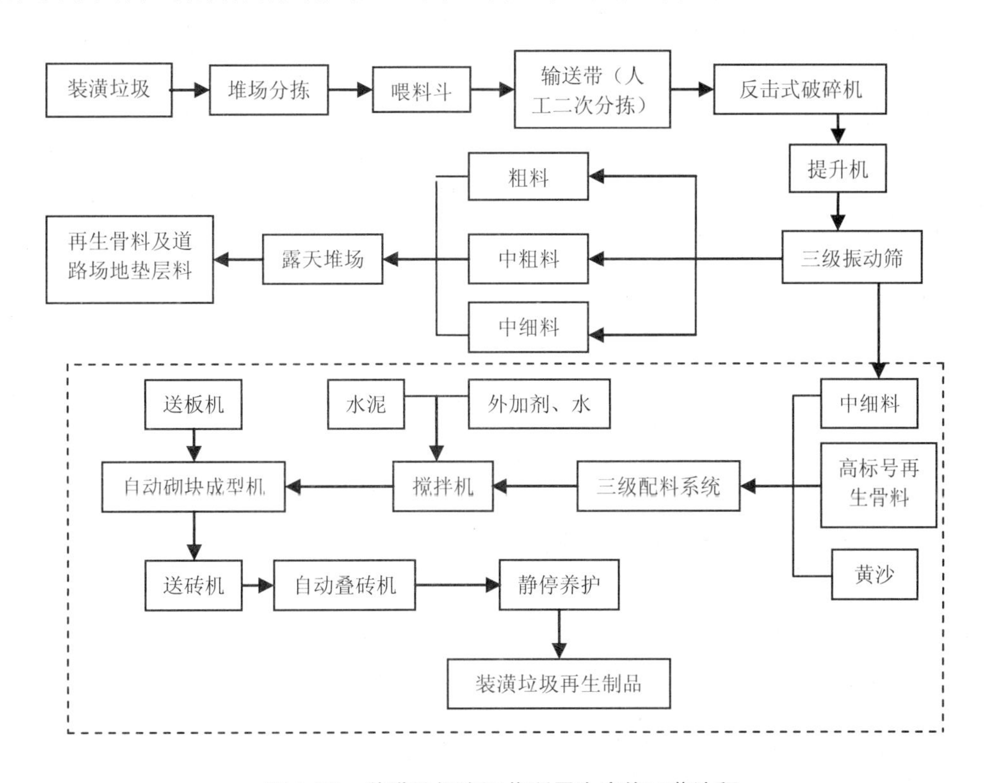

图 3-21　装潢垃圾资源化利用生产线工艺流程

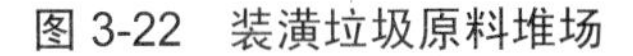

图 3-22　装潢垃圾原料堆场

图 3-23　装潢垃圾分拣现场

图 3-24 喂料斗

图 3-25 输送带及反击式破碎机

图 3-26 输送带两侧的人工分拣

图 3-27 振动筛及再生集料堆场

装潢垃圾资源化利用生产线主要生产设备有反击式破碎机、提升机、振动筛、皮带输送机、电动滚筒、自动砌块成型机等，各设备型号及其主要功能如表 3-20 所示。使用的主要工具有塑料收集箱、制砖模具及胶木托板等。

表 3-20 主要设备明细

名称	规格、型号	数量/台	备注
皮带输送机	B600×（3.5+15）m	1	带速 1.0 m/s，倾角 15°
电动滚筒	6550-5.5kW	1	动载系数 4.0
反击破碎机	PF1214	1	
电动机	Y315L2-6-132kW	1	
皮带输送机	B600×4 m	1	带速 1.0 m/s
电动滚筒	6550-4kW	1	

名称	规格、型号	数量/台	备注
提升机	NE100×11.5 m	1	
减速机	ZSY160-40	1	
电动机	Y312M-4-7.5kW	1	
振动筛	YKJ1865	1	动载系数 2.5
皮带输送机	B500×19 m	3	带速 1.0 m/s，倾角 15°
电动滚筒	5050-3kW	3	
铲车		2	
挖机		2	
自动砌块成型机		2	
搅拌机		2	
送板机		1	
送砖机		1	
自动叠砖机		1	
叉车		2	

4．产品数据分析

本次处置的装潢垃圾中的废砖瓦及混凝土等材料经反击式破碎机生产线加工后制成再生集料（图 3-28），其粒径规格及分布为：0～5 mm 占 40%，5～15 mm 占 25%，15～30 mm 占 35%。再生集料一部分用于工程建设基础垫层，另一部分用于公司砖厂加工建材制品，主要为混凝土路面砖和透水砖（图 3-29）。

图 3-28　三种不同粒径的装潢垃圾再生集料

图 3-29　利用装潢垃圾再生骨料生产的透水砖

本次元亨利通公司运进的 2 452.8 t 装潢垃圾处理后的产品（包括中间产品和最终产品）及所实现的产值情况如表 3-21 所示。

表 3-21　装潢垃圾产品及产值明细表

名称	数量	单价	产值/元
路基填料	100 t	5.00 元/t	500.00
橡塑类	0.991 t	4 000.00 元/t	3 964.00
金属类	0.117 t	2 000.00 元/t	234.00
木质类	3.5 t	1 000.00 元/t	3 500.00
路面砖	2 000 m^2	26.00 元/m^2	52 000.00
透水砖	1 000 m^2	28.00 元/m^2	28 000.00
实现产值	88 198.00 元		

三林装潢垃圾与常规装潢垃圾成分对比图见图 3-30。由于本次试运行项目处理的装潢垃圾为非常规装潢垃圾，而三林地区堆积多年的是混合垃圾，成分更为复杂，且其中混有的生活垃圾及其他有机物腐烂变质后，经过雨水冲刷和深沉积埋，一部分有机物已经渗透到垃圾中的混凝土、陶瓷、大理石、砖块等可利用的硬质骨料中，导致骨料的抗压强度、物理性能大大降低。元亨利通公司初期生产的装潢垃圾再生产品（主要是混凝土路面砖和透水砖）经检测，其性能普遍较低，无法满足市场使用性能要求。故此批垃圾不能采用普通装潢垃圾处理方法处理，该公司在此类装潢垃圾再生骨料中添加高标号的混凝土再生骨料后，其抗压强度可达 18～25 MPa，透水系数为 2～3 mm/s，基本满足普通的人行道、公园及公路、小区便道、河岸及公路护坡等使用要求。但由于原材料已受到有机物腐烂侵蚀，本身强度和物理性能受到破坏，不能作为道路“三渣”、水稳等路基材料的骨料。如生产更高技术质量要求的建材制品，需在配料中掺加特殊外加剂。

（a）非常规装潢垃圾

（b）常规装潢垃圾

图 3-30　非常规和常规装潢垃圾

市场调研发现，利用装潢垃圾为原料生产公路用新型环保隔音墙、侧平石等具有很高的可行性。目前，元亨利通公司正积极与同济大学及上海市建筑科学研究院合作研发，争取将装潢垃圾再生料用于更多建材产品，努力提高产品竞争力。

六、城市建筑废弃物资源化产品方案及市场预测

对于数量巨大的城市建筑废弃物，其中包含有水泥基建筑主导性材料所有需要的骨料品种，可以制造出各种市场需求的建材制品。目前，建筑废弃物再生产品（以下称资源化产品）种类繁多，根据废弃物原料组分的不同，基于已有设备，目前大多厂家仅限于将回收材料制备成再生骨料或再生混凝土。对于浦东建筑废弃物资源化利用产业化示范工程，除通过添加相应设备和技术生产轻质砌块，还可将回收后的建筑废弃物再生产为废混凝土再生产品用于路基回填材料、再生混凝土墙体材料以及混凝土路面砖、透水砖、植草砖、护坡砖等，使得浦东建筑废弃物回收后获得最大化利用。

（一）再生骨料和再生混凝土及其市场预测

砂石用于建筑历史悠久，发展到目前已经成为现代建筑工程不可或缺且不可替代的主要骨料。没有砂石，就不可能建造出钢筋混凝土建筑物、各种道路的路面、路基以及大部分新型建筑材料。

预测上海全市 2011 年的实际砂石料的使用量为 13 300 万 t，且仍以大于 10%的速度增长。由于大量的建筑建设要求，市场对砂石骨料的需求量也日趋增大。而由于几十年对天然砂石的开采，我国原来砂石资源丰富的地区目前的资源已经大为减少，在上海周边 100 km 范围内，砂石已基本枯竭，目前上海的砂石骨料主要来自浙江、湖北、安徽、福建等地，远的已达数千米以外。

《中华人民共和国矿产资源法》中对砂石开采已有明确规定，将砂石列入矿产品名录，砂石生产以实行许可证开采制度。另外，国务院对长江两岸沿线实行了禁采措施，上海的砂石可供应资源将越来越紧张。

在砂石供应资源紧缺的同时制约上海砂石市场的另一重要因素是运输，上海的砂石运输主要依赖于水运，而水运最易受到自然条件的影响，枯水、大水、冰冻都会直接影响正常的砂石运输。在上海这样的大都市又缺乏大型的砂石储存基地，一旦出现影响船运的灾害天气就会直接累及市场的砂石供应并影响工程的正常施工。

通过粉碎、筛选建筑废弃物，去除混合物、调整粒径等，可将混凝土作为再生碎石、

再生混凝土砂、再生级配用碎石等(即再生骨料)。处理后的再生骨料分类存放,0～5 mm 的骨料可生产混凝土路面砖，5～15 mm 的骨料可生产透水砖，15～30 mm 的骨料可制成水稳碎石，30～65 mm 的骨料可配制“三渣”路基材料。部分碎石还可用作人行道垫层，再生混凝土可作人行道铺设的素混凝土层等。

建筑废弃物中旧道路混凝土用于路基和铺面工程的再生技术在国外已经比较成熟，且广泛应用于高速公路施工中。江苏黄埔再生资源利用有限公司董事长陈光标先生曾说:“如果把近年在全国 10 多个省市利用建筑垃圾制成的混凝土用于铺路，可供四车道的高速公路从南京铺到北京。”将建筑废弃物中旧道路混凝土用于路基和铺面材料，不仅可以直接降低工程造价、保护环境、节约资源，再生混凝土施工方便，无须增加任何机械设备。

因此，利用建筑废弃物加工生产再生骨料或再生混凝土将具有很好的市场前景，可广泛用于铺设道路、港口、机场、停车场与建筑物等的周边道路时的上层路基材料、建筑物等的管路回填材料或基础材料、混凝土用骨料等。

(二)混凝土路面砖及其市场预测

混凝土路面砖是最常见的建筑废弃物资源化产品，以水泥和再生骨料为主要原料，经加压、振动加压或其他成型工艺制成。通常包括普通路面砖和盲道砖，其表层可以是有面层（料）或无面层（料）的，本色或彩色，产品尺寸可通过调整或更换模具而灵活变动，最常见的为 200 mm×200 mm×60 mm 和 250 mm×250 mm×60 mm。图 3-31、图 3-32 分别为元亨利通公司生产的混凝土路面砖及其工程示例，通过实验检测，其性能完全符合相关标准，已实施的工程经验收，也完全满足使用要求。

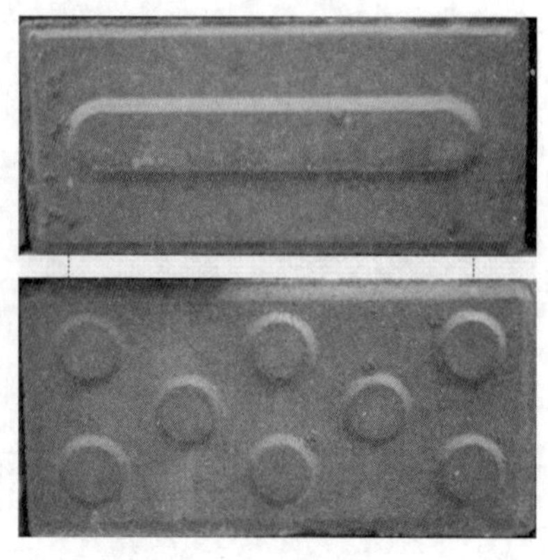

图 3-31 混凝土路面砖图例

图 3-32 混凝土路面砖工程示例

混凝土路面砖可广泛用于铺设城市道路人行道、车行道及城市广场等，而用建筑废弃物生产既环保又节能，因此市场前景非常好。

（三）植草砖及其市场预测

植草砖，即带孔、中间可以植草的混凝土路面砖，常见的有十字植草砖、“8”字形植草砖、双“8”字形植草砖、井字植草砖、工字植草砖和圆孔植草砖等（图 3-33、图 3-34），规格、重量可根据实际需要调整。

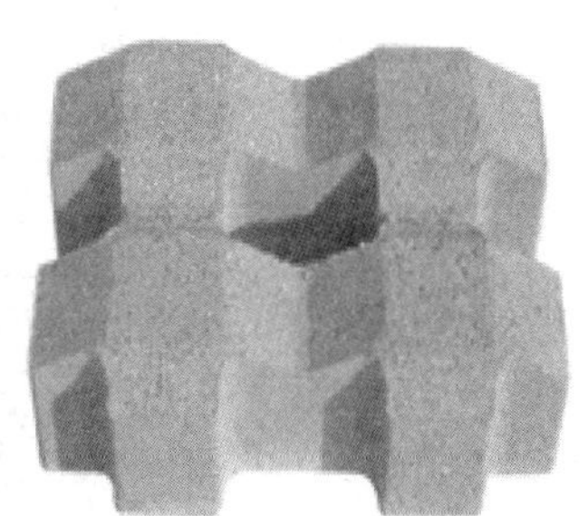

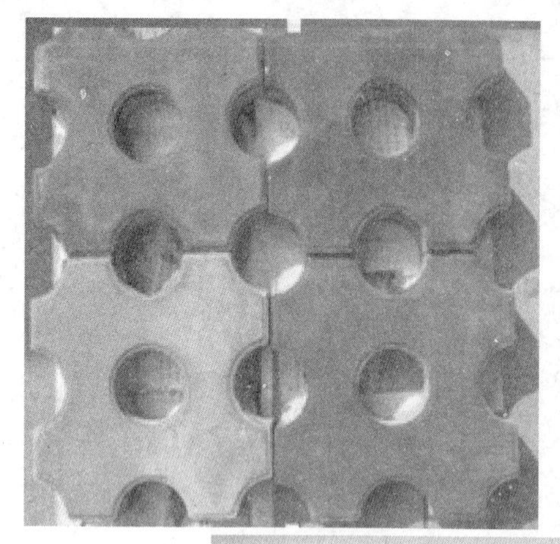

图 3-33　各种图案的植草砖

图 3-34　植草砖工程示例

（四）透水砖及其市场预测

透水砖采用粒径较大（通常为 5～15 mm）的骨料制成，由于砖体布满孔洞，雨水会从微小孔洞流向地下。透水砖起源于荷兰，因此也常被称为荷兰砖，它具有以下技术性能特点：①当集中降雨时能减轻城市排水系统的负担，防止河流泛滥和水体污染；②能使雨水迅速渗入地下，还原地下水，保持土壤湿度；③防止路面积水，夜间不反光，增加路面安全性和通行舒适性；④具有良好的渗水保湿和透气功能，可调节城市空间的温度和湿度，改善城市热循环，缓解热岛效应；⑤大量的孔隙能吸附城市污染物（如粉尘、噪声等），减少环境污染；⑥易于维护，空隙不会破损、不易堵塞；⑦可以根据需要设计图案，充分与周围环境相结合。

元亨利通公司生产的利用建筑废弃物再生骨料生产的透水砖规格型号为 200 mm×100 mm×60 mm，该产品已被用于该公司办公楼前广场，产品图案及工程示例如图 3-35 所示。

图 3-35　透水砖及其工程示例

透水砖因其优良的透水和渗水等性能，可广泛应用于大型广场及城市道路的改造中，市场前景良好。另外，自洁型透水砖是后期研发工作的热点，即将光触媒技术应用在混凝土透水地砖中。光触媒在光的照射下，会产生类似光合作用的光催化反应，产生出氧化能力极强的自由氧基和活性氧，具有很强的光氧化还原功能，可将各种有机化合物和部分无机物分解为无污染的水合二氧化碳，因而自洁型透水砖具有很好的防污自洁、净化空气与水的功能，能有效地解决普通透水砖的孔隙容易堵塞和污染城市土壤的问题，在构建生态城市中对城市的水环境改善作用也是颇为显著的。

（五）河岸护坡砖及其市场预测

河岸护坡砖是上海元亨利通新型建材有限公司新近开发的一种新型生态环保材料，其产品图案及工程示例见图 3-36。该产品可广泛用于城市内河的护坡工程，不仅可以起到固土防沙、防止水土流失的作用，还可以成为美化河岸的景观，并且通过在砖体的孔洞中种植适宜的水生植物，可以增强水体的自净功能，更好地改善河道水质。因此，这种新型的护坡材料也具有可观的市场前景。

图 3-36　河岸护坡砖施工过程及砖工程示例

（六）复合轻质保温、隔声墙板及其市场预测

复合轻质保温、隔声墙板具有主要有以下性能特点：轻质高强体薄：相同面积的墙板重量仅为 240 mm 厚实心黏土砖的 1/7，减轻了建筑物墙体重量，可以减少基础及结构的承载力，从而降低工程总造价 20%以上；抗弯破坏荷载能达到墙板自重的 2 倍以上；相同面积的墙体由于厚度减小，从而增加了建筑物的使用面积，提高了建筑物的利用率；可靠的力学性能：由于产品具有抗冲击、抗压、抗折、吊挂力强、易切割、可任意开槽、可钉、无须批档、干作业、尺寸准确等特点，安装过程拼装化，高速高效，工效与传统建材比提高 40%以上；线管、线盒埋设方便易行；门框板由于提高了芯体强度，可直接钉钉或预埋固定件固定各种类型的门框；墙体饰面效果好，施工方便，大大减少施工垃圾排放量，是建筑垃圾减量化的重要措施之一；良好的二次装修性能：该产品两面层为增强纤维水泥板，与有机和无机黏合剂均能很好结合；可直接刷涂料、贴墙纸和瓷片，且墙面平整度高，装饰效果好；墙体质量优良：采用独到的墙板接缝构造，现场安装施工时能确保墙板垂直度及板与板之间的平整，同时板与板之间采用凹凸面接触，增大了

接触面积，提高了墙体整体刚度；优良的隔声隔热性能：75 mm、90 mm 厚墙板的空气隔声量均大于 40 dB，导热系数为 0.16 W/（m·K），隔音隔热性能高，符合现代节能、生态、环保建筑的要求；良好的防火性能：经权威检验 75 mm 厚的墙板耐火极限达 3 h，远超国家标准（≥1 h）；超强的防水性能：该产品的独特结构有很强的抗渗水能力，48 h 浸水状态下，毛细水爬升高度＜20 mm，能直接用于卫生间、厨房等墙体。

非承重填充墙材料及隔声墙板综合利用装潢废弃物具有天然优势，其废砖、废旧混凝土、废陶瓷等经过再生处理制造的再生骨料与天然砂石骨料相比，最大区别在于再生骨料具有孔隙率高的特点。这个特点作为结构混凝土集料使用是缺陷，但作为填充墙使用的非承重的混凝土制品和隔声墙板的原料则是优点，具有质量轻、导热系数小等特点。废砖再生骨料其实质是高强度的"陶粒"，废混凝土再生骨料其实质是高强度的"陶砂"，具有极高的资源化价值。因此，装潢垃圾不再是垃圾，而是建筑行业有效的"第二资源"，推进其综合利用是今后的发展方向。粗略估算，到 2020 年，我国至少新产生装潢固体废物 6 亿 t，其中 50%将转化为生态建筑板材，将创造价值达 1 200 亿元，社会、经济和环境综合效益可观。

（七）公路用新型环保隔声、吸声墙及其市场预测

利用建筑废弃物生产的新型环保具有轻质高强、保温隔热、隔声、防火、抗渗、绿色环保、施工便捷等综合性能，适用于住宅、商务写字楼、宾馆、学校、医院、厂房、仓库等建筑中，还可以作为特殊材料用于城市高架、高速公路、轨道交通线路两侧的隔声、吸声等领域。

隔声隔离墙是根据交通安全及环境保护等不同要求在不同的路段，为隔声降噪以及景观需要或重点禁入地段而设置。主要型式有多种，其设计需要从材料、结构到形式进行充分研究，达到隔声降噪与生态环境的协调统一。我们拟将生产复式隔声隔离墙。它由双层混凝土板组成，面板为波浪形结构，上有很多吸声小孔，背板为混凝土板，中间填有 3 cm 的吸声材料，这种形式每 3 m 为一个单元，高度为 3.0 m，造型简洁，施工方便，在 3.0 m 高度和标准降噪技术条件下可降低噪声 11 dB 左右。它结构上主要特色是：采用吸声、隔声相结合的复合降噪结构，由三层吸声、隔声降噪结构组成，通过吸声、隔声、反射等多重环节，达到良好的隔声、降噪效果。如再配种爬藤植物，形成绿篱形态，呈现绿色植物的生态外观，可达到吸收二氧化碳及有害气体、吸附微尘的作用，这样既减少噪声污染又可以美化环境，使司乘人员取得心理上、视觉上的愉悦性和舒适性。

七、城市建筑废弃物资源化利用的效益分析与评价

主要结合上海元亨利通新型建材有限公司的建筑废弃物资源化利用生产示范项目的实际运作情况，对主要资源化产品的经济效益和环境效益进行分析与评价。

该项目财务评价年限为 10 年，评价产品为 240 mm×240 mm×115 mm MU10 轻集料混凝土空心砌块（设计标号 10 MPa）、WU200 mm×100 mm×60 mm 混凝土路面砖（设计标标号 30 MPa）、75 系列轻质保温墙板及混凝土骨料。一班工作时间 8 h，按年 300 d 工作日两班制生产计算。

（一）再生骨料和再生混凝土经济效益分析与评价

将建筑废弃物中废弃混凝土进行回收利用，制作成循环再生骨料或再生混凝土是一种资源化途径。元亨利通公司的再生混凝土骨料及路基材料生产线总定员 31 人，人均月工资及福利 1 700 元，年生产能力 50 万 t，产品工地交货含税售价 28.50 元/t。生产成本测算如表 3-22 所示。

表 3-22　混凝土再生骨料成本分析与测算　　单位：元/m^2

序号	项目或费用名称	测算值	备注
一	直接材料及人工费	16.60	
1	建筑垃圾收集及装运费	7.00	
2	动力消耗（水、电、气、油）	3.00	深井水生产
3	机物料及维修费	1.50	
4	固体废物分拣及处置费	3.60	
5	工资及福利	1.50	
二	税金	4.85	
三	固定资产折旧费	2.00	
四	场地租用费	1.00	
五	销售费用	10.00	含装运费
六	管理费用	1.00	
七	其他费用	1.00	

（二）混凝土路面砖的经济效益分析与评价

生产线总定员 37 人，人均月工资及福利为 2 000.00 元，年生产能力为 30 万 m^2，砖块容重为 1 800 kg/m^3，产品工地交货含税售价为 26.00 元/m^2。原材料配方及材料单价

如表 3-23 和表 3-24 所示。

表 3-23　混凝土路面砖配料方案

底料配料					面料配料	
材料名称	P.O. 42.5 水泥	中粗沙	再生料	外加剂	白水泥	细 沙
材料单价/（元/t）	320	49	21.6	2 800	800	49
配方/%	19.7	20	60	0.3	28.6	71.4

表 3-24　混凝土路面砖单位成本测算表　　单位：元/m^2

序号	项目或费用名称	测算值	备注
一	直接材料及人工费	15.43	
1	水泥	6.81	散装水泥（含面料）
2	黄沙	1.06	闽江沙
3	再生原料	1.40	固体废物物加工分选产品
4	外加剂	0.91	
5	颜料	0.35	生产彩色制品时用
6	动力消耗（水、电、气）	1.50	深井水生产
7	机物料及维修费	0.05	
8	模具费	0.35	
9	工资及福利	3.00	
二	税金	4.08	
三	固定资产折旧费	2.00	
四	场地租用费	2.00	
五	销售费用	5.50	含装运费、包装费等
六	管理费	1.00	
七	其他费用	0.10	
八	成本总计	30.11	

（三）轻集料空心砌块的经济效益分析与评价

生产线总定员 31 人，人均月工资及福利 2 000 元，年生产能力为 15 万 m^3，砌块容重为 1 400 kg/m^3，产品工地交货含税售价为 1.20 元/块。原材料配方及材料单价如表 3-25 和表 3-26 所示。

表 3-25　轻集料空心砌块配料方案

材料名称	P.O. 42.5 水泥	再生原料	黄沙	外加剂
配合比/%	9.9	70	20	0.1
材料单价/（元/t）	320	21.60	49	2 800

表 3-26　轻集料空心砌块单位成本测算表　　单位：元/块

序号	项目或费用名称	测算值	备注
一	直接材料及人工费	0.63	
1	水泥	0.29	散装水泥
2	黄沙或碎石	0.09	
3	再生原料	0.14	固体废物物加工分选产品
4	外加剂	0.026	
5	动力消耗（水、电、气）	0.02	深井水生产
6	机物料及维修费	0.01	
7	模具费	0.02	
8	工资及福利	0.03	
二	税金	0.20	
三	固定资产折旧费	0.01	
四	场地租用费	0.02	
五	销售费用	0.37	含装运费、包装费等
六	管理费	0.07	
七	其他费用	0.10	
八	成本总计	1.40	

（四）复合轻质保温墙板的经济效益分析与评价

生产线总定员 37 人，人均月工资及福利为 2 000 元，年产能力为 60 万 m^2，墙板面密度为 70 kg/m^2，产品工地交货含税售价为 28.00 元/m^2。成本测算如表 3-27 所示。

表 3-27　复合轻质保温墙板单位成本测算表　　单位：元/m^2

序号	项目或费用名称	测算值	备注
一	直接材料及人工费	18.78	
1	高铝水泥	7.00	散装水泥
2	再生固体废物粉颗粒料	2.16	废弃混凝土加工分选产品
3	废旧 EPS 颗粒	3.00	
4	水泥面板	2.80	
5	外加剂	2.00	
6	动力消耗（水、电、气）	0.30	深井水生产
7	机物料及维修费	0.01	
8	模具费	0.01	
9	工资及福利	1.50	
二	税金	4.76	
三	固定资产折旧费	2.00	
四	场地租用费	0.01	

序号	项目或费用名称	测算值	备注
五	销售费用	5.00	含装运费、包装费等
六	管理费	1.00	
七	其他费用	0.06	
八	成本总计	31.61	

（五）项目总经济效益的分析与评价

各类建筑废弃物资源化产品的综合成本、含税售价及亏损情况汇总如表 3-28 所示。

表 3-28 建筑废弃物资源化项目经济情况汇总

项目	混凝土路面砖	轻集料空心砌块	轻质保温墙板	混凝土路基材料
单位产品总成本	30.10 元/m^2	1.40 元/块	31.61 元/m^2	36.45 元/t
单位产品销售价	26.00 元/m^2	1.20 元/块	28.00 元/m^2	28.50 元/t
单位产品亏损额	4.10 元/m^2	0.20 元/块	3.61 元/m^2	7.95 元/t

该项目四类主导产品按 100%负荷生产，年经济技术指标评定结果如表 3-29 所示。

表 3-29 建筑废弃物资源化项目年经济技术指标评定结果

项目	混凝土路面砖	轻集料空心砌块	轻质保温墙板	混凝土路基材料
产量	30 万 m^2	2 250 万块	60 万 m^2	50 万 t
销售收入/万元	780.00	2 700.00	1 680.00	1 425.00
销售利润/万元	−123.00	−450.00	−216.60	−397.50
利润率/%	−15.76	−16.70	−12.90	−27.90
投资收益率/%	−11.00	−40.20	−3.61	−35.50
投资回收期	均为亏损，无法回收投资			

（六）环境效益分析与评价

砖瓦工业是典型的耗能大户，占建材行业能源消耗总量的 23%，我国约有 9 万多家砖瓦企业，每年生产黏土砖 4 000 多亿标块，须消耗标煤为 5 200 万 t，并排放出大量 CO_2、SO_2 等有害气和烟尘，仅烧砖一项每年就排放 $CO_2$1.7 亿 t，是节能减排的重点行业。

将建筑废弃物综合处理加工后约有90%为再生集料，据测算，每处理100万t建筑废弃物，可节约天然石灰石资源约90万t；如按平均2 m堆高，松散堆积密度2 t/m^{3}计，可减少占地400亩，同时减少CO_2排放1.8万t。同样生产1.5亿块标准砖，建筑废弃物制砖以往生产黏土砖相比，可以节省取土约24万m^3（深2 m），节约占用耕地约180亩，节约建筑废弃物堆放占地160亩（深4 m），消纳粉煤灰约4万t，节约标准煤约1.5万t，减少向空气中排放二氧化硫约360 t。

在满足路用性能的条件下，1 m^{2}用废旧混凝土再生骨料替代部分碎石的实验路段可节省天然石料597.3 kg，较常规路段节约石料约70%，废旧材料完全取代了上路床的黄土，大幅减轻固体废物处理压力。同时对全球变暖、人体毒性、生态毒性（空气、土壤、空气、水体）、光化学臭氧形成、酸化、富营养化、臭氧层消耗的影响潜质均有降低，其中全球变暖影响潜值降低了26%～27%，人体毒性影响潜值降低了42%～44%，平流层臭氧消耗的影响降低了48%～57%，生态毒性（水体）的影响潜值降低了3%，其他均降低14%～38%。

综上所述，将建筑废弃物回收并资源化利用，既可以节约资源，又可以保护生态环境，促进建筑业的低碳和可持续发展。因此，建筑废弃物资源化利用项目具有显著的经济效益、环境效益和社会效益。

习　题

1. 国内外垃圾处理与处置存在的问题有哪些？
2. 国外垃圾处理与处置工程的优势有哪些？
3. 国内城市垃圾处理与处置方案有哪些异同点？
4. 请给出工程项目与技术研究的异同点。
5. 建筑垃圾利用工程有几种类型？请叙述各自优缺点。

参考文献

[1] 秦月波. 推进建筑垃圾资源化管理方法与相关法制保障研究[D]. 南京：南京林业大学，2009.

[2] 李楠，李湘洲. 发达国家建筑垃圾再生利用经验及借鉴[J]. 再生资源与循环经济，2009（6）：41-44.

[3] 铁道部基本建设总局. 铁路隧道新奥法指南[M]. 北京：中国铁道出版社，1988.

[4] 铁道部. 铁路隧道喷锚构筑法技术规则（TB10108—2002，J159—2002）[S]. 2002.

[5] Gavilan R M，Bernold L E. Source Evaluation of Solid Wastein Building Construction[J]. Journal of Construction Engineering & Management，1994，120（3）：536-552.

[6] Bossink B A G，Brouwersh J H. Construction Waste：Quantification and Source Evaluation[J]. Journal of Construction Engineering & Management，1996，122（1）：55-60.

[7] Eastham D L，Zhang J，Bernold L E. Waste-Based Management in Residential Construction[J]. Journal of Construction Engineering & Management，2005，131（4）：423-430.

[8] 刘云清. 法国建筑工地废物的削减与管理[J]. 产业与环境，1997（2）：45-47.

[9] Ming Lu，Chi-Sun Poon，L C Wang. Application Framework for Mapping and Simulation of Wastehandling Processesin Construction[J]. Journal of Construction Engineering & Management，2006，132（11）：1212-1216.

[10] Frank-Rainer Billig Mann. 德国废物处理工业及 Entsorga 展会[J]. 世界环境，2000（1）：43-44.

[11] 刘振华，郭一令. 日本固体废物处理与再资源化的现状及课题[J]. 青岛建筑工程学院学报，2003（4）：87-90.

[12] Inyang HI. Framework for Recycling of Wastesin Construction[J]. Journal of Environment Engineering，2003，129（10）：887-889.

[13] 林翔，苗英豪，张金喜，等. 废弃水泥混凝土再生利用发展现状[J]. 市政技术，2009（5）：536-539.

[14] 王艳，付哲. 北京市生活垃圾分类体系改善对策与建议[J]. 中国资源综合利用，2012（4）：41-43.

第四章　污泥处理与处置方案优选

第一节　污泥干化问题与解决方案

一、污泥干化的难点及对策

机械脱水仅能使自由水和存在于污泥颗粒之间的部分间隙水去除；毛细水和污泥颗粒之间的结合力较强需借助较高的机械作用力和能量；内部结合水的含量与污泥中微生物细胞所占的比例有关，使用机械方法去除这部分水是行不通的，而需采用高温加热和冷冻等措施（图 4-1、图 4-2）。

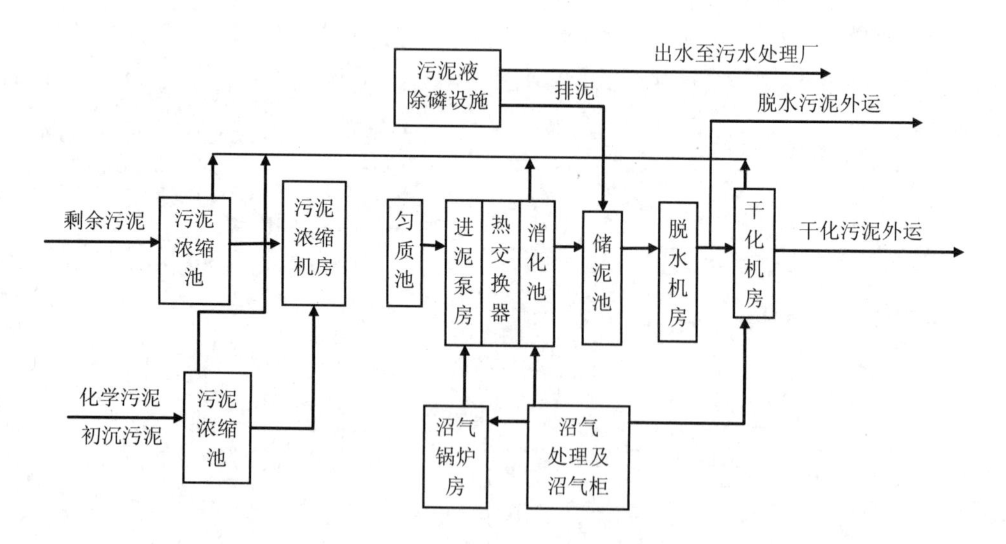

图 4-1　污泥处理工艺流程

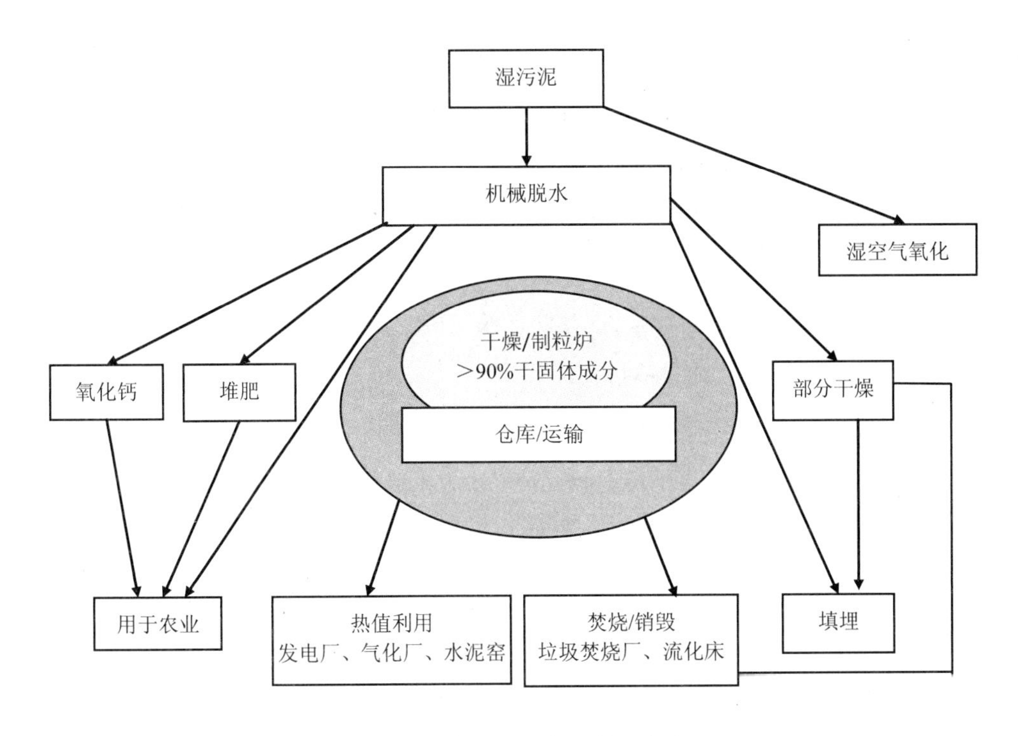

图 4-2　各种污泥处理/处置方法

从破坏污泥水分结合形态的角度来看，采用热干化技术所提供的能量能够破坏污泥细胞内结合水，实现深度脱水。热干化技术多利用蒸汽、烟道通气等，造成处理成本高、尾气量大、冷却水量大，同时，还存在着易产生臭气及粉尘二次污染以及粉尘爆炸的风险等问题。污泥的热干化方式投资和运行成本普遍较高（国内污泥热干化项目一般设备投资 20 万～50 万元/t 湿污泥，运行成本 200～300 元/t 湿污泥），由此导致污泥热干化的项目建设要求和条件较高，能够真正推广应用的地域有限。

为了降低深度脱水成本，现在较多的是应用化学调理结合板框压滤机技术进行深度脱水。其总体运行成本低于热干化技术，但是也存在较多的问题。从使用的调理剂来说，普遍应用的调理剂为三氯化铁以及生石灰、粉煤灰等。相对于 80%含水率的污泥，其无机物的总体添加量为 6%～10%，这就意味着每吨污泥脱水至 50%后其重量较不加药剂脱水增加了 30%～50%，实际上并未实现污泥的减量化。

另外，从最终的处置途径来看，依靠添加化学盐类和石灰，进入填埋场后，含氯离子以及高 COD 的渗滤液对填埋场渗滤液系统将产生较大的冲击负荷。如果进行焚烧处置，则由于添加了较多的无机物，造成热值下降，灰分增加，尤其添加了生石灰类的碱性物质后，会对电厂的炉膛产生腐蚀、结垢等影响，难以满足焚烧的要求。

因此，目前污泥深度脱水面临的难题在于，采用热干化技术设备投资及运行成本过高，推广难度大。采取化学调理法由于调理剂选取问题，实际上并未实现污泥的减量化，同时对后端处置产生了一系列的不利影响。

综合比较当前的污泥处理处置工艺，以太阳能和地源热泵（或窑炉尾气）结合为热源的智能化多层污泥处理成套设备，具有耗能少、无二次污染、运行成本低、自动化程度高、运行安全稳定等特点，单套设备日处理能力可达200 t，且干化效率和质量无可比拟，是一个市场潜力巨大的优势项目。

从目前已经安装运行的太阳能污泥干化设备来看，其节约能源、环保无害的优势非常明显。由于充分利用太阳能等清洁能源，辅以少量电能，其污泥干化成本远远低于其他处理方式的成本。尤其值得一提的是，这种工艺属于低温干化，温度恒定在45～50℃，而且在干化过程中，自动翻抛装置根据污泥湿度定时均匀翻动，避免产生厌氧，所以处理过程不产生二噁英等有毒有害气体。处理后的污泥含水量可降至30%以下，呈均匀小颗粒状，既可以作为RDF原料制成新型燃料，也可以根据所含成分科学配比制成有机肥料，还可以作为建材原料来使用，后期资源化途径相对较多。

目前，国外污泥无害化处置的总体趋势是：污泥消化技术大面积应用，污泥填埋被进一步禁止，污泥焚烧将越来越少，以土地利用为目的的热干化逐渐成为主要手段。依据发达国家的经验来看，污泥处理处置要根据国情科学地制定环境指标和阶段目标，落实污泥处置的相关法规政策和资金，并在实践过程中不断开发新的技术。我国污泥处理处置政策经过调整后，将与发达国家处于同一标准。

二、污泥处理与处置思路

（一）污泥深度脱水是污泥综合利用的关键

污泥处理过程脱水彻底不仅能让企业轻松通过各类环保检查，整个污泥处理处置过程也变得简洁有序，污泥资源化利用更容易实现。

污泥脱水好处：①污泥减量明显，若处理后的污泥含水率在60%左右，污泥减量50%左右；若处理后的泥饼含水率15%～40%，污泥能够减量90%，泥饼干硬、紧密结合，不仅缩减占地面积，减少污泥饼运输量，短期存放也不会对环境造成污染。②减少污泥处置程序：即使是60%的泥饼，也需要通过自然晾干，或使用烘干机烘干，才能送进焚烧炉焚烧；若将污泥一次压干成含水率15%～60%的泥饼，可以直接送入水泥厂、建材厂等进行资源化利用。在污泥资源化利用过程中，减少污泥晾晒、污泥烘干程序使污泥处置既经济又有效率。③有效控制气体排放。污泥处置本身属于一项环保工程，但普通污泥压滤机处理后的污泥含水率仍然较高，在资源利用过程中，如用作制砖原料、污泥原料、低热值燃料等，会产生大量夹杂污染物的湿气，与有害物质，造成大气污染。④污泥处理成本控制：污泥简单脱水后，由于泥饼量大、具有黏性，增加了泥饼的运输难度与费用，而污泥深度脱水后，泥饼量大幅减少，使污泥运输费用降低至少一半。从污泥脱水设备分析，普通污泥压滤机对污泥脱水，由于自身压力低，需要添加大量石灰、调质试剂对污泥改性，而高压污泥压干机在污泥调质期间，无须添加石灰，调质试剂添加量也仅为传统设备所需的 30%～50%，且全自动运行节省人工费。就含水率 80%的市政污泥来讲，采用高压污泥压干机每吨处理成本仅需 35～60 元，而采用传统污泥脱水设备则需要 100～180 元。综合分析，污泥深度脱水更能合理地控制污泥处理成本。

（二）污泥脱水思路

1．污泥干燥与脱水思维方法

常规思维：干燥通常指利用热能使物料中的水分汽化，并将产生的蒸汽排除的过程。

干燥的本质：被除去的水分从固相转移到气相，固相为被干燥的物料，气相为干燥介质。

非常规思维：利用技术实现有机质、无机质与水分离，进而实现污泥脱水或含水率大幅降低。

2．清洁生产法污泥脱水

在污水处理的后期，利用技术降低污泥产量包括：①基于细胞溶解（或分解）——隐性生长的污泥减量技术；②增加系统中细菌捕食者的数量，是模拟自然生态系统中的食物链原理进行的污泥减量化技术；③采用化学或生物方法促进解偶联代谢，造成能量泄漏，从而使生物生长效率下降。如活性污泥系统解偶联：工艺为好氧-沉淀-厌氧（OSA）是一种改进活性污泥系统，在污泥回流过程中插入厌氧池，使好氧微生物在好氧段所产生的 ATP 在底物缺乏的厌氧段被消耗不能用于细胞合成，从而降低污泥产量。

3．物理脱水思路

能耗越低越好，工艺越简单越好，没有二次污染或有处理二次污染装置的工艺。

（a）热干燥：余热热干燥-热尾气干燥-热水热泵取热干燥-热泵除湿干燥-太阳能干燥-加热干燥等。

（b）风干燥：利用自然风或者加强风干燥。

（c）利用渗透压干燥：脱水如盐水、海水等。

（d）高压脱水：一般需要 20～30 MPa 的压力。

4．化学法脱水

利用氧化剂、碱和酸与污泥中微生物作用破坏污泥絮凝体或微生物细胞结构，降低污泥持水能力。

5．酶法脱水

外酶（如蛋白酶、淀粉酶、脂肪酶等）将这些复杂的大分子有机物水解成可以穿透细胞的小分子物质，这些小分子的水解产物能够溶解于水。故相对于物理法、化学法和生物法等污泥处理技术，酶处理技术不但可以达到水解污泥胞外聚合物（EPS）、破坏大颗粒污泥的絮体结构的目的，且其与微生物接触的表面积增加，污泥固体可以得到更高效彻底的水解。

第二节　污泥干化工艺比较

污泥中主要含有的是水，这不仅对运输过程造成了很大的困难，而且浪费大量的运输成本。在处理污染物之前必须先对污泥进行除湿，只有这样，我们才能最大限度地节约能源，实现资源的可持续发展。太阳能作为一种用之不竭的能源，它不仅可以对污泥进行热干，而且具有极大的应用潜力。运用太阳能可以大大地减少能耗，降低工业生产成本，不污染环境而且热干后的物质质量较好，因此，它具有良好的经济前景和使用价值。目前我国的污水污泥干化处理的处置费用较高，而且往往干化后的物质达不到要求，含水率仍旧比较高，因此为了节约能源，减少能源的浪费，我国应该采用先进的污泥干化工艺，走可持续发展之路。

一、热泵除湿干燥

（一）热泵除湿干燥

热泵除湿是利用制冷系统使来自干燥室的湿空气降温脱湿同时通过热泵原理回收水分凝结潜热加热空气达到干燥物料目的。热泵除湿干燥是除湿（去湿干燥）设施和加热泵（能量回收）结合，使干燥过程中能量循环利用。热泵除湿干燥与传统冷热风干燥的区别在于空气循环方式不同，干燥室空气降湿的方式也不同。热泵除湿干燥时空气在干燥室与除湿干燥机间进行闭式循环。

污泥中含有具有潜在利用价值的有机质，氮、磷、钾和各种微量元素，寄生虫卵、病原微生物等致病物质，铜、锌、铬等重金属，以及多氯联苯、二噁英等难降解有毒有害物质，如不妥善处理，易造成二次污染。我们认为处理后的污泥或污泥产品在环境中或利用过程中达到长期稳定，并对人体健康和生态环境不产生有害影响才是最终消纳方法。

对于一些污水处理厂所在地区的工业经济比较发达而且没有空余土地消纳污泥的，可以采取对污泥进行适当处理后作为生产水泥的辅助燃料或电厂补充燃料。污水厂污泥是市政污泥，市政污泥的细胞水含量多且具有发热量，低位发热量为 8.4～14 MJ/t 干污泥。如卖给发电厂做燃料每吨干泥可以产生 8.4～13.8 MJ 的热量，现在 23 MJ 热量的燃煤在中国卖到 800 元/t 左右，而且每天的用量很大，火电厂都有烟气和粉尘处理设施，如把干燥后的污泥（70%含固率）作为燃料送到发电厂，不仅可以产生效益，而且合理利用电厂环保设施资源，避免投资浪费（污水厂减少处理污泥的环保投入），最终高效环保的处置了污泥，而且污泥作为燃料发挥了自身最大化的利用率，真正做到了再生能源。

（二）除湿热泵污泥干化原理

除湿热泵是利用制冷系统使湿热空气降温脱湿同时通过热泵原理回收空气水分凝结潜热加热的一种装置。除湿热泵=除湿（去湿干燥）+热泵（能量回收）结合。污泥除湿干化机是利用除湿热泵对污泥采用热风循环冷凝除湿烘干；传统污泥热干化系统供热量 90%转化成排风热损失（水蒸气潜热及热空气显热）；除湿干化是回收排风中水蒸气潜热和空气显热，除湿干化过程没有任何废热排放。

除湿热泵污泥干化工艺，见图 4-3。

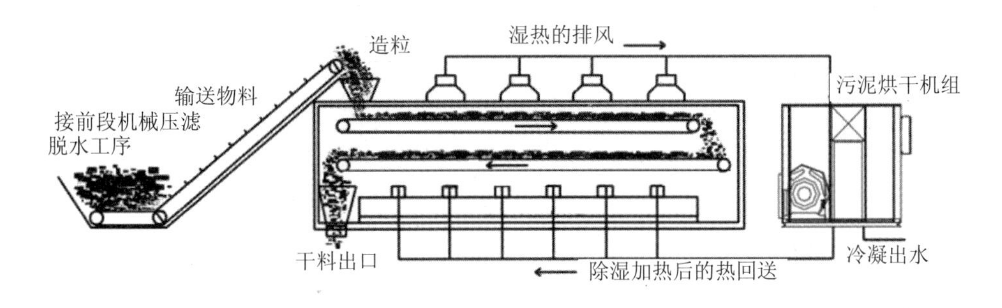

图 4-3　除湿热泵污泥干化工艺

（三）除湿热泵特点

可充分实现对污泥进行“减量化、稳定化、无害化和资源化”处理，最终污泥颗粒可做肥料、燃料、焚烧、建筑材料、生物燃料、填埋场覆土、土地利用等；采用连续网带干燥模式，适合各类型污泥干化系统，使用寿命长；可将含水率80%泥饼干燥成含10%污泥颗粒或泥条；污泥减容量为20%～25%，城镇污泥干化后污泥热值可达12.5 MJ/kg；根据污泥含固率不同采用不同铺料模式；低温（40～75℃）全封闭干化工艺，无尾气排放，无须臭气处理系统；采用低温干化可充分避免污泥中不同类型的有机物挥发避免恶臭气体的挥发（链状烷烃类和芳香烃类挥发的温度在100～300℃，环烷烃类挥发的温度主要在250～300℃，含氮化合物类、胺类、肟类挥发的温度主要在200～300℃，醇类、醚类、脂肪酮类、酰胺类、腈类等的挥发温度均在300℃以上。另外，醛类和苯胺类的挥发温度主要在150℃，脂类的挥发温度在150～250℃；整个干化过程可都在密闭环境条件下进行，不会有气体排到外界环境中，不会造成二次环境污染；干燥过程无任何污染物排放，干燥车间卫生条件好；选用集中水冷却模式，冷却效果佳，车间工作温度优良；系统运行安全，无爆炸隐患，无须冲氮运行；污泥干化过程氧气含量小于12%，粉尘质量浓度小于 60g/m^3，颗粒温度小于 70℃，整个干化过程中无尘（空气流速小于2 m/s）；网带传送速度采用变频控制，污泥出料含水率可调（10%～30%），满足各类型工艺要求；采用领先的热泵除湿技术，节能 40%以上，每 1 kg H_2O 消耗电量为 0.3～0.4 kW·h；传统污泥干化设备 1 kg H_2O 需要消耗 1 kW·h 能量，另外还要消耗电量、冷却水、药剂等；采用低谷错峰用电模式，可节能60%以上；设备占地面积小，安装方便；每蒸发1 000 kg水设备占地面积约10 m^2；单条干化线每日处理量可达28 t（80%含水率泥饼），含水率为 55%泥饼每日处理量可达 84 t，可适合污泥分散或集中处理模式，通过对泥饼干化处理实现减容减量，节约污泥运输费用（根据路途不同每吨污泥运输成本约100元以上）且减少运输途中对环境的污染。

（四）污泥干燥优势分析

污泥是胶质固体物微粒，其结构复杂，与水的亲和力很强。热泵除湿干燥装置在加热时，对污泥起到一定的调节作用，可降低污泥中胶质微粒与水的亲和力。热泵除湿干燥装置通常的干燥温度为75℃左右，这个温度既能满足胶质微粒的调节处理，同时也不会破坏污泥中的有机物质，能保证肥料营养成分。经测试，在此温度下，将含水率80%

的污泥干燥到 25%，只需 1.5 h。干燥温度过高会导致污泥中细胞壁结壳、外表结焦，反而难以脱水。用热泵干燥后的污泥，不会出现黑焦现象。处理污泥用的热泵除湿干燥装置，一般采用多层带式传动装置并配以颗粒或切条成型机，可连续生产污泥颗粒或条形。以每天处理 10 m^3 污泥的热泵除湿干燥装置为例，设备仅占地 60 m^3；当处理污泥量增加时，可模块式拼装多台热泵除湿干燥装置，扩大生产能力。污泥干化机，还可以用于电镀污泥、皮革污泥、造纸污泥、氧化铝污泥、市政生活污泥、制革污泥、化工污泥、蒸汽污泥、印染污泥等各类污泥的烘干处理。

（五）新型安全低能耗污泥除湿干化机的性能分析

1. 干化性能分析

应用新型安全低能耗除湿干化机分别对不同含水率的污泥进行干化效果试验，试验结果见表 4-1。表中数据显示，不同含水率的污泥经过该设备干化处理后，含水率可降至 20%左右，且干化后污泥热值可达 12.5 MJ/kg，污泥经干化处理后实现了减容减量，节约污泥的运输费用。

表 4-1　不同含水率污泥的干化效果　　单位：%

试验前污泥含水率	试验后污泥含水率
75	17
60	15
83	18

2. 能耗分析

新型安全低能耗除湿干化机采用先进的制冷剂回热技术，通过省能器低压气体与高压液体进行热交换，使低压气体过热及制冷剂液体过冷，提高压缩机制冷效率，节约运行费用。应用该新型安全低能耗污泥除湿干化机分别对几种不同含水率的污泥进行干化试验，试验同时将几种不同含水率的污泥干化至含水率为 20%时得出的能耗数据见表 4-2。

表 4-2　干化不同含水率污泥的能耗情况

污泥含水率/%	耗电量/（kW·h/kgH_2O）
75	0.333
60	0.286
83	0.260

由表 4-2 可知，采用领先的热泵除湿技术后，去除 1 kg H_2O 消耗电量约 0.3 kW·h，而传统污泥干化设备 1 kg H_2O 需要消耗约 1 kW·h 的能量，另外还要消耗冷却水、药剂等。可见，该设备可节能 40%以上，同时可减少大量的碳排放。

二、微波除湿干燥技术

微波技术因有热绝缘特性而被广泛应用于科技领域的各个方面。该技术是微波处理技术与环境资源回收利用技术的新兴交叉技术，它是一种节能增效的清洁技术，可用于处理传染性废物、消除土壤污染、制取环保用料等。工业污泥具有特殊的性质，它含大量的化学品污泥、印染污泥、制革污泥、金属表面处理污泥和造纸污泥等。鉴于此微波加工干燥以湿污泥为电解质，在微波电磁场的作用下，造成污泥水分子极化，加上电磁场交变频繁，会引起水分子的剧烈运动摩擦产生热量，从而干燥污泥。微波干燥使污泥含水率从 80%降低到 35%，每吨污泥干燥成本大约为 600 元。

三、利用太阳能进行污泥干燥

太阳能污泥干化是指利用太阳能为主要能源对污泥进行干化处理。该工艺借助传统温室干燥技术，结合当代自动化技术的发展，将其应用于污泥处理领域，主要目的是利用太阳能这种清洁能源作为污泥干化的主要能量来源。其实际商业化应用最早见于 1994 年德国南部的污水处理厂。近几年，随着污泥产量的不断攀升以及相关环境卫生政策的出台制约了传统的污泥处置途径（如填埋、农用等），在欧洲尤其在法国和德国，该技术得到了进一步推广和运用，如威立雅和得利满等水处理公司都相继开发了自身的专利技术——solia 工艺和 helantis 工艺。

（一）工作原理和工艺流程

污泥在温室内主要存在以下三种干化过程：①辐射干化，当温室内的污泥接收外部太阳光线有效辐射后温度升高，使其内部水分得以向周围空气加速蒸发，从而增加了污泥表面的空气湿度，甚至达到饱和；②通过自然循环或通风，将温室内的湿空气排出，使污泥表面的湿度由原先的饱和状态进入非饱和状态，从而促使污泥内部水分进一步向周围空气蒸发。实验证明，后者污泥干化过程中占据更重要的位置；③当污泥中的含水率减至 40%～60%时，污泥中有机物会在有氧的条件下进行发酵，从而可以观察到污泥堆内部温度的进一步升高，起到加速干化作用，同时也使污泥得到稳定化处理。为了进一步加速污泥中的水分（包括污泥中的自由水分和间隙水分）蒸发，一些温室附属设备也得到了相应的开发和利用，其中包括：①大流量强制通风系统并附加气体收集和除臭装置，满足大面积温室处理污泥的需要；②半自动化甚至全自动化的翻泥系统，使污泥得到经常性的翻动并混合均一，从而不断翻新蒸发面积，同时也起到供氧作用，避免污泥堆内部出现局部厌氧而释放恶臭气体；③暖气系统，适用于较小设计面积的温室，使其适应在不同天气和不同季节条件下干化作业的需求，缩短处理周期。

（二）太阳能污泥干化特点

太阳能污泥干化与传统的热干化技术相比，其优点主要在于：①能耗小，运行管理费用低（在无附加除臭系统的条件下，蒸发 1 t 水耗电量仅为 25～30 kW·h，而传统的热干化技术需耗电为 800～1 060 kW·h）；②处理后污泥体积减小 3～5 倍，实现稳定化并仍保留其原有的农业再利用价值（低温干化）；③系统运行稳定安全，温度低，灰尘产生量小；④操作维护简单、使用寿命长；⑤系统透明程度高，环境协调性好；⑥可同时解决污泥存储的需要；⑦利用可再生能源太阳能作为主要能源来源，满足可持续发展的需求。其主要缺点在于：一是占地面积大，需要在污水处理厂有足够可利用的场地空间；二是处理效果受天气和季节性条件约束；三是在密闭空气条件下作业；四是在大多数情况下需要设置除臭设备。

（三）太阳能污泥干化的运用

太阳能污泥干化处理是污泥处理工艺的一种创新方法，但它不是以污泥的最终处置为目的，而是通过太阳能干化处理，使干化后的污泥实现资源利用。此外，该工艺可以与不同的污泥处置途径相结合，使其成为通往不同污泥处置途径的一个中转平台，从而达到降低污泥处置费用、提高处置手段的灵活性。

太阳能与热泵有机结合组成新的热源，为污泥除湿干燥提供所需的能量。充分利用太阳能供热系统的集热器，在低温时即热效果好，热泵系统在其蒸发时温度高，将太阳能加热系统的低位能源组成新的太阳能热泵供热系统，系统效率很高。太阳能进行污泥除湿的工作原理是采用污泥造粒与带式干燥系统与可再生绿色廉价能源太阳能热泵系统结合对污泥进行干化处理并加以利用。

图 4-4　太阳能污泥干化现场图

四、生物干化

污泥干化处理成污水为污泥首要解决的问题。但污泥的自然干化效率较低、容易造成二次污染，热干化需外加热源，有投资和运行费用等问题。而生物干化利用身的发酵生物热，无须外加热源，因而是一种经济、节能、环保的干化技术。结合我国目前的经济实力和发展现状，生物干化技术将会越来越受到重视。

（一）生物干化技术

生物干化的概念是 1984 年美国学者研究牛粪生物干燥的运行参数时提出的，也称为生物干燥。生物干化技术是在好氧发酵的基础上，利用可降解有机物分解代谢作用时产生的生物热量，外加通风、翻堆等过程控制手段，促使物料中水分快速散失，降低含水率的干化工艺。研究表明，生物干化技术处理城市生活垃圾后，其含水率明显降低，大大提高了垃圾的热值，产品可制作成衍生燃料（RDF），也可作为垃圾焚烧的预处理手段。德国、意大利、希腊等多个国家现都已建成生物干化工程，具有良好的应用前景。因此，理论上生物干化技术是一种经济、节能、环保的污泥处理技术。

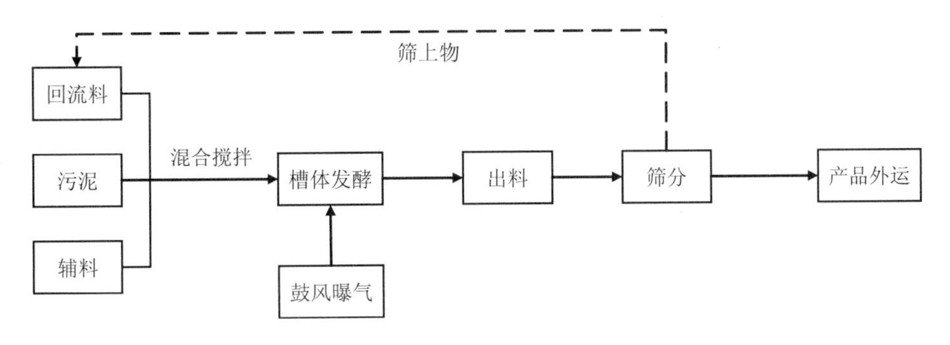

图 4-5　生物干化工艺流程

（二）污泥生物干化技术的影响因素

污泥生物干化技术是在污泥好氧发酵技术基础上衍生出来的一种新技术。生物干化是多种因素与变量相互影响和作用的复杂理化过程，其影响因素包括物料性质、温度、含水率、调理剂、通风、机械翻堆等，各影响因素之间存在一定的耦合效应。

1. 物料性质

有机质是发酵过程中微生物生长和繁殖的基本能量来源，适宜的有机质含量对生物干化过程极为重要。研究表明，在好氧发酵过程中，适宜发酵的有机质含量为40%～80%，城市污泥中富含大量的有机质和促进微生物活性所需的养分，易被微生物降解。通过对我国 98 座城镇污水处理厂产生的污泥成分进行分析统计，城市污泥中有机质的平均含量为 380 g/kg，并且我国污水处理厂的污泥有机质含量呈逐年上升趋势，说明我国城市污泥有机质含量满足生物干化的基本要求。污泥的性质符合生物干化的要求，但是污泥普遍含水率较高，单独发酵无法满足微生物快速生长和繁殖的条件，需要添加干料或者辅料来调节初始的发酵条件。在生物干化的初始微生物反应阶段，通常需要向湿污泥中投加一定比例的秸秆、花生壳、木屑等农作物作为调理剂或通过回流干化污泥以调节适宜的含水率、孔隙率和 C/N。通过投加调理剂可以提高污泥的孔隙率，提高堆体的透气性，有利于氧气的传输，减少风压降低能耗，同时也改善湿污泥较低的 C/N 比。发酵物料的 C/N 必须达到适宜的范围，C/N 一般为 20∶1～40∶1，最为理想的 C/N 控制在 25∶1～30∶1。如果 C/N 过高或过低，均会影响物料的发酵效果。

pH 对微生物的生物活性至关重要，是微生物生长和繁殖的初始环境条件。一般认为适宜发酵的 pH 应控制在 5.2～8.8，最佳 pH 为 7.6～8.7。pH 适宜时，微生物可最大程度地发挥活性。微生物在降解有机物的生化过程中，需要微碱性或中性的理化条件，

pH 过低或过高都会影响微生物的生物活性和有机物的降解速率。来源于城市污水处理厂的污泥，由于添加了脱水剂，一般呈弱碱性，在进行发酵前不必对 pH 进行调整可直接进行堆制。此外，污泥的粒径也是生物干化的一个重要因素，污泥生物干化反应是通过附在固体颗粒表面的水膜中进行的，污泥颗粒粒径越小，其表面积越大，就越有利于生物反应的进行。但粒径太小，则堆体的孔隙率将大幅降低，从而抑制通风供氧，粒径过大时，通过堆体的气流易形成短流，颗粒内部没有氧气进入，导致颗粒内部供氧不足形成厌氧反应。因此小颗粒更有利于提高氧气利用率，促进生物降解反应。发酵过程中最适宜的粒径为 1.3～7.6 mm，下限更适用于连续翻堆的好氧动态发酵系统，上限更适用于静态堆垛发酵系统。

2．温度

温度是微生物活性最为显著的影响因素，温度的变化是反映生物发酵过程是否正常最敏感和最直接的指标，其与含水率、通风量以及其他影响因素存在相互耦合的关系。生物干化是通过生物热蒸发水分的过程，从堆体逸出的空气其含水率接近饱和。当周围环境温度升高时，空气的含水量也将随之升高，且呈指数变化规律。因此堆体温度越高则其水分蒸发速率越快，干化作用越显著。但堆体温度并非越高越好，当堆体温度超过一定的温度时，将会严重影响微生物的活性。整个生物干化过程中微生物的数量和优势种群随温度呈现交替变化的过程，一般分为升温阶段、高温阶段和降温阶段。在高温阶段（50～60℃）微生物降解有机物的能力最强，水分蒸发效果更好，因而在确保微生物较高活性的条件下，维持较长的高温周期，可达到更好的脱水效果。

3．含水率

含水率是生物干化过程中重要的工艺控制参数，直接影响微生物的活性。过高的含水率将会堵塞物料中的孔隙，导致发酵过程处于厌氧状态，严重影响好氧微生物的生物活性。含水率太低则会使微生物缺少繁殖所需的水分，抑制微生物的新陈代谢，不利于发酵产生高温。因此在生物干化过程中，需要将含水率维持在一定的范围内。物料初始含水率一般应控制在 55%～65%，最佳含水率约为 60%。含水率与有机物降解速率有着密切的关系，当物料含水率小于 45%时，微生物活性减弱，有机物降解速率明显降低。

4．调理剂

调理剂的类型和投加比例对生物干化效果具有重要影响。在生物干化过程中，向污泥中投加调理剂，提高物料 C/N，防止污泥碳氮比过低抑制生物活动，并且还能增加物料的透气性，改善堆体的自由空域，有利于好氧发酵环境的形成。以秸秆和锯末为调理剂进行实验，前者的调节作用更优于后者，秸秆比锯末更利于促进微生物活性，代谢作用持续时间更长，物料升温更快，脱水速率更大。研究发现，调理剂配比高的物料更易于堆体快速升温，配比高导致堆体的自由空域较高，有利于氧气的存储和传输，更易于物料的好氧发酵过程。

5. 通风

通风是生物干化过程中重要的工艺过程控制方式，通过通风能为好氧微生物提供氧气，同时还能散去堆体中的热量和带走水分。生物干化的升温阶段，通风的主要目的是为有机物分解提供氧气，通风量可略微降低有利于堆体快速升温，一般不超过 0.4 L/（min·kg）。在高温阶段，一方面通风满足有机物降解需氧量，另一方面通过加大通气量，在带走水分的同时带走多余的热量，但不宜过大（以不影响堆体温度降幅过大为准）。在降温阶段，需要较大的风量带走多余的水分，起到干化和冷却的作用。水分的去除量受通风量与堆体温度的共同影响，通风范围在 4～6 m^3/（h·m^3）时，污泥的含水率下降最快，生物干化效果较好。不同的通风方式对生物干化会产生不同影响，一般采用的通风方式有连续通风、间歇时间控制通风、温度反馈控制通风、氧含量控制通风等。间歇时间控制通风与连续通风相比更利于堆体的温度升高和干化效果，温度反馈控制方式对通风的控制更为精确，适用于规模化的生产调控。而氧含量控制通风由于氧含量测定仪误差较大，不适用于大规模生产的需要。为了在生物发酵周期内去除更多水分，应根据不同的发酵阶段采用不同的通风方式，对生物干化过程进行实时在线监测和反馈控制，这样更有利于提高生物干化效率。

6. 机械翻堆

翻堆是通过翻倒、搅拌、混合等方式使物料、氧气、温度和水分等均匀化，起到混合物料、供给空气、增加孔隙率、散失水分等作用，提高生物干化的脱水效率。翻堆对现代化、机械化的生物发酵技术具有重要的作用，也是动态发酵与静态发酵技术的区别依据。研究发现，翻堆后可使堆体内氧气体积分数达 18.5%，翻堆结束后堆体内的氧气在 30 min 内耗尽，翻堆后虽堆体温度下降，但在微生物好氧呼吸的作用下，堆体温度迅速上升，在 30 min 内即可恢复到翻堆前温度。研究表明，翻堆能进一步改善污泥干化效果，在适宜通风量条件下，每两天翻堆 1 次，产物含水率为 53%，水分去除率达 0.47 kg/kg。

（三）污泥生物干化的应用

1. 资源化前景

生物干化明显改善了污泥的生物、化学和力学的稳定性等性质，污泥减量化作用效果显著，更便于污泥的运输和存储，也为后续的土地利用、焚烧和填埋等多种用途奠定了良好的基础。无论后续采用何种处理方式，污泥干化、减量化将成为污泥处理首要解决的问题，因此污泥干化作用将起到日益重要的作用。国家颁布的《城镇污水处理厂污泥处置混合填埋用泥质》（GB/T 23485—2009）已明确规定污泥用于混合填埋时，污泥含水率必须低于60%。同时国家对污泥用于单独焚烧、土地利用和园林绿化等处置方式，也分别严格规定了对污泥的要求。污泥经过生物干化后，含水率均能达到上述用途的要求，拓宽了污泥的资源化利用领域。

2. 技术经济前景

生物干化是利用自身的发酵生物热，无须外加热源，同时微生物代谢过程活化了污泥内部水分，使其更易散失，提高了污泥的脱水效率。目前国内外污泥干化技术多采用热干化的形式，其电能消耗量大，成本过高。新的热干化技术如太阳能或太阳能-地源热泵、微波干化等新型技术在能源消耗上已有一定的改善。但太阳能干化技术占地面积大、受自然条件影响大、效果不稳定等问题，决定了其无法取代传统的热干化技术，而且太阳能干化技术效率较低无法适应较大规模污泥处理的应用。与热干化技术相比，生物干化的明显优势在于好氧生物通过发酵过程产生生物热来起到干化效果，属于内源热，热量由内向外传递，水分也由内向外同向散发，温度和湿度梯度方向一致，提高了传热系数，干化效率显著提高，并且节约能源。因此，理论上生物干化技术是适合我国目前的经济实力和发展现状的一种经济、节能、环保的污泥处理技术，干化成本为50～100元/t。

（四）生物干化技术与好氧堆肥技术的区别

生物干化技术与好氧堆肥技术的本质区别在于：生物干化的主要目的是快速散发污泥中的水分降低其含水率，并使物料保持较高的热值，便于焚烧或作为肥料等后续再利用，而好氧堆肥则是以污泥中有机物的腐熟化和稳定化为主要目标。生物干化侧重于快速降低含水率，对稳定化、腐熟化指标没有明确的要求，与好氧堆肥在产物与评价指标上也存在差异。基于目标的不同，生物干化在控制参数方面，发酵周期更短，有机物降解更少，通风量更大，翻堆频次更高。

五、热干化

热干化是利用热能将污泥干化，利用热和压力破坏污泥的胶凝结构，它的高温灭菌作用能杀死病原菌和寄生虫卵，使污泥快速干燥，避免了臭味对周边环境的影响。早在 20 世纪 40 年代日本和欧美就已经用直接加热鼓式干燥器来干燥污泥，进入 80 年代末期，污泥在填埋、投海、农用上的各种限制条件和不利因素的凸显，以及瑞典等国家一些污水处理厂的成功应用，使污泥干化技术在西方工业发达国家很快推广开来。经过几十年的发展，污泥干化技术的优点正逐步显现出来：①污泥显著减量，体积可减小 4～5 倍；②形成颗粒或粉末状稳定产品，污泥形状大大改善；③产品无臭且无病原体，减轻了污泥有关的负面效应，使处理后的污泥更易被接受；④产品具有多种用途，如作肥料、土壤改良剂、替代能源等。所以无论填埋、焚烧、农业利用还是热能利用，污泥干化都是必要一步，这使污泥干化在整个污泥深度处置系统中扮演越来越重要的角色。

污泥干化根据热介质与污泥的接触方式，可分为直接干化、间接干化和直接—间接联合式干化等工艺类型。具体为：①直接干化的实质是对流干燥技术的运用，即将燃烧室产生的热气与污泥直接进行接触混合，使污泥得以加热，水分得以蒸发并最终得到干污泥产品。闪蒸式干燥器、转筒式干燥器、带式干燥器、喷淋式干燥器、螺环式干燥器和多效蒸发等都属于这种类型。②间接干燥实质上就是传导干燥，即将燃烧炉产生的热气通过蒸汽、热油介质传递，加热器壁，从而使器壁另一侧的湿污泥受热、水分蒸发而加以去除。薄膜干燥器以及各种各样的转盘/桨板干燥器即属于这种类型。③直接—间接联合式干燥系统则是对流-传导技术的整合，如高速薄膜干燥器、新型流化床干燥器以及带式干燥器就属于这种类型。

污泥热干化技术的改进、应用和推广，已使污泥进行干化后农用、作为燃料使用、焚烧乃至为减少填埋场地进行干化预处理成为可能，从而大大加速了工业发达国家污泥处理处置手段的改变，这种改变主要体现在：污泥填埋处置前，要将污泥进行干燥处理；污泥焚烧处置比例得到了较大提高；干污泥产品作为土地回用的肥源出售，产业规模不断扩大等。如今污泥干化处理作为污泥深度处置和利用的有效手段，日益受到重视。

虽然污泥干燥技术的完善与革新，直接推动了污泥处置手段的发展，拓展了污泥处置手段的选择范围，使之在安全性、可靠性、可持续性等方面有了可靠性的增加。但干燥设备的能耗在工业发达国家超过其能耗总量的10%。高投资、高运行成本及其复杂的操作管理是其推广应用的制约因素。

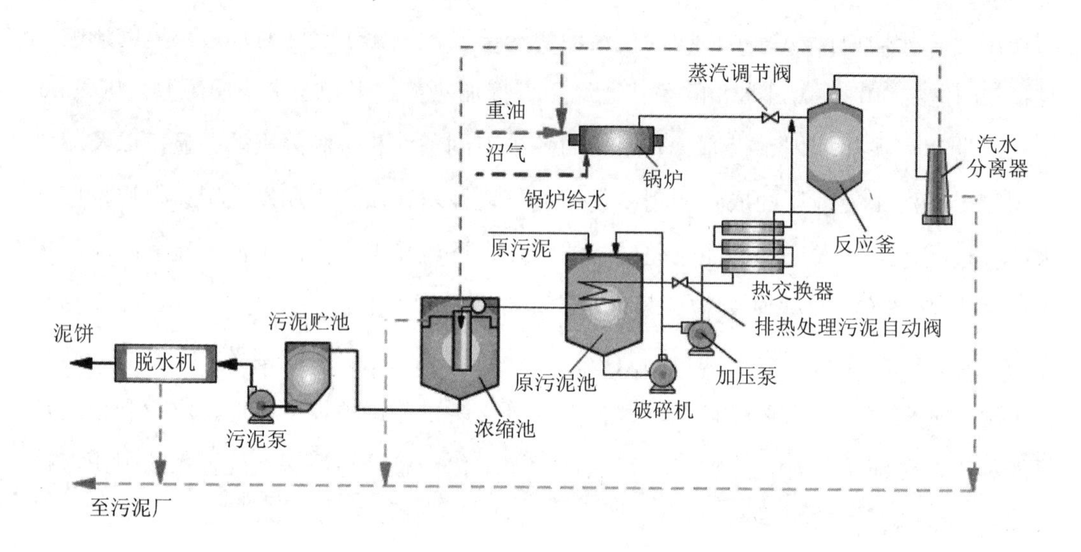

图4-6 高温加压热处理流程

回转窑干化是指利用煤或天然气等能源对污泥进行干化脱水。其主要的缺点有：①能耗大，运行成本高达300元/t以上；②高温干化易产生臭气；③干化过程粉尘控制要求严格，存在安全隐患。

六、石灰干化

基本原理是在污泥中添加双组分添加剂，利用其自热、消毒、蒸发的作用对污泥进行无害化和减量化处理，使处理后的污泥能够应用到新建筑材料领域。该工艺具有工艺简单，成本低；能有效地降低污泥的含水率，可干化污泥；有效杀灭和抑制污泥中的微生物；可以抑制恶臭；固定重金属并降低其浓度等特点。但该工艺增加了重量/体积比，相对于进入的脱水污泥，重量提高了15%～30%；此外，当满足的标准高时，费用相对较高。一般适宜于中小型污水处理厂。石灰稳定干化的污泥含有有机物、钙和微量营养成分的类似于泥土、无臭味的材料，并且该污泥较干燥（50%～60%TS）、颜色上呈现淡灰色、易碎并且易于延展，其足够干燥和良好的延展性使得其成功地成为垃圾填埋场覆盖物的替代品上。如作为农用石灰化学剂，一般可用于农业土壤、土地改造工程和类似地方，但有场所地点的限制。由于污泥中残余的碱度和挥发性固体减少，处理后的污泥可稳定保存数月，基本上不会产生臭味问题或吸附带菌体，污泥具有较好的稳定性。同时该工艺的高 pH 水平使得污泥中痕量重金属成不溶状态，终产品的碱度固定化痕量重金属，防止其被植物吸收或转移进入地下水。目前常用的石灰干化工艺有 BIO*FIX 工艺、N-Viro Soil 工艺、RDP En-Vessel 巴氏杀菌工艺、Chenfix 工艺等。石灰干化由于不能进行体积减量，且处理效能较低，处理成本较高，以及其后续利用的局限性，影响了该技术的推广应用。

对上述各干化工艺的分析比较，见表 4-3。

表 4-3　各干化工艺分析比较

技术	优点	缺点
自然干化	投资低，设备费用低，适用于小规模污水处理厂	占地大，人工劳动强度大，卫生条件差
生物干化	投资低，经济性好，适用于小规模污水处理厂，实现污泥资源化利用	周期长、效能低、占地大，而且受气候、场地等影响较大，产生臭气，要求强力通风或人工翻转、堆肥产品销路难以得到保证，推广有一定的局限性
热干化	适用于经济水平及管理水平较高的地区	设备投资高、运行成本高，操作管理复杂，存在安全隐患，可能产生爆炸
石化干化	投资低，杀死病原体的处理效果好	效能低，含水率只能降至 50%左右，不能体积减量，运输成本高，人工劳动强度大，污泥最终处置出路窄

第三节　污泥的稳定化案例分析

一、污泥稳定化

污泥厌氧消化是污泥稳定化主要方法之一。污泥厌氧消化一直是城镇污水处理厂（尤其是大型污水处理厂）污泥处理的首选工艺。近年来污水处理厂污泥厌氧消化处理工艺凭借其自身的优势，在国内大中型污水处理厂得到广泛应用并不断发展。以北京市某污水处理厂为例，对污泥厌氧消化工艺选择和系统设计要点进行分析。

（一）污泥厌氧消化工艺选择

1．污泥浓缩

为充分发挥厌氧消化池的功能，通常首先对污泥进行浓缩，减小进入消化池的污泥体积，实现经济效益最大化。污泥浓缩通常有两种方式：第一种为分别对初沉污泥和剩余污泥进行浓缩，浓缩后混合进入厌氧消化池；第二种为仅对剩余污泥进行浓缩然后与初沉污泥混合再进入厌氧消化池。第一种方式可以实现更低的污泥含水率，但处理设备（构筑物）增多，运行费用稍高；第二种方式因仅浓缩剩余污泥，对初沉池运行过程的污泥含水率要给予控制，以尽可能降低其含水率。北京市某污水处理厂设计中，对初沉污泥和剩余污泥分别进行浓缩，目的是保证污泥含水率降低，满足消化时间（图 4-7）。而西安市某处理厂由于其消化池设计池容量大，可以满足含水率的少许波动，而且通过北京市某污水处理厂的实际运行情况，初沉池污泥的沉淀效果较易控制，因此选择了仅浓缩剩余污泥的方式（图 4-8）。

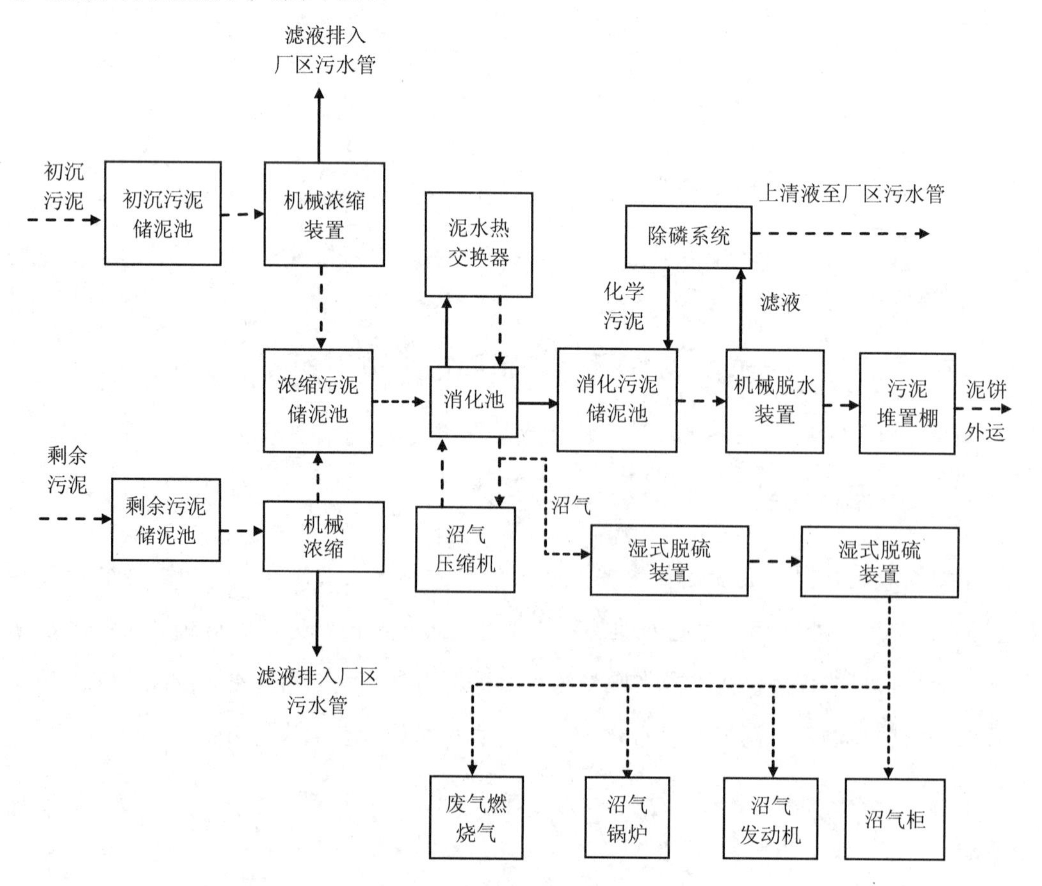

图 4-7　北京市某污水处理厂污泥处理系统工艺流程

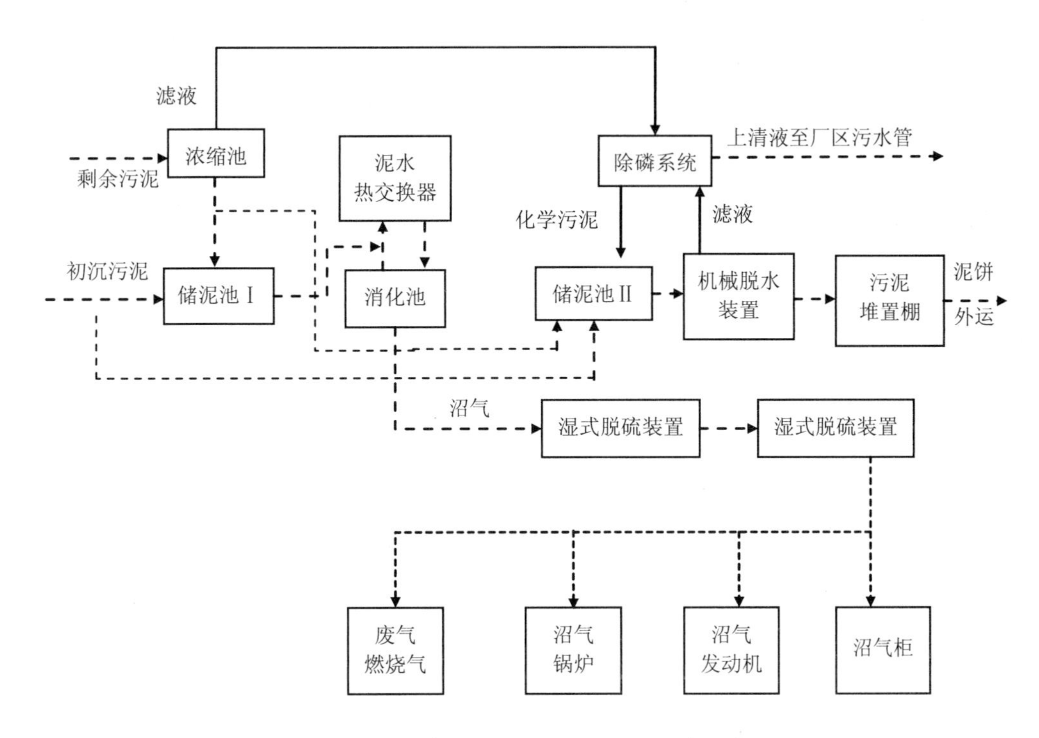

图 4-8　西安市某污水处理厂污泥处理系统工艺流程

2. 污泥厌氧消化

污泥厌氧消化分为一级厌氧消化和二级厌氧消化。一级厌氧消化的消化时间多为 20 d。污泥经过 20 d 左右的厌氧消化，其中的有机物已基本分解达到稳定状态，污泥中的致病菌也大大减少。二级厌氧消化的消化时间多为 30 d，其中 20 d 为一级厌氧消化，10 d 为二级厌氧消化。一级厌氧消化伴有搅拌、加热等，二级厌氧消化只是静态放置，目的是使得系统产生更多可以利用的沼气。在北京市某污水处理厂和西安市某污水处理厂设计中，均采用了一级厌氧消化工艺，原因是采用一级厌氧消化既可达到污泥的稳定状态，也利用了消化产生的 90%沼气量；同时，一级厌氧消化较二级厌氧消化构筑物少，运行管理相对简单，造价相对较低。

3. 沼气利用

污泥厌氧消化过程产生的沼气可用于沼气发电、拖动发动机（带动鼓风机、水泵等）、燃烧锅炉（采暖、加热水、产蒸汽等）、提纯制天然气等。在北京市某污水处理厂和西安市某污水处理厂设计中，沼气均用于沼气发动机（拖动鼓风机）、燃烧厂区冬季采暖锅炉及污泥加热热水锅炉。沼气发动机的余热用于加热中温厌氧消化的泥，同时用燃烧沼气的热水锅炉为污泥提供补充热能。

（二）污泥厌氧消化系统设计要点

对污泥厌氧消化系统中的进泥预处理、厌氧消化池、沼气系统、上清液的处理和污泥输送管路等是设计工作的重点和难点，也是实际运行中容易出现故障的关键点，因此在污泥厌氧消化系统设计时，需要对其进行重点关注。

1．进泥预处理

消化池污泥来自初沉池和二沉池，当污水处理厂的细格栅间隙较大时，来泥中会有大块物体。为防止堵塞污泥管道，应在污泥提升进入消化池之前进行破碎。北京市某污水处理厂预处理系统安装了 4 mm 的回转式细格栅，但初沉污泥中仍有较多大块物体，影响了初沉污泥泵的正常运行，也对消化池运行有较大影响，增设管道破碎机后，情况有所好转。基于该污水处理厂工程经验，西安市某污水处理厂在污泥泵前端设置了破碎机。

2．厌氧消化池

（1）池型选择

国内外大中型污水处理厂中常用的定容式消化池有柱状池和卵形池两种，柱状池在国内应用较多，卵形池在国外已大量应用，在国内也已逐步投入使用。在消化池池型的选择上需要根据占地条件，处理污泥量等多种因素加以确定，一般当单座消化池池容超出 10 000 m^3 时，多采用卵形消化池。因为大池容消化池的柱状池较同体积卵形池池壁厚度大，同时池表面积也增加，故采用卵形消化池可节省混凝土用量、减少池表散热面积。因北京市某污水处理厂和西安市某污水处理厂污泥产量较大，需总污泥消化池池容分别为 60 000 m^3 和 3 500 m^3，故分别选用了单池容积为 12 000 m^3 的卵形消化池 5 座和 3 座。

（2）顶部浮渣和泡沫

运行中若液面出现浮渣堆积，逐渐变多变厚，将影响消化池的产气量和运行效果，应尽快采取措施。浮渣排放闸门有多种形式，设计选型时要注意闸门和池体必须严格密闭（气密），同时要保证闸门开启时间短而快，尽可能让浮渣和污泥快速倾泻出来。北京市某污水处理厂选用快开式排放闸，开启较为方便，但很难严密关闭，因而轻易不开启该闸门，所以设备选型时要充分考虑良好的气密性。虽然设计有浮渣排放闸门，但浮渣堆积成壳时，很难从排放闸门中排出。在消化池设计中，可通过循环搅拌，一方面均匀池内污泥和保持池内温度均衡，另一方面减少池顶浮渣量。考虑到北京市某污水处理厂浮渣闸门开启不便，西安市某污水处理厂设计中改用了普通的开启式闸门，该类闸门关闭方便，但开启速度较慢，对排渣效果有影响。消化池顶部在运行过程中随着沼气的产生，有泡沫出现，泡沫量不断增大，有可能随沼气进入沼气收集管，导致沼气管出气不畅。因此，在北京市某污水处理厂和西安市某污水处理厂设计中均采用了自动泡沫消除装置和手控泡沫消除装置，发挥了控制泡沫的作用。但运行过程应注意保持池顶的泡沫感应器处于良好运行状态，并通过池顶观察窗进行观察，出现问题时及时采取措施。

（3）消化池污泥连通跨越管

为灵活运行方式，在北京市某污水处理厂和西安市某污水处理厂消化系统的污泥管路上均尽量多设连通跨越管：在污泥热交换器的新鲜污泥进泥管上加连通管，与热交换器出泥管道连通，可实现单独对循环污泥加热或夏季不加热循环污泥和新鲜污泥；消化池进泥管与排泥管连通，可实现超越消化池功能。为保证消化池的污泥排放，在循环污泥泵出口管路上设置旁通管，以便当溢流排泥故障时，通过循环污泥泵将消化池内污泥排至池外。池中部和底部均设排泥放空管，还可兼用作空池进泥时的进泥管。

（4）污泥投配方式

污泥的投配可连续进入，也可间歇投入。连续投泥时各池由配套的污泥泵和单独的污泥管进行投配，污泥泵连续运行，污泥管路上的阀门处于开启状态，易于运行管理；间歇投泥时各池轮流进泥，每座消化池污泥管路需配置电动或气动阀门，定时开启，该方式可节省投泥泵数量和污泥管路，但运行较为复杂，需程序化控制，且气动阀门维护工作量增多。设计中应根据具体消化池数量和投泥量选择投泥方式。北京市某污水处理厂和西安市第五污水理厂均采用了连续投配方式。

（5）排泥排砂排渣方式

消化池正常排泥时采用的是溢流排泥方式，但设计中还应考虑在消化池的不同高度设排泥管，底部设有排砂管，该管可兼有排空功能，排泥管（放空管）管径应尽可能加大并有较大坡度。根据北京市某污水处理厂运行情况，消化池池底沉砂量较大，正常情况下每周需排砂 1 次。如需设置放空阀门井，为有利于安全操作，不宜很深；否则应考虑下井操作时的安全措施。西安市某污水处理厂采用了与北京市某污水处理厂相同的排砂方式。

（6）污泥搅拌系统

消化池的污泥搅拌通常采用沼气循环搅拌和机械（螺旋桨）搅拌两类。沼气搅拌是利用消化池自身产生的沼气，经压缩机加压后送入消化池，以实现对池内污泥的搅拌；设计时压缩机的选型需保证气量和压力；需核算伸入消化池的沼气搅拌管的管径、流速、数量等，避免因流速太低导致消化池内污泥不能处于循环状态。机械搅拌是在池中部安装 1 个竖向导流筒，在导流筒上部设置螺旋桨，螺旋桨通过轴与安装于池顶的驱动装置相连；当螺旋桨旋转时，将导流筒内污泥提升，形成循环搅拌；选择搅拌器时注意选用防爆电机。北京市某污水处理厂污泥消化池采用了沼气搅拌形式，西安市某污水处理厂污泥消化池采用了机械搅拌形式。

3. 沼气系统

由于消化池内温度较高，沼气排出消化池后，沼气管内外温差较大，气体中的水汽很快冷凝为液态水，聚集在沼气管的底部，影响沼气输送。因此在北京市某污水处理厂和西安市某污水处理厂设计中均考虑设置足够的冷凝水收集装置。沼气管出消化池后尽快设置冷凝水收集罐；在沼气管路的低点处设冷凝水罐，同时还在沼气进入各用户前的管路上设置冷凝水罐；埋地沼气管路的低点处必须设置冷凝水罐。沼气管设置有一定的坡度，坡向与流向一致，便于排出沼气中的冷凝水。沼气中含带一些杂质，因此设置过滤器进行过滤；沼气送入使用设备前端，设置过滤器。沼气管路上并联安装两套阻燃器，互为备用。在沼气管路上设跨越管，如跨越过滤器、各级脱硫装置等，为实现多种运行方式提供可行性。

4. 上清液处理

对于有除磷要求的污水处理厂，污泥处理采用厌氧消化工艺，脱水后的滤液中含磷较高，如滤液排入厂区污水管，则将进入污水处理厂的污水处理系统前端，形成磷的循环和富集。因此，设计时要考虑对滤液进行除磷处理。目前对含磷滤液的处理，大多采用化学方法，即通过投加铁系或铝系混凝剂，与滤液中的 PO_4^{3-}形成难溶化合物，再经沉淀从污水中去除。化学除磷方法简单可靠、易于控制。北京市某污水处理厂和西安市某污水处理厂均采用了化学除磷方法对上清液中磷进行去除。

5. 污泥输送管路

考虑污泥管的清洗，无论是埋地管道或是室内安装污泥管路，均可在管道的适当位置设置便于安装冲洗管的快速安装接头。北京市某污水处理厂和西安市某污水处理厂在埋地污泥管路上设置了冲洗管路的预留接口。室内污泥输送管路上设置了盖堵，必要时可拆开并接通冲洗水。前述设置冲洗管快速安装接头是国外污水处理厂所常见的，可供今后工程设计借鉴。

二、污泥水解-厌氧消化组合工艺

（一）污泥厌氧消化应用现状

污泥经过厌氧消化处理后，在一定程度上能够达到减量化、无害化与资源化的目的。目前在欧美和日本等发达国家中应用广泛，技术成熟并得到不断改进，已成为污泥处理的主流技术。

表 4-4 总结了欧洲部分国家污泥处理方法的应用比例。可以看出，欧洲国家在污泥处理上大多采用厌氧消化处理工艺。随着国民能源意识的增强，可再生生物质能源受到关注，厌氧消化技术在国内也得到大范围的推广应用。表 4-5 中列举了国内部分典型的厌氧消化项目。

表 4-4 欧洲部分国家污泥处理方法一览表

单位：%

国家	污泥处理方法所占的比率					
	浓缩	厌氧消化	好氧消化	脱水	堆肥	石灰法
比利时	53	67	22	60	0	2
丹麦	—	50	40	95	1	5
法国	—	49	17	—	0	0
德国	—	64	12	77	3	0
希腊	0	97	3	0	0	0
爱尔兰	14	19	8	33	0	0
意大利	75	56	44	90	0	0
卢森堡	—	81	0	80	5	0
荷兰	—	44	35	53	0	0
西班牙	—	65	5	70	—	26

表 4-5 国内部分典型厌氧消化项目

项目名称	反应器形式	消化温度/℃	建成时间	污泥处理量/（万 t/d）	沼气产生量/（m^3/d）	进泥含水率/%
北京高碑店污水污泥消化处理工程	圆柱形	33～35	1999 年前	800	—	78～82
杭州四堡污水厂污泥厌氧消化工程	卵形	—	1999 年/2002 年	—	—	—
郑州王新庄污水厂污泥厌氧消化系统	圆柱形	35±1	2000 年	500	20 000	95
青岛市麦岛污水厂污泥处理处置工程	圆柱形	—	2008 年	—	—	—

项目名称	反应器形式	消化温度/℃	建成时间	污泥处理量/（万 t/d）	沼气产生量/（m^3/d）	进泥含水率/%
重庆唐家沱污水厂污泥处理项目	卵形	—	2009 年	240	—	80
大连动态夏家河污泥厂	圆柱形	37	2009 年	600	32 000	80
北京小红门污水厂污泥消化技术应用	卵形	35	2009 年	800	30 000	99.3
武汉三金湾污水处理厂	卵形	35	2009 年	—	—	—
重庆鸡冠石污水厂污泥厌氧消化工程	卵形	33～37	2009 年	—	—	—
上海白龙港污水厂污泥厌氧消化工程	卵形	35	2011 年	1 020	44 512	99.5
乌鲁木齐河东污水处理厂污泥消化及热电联产升级改造项目	卵形	35	2011 年	79	41 225	—

处理的对照组甲烷产率仅为 0.129 m^3/kg VSadded。利用离心溶胞技术处理剩余污泥，并将处理后污泥在 HRT=40 d 下消化，系统的产甲烷（标态）能力由 0.335 m^3/kg VSadded 提高到 0.422 m^3/kg VSadded。

（二）污泥预处理工艺优势

污泥的大部分有机物以固体形式存在，主要集中在微生物细胞内，由于微生物细胞壁（膜）的天然屏障作用，水解酶对有机物的水解速率很低，因此水解是污泥厌氧生化降解的控制步骤。水解速率缓慢致使厌氧消化水力停留时间很长，反应器体积太大。近百年来，污泥厌氧消化技术不断成熟，工艺流程逐步完善，然而，污泥水解速率低的性质从根本上束缚了厌氧消化潜力的进一步挖掘。因此，要提高污泥厌氧消化效率，必须提高复杂有机物的水解速率。为解决这个问题，人们开始研究能够有效破碎污泥絮体和细胞结构的物理化学预处理技术，通过这些预处理技术提高复杂有机物的水解速率，改善污泥的性质，进而提高后续厌氧消化效率和沼气产量，实现污泥的减量化和资源化，因此越来越受到世界各国的重视。目前研究较多的污泥预处理技术有热水解预处理、机械破碎预处理、碱处理、超声波预处理、臭氧预处理、酶处理、微波预处理等。

1．超声波处理

污泥含固率（以 TS 计）为 9.5 g/L 的生活污泥，在频率为 28 kHz 的超声波下处理后，污泥破解率和微生物活性都有明显提高。超声波技术具有分解速度快、能量密度高、无污染等优点，能够快速释放胞内物质，但在促进胞内溶解性有机物的水解方面表现较差。此外，超声波预处理受污泥黏度、表面张力和温度等因素影响较大，且设备要求较高，这限制了该技术大规模的推广应用。

2．碱处理

碱处理能够在常温下通过投加碱性物质的方式破坏污泥中细胞胞外聚合物，破裂细胞结构，进而加快大分子有机物质的分解溶解，提高污泥的溶解率，从而改善污泥厌氧消化性能。碱对污泥细胞结构的破坏效果与碱的用量及种类有关，不同碱的细胞破解效率为 NaOH＞KOH＞$Mg(OH)_2$ 和 $Ca(OH)_2$，一般添加的药剂为 NaOH；在一定范围内，碱投加量越高，破解效果越好，但碱量过高会导致消化系统 pH 升高，产生负面影响。当厌氧消化的 HRT 较短时，碱处理能够提高污泥稳定性。相比未处理污泥，当 HRT=7.5 d 时，碱处理污泥的 COD 和 VSS 去除率均提高到 70%以上，有机物稳定效率提高两倍，甲烷产量和有机物去除率随碱的投加量的增大而增大。剩余污泥经碱处理后，可提高厌氧菌对脂类等复杂有机质的降解速率，同时将 pH 控制在产甲烷菌最适宜的范围内，提高污泥的甲烷产率。

3．臭氧预处理

臭氧具有强氧化性，能有效打破污泥菌体细胞壁膜，使胞内易降解的有机物质释放到胞外且臭氧容易渗透进细胞内，破坏细胞，将脱氧核糖核酸（DNA）、核糖核酸（RNA）、蛋白质、脂质类和多糖等大分子聚合物分解成易降解的小分子物质，从而提高污泥厌氧消化水解速率和改善厌氧消化效能。尽管厌氧消化技术在世界各国得到广泛应用，然而传统厌氧消化系统的效益低，存在诸多缺陷：首先，有机物降解率较低，一般不到 40%（以 VS 计），甲烷产率也较低；其次，对污泥中复杂多聚物的水解速率缓慢，导致 HRT 较长，一般需要 20～30 d，致使反应器等设施规模大，投资高，占地面积广；最后，维持反应器的中温消化需要消耗大量能量，运行费用高。这些缺陷束缚了厌氧消化的进一步推广。

4．污泥热水解

通过加热可使污泥中的部分细胞体受热膨胀而破裂，破坏微生物的细胞壁（膜），将胞内蛋白质和胶质等有机物释放出来，促进有机物的溶解和水解：脂肪水解成甘油和脂肪酸；碳水化合物水解成小分子的多糖，甚至单糖；蛋白质水解成多肽、二肽、氨基酸，氨基酸进一步水解成低分子有机酸、氨及二氧化碳。有机物的水解使污泥的消化性能得到显著提高，同时由于亲水性胶体被破坏，污泥的脱水性能也得到了改善。

5．机械破碎预处理

机械破碎法是利用机械力破坏污泥中的细胞结构并将胞内物质释放出来，从而提高后续厌氧消化的效率。机械破碎污泥微生物细胞壁的方法主要包括转动球磨法、高压均质法和离心溶胞技术等。将污泥在 300 bar[①]高压下进行均质处理，然后在 HRT=10～15 d 的中温连续搅拌反应器中消化，其污泥的甲烷产率为 0.206 m^3/kg VSadded，而未经氧化预处理过程中不产生副产物且破解效率高，因此受到广泛关注。

三、污泥及城市有机质协同处理处置

图 4-9 给出了污泥与垃圾协同厌氧消化处理工艺，用污泥 5 t、餐厨垃圾 1 500 kg，厌氧共消化其可制生物燃气 CH_4 300 m^3。与此同时可提高餐厨厌氧系统稳定性：降低抑制物浓度，提升缓冲浓度。并且负荷从 1.5～2.0 kgVSS/（m^3·d）提高到 6～10 kgVSS/（m^3·d）、容积产期率提高 3～5 倍。

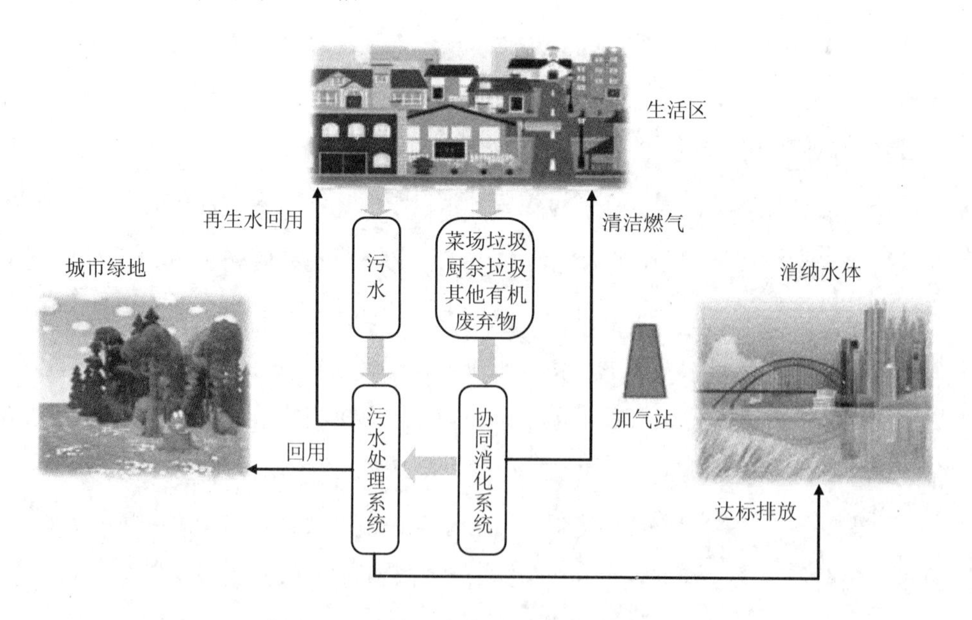

图 4-9　污泥与垃圾协同厌氧消化处理工艺

① 1 bar=10^5 Pa。

习　题

1. 污泥脱水与干燥有哪些工艺？从原理、经济效益、社会效益、投资和节能角度说明各自优缺点。

2. 污泥稳定化有哪些工程方案？各有哪些优缺点？

3. 请举例污泥脱水、干燥与资源化方案一体化设计。

4. 工业污泥和城市生活水处理污泥的不同特点是什么？如何解决两种不同的污泥资源化问题？

5. 有机质和污泥如何耦合一体化解决污染和资源化问题？

参考文献

[1] 陈阶亮. 大型城市污水处理厂污泥热干化和协同焚烧无害化的理论和应用研究——以七格污水厂为例[D]. 杭州：浙江大学，2017.

[2] 涂兴宇. 市政污泥处理处置技术评价及应用前景分析[D]. 上海：上海交通大学，2014.

[3] 苏瑞景. 剩余污泥酶法水解制备蛋白质、氨基酸及其机理研究[D]. 上海：东华大学，2013.

[4] 田顺. 太阳能结合中水源热泵干化污泥及生物除臭技术研究[D]. 北京：清华大学，2014.

[5] 李家祥，贺阳，范跃华. 4 种污泥干化技术及设备的比较与展望[J]. 中国市政工程，2013，164（1）：80-83，110.

[6] 陈怡. 污水处理厂污泥厌氧消化工艺选择与设计要点[J]. 给水排水，2013，39（10）：41-44.

第五章　生物质资源化工程

第一节　生物质利用现状

一、生物质的分类

生物质是指利用大气、水、土地等通过光合作用而产生的各种有机体，即一切有生命的可以生长的有机物质通称为生物质。它包括植物、动物和微生物。从广义概念上讲，生物质包括所有的植物、微生物以及以植物、微生物为食物的动物及其生产的废弃物，代表性的生物质如农作物、农作物废弃物、木材、木材废弃物和动物粪便。从狭义概念上讲，生物质主要是指农林业生产过程中除粮食、果实以外的秸秆、树木等木质纤维素（简称木质素）、农产品加工业下脚料、农林废弃物及畜牧业生产过程中的禽畜粪便和废弃物等物质。其特点是可再生性、低污染性、广泛分布性。

依据来源的不同，可以将适合于能源利用的生物质分为林业资源、农业资源、生活污水和工业有机废水、城市固体废物和畜禽粪便五大类。

林业生物质资源是指森林生长和林业生产过程提供的生物质，包括薪炭林、在森林抚育和间伐作业中的零散木材、残留的树枝、树叶和木屑等；木材采运和加工过程中的枝丫、锯末、木屑、梢头、板皮和截头等；林业副产品的废弃物，如果壳和果核等。

农业生物质资源是指农业作物（包括能源作物）；农业生产过程中的废弃物，如农作物收获时残留在农田内的农作物秸秆（玉米秸、高粱秸、麦秸、稻草、豆秸和棉秆等）；农业加工业的废弃物，如农业生产过程中剩余的稻壳等。能源植物泛指各种用以提供能源的植物，通常包括草本能源作物、油料作物、制取碳氢化合物植物和水生植物等几类。

生活污水主要由城镇居民生活、商业和服务业的各种排水组成，如冷却水、洗浴排水、盥洗排水、洗衣排水、厨房排水、粪便污水等。工业有机废水主要是酒精、酿酒、制糖、食品、制药、造纸及屠宰等行业生产过程中排出的废水等，其中都富含有机物。

城市固体废物主要是由城镇居民生活垃圾，商业、服务业垃圾和少量建筑业垃圾等固体废物构成。其组成成分比较复杂，受当地居民的平均生活水平、能源消费结构、城镇建设、自然条件、传统习惯以及季节变化等因素影响。

畜禽粪便是畜禽排泄物的总称，它是其他形态生物质（主要是粮食、农作物秸秆和牧草等）的转化形式，包括畜禽排出的粪便、尿及其与垫草的混合物。沼气就是由生物质能转换的一种可燃气体，通常可以供农家用来烧饭、照明。

二、生物质综合利用现状与发展趋势

“十三五”规划之“生物质综合利用”：城镇化加速及能源紧张使生物质综合利用成为重点发展方向。在国外生物质事业发展如火如荼背景下，预计我国生物质事业也要走规模化、产业化道路。

城镇化进程加速及能源供给紧张使生物质综合利用有望成为重要发展方向。根据《国家新型城镇化发展规划（2014—2020 年）》，到 2020 年我国常住人口城镇化率将达60%，将实现 1 亿农业转移人口和其他常住人口在城镇居住，这将拉动全国 8 亿 t 标准煤消费。从能源供给角度，预计到 2020 年国内一次能源生产总量达 42 亿 t 标准煤，能源自给能力达近 85%，能源缺口将达到 6 亿 t 标准煤，对外依存度提升，能源安全形势严峻。

美国生物质直接燃烧技术已居于世界领先地位，欧盟生物质综合利用产业发展迅速。早在 2010 年，美国生物质发电装机容量就达到了 10 400 MW，且有望在 2020 年突破 40 000 MW；美国燃料乙醇（目前世界上备受关注的石化燃料代替品）生产居世界第 1 位。欧盟方面，以瑞典为例，1990—2007 年，瑞典在 GDP 增长 48%的同时，温室气体排放量却降低了 9%，同一时期生物质能源使用增长了 80%。

生物质综合利用事业能够在适宜地区快速发展。生物质项目选址的重要考虑因素包括当地天然气价格：同样生产 1 t 蒸汽，假设 1 t 蒸汽吸收 251 万 kJ 热量，则天然燃料的单位成本花费比天然气便宜 62%。该结果未考虑以下条件：①国际原油价格及液化石油气价格大幅下降；②生物质锅炉改造成本更高，如需增加袋式除尘器、在线监测设备等。综上所述，生物质综合利用项目的选址因素中，一方面应布置在燃料相对集中地区，另一方面要考虑当地气源价格（如深圳气源充足稳定，生物质在深圳未必能快速发展），所以生物质综合利用事业能够在适宜地区快速发展。我国生物质成型燃料行业预计将走规模化、产业化发展道路。我国“十二五”规划计划实现 2015 年生物质发电总装机容量 13 GW（比 2009 年增长 4 倍），2020 年增长到 30 GW。预计国家将建立健全生物质收存体系、开展生物质试点示范、完善激励政策、推动产业化进程等。

（一）城镇化提速、能源供给紧张倒逼生物质事业发展

城镇化进程加速对我国能源消费形成极大挑战。近几年的发展情况显示，城镇化每提升 1%，推动能源消费 8 000 万 t 标准煤。根据《国家新型城镇化发展规划（2014—2020 年）》，到 2020 年，我国常住人口城镇化率将达到 60%左右，将实现 1 亿左右农业转移人口至城镇居住；这些人口和其他城镇常住人口将拉动全国 8 亿 t 标准煤消费。如何解决 8 亿 t 标准煤、如何充分利用城镇和农业废弃物资源将成为极大的挑战。我国能源消费增速处于上升趋势。根据国家统计局统计，2013 年我国能源消费总量为 37.5 亿 t 标准煤，其中全年的煤炭表观消费量约为 40.2 亿 t，净进口量达 3.2 亿 t，占 8%；石油表观消费量为 4.98 亿 t，进口量达 2.82 亿 t，占 57%；天然气表观消费量为 1 780 亿 m^3，进口量达 515 亿 m^3，约占 30%。预计到 2020 年，国内一次能源生产总量达到 42.0 万 t 标准煤，能源自给能力保持在 85%左右。能源对应缺口将达到 6.3 亿 t 标准煤，对外依存度提升，能源安全形势严峻。

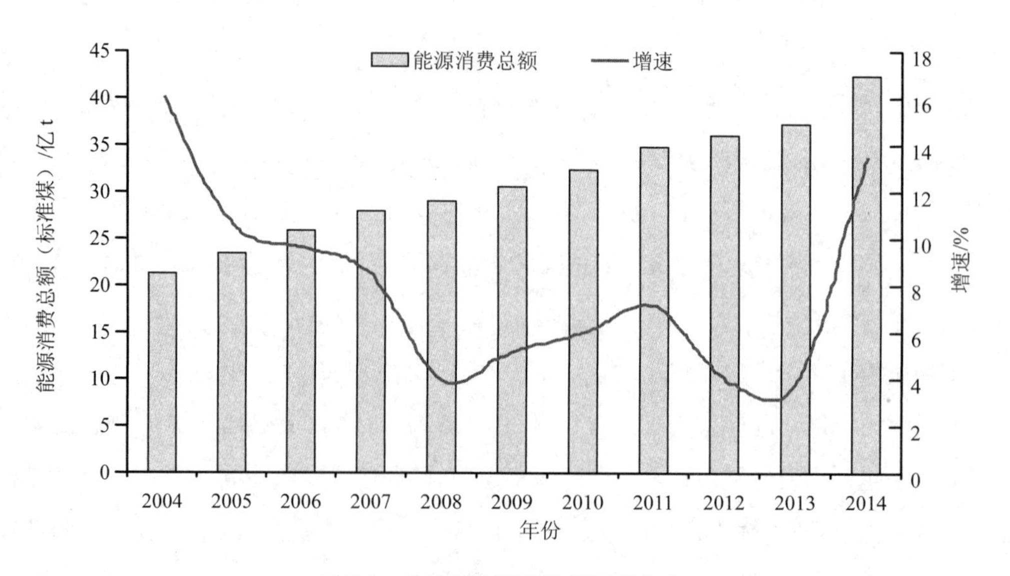

图 5-1　我国能源消费总量不断上升

生物质成型燃料综合利用是世界可再生能源的一个重要发展方向。2012 年全球产能为 3 305 万 t，万吨级厂家有 634 个。纵观世界发达国家，生物质已经成为重要的替代能源，在能源结构中占据重要地位。而我国生物质能占比不到 1%，市场发展空间巨大。

（二）美国、欧盟生物质事业发展如火如荼

美国生物质直接燃烧发电技术已居于世界领先地位。根据重庆科技学院研究成果，美国生物质直接燃烧发电技术在 1979 年已得到应用，当年装机容量仅有 22 MW；近年来得到迅速发展，2010 年装机容量达 10 400 MW，截至 2012 年年底，生物质能源发电量的 75%属于直接燃烧发电，总装机容量达到 22 000 MW，有望在 2020 年突破 40 000 MW。燃料乙醇是目前世界上备受关注的石化燃料代替品，美国燃料乙醇生产居世界第 1 位，生产原料主要有玉米、马铃薯等，年产乙醇 40 亿 m^3，与乙醇混合的汽油占该国总耗油量的 30%以上。欧盟目前的生物质综合利用产业发展迅速。主要应用领域有转化生物柴油和生物质能发电，在生物质供暖方面也有较高的市场化水平。政策补贴保障原料供应。政府通过建立分离支持给付系统，使劳动生产者享有 45 欧元/hm^2 的资金补贴，保障了各国生物质能原料的供应。

生物质柴油得益于优惠政策。欧盟已成为全球最大的生物柴油生产基地，得益于在原料生产、加工制造等环节给予的优惠政策，原料主要来自国内的菜籽油以及进口的棕榈油和豆油，目前年产量已达世界总产量的 65%。

生物质发电得到广泛应用。芬兰在欧洲建立了最大的生物质发电站，德国和丹麦主要开发热电联产，到 2005 年年底，德国建成了 140 多个区域热电联发电厂。生物质综合利用未影响瑞典经济发展，1990—2007 年，瑞典在 GDP 增长 48%的同时，温室气体排放量却降低了 9%，同一时期生物质能源使用增长了 80%。

（三）我国发展生物质事业的必要性和可行性

我国农村人口规模庞大，基础设施建设落后，主要依靠老式锅炉取暖供热，给环境造成巨大负担。我国目前有 7 亿农村人口，60%的农村能源消费来自农村居民生活用能，其中 90%为供暖、炊事用能，能源品种以煤炭为主。老式锅炉数量多、耗煤量大、热效率低；煤炭则以低质散煤为主，原煤灰分和硫分都相对偏高，而且没有污染控制设备，直接低空排放，导致农村吨煤排放量远超全社会吨煤排放量。当前老式锅炉燃煤排放污

染物总量已经接近电厂燃煤排放污染物总量。清洁化、便利化是新型城镇化过程中农村居民生活能源供给的基本思路。尽管农村可再生能源经济性与煤炭相比还有差距，但是只要政策支持到位，完全有条件实现可再生能源的大规模开发利用，其中，散煤替代和清洁化利用是控制大气污染的重要途径。国家出台多项政策提出对农村燃煤的替代性要求（图 5-2）。

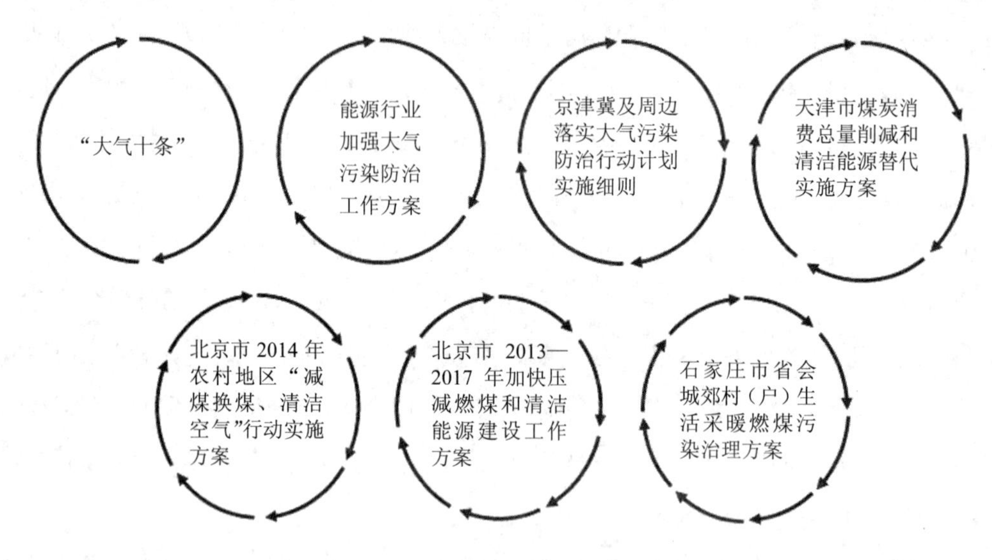

图 5-2　农村燃煤替代相关支持政策

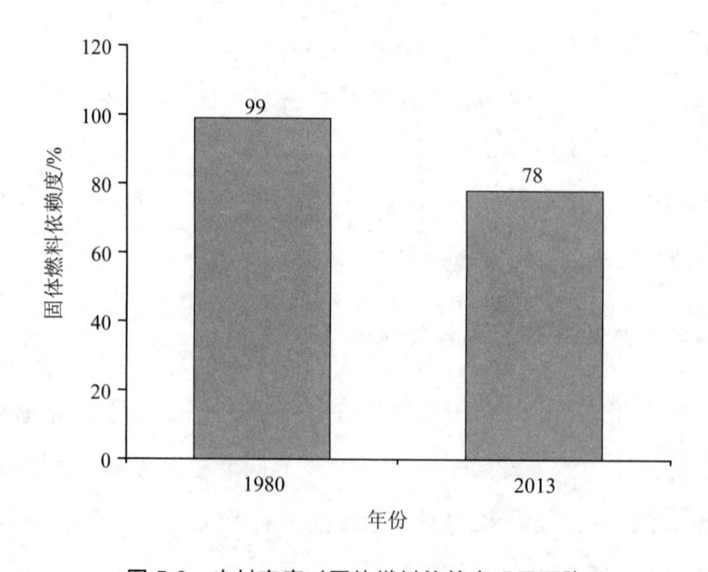

图 5-3　农村家庭对固体燃料依赖度明显下降

我国秸秆类燃料的可利用量保持增长。根据农业部科技教育司统计，2014 年，我国秸秆类燃料以秸秆与林业剩余物为主，其中可收集量 8 亿 t，可利用量 6.4 亿 t；2009—2014 年，秸秆类燃料的可利用量年平均增长 9%左右；监测火点数平均减少 50%，秋季的监测火点数平均减少 59%（图 5-4～图 5-6）。

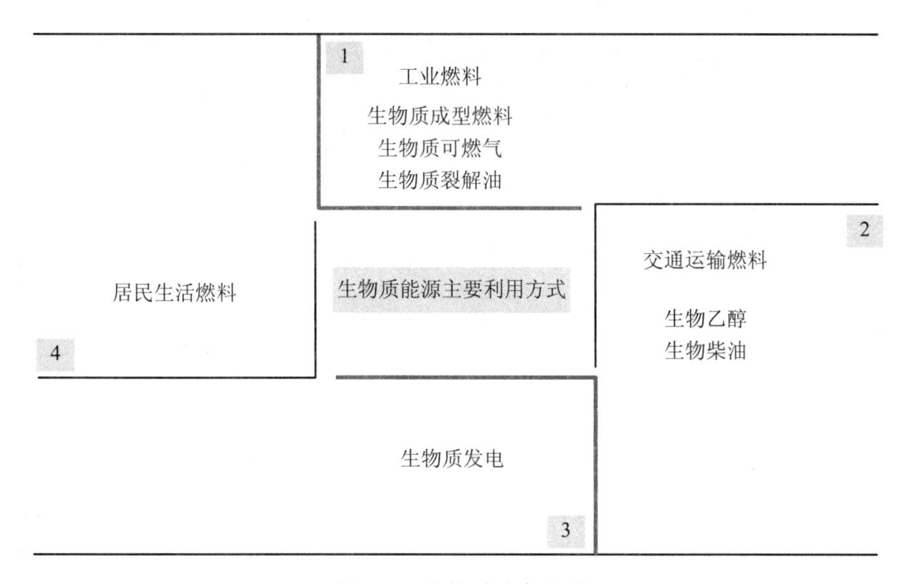

图 5-4　生物质综合利用

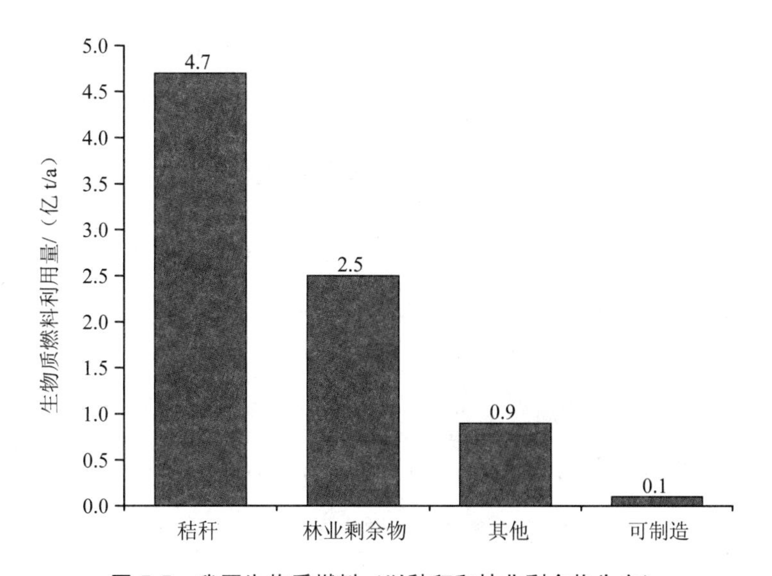

图 5-5　我国生物质燃料（以秸秆和林业剩余物为主）

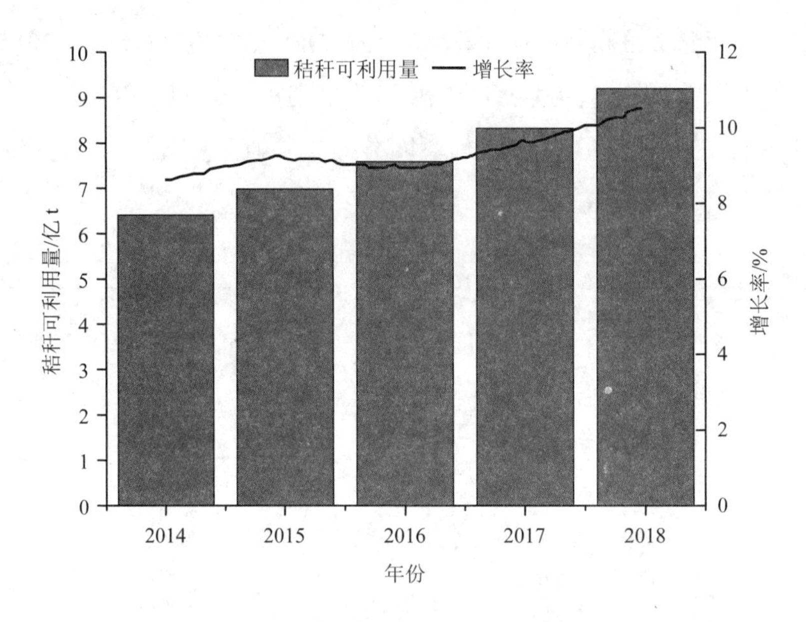

图 5-6 我国秸秆类燃料的可利用量稳步增长

表 5-1 与天然气相比，生物质燃料未来发展最大变数在于天然气价格

	平均值	燃烧效率	单位吸收热量/万 kcal	单位燃料需求	价格	费用/t
生物质燃料	4 000	80%	60	188	206	206
天然气	8 600	85%	60	43	4.3	353

注：①平均热值生物质燃料 kcal/kg；天然气 kcal/m^3。②价格单位，生物质燃料元/kg；天然气 kcal 元/m^3

（四）我国生物质行业将走规模化、产业化道路

1. 国家发展思路：完善体系+示范领导+激励政策+推动产业

我国生物质成型燃料行业预计将走规模化、产业化发展道路。在我国“十二五”规划当中，要实现 2015 年生物质发电总装机容量 13 GW，比 2009 年增长 4 倍左右（表 5-2），具体包括农林生物质发电量 8 000 MW，沼气发电 2 000 MW，垃圾焚烧发电 3 000 MW，预计 2020 年增长到 30 GW。生物质成型燃料方面更是提出了高目标，2009—2015 年实现突破性增长，2020 年产量达到 2015 年产量的 1.5 倍。

表 5-2 国家制定政策目标，支持生物质综合应用领域大步发展

年份	发电总装机量/GW	成型燃料年利用量/m^3	沼气年利用量/t	乙醇年利用量/t	生物柴油年利用量/t
2009	3.2	0.6	1.4×10^{10}	1.65×10^6	0.5×10^6
2015	13.0	20.0	集中供气300万户	3.00×10^6	1.5×10^6
2020	30.0	50.0	4.4×10^{10}	10.00×10^6	2.0×10^6

- 建立健全收存体系。就近利用，降低成本。建立健全政府和企业的关系，推动市场化生存体系。
- 示范领导。京建冀启动秸秆试点，争取更多的实现肥料化、原料化、燃料化。

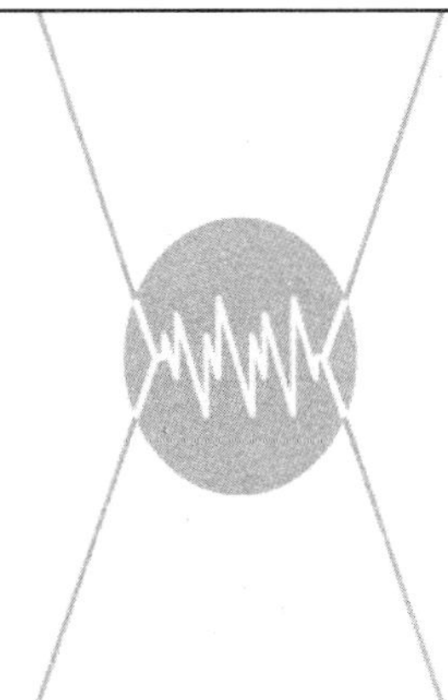

- 完善激励政策。如推动农业开发资金落实、加强信贷扶持、设置秸秆专项资金等。
- 推动产业化进程。引导社会资金投入，扶持龙头企业，推动秸秆综合利用。生物质热电联产、太阳灶、太阳能建筑物、小水电、小风电（解决边远山区用电问题）等领域将受国家支持。

图 5-7 国家将建立健全生物质成型燃料收存体系进行示范

区域供热工程是重要应用领域。国家能源局、环保部联合出台了《关于开展生物质成型燃料锅炉供热示范项目建设的通知》，拟建 120 个生物质成型燃料锅炉供热示范项目，总投资 50 亿元。需要满足的条件是：项目规模不低于 20 t/h（14 MW），其中单台生物质成型燃料锅炉容量不低于 10 t/h（7 MW）；示范项目应当按照以下要求严格控制排放：烟尘排放质量浓度小于 30 mg/m^3，二氧化硫排放质量浓度小于 50 mg/m^3，NO_x 排放质量浓度小于 200 mg/m^3。采用生物质成型燃料区域供热技术，在村镇机关、医院、中小学等建立区域供热工程，解决采暖用能，替代燃煤；也可以用于家庭炊事、取暖炉燃料。

2．典型案例：河北针对生物质综合利用给予有力政策支持

2015 年，河北省发布了《河北省燃煤蒸汽锅炉治理实施方案》。到 2015 年年底，河北省设区市和省直管县（市）城市建成区淘汰 10 蒸吨/h 及以下燃煤蒸汽锅炉、茶浴蒸汽炉 7 176 台、22 368 蒸吨。到 2017 年年底，设区市和省直管县（市）城市建成区淘汰 35 蒸吨/h 及以下燃煤蒸汽锅炉、茶浴蒸汽炉 7 402 台、27 018 蒸吨，城乡接合部和其他

远郊区县城镇地区淘汰 10 蒸吨/h 及以下燃煤蒸汽锅炉、茶浴蒸汽炉 3 669 台、10 478 蒸吨，确保完成国家下达的燃煤蒸汽锅炉淘汰任务，对全省燃煤蒸汽锅炉取缔、置换、调整、更新等。煤炭在河北省生活能源中占比达到 62%。煤炭在京津冀地区的生活能源消耗中占比分别为 55%、61%、62%，其中散煤所占比例最高，散煤比例最低的北京地区也高达 50%（图 5-8）。

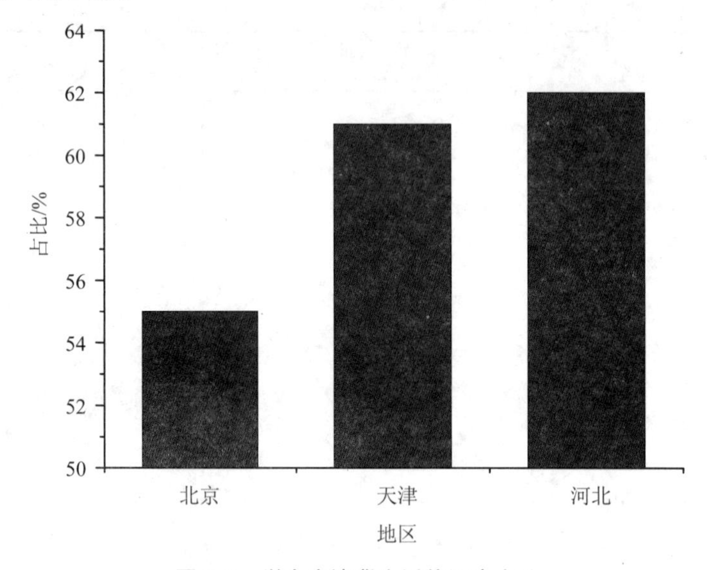

图 5-8 煤在京津冀生活能源中占比

河北省农村的煤炭消费量在京津冀地区最大。京津冀农村燃煤 4 000 万 t/a。主要应用领域为：做饭、采暖燃煤 2 800 万 t；乡镇机关、医院、学校等燃煤 300 万 t；其他包括农村生产、种植养殖等（图 5-9）。

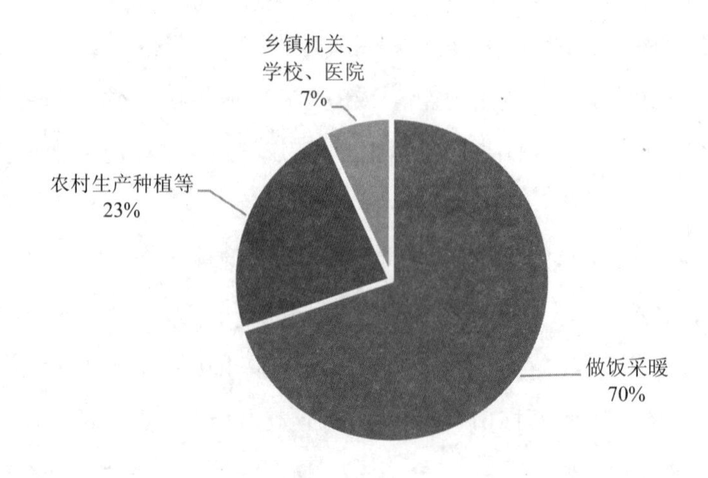

图 5-9 河北省农村燃煤 70%用于做饭、采暖

沼气利用存在局限性。2014 年，河北省世界银行贷款项目获得批复，拟建设沼气工程 6 处，年产沼气 4 200 万 m^3，年消耗青贮秸秆 22 万 t，处理畜禽粪便 24 万 t，尿液和冲洗水 37 万 t，项目投资估算 9.23 亿元，其中利用世界银行贷款 4.36 亿元，折合美金为 7 150 万美元；国内配套资金 2.31 亿元，企业自筹资金 2.55 亿元。但是沼气项目的局限性非常明显：产气不稳定，转化效率低，标准化程度低，沼渣沼液处理及高值利用等。

针对农村燃煤污染，秸秆能源化是重要发展方向。具有代表性的典型项目是河北鹿泉项目，规模 2 万 t，属于 2015 年立项的试点项目。河北天太生物质能源开发有限公司拟与政府合作，实现秸秆能源化利用，完成“收购-粉碎-收集-储存-成型-消费”一体化。政府将老旧锅炉全部换成新的锅炉，由政府出地、提供河北天太用户（学校、医院等）。河北天太生产秸秆成型设备，免费提供给政府（即河北天太投资）。区域政府财政部门补贴一部分资金给农户，采取由区域财政补贴给乡镇、再由乡镇补贴给农户的模式。由乡镇将项目打包，形成原材料，秸秆就近收集；秸秆收集由政府组织人员帮忙收集，收集的秸秆基本都是禁烧秸秆，最后的项目运营和维护是由河北天太负责，即河北天太将收集上来的秸秆压成块，就地转化成型，形成供热项目（图 5-10）。

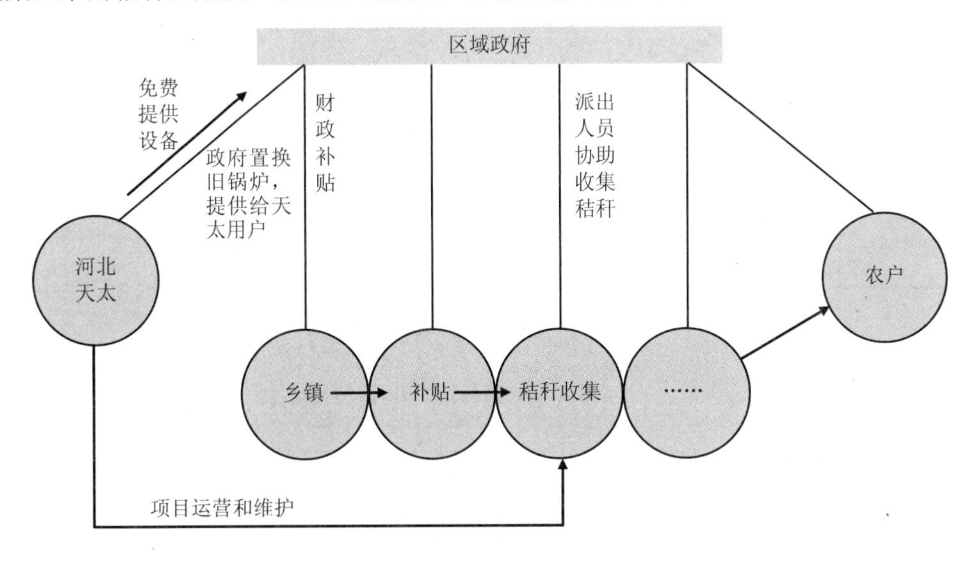

图 5-10 河北省政府给予项目的支撑

该项目面对的主要是单个小锅炉用户，目前已经节约了 2 000 t 燃煤，如果未来能节约 10 000 t 燃煤，可以得到河北省政府补贴。如果该试点项目成功实行，可逐渐向其他地区推广。

为了支持清洁能源的使用，河北省推广先进民用炉具并制订了农村清洁能源开发利用计划。散煤、型煤、生物质通用炉型，供暖面积不低于 60 m^2，热效率不低于 70%，省级每台补贴 700 元。河北省制定了相关政策支持燃煤锅炉改造、推动清洁炉灶，太阳能、秸秆能源化利用、天然气、沼气等清洁能源替代。

表 5-3　河北省农村清洁能源开发利用计划相关政策

相关政策	具体内容
补贴政策	2014 年，河北省政府共补贴 4.5 亿元；2015 年，大气污染防治资金还未确定。 • 1 台清洁炉灶补贴 700 元；除炉灶本身以外，还有管道、暖气片等，所以农户自己也要投入一部分。2015 年，河北省炉具主要有 80 m^2、100 m^2、150 m^2 3 种类型，但是现在市场上也有对 200 m^2 的需求，因此目前采购目录中提到的产品范围是 60～300 m^2。 • 1 t 秸秆补贴 150 元
招投标	由省里统一组织、制订规划、监督执行、产品好的企业一定能够入围。 招标分 3 个环节 • 标书评审：有些企业产品不错，但是被淘汰，主要原因包括没有深入研究招投标文件，根据惯性编辑标书；有的厂家粗制滥造，内容很少（只把价格报好，而生产能力、财政状况、人员素质、服务水平等方面在表述中体现甚少）；我们还发现，有的标书在检测标准、检测证书上造假，产品和企业对应不上。 • 公平公正：安排 20 台炉具一批，70 个摄像头，使炉具的排放强度等指标在在线监督之下一目了然，不会因为监测人员的主观性而偏差。 • 验证阶段
质量与服务	河北省政府对节能炉具和秸秆的投入很高，因此对质量要求很高。目前政府的精力主要放在监督管理上，使用测绘仪器、随时检测。有的新产品需要一定时间熟悉，客户不会用的话，需要厂商定期回访服务
资金监管	针对骗补行为，目前河北省政府在企业与用户之间设置银行环节，便于核查每笔登记消费记录

第二节　生物质利用存在的问题与解决方案

一、生物能源化存在的问题与建议

（一）生物质能源利用原材料收集的问题和对策

改革开放以来，随着农村经济的发展和生活方式的改变，农作物产生的秸秆剩余量增大。而近年来农民收入水平大幅度提高，秸秆类燃料由于占地面积大，收集困难，燃烧时灰尘较大，已不再是农民首选的炊火原料。大量的秸秆在春秋两季都被堆积在地里就地点燃处理。由于焚烧秸秆所引发的航空事故、交通事故、火灾事故比比皆是。各地政府均下发了秸秆禁烧令，但是由于野外焚烧秸秆隐蔽性较强，受各级政府人员配置等问题影响，近年来依然在春秋两季有烽烟四起、烟雾缭绕的现象发生。

2005 年，在山东单县国能集团投资建设了一个 1×30 MW 高温高压生物质发电厂，拉开了中国生物质能源高效利用的帷幕。该机组采用龙基电力引进的丹麦百安纳水冷振动炉排技术，采用生物质原料直接入炉燃烧方式。后期国能集团先后在山东、河北、河南、东北地区先后又投资了 20 多个项目。在这期间，中国生物质发电厂如雨后春笋般发展起来。在所有的生物质电厂投产运营后，都遭遇了一个严重的问题，那就是燃料问题，其问题归纳起来大致有以下四点。

1. 燃料收购掺杂使假严重

某公司曾因燃料质量及价格问题停产整顿 1 个月，并将所有燃料收购管理人员就地免职。由于生物质电厂原料收购模式基本都是中间商在农民地里机械作业收集秸秆，或到农林产品加工企业收购废弃料后送到电厂。受高额利润驱使，供应商与电厂质检人员、收购管理人员勾结，以次充好，在燃料中浇水掺沙土。导致燃料成本上升，锅炉燃烧不稳定，受热面磨损加剧，尾部受热面腐蚀增大，甚至导致布袋除尘器布袋破损，引风机叶轮磨损加剧，最短 3 个月就需更换引风机叶轮，检修周期缩短。输灰系统超出设计出力，气力输灰系统堵塞、蓬灰、磨损问题不断出现。灰渣排放量增加，灰渣处理费用直线上升，直接影响了电厂效益。这让尚处在商业化探索阶段，盈利能力并不强的生物质发电项目雪上加霜。

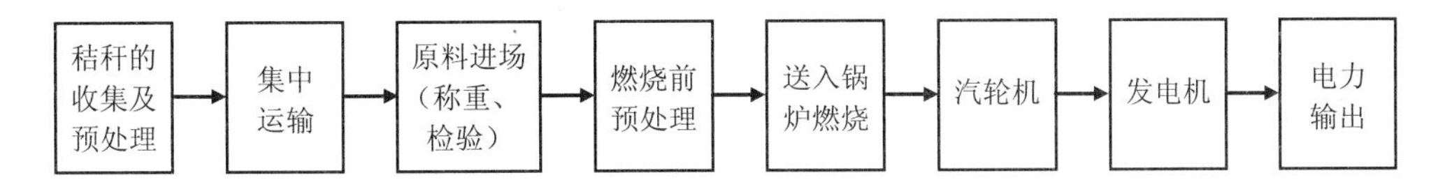

图 5-11　利用秸秆来发电的工艺流程

2. 原材料采购成本提高

随着国家政策大力推进生物质能源综合利用，生物质资源丰富的省市县均引进了生物质利用企业，以提高地方循环经济、清洁能源利用率、提高就业率，带动地方经济发展。但是无序的核准、审批导致生物质能源利用重叠，生物质原料价格一路飙升。目前生物质能源利用项目有造纸、生物化工、生物质成型燃料、生物质直燃电厂、生物质热电厂、生物油、生物质制气、生物纤维燃料乙醇、生物质丁醇、木糖醇、发酵沼气、畜牧业、食用菌等。其中附加值高的很多，进而导致生物质原材料居高不下，使得各生物质利用企业原材料的采购成本陡增。而生物质电厂本身由于造价高、设备复杂、用工量大而导致财务成本、生产成本、人工成本升高，在原材料采购环节上的竞争力就相对较弱。好在是生物质直燃锅炉设备适应性强，“嗓子眼粗，啥都能吃”。灰分大、水分大、价格相对便宜的燃料基本都进入生物质直燃电厂发电去了。

（1）收集困难

目前中国农业基本都是分田到户，没有大农场的经营模式。收获模式基本是机械作业、半人工作业等模式，并且国家前几年有鼓励秸秆还田的政策，机械收获的同时将秸秆打碎还田，小块地人工收获，秸秆机械收集、人工收集等方式成本都很高。秸秆收购价格较低，好多农民宁可将地里的秸秆直接点燃焚烧，也不去受累收集。目前生物质利用企业基本是选在林业产品加工集聚区。林业剩余物树皮、树根、树枝、锯末等，较容易收集的花生壳、稻壳、玉米芯等生物质物料能够形成规模的，运输费用相对较低，是生物质利用企业首选原料。但是此类生物质物料相对较少，大部分秸秆类生物质物料尚未得到综合利用。

（2）生物质原料运输费用较高

生物质物料自身密度低，自然形态较松散，收集后堆积密度一般为 0.1～0.2 t/m^3，堆放存储面积较大，从而造成收集、存储、装卸、运输费用升高。根据经验来看，一般秸秆类生物质燃料收集半径不宜超过 150 km。

（二）生物质能源利用的政策漏洞

生物质能在“十一五”时期的前半程，曾经被火热追捧过一段时间。可谓是“热闹非凡”。据悉，2006 年国家出台《中华人民共和国可再生能源法》后，随后实行了生物质能发电上网电价制度，因此，业内人士、投资机构和企业对国家继续出台支持生物质能发展政策的预期走高。所以在此后的 2007—2008 年，国内企业一窝蜂似地上马生物质能相关项目。但是由于后续支持政策没跟上，时间一长，多为民营性质的这些企业逐渐难以为继、相继出局。没有及时出台后续扶持政策成为制约“十一五”期间生物质能发展的主观原因。

（三）生物质能源原料自身缺陷

从生物质能源本身来看，能量密度低，分布分散，区域性、季节性，纤维结构，预处理困难使生物质技术发展进入了瓶颈阶段。

（四）生物质能源利用的生产企业存在的问题

从利用生物质的企业看，生物质电厂密集程度增大，锅炉容量盲目求大，出现无序建设苗头；行业间对原料争夺（如农业、畜牧业、造纸、家具和建材等），不能合理分配、科学利用生物质能源也是制度暴露的一些问题。缺乏生物质能源方面的人才，缺少专业知识的培养，缺乏创新意识，借鉴国外早已淘汰的不适宜国情的技术，不能很好地发展自主研发及自主知识产权。

（五）生物质能源利用知识普及力度不足

从农民角度来看，缺少基础生物质利用知识，缺乏基本的能源意识。农民自身知识的局限以及接受新事物的能力的缺乏，加剧了生物质收集的困难。每年到收获的季节依然有许多农田浓烟滚滚，不仅造成污染，加剧火灾风险，还波及城市空气，四处弥漫着烟气的味道及颗粒，让人难以呼吸。似乎很多禁令毫无效果，究其原因，是农民收集秸秆等生物质的成本过高，不如一把火烧掉。即使有所处罚也不及收集费用高。形成了这样本末倒置、啼笑皆非的尴尬局面。认清生物质能发展处于起步阶段，因此不可避免地存在种种问题，由此造成“十一五”期间生物质能发展规划多项指标未能完成。追根溯源，主要在于我国生物质能刚刚起步，尚无完整清晰的发展规划和相关的法律法规，这就造成各地在发展生物质能时盲目投资，发展混乱，产业定位不清晰，甚至不符合本地的实际情况，发生与民争地、与民争粮等现象。

（六）建议

综合以上几点，通过各企业针对各类问题的不同处理方式，综合起来有 7 个方面：

（1）从源头抓起，派专人到原材料基地监督装运，全程录制影像，避免中间商在中间环节掺杂使假。

（2）制定质检流程及标准，增加检验环节，避免质检人员腐败现象发生。

（3）派可靠的人抓质量（仅适宜个人企业，自家人控制入厂原料质量）。

（4）与周边生物质利用企业搞好联盟，提高企业质检标准，减少竞争，避免供应商钻空子，降低收购价格，从而控制原材料价格。

（5）做好反腐工作，定期针对质检、收购环节重要人员换岗、调岗、对调等方式，降低人员被腐蚀的概率。通过宣传、暗访、举报、互查互究等方式提高防腐力度。

（6）提前做好市场调研，组织人员测算好当地生物质物料收集成本，制定收购价格时以成本加合理利润为指导价。

（7）牵头农业机械厂家与农业合作组织联合，采用专业农业机械和秸秆收获机械联合作业，实行高水平的机械化作业，降低秸秆收集成本。

以上几点是各类企业根据情况不同所采取的措施。实际上根据目前生物质物料的经济效益和社会效益来看，尤其应以社会效益为主，而且生物质能源利用是一个复杂的系统工程，并非一蹴而就。在解决秸秆收集这个关键的瓶颈问题，不能单靠经济为导向，应发挥政府引导作用。鼓励农民收集秸秆再利用，每亩地的政策补贴与上缴秸秆数量挂钩，提高农民积极性，从而避免了秸秆焚烧、丢弃等污染环境的问题发生。

生物质能源利用要形成规模化、工业化，就必须在原材料供应上保障，满足其持续平衡、规模化、标准化特点。生物质原料收集就必须规模化、专业化、机械化，采用合适收集技术，建立合理、高效、低成本的收集储运体系。观念上不能以经济价值衡量，要以长远的眼光看待，要着眼于减少污染、社会效益。政府政策支持和相关技术进步具有重要意义，在这一工作上政府应起主导作用，推动生物质能源综合利用工作更好更快地发展。

二、生物质气化技术存在的问题、解决方式及应用

（一）生物质气化技术存在的问题

在一定的热力学条件下，借助于气化介质（空气、氧气或水蒸气等），使生物质的高聚物发生热解、重整、氧化和还原反应，热解伴生的焦油进一步热裂化或催化裂化成为小分子碳氢化合物，进一步生成 CO、H_2 和 CH_4 等混合燃气。

生物质气化利用可包括气化供气技术、气化供热技术、气化发电技术和气化制氢技术等。目前生物质气化技术发展较快，主要以气化供气和供热为主向气化发电、冷热电多联产等方向发展。生物质气化利用虽然较广阔，但生物质气化还不能大量推广，主要影响生物质气化发展的因素有以下 5 个方面。

1. 燃料

（1）生物质成型燃料（BMF）

①燃料原料。生物质原料多种多样，有木质和草本类，城市有机垃圾和动物粪便等。

化方法。由于工艺条件不同，热解又可分为不使用催化剂的非催化热解和使用催化剂的催化热解。

（1）热解方法

1）非催化热解。气化温度对焦油生成总量和组成成分都有影响。通过将鼓泡流化床床温从 700℃升高到 850℃，焦油含量从 700℃时的 19g/m^3 下降到 800℃的 5g/m^3。锯木屑在固定床内气化时，焦油随着温度升高而减少，温度越高，生成的不含取代基的芳烃焦油组分越少。在自由沉降反应器进行的桦木气化实验表明，温度从 700℃升高到 900℃，至少可以减少焦油含量 40%；随着温度升高，焦油中含氧烃量急剧减少。

2）催化热解。生物质气化过程中采用的催化剂，根据催化反应器在气化系统中的位置，可分为两类。第一类催化剂，又称初级催化剂，在气化前直接添加到生物质燃料中，对以下反应有催化作用：催化裂解方法可以高效脱除焦油，但是催化剂的成本较高，催化剂使用过程中失活等问题，限制了催化剂裂解方法的推广应用。

（2）部分氧化法

部分氧化法是在过量空气系数小于 1 的条件下，在含焦油生物质气化气中喷入适量氧气，发生燃烧反应，脱除生物质气化气中的焦油。首先，部分生物质气化气燃烧放热，而后利用高温和氧化后生成的自由基来脱除焦油。采用部分氧化方法时，既发生可燃性永久气体的燃烧，又发生焦油组分的燃烧。燃烧过程提高了气体温度，有利于焦油裂解；焦油氧化使焦油分子发生开环反应，向小分子转化。在焦油的热化学反应过程中，焦油可转化为化学结构更简单的烃类和非烃类分子和自由基，如 C1～C2 烃类分子，CO、H 等非烃类分子和自由基，这些物质均可以还原 NO。

（3）生物质再燃

我国生物质资源量非常大，但由于生物质资源供应具有季节性，分散分布，能量密度小，运输、储存成本较高，从而限制了生物质能在大型电站的利用规模。在燃煤锅炉上采用生物质燃料再燃方式，对原有锅炉系统改造少，可以利用现有设备；在生物质资源供应旺季时采用生物质再燃方式，生物质资源供应缺乏时锅炉仍以煤为燃料；而且可以再燃方式降低燃煤锅炉 NO 排放，如果采用生物质气化再燃方法，还可以将生物质灰与锅炉煤灰分离，实现这两种灰的综合利用。

（五）生物质气化技术发电主要污染分析

焦油又称为煤膏，是煤干馏过程中得到的一种黑色或黑褐色黏稠状液体，具有特殊臭味，可燃并有腐蚀性。是一种高芳香度的碳氢化合物的复杂混合物。生物质气化产生主要污染物为焦油。

（六）现在工艺状况

传统生物质气化发电系统主要由螺旋输送机、下吸式气化炉、旋风除尘器、喷淋净化器等净化设备、罗茨鼓风机、安全水封、内燃式发电机、湿法储气柜以及管网等组成，如图 5-12 所示，将产出气体主要有（H_2、CH_4、CO）用于发电，实现气电联产。由于在生物质气化炉中气体停留时间太短，温度太低不能满足还原层完全反应条件，产生了大量的焦油（100～150 mg/m^3）；在经过干、湿式净化与过滤，焦油含量控制在 50 mg/m^3 左右。生物质气化中的焦油和灰分含量过多会使火花塞积炭而不能打火，时间数据表明焦油和灰分含量小于 10 mg/m^3 的产生气使火花塞积炭的可能较小，能够满足发电机组的可靠运行。如果按照现有的工艺运行，存在两个急需解决的难题：①焦油含量 50 mg/m^3 不能满足内燃式发电机组运行的；②焦油所产生的二次污染以及内燃式发电机组尾气排放造成环境污染更为严峻。

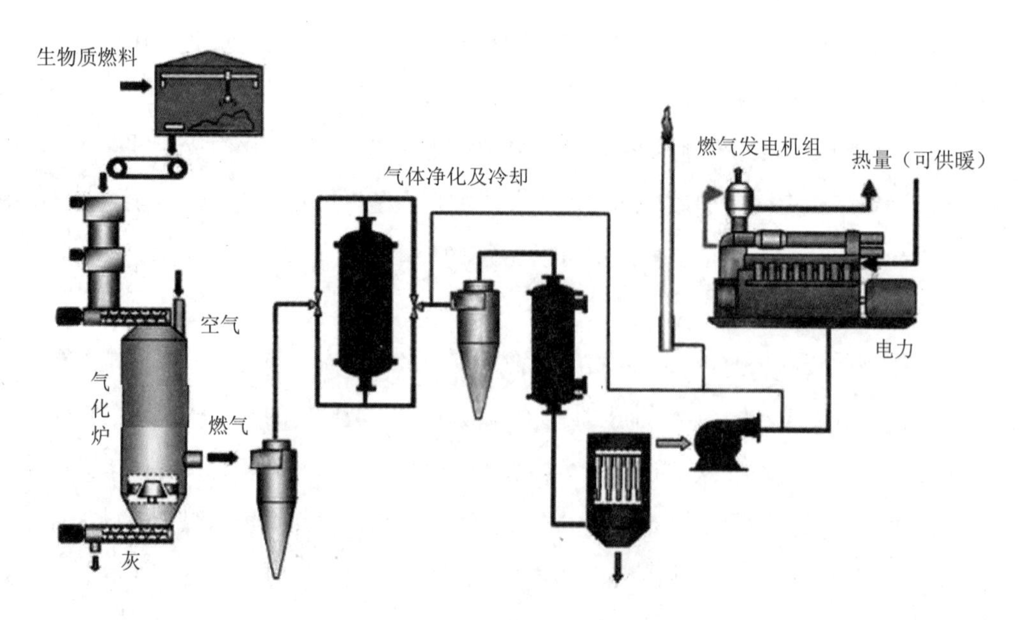

图 5-12　生物质气化发电原理图

（七）除焦油净化技术

焦油的净化从源头上来讲是在根本上解决生物质气化炉的结构和工艺问题，使焦油在裂化层满足其裂化反应的最佳条件，充分反应成 CH_4、H_2，这样既能解决环境污染，又提高了气体的热值和燃气中可燃物的含量，由于工艺上限制生物质气化炉出口燃气中完全无焦油是不可能的，在工艺上存在二次除焦问题。目前常用的二次除焦技术又可分为静电除焦油与过滤除焦油两种技术。

1. 静电除焦油技术

工作原理；当含焦油（尘）煤气通过处于气体电离状态下的两极空间时，气体中的尘埃、焦油微粒和电子碰撞摩擦过程中被强制荷电。由于电流被加速的自由电子不仅数量大，而且要通过整个极间空间流向正极（沉淀极），电子流通截面要占去两极间空间99%以上的面积，故气体尘埃和焦油微粒大部分带负电而流向正极（沉淀极），在沉淀极上带电尘埃和焦油微粒中和后而被收集，少量带正电荷的尘粒和焦油微粒流向负极（电晕极），中和后被收集。电离仅仅发生在离负极距离较小的强电场区域内，故带有正电荷的离子很容易被负极吸引而流向负极。正离子流通截面仅占整个极间空间很小一部分。

优点：处理风量大，仅消耗电能。缺点：由于静电的吸附作用，负极板易挂油、结垢，造成清洗困难，捕获焦油的能力降低等问题，即使装上蒸气清洗装置效果也不是很理想；设备设计和质量要求高，设备稳定运行不易，投资大，维护保养难度大，存在二次污染问题；安全性没有保障，静电除焦油对含氧量的要求是不大于 1，然而在实际的运行中燃气中含氧量某一时刻往往大于 1。同时由于生物质气化炉中均为易燃易爆气体，放电丝的高压放电就给我们带来了安全隐患。焦油处理效能不大于 20 mg/m^3 不能满足发电机组不大于 10 mg/m^3 的要求。

2. 鼓泡多孔除焦油过滤技术

盛大气体焦油过滤器专用于生物质制气设备脱除燃气中的灰尘、焦油等杂质。高泡多孔金属材料作为焦油过滤器的主要滤材。它具有力学强度好、结构均匀、孔隙率高、通过率高、比表面积大、机械强度好、化学及电化学活性高、容尘量大、压差小、可清洗再使用、使用寿命长、耐温及耐腐蚀等优点，可在环境比较恶劣的工况条件下正常工作。能有效地除去燃气中的水、尘、焦油及其他固体杂质，过滤精度高，很好地提高气体的燃烧效果（热值），环保节能。

第三节　秸秆生物质能源利用工程案例

2015 年，采用新技术生产的各种生物质替代燃料及生物质发电将占全球总能耗的 40%。目前人类对生物质能的利用，主要分为热化学转化和生物转化两大途径，前者将生物质通过热化学转化制备得到一氧化碳、氢气、小分子烃或生物质油等物质并随之合成为各种有机物；后者通过微生物或酶将生物质转化为单糖，再通过化学及生物技术转化为高附加值的化学品及聚合物。生物质能源的开发利用不仅对经济发展具有重要的促进作用，同时对环境保护和社会稳定也具有不可估量的作用。在常州市武进区礼嘉镇进行面源生物质废弃物调研的基础上，通过科学估算及推导建立了太湖流域废弃生物质能源资源化总体方案。

一、试点区域概况

（一）农作物及生物质废弃物情况

礼嘉镇属太湖水网平原，河湖纵横，农田广布，是典型的江南“鱼米之乡”。礼嘉镇种植的农作物种类多样、分布广泛，每年都有大量的生物质废弃物产生。根据当地环境监测部门对区域内各河流的长期监测结果，水体中氨氮、总磷全部超标，而氮、磷的超标是导致太湖水域富营养化的一个重要因素。因此礼嘉镇可以作为一个很好的生物质废弃物能源资源化利用示范区来综合比较各种生物质废弃物能源开发利用方案的优缺点。礼嘉镇 2009 年主要农作物种植情况和相应废弃物产量情况如表 5-4 所示。各类生物质废弃物产生量总计 23 636.6 t，目前这些废弃物主要去向分为：农户回收作为燃料，约占 30%；残留农田自然分解作为肥料，约占 20%；留田焚烧处理，约占 50%。

表 5-4　礼嘉镇主要农作物及其废弃物年产量

作物类型	水稻	小麦	油菜	葡萄	西瓜	桃林	蔬菜
种植面积/hm^2	1 613	1 298				53	
产量/（kg/hm^2）	8 505	4 380	3 000	20 250	30 000～45 000	—	18 000～27 000
废弃物类型	稻秆	麦秆	油菜秆	藤叶	藤叶	树叶	藤叶
产量/（kg/hm^2）	9 000	4 250	6 000	750～1 050	1 200	750	极少
废弃物总量/t	14 520	6 816.6	800	660	800	40	极少

（二）环境质量状况

从礼嘉镇 2008 年 3 月以来的水质监测统计数据来看，礼嘉镇附近河流主要受到氨氮、总磷的污染，其他水质指标基本符合水功能区Ⅳ类水的要求。礼嘉镇每年产生的生物质废弃物约为 23 636.6 t，根据秸秆焚烧释放碳量的估算可推算出礼嘉镇每年直接焚烧或家庭利用的 80%的生物质废弃物释放的 CO 量为 1 848.7 t，CO_2 量约为 21 524.4 t。如此大量的温室气体排放必然会对太湖地区的大气环境造成一定的影响，同时在燃烧利用过程中产生的大量可吸入颗粒物，以及苯、多环芳烃等有机污染物也会对人类及其他生物的生存产生严重的威胁。

二、各种技术比较

（一）各试点技术基本情况

在查阅生物质资源化相关技术资料的基础上，本研究初步提出了 4 种有一定技术可行性且较为稳定的废弃生物质资源化利用技术，分别是生物质发酵制备燃料乙醇技术、生物质发酵制备沼气技术、生物质气化炉技术以及生物质燃烧发电技术。4 种技术在技术层面的比较如表 5-5 所示。

表 5-5 4 种资源化技术的技术参数

技术方案	燃料乙醇技术	沼气技术	气化炉技术	燃烧发电技术
利用方式		生物发酵	热化学反应	直接燃烧
技术路线	纤维素水解、发酵	微生物厌氧分解	自热干馏、热解	锅炉燃烧
所需设备	水解反应器、发酵罐	沼气罐	气化炉	燃烧锅炉、蒸汽轮机
资源化产物	乙醇	沼气	一氧化氮、氢气、甲烷	电能
废液废渣	轻度污水、木质素残渣	沼液、沼渣	轻度污水、草木灰	轻度污水、燃烧灰渣

（二）各试点技术经济效益比较

目前，礼嘉镇年产生物质废弃物约 23 636.6 t。对生物质废弃物进行能源资源化利用的目的不仅是获得清洁干净的新能源，同时也是改变农村现有的将秸秆等生物质废弃物直接用作生活燃料消耗的传统利用方式，提高农民的生活水平，改善农民的生存环境，因此用于生活燃料而被消耗的约 30%的生物质废弃物也将被用于资源化转化，而农民日常生活所需的能源则由生物质废弃物转化得到的新能源提供，所以总计约有 80%的生物质废弃物可以用于能源资源化利用。

1. 生物质废弃物制备燃料乙醇技术

生物质废弃物发酵制乙醇技术主要是利用农作物秸秆通过纤维素水解、发酵的方式制备乙醇。目前生物质发酵制备的燃料乙醇是在所有的生物质能源中，利用途径最多、利用效率最高、对环境最为友好的能源形式。礼嘉镇年产生物质废弃物中适合用于发酵制备燃料乙醇的量约为 22 136.6 t，扣除留田堆肥的部分约 20%，可以用于制备燃料乙醇的生物质约为 17 709.3 t。根据目前的经验数据 7 t 秸秆可以生产 1 t 燃料乙醇，参照目前市场上燃料乙醇的价格（约 6 000 元/t），则年产值 A_1≈2 530 t×6 000 元/t=1 518 万元。根据前期的调研数据，生产线初期建设费用 A_2 约为 275.9 万元，每年的运行费用 A_3 约为 496.7 万元。生产设备的使用期限以 10a 计，则生产线初期建设费用 A_2 按 10a 分摊，因此每年获得的利润为：$A= A_1-A_2/10-A_3=$ 993.7 万元。引用工程经济学中的费用/效益（ξ）分析：ξ=投资费用/效益价值则生物质废弃物制备燃料乙醇技术的费用/效果比ξ≈0.345。参考环境经济学成本收益分析，取 6%为贴现率，则该项目的净收益现值 PV=∑2009 年净收益×（1+贴现率）^{n}=7 759 万元。

2. 生物质废弃物制备沼气技术

生物质废弃物发酵制沼气技术是指主要利用农作物秸秆，辅以禽畜粪便、生活污水等有机物质在密封的沼气池内，在一定的温度、湿度、酸碱度条件下，通过厌氧性微生物的分解代谢而产生沼气的过程。礼嘉镇年产生物质废弃物 23 636.6 t，去除残留在农田自然分解作为肥料的 20%的生物质废弃物，则礼嘉镇可用于制备沼气的生物质废弃物总量约为 23 636.6×80%=18 909 t。根据相关经验数据，设计 12 m^3 的沼气池，最佳投料浓度为 50 kg/m^3，则沼气池建设数目约为 n =18 909×1 000 kg(12 m^3×50 kg/m^3×2×2)≈7 879 座。根据每个沼气池每日产气量 V_0 为 1.8 m^3，共 7 879 座沼气池，1a 投料 2 次，每次产气约有 180 d，计算得年产沼气量为：V=1.8 m^3×7 879×180×2=510.6 万 m^3。

根据调研显示目前沼气价格约为 1.5 元/m^3，得出沼气部分的年产值 A_1'=510.6 万 m^3×1.5 元/m^3=765.9 万元。根据调查数据，沼渣中可作有机肥的部分占 40%，产生有机肥质量约为 6 134 t，目前市面上有机肥价格在 500～1 500 元/t，以每吨 500 元/t 计，则每年有机肥部分的产值 A_1'' = 6 134 t×500 元/t=306.7 万元，因此该方案的年产值 A_1= A_1'+A_1'' = 1 072.6 万元。生产线初期建设费用 A_2 约为 1 575.8 万元，每年的运行费用 A_3 约为 157.6 万元。因此生物质废弃物制备沼气技术的年利润约为 757.3 万元，费用/效益比 $\xi\approx0.294$，该项目 10a 的净收益现值 PV=5 913 万元。

3．生物质废弃物气化炉技术

生物质废弃物气化是以秸秆等有机废弃物为原料，利用热化学反应的原理，在密闭缺氧装置内，采用自热干馏热解法，使秸秆释放出可燃混合气体。这种混合燃气中含有一氧化碳、氢气、甲烷等有效成分，亦称生物质气。生物质气化炉方案，设计按每连续运行 2 周检修一次设备，为处理礼嘉镇每年产生的 18 909 t 农作物废弃物，方案设计的所有气化炉日处理总量约为 55.6 t，设计使用 31 台直径 D 为 1.19 m、高度 H 为 1.22 m、气化强度 q_f 为 90 kg/（m^2·h）、气化转化效率 η 为 90%、产物气流量 V_0 为 157.47 m^3/h、产气率 G 为 1.575 m^3/kg 的上吸式秸秆气化炉。

每年产生可燃气的体积 V=1.575 m^3/kg×18 909 t≈2.98×10^7 m^3。该方案的年产值 A_1 约 1 489.1 万元，生产线初期建设费用 A_2 约为 67.8 万元，每年的运行费用 A_3 约为 522.2 万元。因此生物质废弃物制备沼气技术的年利润约为 960.2 万元，费用/效益比 $\xi\approx0.355$，该项目 10a 的净收益现值 PV=7 497.3 万元。

4．生物质废弃物燃烧发电技术

生物质废弃物燃烧发电技术是基于一种创新的锅炉燃烧技术和一个传统的蒸汽循环系统带动汽轮机发电的技术。秸秆等废弃物在锅炉内燃烧产生蒸汽，蒸汽被送入汽轮机，经汽轮机带动发电机做功后，排气进入冷凝器，并用河水作为冷却介质，从冷凝器中出来的凝结水通过水泵重新送入锅炉用于产生新的蒸汽。本技术适用于能够大规模生产利用生物质资源的地区。礼嘉镇年产生物质废弃物 18 909 t，发电系统 1 天 24 h 连续运转，每年运行时间为 300 d，检修时间按 60 d/a 计。根据条件，生物质消耗量 V =（18 909 t/300 d）/24 h≈2.63×10^3 kg/h。经查阅相关运行实例可知，该生物质废弃物消耗量太小，不符合设计的最低盈利标准，即无法通过集中发电获得盈利。另据了解，目前我国已经有几十家引进国外技术的生物质发电厂，但这些发电厂多数为直燃式发电，热效率较低，秸秆需粉碎后才能进锅炉作燃料，生产成本较高。对于礼嘉镇来说，如秸秆作为发电原料，其收集、捆扎、运送、固化及其人工费用等成本将超过 400 元/t（当地秸秆原料收购价普遍在 300～350 元/t），秸秆燃烧热值约为燃煤的 1/2，而目前燃煤价格在 700 元/t 左右，因此综合考虑后可以发现，秸秆燃烧发电对于礼嘉镇这一小范围试点区域来说，其设备、资金、人力、原材料等投入比较高，产出效益较低。因此以礼嘉镇的现状不适合采用生物质直燃发电方案。

5. 各试点技术的经济性比较

除了生物质燃烧发电方案因种种限制原因不建议采纳外，其余 3 套方案的投入产出的详细结果如表 5-6 所示，其中设备使用期限均以 10a 计。对于各个方案的投入产出情况的比较、投资/效益比ξ和 10a 运期的净收益现值 PV 分别见图 5-13 至图 5-15。

表 5-6　各备选方案的投入产出结果比较

方案	生物质发酵制乙醇	生物质发酵制沼气	生物质气化炉
储气设备投入/万元	275.9	1 575.8	67.8
除设备外年投入/万元	496.7	157.6	522.2
年产值/万元	1 518.0	1 072.5	1 489.1
年利润/万元	993.7	757.3	960.2
投资/效益比ξ	0.345	0.294	0.355
净收益现值 PV/万元	7 759	5 913	7 497.3

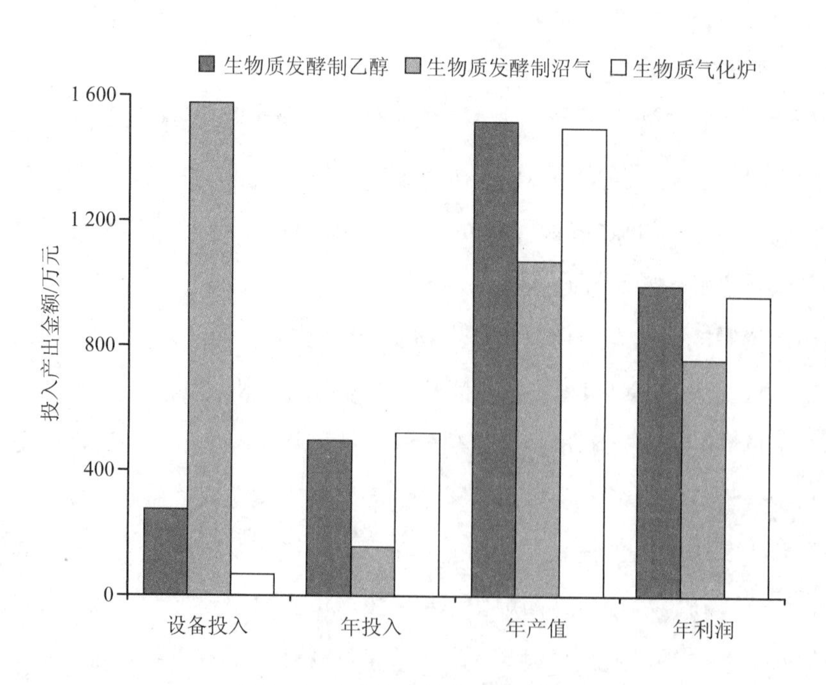

图 5-13　3 套方案的投入产出情况

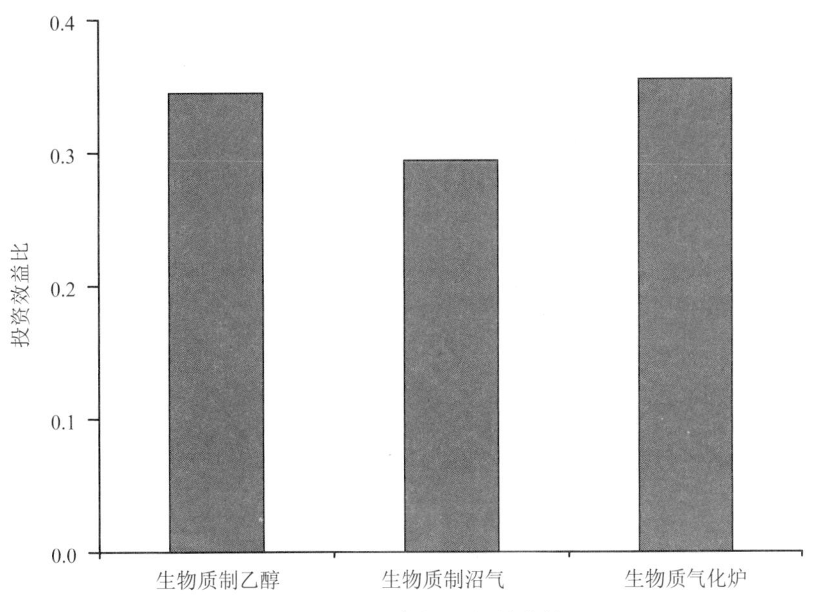

图 5-14　3 套方案的投资-效益情况

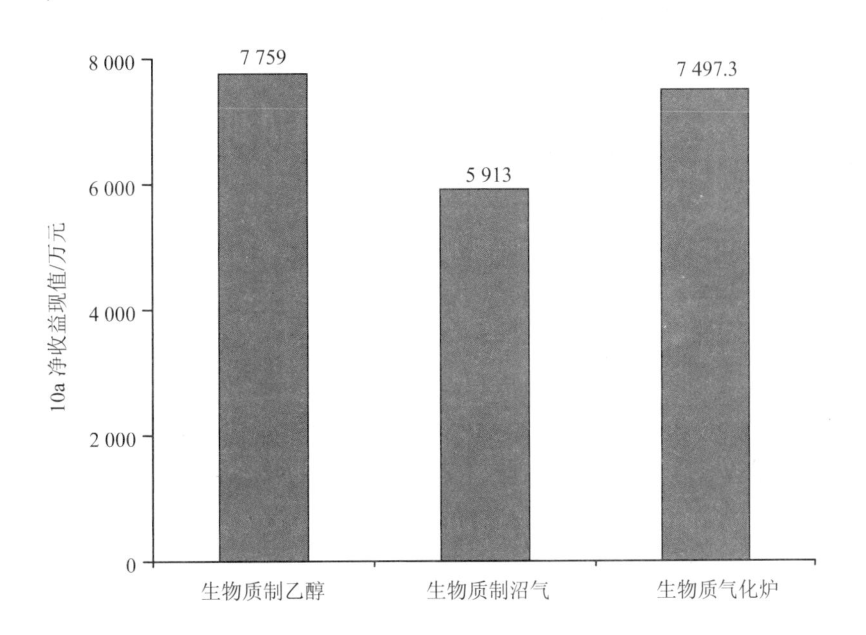

图 5-15　3 套方案的 10a 期净收益现值比较

从经济性来说，生物质发酵制沼气的方案虽然初期投入最多，年效益、年利润也不是最高，而且从长期而言 10a 期的净收益现值 PV 也是相对较低的，但是整个方案的费用/效益比ξ最低，即利润和投资回报率最高，而且运行成本很低，能够在长期的运行过程中减少用户的经济负担。关键是该技术发展已相当成熟，许多农村已围绕其开发出了特色农家乐等项目，对提高农民收入、缓解能源问题方面做出了巨大贡献，是几个方案中可行性最高的技术。农户可利用自家的秸秆自行进行发酵，省去了运输、铺设管道等环节，只需初期的建池投资，几乎不需要其他额外的投入。沼气池埋在农户的院子里，不影响日常生活，管理方便、使用简单，分离贮气浮罩沼气池的设计也提高了安全性、便利性，非常适于农村使用。另外，人、畜、禽的粪便也可用作制沼气的原料，发酵剩余的残渣还是很好的有机肥，整个过程中秸秆得到了充分的资源化利用，很值得推荐。生物质气化炉技术虽然初期投资低，年效益、年利润和10a期的净收益现值也比较高，但每年的运行投入最高，且需要远距离运输、压块、铺设管道等环节，多户共用一炉在实际操作上可能会遇上诸多不便，设备维护也较困难，气化炉的汰换率可能会较高。另外，根据用户实际使用结果来看，目前我国生产的气化炉还不够稳定，有些用户反映使用过程中会遇上冒烟、焦油堵塞、产气不均匀、难以点火、使用寿命短甚至不产气等问题，技术上还需要提高。生物质发酵制乙醇技术，随着乙醇价格逐年攀升，其年效益、年利润和10a期的净收益现值均是最高的，投资效益比虽然高于生物质发酵制沼气技术，但是生物质发酵制乙醇项目产生的乙醇是一种清洁环保的能源形式，便于运输利用，可广泛应用于材料、化学、生物燃料、医疗卫生、环境监测等诸多领域，具有广阔的经济应用前景；其能够缓解化石能源短缺对经济发展形成的限制状况，对于新能源产业的飞速发展也将起到重要的推动作用。与此同时其必将带动汽车工业、航空工业、船舶运输业以及机械制造业等化石燃料使用大户的行业转型，这对减少温室气体以及 SO_2、NO_x 等有害气体的排放、降低环境污染具有不可替代的促进作用。

（三）废弃生物质能源资源化总体方案

1. 总体方案设计

根据技术经济性比较，综合考虑经济、社会、环境等多方面的因素，提出太湖流域废弃生物质能源资源化总体方案设计：本方案拟定在试点区域结合实际情况将部分不适宜用于发酵制备燃料乙醇的农作物秸秆以及禽畜粪便、生活污水污泥等各类生物质废弃物用于生物质发酵制沼气项目，以满足当地部分居民的日常生活所需，同时收集剩余适宜制备燃料乙醇的生物质秸秆用于建设具有光明应用前景的生物质发酵制乙醇项目，对体系中产生的污水污泥等废弃物以污泥亚临界水热处理技术予以预处理。总体方案示意如图 5-16 所示。

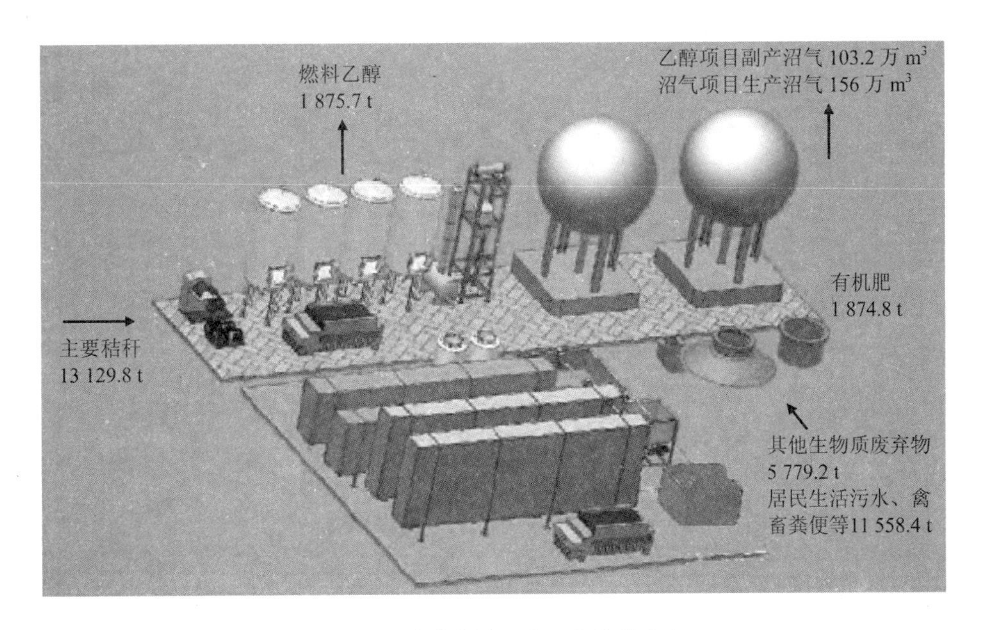

图 5-16　废弃物能源资源化总体方案

2. 总体方案的沼气项目部分

目前，礼嘉镇户籍人口为 57 791 人，按每户 6 人计算，大约有 9 632 户居民。由于沼气项目现在基本只能在农村地区推广，而根据全国第六次人口普查，城镇居民与农业居民比例分别为 49.86%和 50.31%，所以估算礼嘉镇农村人口约为 4 812 户；再考虑目前农村实际留守人口几乎只有统计人口的 1/2，因此所建的 12 m^3 的沼气池若运行正常，基本能满足 2 户家庭的基本生活能源需要，初步规划建造沼气池为 2 408 座。按照沼气池建造标准图集 26 的分离贮气浮罩沼气池建设，容积为 12 m^3。建造 12 m^3 的沼气池共 2 408 座，每年投料 2 次，产气期间需每日补充消耗掉的原料，沼气池最佳投料质量浓度为 50 kg/m^3，则需要的生物质量 m 约为 5 779.2 t。每个沼气池每日产气量为 1.8 m^3。年产沼气量 V=1.8 m^3×2 408×180×2=1 560 384 m^3。

目前，沼气市场价格为 1.5 元/m^3，得出沼气部分的年产值 A_1'= 1 560 384 m^3×1.5 元/m^3≈234.1 万元，同时生产沼肥 1 874.8 t，以 500 元/t 计，则每年有机肥部分的产值 A_1'' = 1 874.8 t×500 元/t≈93.7 万元。因此该部分的年产值 A_1= $A1'$+A_1'' = 327.8 万元。建一座 12 m^3 的沼气池除去政府补贴后需要 2 000 元左右，因此建造沼气池的投入 A_2= 2 000 元/座×2 408=481.6 万元。居民可直接利用自家农田产生的秸秆作原料，自己完成铡、揉等操作，运输等费用可不计。而在管理方面，为保证沼气池正常运作每座沼气日常的维护维修费用以及 2a 一次的大出料费用等按 200 元/a 计算，则全部沼气池的日常运行费

用 A_3=200×2 408≈48.2 万元。

3. 总体方案的燃料乙醇项目部分

礼嘉镇可用秸秆年产量 18 909 t，其中部分秸秆（包括不适宜制燃料乙醇的秸秆）约 5 779.2 t 用于居民家用制沼气，剩余的 13 129.8 t 秸秆参照河南天冠集团的纤维乙醇项目用于发酵制乙醇，其具体的生产线流程如图 5-17 所示。参照该项目，设计礼嘉镇每 7 t 秸秆可生产 1 t 乙醇，同时产生沼气 550 m^3，则礼嘉镇乙醇项目可年产乙醇 1 875.7 t，副产沼气 103.2 万 m^3。

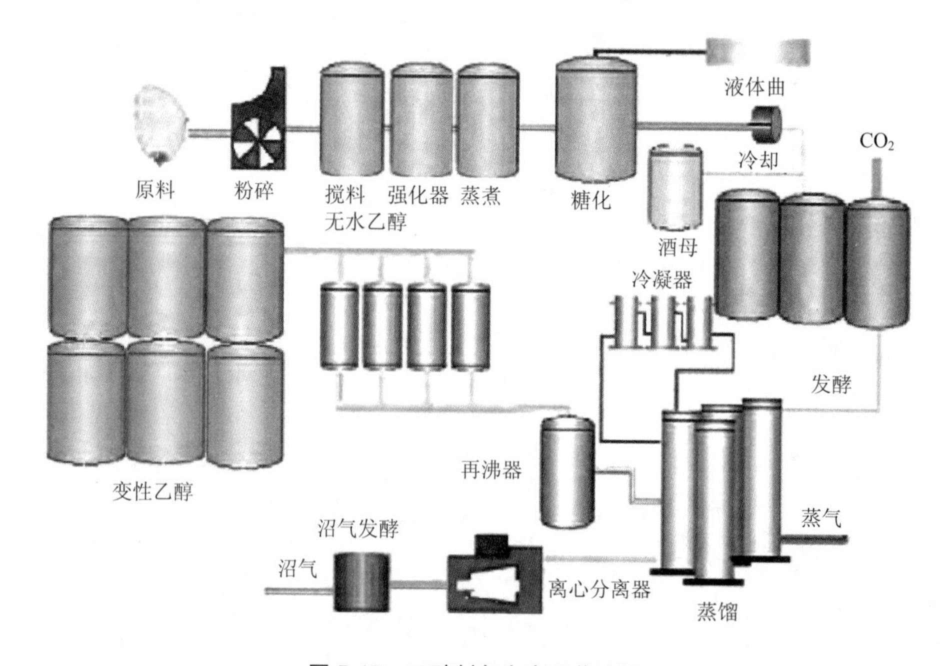

图 5-17　乙醇制备生产工艺流程

根据目前的实际经验，7 t 秸秆可以生产 1 t 燃料乙醇，本项目每年秸秆使用量 13 129.8 t，因此乙醇年产量 M=13 129.8 t/7≈1 875.7 t。根据当前市场上燃料乙醇的价格 6 000 元/t，则生产线年产值 A_1' = 1 875.7 t×6 000 元/t≈1 125.4 万元。根据沼气价格为 1.5 元/m^3，得出沼气部分的年产值 A_1''= 103.2 万 m^3×1.5 元/m^3≈154.8 万元，因此本项目创造的年产值 A_1= A_1'+A_1''=1 280.2 万元。根据已建成生产线的经验，包括水、电、气在内的动力费用约为 100 万元/a。厂区人员按 30 人计，工资均计 5 万元/a，年维护费按设备投入的 10%计，生物质废弃物运输费用按 100 元/t 计，建设该项目的初期投入 A_2 约为 335.4 万元，每年的运行投入 A_3 约为 457.8 万元。

4．总体方案的污水、污泥回收处理部分

对当地居民日常生产生活过程中产生的污水、污泥在进入沼气生产流程之前应先进行回收处理。该环节采用污泥亚临界水热技术，利用水热反应（4～7 MPa，250～280℃的高压高温）将污泥中的大分子有机物（如蛋白质等）在短时间（5～10 min）内转换为小分子有机物（如葡萄糖、氨基酸等），从而大大提高含水率污泥的脱水效果。经过高温分解后污泥经压力脉冲排出，进入贮罐，固液分离后残渣进入沼气制备环节，而废水则进入现有城市污水处理系统。

5．总体方案的经济、环境和社会效益

（1）总体方案的经济效益

1）燃料乙醇项目。本项目年均处理 13 129.8 t 秸秆，年产乙醇 1 875.7 t，副产沼气 103.2 万 m^3，燃料乙醇初期设备投入为 335.4 万元，其他每年需要投入的原料成本，维护费用及工人工资等约为 457.8 万元。年产 1 875.7 t 燃料乙醇，按目前市场价格 6 000 元/t 计算，年产出效益为 1 125.4 万元，副产沼气 103.2 万 m^3，沼气按市场价格 1.5 元/m^3 计算，年产出效益为 154.8 万元，共计 1 280.2 万元。

2）沼气发酵项目。沼气项目年产沼气约为 156 万 m^3，可供 2 406 户农民家庭自用。同时可产生有机肥 1 874.8 t。沼气项目初期设备投入约为 481.6 万元，其他每年需要投入的设备维护等费用约为 48.2 万元。年产 156 万 m^3 沼气，按目前市场价格 1.5 元/m^3 计算，每年可产生经济效益 234.1 万元；同时产生的 1 874.8 t 有机肥，按照 500 元/t 计算，每年可产生经济效益 93.7 万元，共计 327.8 万元。因此该总体方案每年产出效益总值为 1 608 万元，10a 的净收益现值 PV=12 555.4 万元。

（2）总体方案的环境效益

本方案所使用的工艺原料是秸秆等生物质废弃物，不会形成“不与人争粮、不与粮争地”的局面，这也是未来燃料乙醇工艺原料利用的一个方向。秸秆等生物质废弃物是一种丰富的资源，在我国除了少部分被有效利用，大部分以堆积、焚烧等形式直接排放到环境中，造成极大的环境污染和资源浪费。生物质废弃物发酵制备的燃料乙醇作为清洁的化工产品，可以用作基本的有机化工原料，同时也可以作为汽车燃料。其不仅利用途径广泛而且便于运输，燃料乙醇的燃烧也不会造成严重的环境污染，是化石燃料的有效替代品之一。根据估算如果使用燃料乙醇代替汽柴油作为汽车燃料，则可以使汽车尾气污染排放水平降低 30%以上。而沼气作为一种高品质清洁能源，可用于炊事、取暖和发电等方面，沼气的开发利用能够有效改善我国农村的能源结构，不但给农民带来了

直接的经济利益，而且解决了因燃烧秸秆和薪柴等所造成的大气环境污染、土壤肥力下降、水土流失等问题。沼渣和沼液是优质有机肥料，不仅可减少化肥和农药的使用量，还可以改良土壤、提高作物品质和抗寒抗病能力，生产优质高效的绿色食品，不仅具有很好的环境效益还具有显著的经济效益。

（3）总体方案的社会效益

本方案通过秸秆等生物质废弃物的发酵制备乙醇和沼气将生物质废弃物转化成了新的清洁能源和化工产品，避免了生物质资源和能源的巨大浪费。同时本方案在建设运营过程中创造了许多就业机会，对社会的稳定持续发展有着重要的辅助作用。燃料乙醇和沼气的利用不但可以缓解人类所面临的资源危机、环境污染等一系列问题，而且将促使能源经济向绿色经济转变，为人类社会的可持续发展提供了能源、环境以及就业的保证。通过项目建设，可以为当地树立示范工程，对周边农业工程具有一定的带动作用，促进区域产业可持续发展，促进招商引资，具有良好的社会效应。

习　题

1. 生物类型有哪些？有哪些优缺点？
2. 生物综合利用的工程方案设计思路是什么？
3. 生物质综合利用工程有哪些要素？有哪些综合利用技术？请对其比较。
4. 生物质脱水干燥工程包含哪些步骤？如何评价这些技术？
5. 举例说明一个区域如何选择生物质综合利用方法。
6. 生物质和其他能源耦合利用的形式有哪些？比较各种方法的优缺点。

参考文献

[1] 李抒阳. 生物质能转化技术及资源综合开发利用研究[J]. 中国资源综合利用，2017，35（10）：46-71.
[2] 徐萌. 农业秸秆资源化综合利用环境经济效益研究[D]. 杭州：浙江理工大学，2017.
[3] 梁武，聂英. 农作物秸秆综合利用：国外经验与中国对策[J]. 世界农业，2017，461（9）：35-38.
[4] 左旭. 我国农业废弃物新型能源化开发利用研究[D]. 北京：中国农业科学院，2015.
[5] 刘同良. 中国可再生能源产业区域布局战略研究[D]. 武汉：武汉大学，2012
[6] 张玉. 生物质高温旋风分级热解气化工艺关键技术研究[D]. 哈尔滨：哈尔滨工业大学，2016.

[7] 史建军. 基于资源与市场的生物质成型燃料产业化运作研究[D]. 北京：北京林业大学，2015.

[8] 程艳玲. 生物质能源转化综合评价及产业化空间布局方法研究[D]. 北京：中国矿业大学（北京），2014.

[9] 闫晶晶. 我国生物质能源开发利用的可持续发展评价与实证研究[D]. 北京：中国地质大学，2010.

[10] 王亚林，申哲民，阳陈，等. 太湖流域废弃生物质能源资源化利用方案[J]. 环境科学与技术，2013，36（12）：41-47.

第六章　典型工业固体废物资源化工程方案优选

第一节　煤炭工业固体废物处理工艺方案

煤炭行业的固体废物主要是在煤炭的生产、加工和消费过程中产生的、暂时不再需要或者没有利用价值的固体废物，主要有煤矿剥离物、伴生矿、煤矸石、煤渣、煤泥、粉煤灰等。这部分固体废物的主要特征有数量大、分布广、滞留性大、环境影响持续时间长等特点。在煤炭固体废物中，煤炭工业的煤矸石和燃煤电厂的煤灰渣是排放量最大、最集中的固体废物。煤炭固体废物主要有煤矸石、露天矿剥离物、煤泥、粉煤灰及其煤炭工业产生的其他固体废物，如煤炭液化残渣、气化残渣、废催化剂、脱硫残渣等，不同来源的固体废物，性质差异很大，工艺处理方案也不尽相同。

一、国内外煤炭工业固体废物“三化”利用现状

（一）国外研究现状

20 世纪以来，针对煤炭行业固体废物数量大、分布广、滞留性大、环境影响持续时间长等特点，许多国家提出了“资源循环”的口号，将固体废物看作是可利用的资源，从中回收资源和能源，以弥补资源不足的危机，同时通过固体废物资源化再利用，降低固体废物对环境造成的污染。为了加强矿产资源的开发利用，国外很多国家都已结合自身实际制定了很多利用循环经济理念进行矿产固体废物处置的规章制度，基本形成了比较完整的法律法规管理体系。通过制度管理和法律的约束，从源头上控制废物的产生，并对产生的废物进行合理利用，减少其对环境的危害。如德国制定的《废弃物法》，俄罗斯制定的《关于加强自然资源保护和改善综合利用》《改善自然资源保护和合理利用矿产资源问题》以及美国制定的《美国矿业和矿产条例》等，都表明这些国家对矿产资

源合理利用的重视程度。

在发展煤炭循环经济的进程中，煤炭行业固体废物之一的煤矸石由于其产量巨大，引起了世界各大产煤国的关注。美国矿业局对境内存量达亿吨的煤矸石，通过采样分析，主要的综合利用方式有利用煤矸石生产建筑材料、发电、生产有机矿质肥料等。美国一直致力于对煤炭洁净利用的研究，其代表性的洁净煤技术是有着示范意义的新一代先进用煤技术。英国国内存在的矸石山，主要由煤炭局进行管辖控制，通过有计划地进行土地恢复和更新，对矸石山复垦，利用煤矸石生产建材等方式，对矸石进行循环利用，尽量缩小地表矸石堆放对环境的影响。俄罗斯利用含有机质以上的煤矸石生产有机矿物肥料，这种煤矸石肥料具有肥效长、无毒无害等优点，可使农作物产量稳定增长。匈牙利经过研究，发明了利用煤矸石进行生物复田工艺的专利，该专利可在较短的时间内使矸石覆盖层变成肥沃的土壤。

（二）国内研究现状

我国煤炭行业固体废物循环利用工作起步就比较晚，同时受到技术和经济限制，固体废物循环利用的整体效果不佳，但是我国从未停止过对固体废物污染的控制技术、政策研究。1960 年代起，我国开始研究煤炭固体废物的综合利用，由于受限于当时人们的思想，一开始仅把部分固体废物作为可利用的资源进行“资源化”利用研究，而忽视了对煤炭固体废物从源头进行减量化，以及排放的无害化处置。1970—1996 年，随着大量煤炭行业固体废物循环利用的时间，以及科研技术的探索，我国煤炭行业固体废物的综合利用研究全面展开，并取得了长足的进步。从 1996 年起，煤炭行业固体废物的循环经济研究，向着高技术含量、高附加值、多应用渠道的方向发展，通过源头削减、过程控制、资源化再利用等手段，在减少、处置固体废物的同时，创造更大的经济效益。

随着科学技术的进步、人们环保意识的转变、环保工作的开展，我国对煤炭行业固体废物循环再利用的应用领域在逐步拓展，相关生产技术日趋成熟。主要煤炭固体废物煤矸石的利用率呈现一个逐年增加的趋势。目前我国对煤炭行业固体废物循环利用主要集中在以下几个方面：①煤矸石：发电、生产建筑材料制品、生产农田用肥料、生产化工原料、筑路、充填采空区、塌陷区造地复垦、回收有益矿产品等。②粉煤灰：生产水泥添加剂、生产建材、道路基础、土壤改良等。③伴生矿等：目前，在我国关于煤炭行业固体废物循环经济的研究，已经在理论研究、物理属性研究、技术方法研究、固体废物某种特定的利用方式研究等方面取得了一定的成绩，但是从框架体系构建及经济效益上对煤炭行业固体废物循环经济模式研究却比较少。

二、煤炭行业清洁生产及其行业经济发展模式

随着科技的不断进步，煤炭行业固体废物的循环再利用技术已经取得了一定的成果，如利用煤矸石进行发电，利用煤矸石、粉煤灰等生产建筑材料作为道路基础，利用煤矸石、粉煤灰等生产农田用肥料、生产化工原料、充填采空区、塌陷区造地复垦、土壤修复、回收伴生矿产中的有益矿产品等。随着科学技术的发展，很多原本不可能实现的废物再生利用变成了可能，在一定程度上为煤炭行业固体废物循环经济模式确定了技术方面的可行性。

（一）矿区传统经济模式

概括来讲，煤炭企业的生产过程大多是资源消耗（各类材料及人工的消耗）—生产过程（包括矿井建设、煤炭开采、井下运输、煤炭洗选和地面存贮及矿区内运输）—产出煤炭和排放废弃物。与此同时，还伴随着土地塌陷、水资源的破坏等一系列的环境损害。图 6-1 为传统矿业单向循环发展模式。

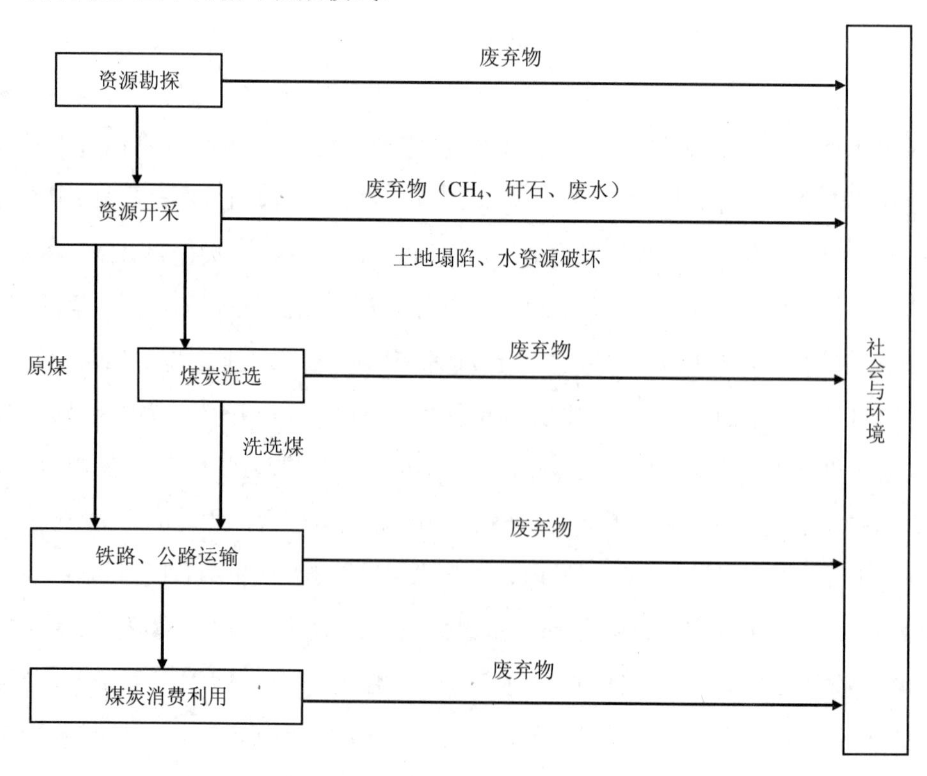

图 6-1　传统矿业单向循环发展模式

2015 年，世界煤炭产量约为 80 亿 t，全国产量达 37.5 亿 t，虽然同比减少 3.3%，但仍占世界的 47%；我国煤炭消费量为 39.65 亿 t，同比下降 3.7%，但仍占世界煤炭消费量的 1/2。煤炭在我国能源消费结构的比重达到 64%，远高于 30%的世界煤炭平均水平。2015 年的煤炭消费结构中，电力行业用煤 18.39 亿 t，钢铁行业用煤 6.27 亿 t，建材行业用煤 5.25 亿 t，化工行业用煤 2.53 亿 t。我国火力发电及供热用煤占全国煤炭总产量的 55%，燃煤发电产生的烟尘排放占工业排放的 33%，二氧化硫排放占工业排放的 56%，灰渣约占全国灰渣的 70%。冶金、建材等部门同样是在消费煤炭的过程伴随着大量废弃物的排放。详见图 6-2。

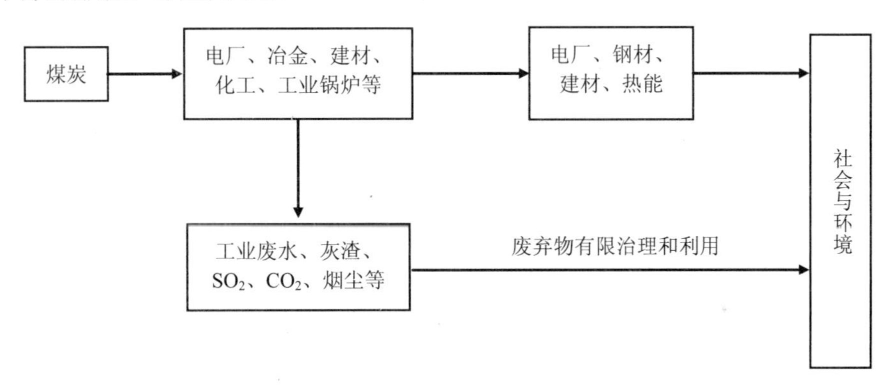

图 6-2 传统的煤炭消费过程

（二）煤炭产业循环经济发展模式

煤炭产业循环经济建设的重点是构建循环经济发展模式。在构建循环经济发展模式的过程中如何更好地构筑企业共生体和循环经济产业链、提高循环经济发展模式中企业的竞争能力、提高循环经济网络的稳定性，已成为煤炭循环经济发展面临的主要问题。煤炭产业混合经济发展模式见图 6-3。

煤炭发展模式包括：①煤炭主业-煤炭矿产资源。为清洁生产建设、水泥等建材产业提供了原料基础，大力发展建材共生单元对于发展矿区循环经济具有至关重要的意义，是矿区重要的辅助共生单元。②电力共生单元。在煤炭开采就近区域发展火电及其共生产业。③建材共生单元。煤炭需要建材支撑，而煤炭产业副产品——固体废物量大面广，为发展煤矸石建材、水泥等建材产业提供了原料基础，大力发展建材共生单元对发展矿区循环经济具有至关重要的意义，是矿区重要的辅助共生单元。④煤炭深加工共生单元。随着煤炭企业发展模式的转变，煤炭深加工是煤炭产业链延伸的主要环节。

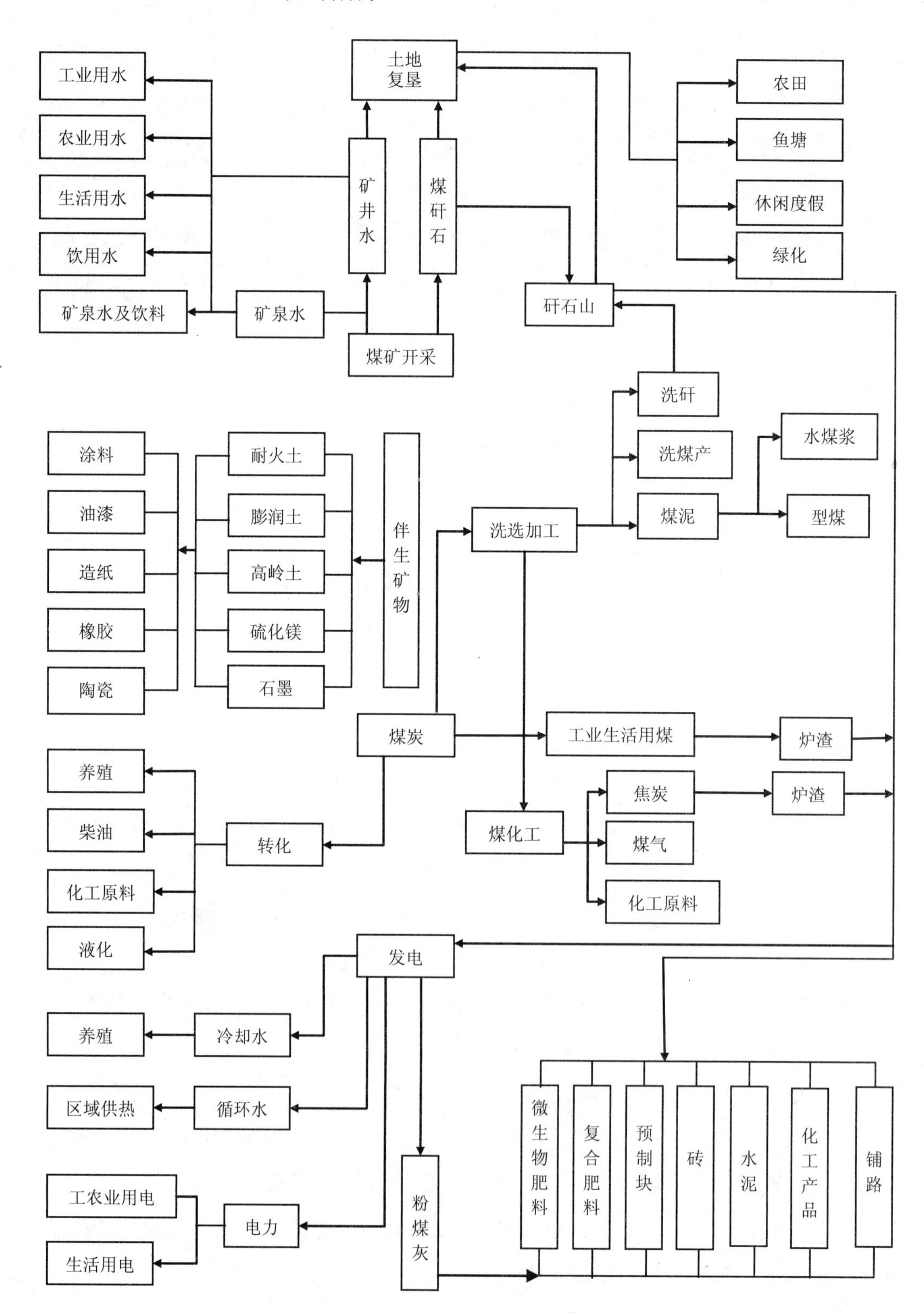

图 6-3　煤炭产业混合经济发展模式

目前，煤炭深加工共生单元主要有煤炭洗选、煤化工、水煤浆和型煤等，这些相关共生单元的发展，不仅有利于环保问题的解决，而且增加了产值，提高了煤炭资源的综合利用程度，将成为共生产业系统的新兴产业。深加工共生单元为改善煤炭行业产业机构提供更大空间。⑤伴生矿物综合利用共生单元。煤炭伴生、共生矿物的综合开发利用包括高岭土综合利用、硫铁矿综合利用、矿井水综合利用、地下残留煤的综合利用等。该共生单元既增加了产值、提高了效益，又形成新的共生源，拉动了劳动力、机械设备制造、运输、科研等相关产业的发展，也为产业结构调整提供了条件。

（三）减少井下出矸量的措施

1. 全煤巷开拓方式

为发展建设高产高效矿井，提出井工矿向一矿一井一面或两面的发展战略，随之出现大功率、高强度现代化采掘设备。采掘速度加快，生产高度集中，矿井或水平的服务年限相应缩短；同时维护和使用的巷道长度和时间缩短；巷道的支护技术的提高、支护材料的改进，以及强力皮带的使用和单轨吊车、卡轨车、齿轨车等辅助设备的推广应用，可使开拓巷道掘在煤层中，不必掘在岩层中。如德国、英国近年来已逐渐向全煤巷开拓发展，一些煤矿已取消了排矸系统，地面基本消除了矸石山。我国一些地方小煤矿基本无岩石巷道，采区巷道全煤化。对于煤层群联合布置的采区巷道，如采区上山和区段集中巷等应尽量布置在煤层中。因一矿一井一面或两面（两面时各在一个采区）一个采区内同时生产的工作面只有一个，所以不用设区段集中巷，使巷道布置和生产系统简单化。

2. 减少煤炭回采过程中混入矸石量

对开采 3.5～5.0 m 厚的缓倾斜煤层，结构简单可一次采全厚；对开采 3.5～5.0 m 厚的倾斜和急倾斜煤层，可采用分层开采，若有夹石层，可以夹石层作为下分层的顶板；对开采大于 5 m 的厚及特厚缓倾斜煤层可采用一次采全厚放顶煤开采。为提高放顶煤质量和提高顶煤回采率，要选用多轮顺序放煤工艺及低位插板式放煤支架。薄煤层开采，掘出的巷道为半煤岩巷，为使岩石不出井，掘巷时可将巷道掘宽些，使掘出的矸石充填到巷道的一侧或两侧。为使充填工作方便，在掘巷时要选择合理的爆破参数，使崩落的矸石块度便于充填工作。

（四）煤炭地下气化

煤炭地下气化技术早在20世纪50—60年代的大同、皖南、沈阳等矿区先后进行研究试验，后因某种原因中断了这项研究。到80年代中期又开始这项工作的研究试验，陆续在徐州新河二号井和唐山刘庄利用井式、长通道、大断面方法进行了煤炭地下气化工业性试验。多年来经过实践积累了一定的经验，为今后发展我国煤炭地下气化打下了良好技术基础。煤炭地下气化是目前较理想的煤炭清洁开采技术，它是将地下煤炭通过热化学反应在原地将煤炭转化为可燃气体的技术，是对传统采煤方式的根本性变革。不仅极大地减少了井下工程及艰苦作业，而且消除了煤炭开采对环境的污染和煤炭燃烧对生态环境的不利影响和危害。

三、煤矸石处理技术、工艺和方案的比对

根据煤矸石性质耦合循环经济理念，在其处理与处置技术、设备、工艺及其经济可行性等方面做煤矸石综合利用或处置方法比对。

（一）煤矸石产生与处理现状

煤矸石是与煤伴生的一种含煤高岭土，煤矸石综合排放量占原煤产量的10%～15%。采煤过程中产生大量的煤矸石过去一直被作为大宗固体废物堆放在煤矿周围，我国已累计堆存45亿t煤矸石，占用土地约1.5万hm^2，每年还新产生3.0亿～3.5亿t煤矸石，是目前我国排放量最大的工矿业固体废物之一。煤矸石的堆放不仅占用了大量的土地，同时随着表面水分的蒸发，遇到大风天气易产生扬尘。长期暴露于空气中易受风化而发生自燃，产生大量的CO、CO_2、SO_2、H_2S、NO_x等有毒气体污染空气。另外，煤矸石漏天堆放，经降雨淋浴后，可溶性有毒元素会对土壤、水环境产生一定影响。到2015年，煤矸石综合利用率提高到75%，通过实施重点工程新增9 000万t的年利用能力。在大中型矿区，稳步推进煤矸石综合利用发电。扩大煤矸石制砖、水泥等新型建材和筑基铺路的利用规模。探索煤矸石生产增白和超细高岭土、膨润土、聚合氧化铝、陶粒、无机复合肥、特种硅铝铁合金等高附加值利用途径。加大煤矸石用于采空区回填、土地复垦、沉陷区治理力度。鼓励引导大型矿业集团研发适合不同地质条件和矿井开拓方式的井下充填置换煤技术并推广应用：①在有条件的矿区建设4～5个煤矸石生产铝、硅系精细化工产品，增白和超细高岭土、无机复合肥等示范基地；②建设15～20个煤矸

石生产砖、砌块等新型建筑材料示范基地；③在稀缺煤种矿区及资源枯竭矿区，扶持建设一批煤矸石井下充填绿色开采示范工程项目。

表 6-1　煤矸石分类标准和综合利用途径

	分类名称	分类标准	分类标准	性能用途
煤矸石	按岩石成分分类	高岭石泥岩	高岭石＞60%	多孔烧结砖、建筑陶瓷、规律合金、筑路材料
		伊利石泥岩	伊利石＞50%	
		砂质泥岩		工程碎石、混凝土骨料
		砂岩		
		石灰岩		胶凝材料、工程碎石、改良土壤石灰
	按发热量分类	一类	＜2 090 kJ/kg（C＜4%）	建材碎石、混凝土骨料、水泥混合料、复垦回填
		二类	＜2 090 kJ/kg（C＜4%～6%）	
		三类	2 090～6 270 kJ/kg（C＜6%～20%）	水泥、砖、建材制品用料
		四类	6 270～12 550 kJ/kg（C＞20%）	用作燃料、煤矸石发电
	按含硫量分类	一类	＜0.5%	用作燃料，应除尘、脱硫，燃渣应处理，防止二次污染
		二类	0.5%～3%	
		三类	3%～6%	
		四类	＞6%	可回收提取硫铁矿
	按铝硅比分类		＞0.5	可做高级陶瓷、高岭土及分子筛原料

（二）煤矸石利用工艺

1. 发电

发电是综合利用煤矸石的一条重要途径，不但可以节省好煤，缓解煤矿电力紧张局面，而且灰渣还可以生产建材，消除二次污染，是一项绿色环保工程，其经济效益、社会效益和环境效益都十分显著。国华宁东发电公司已经建成投产的一期工程 2 × 330 MW 机组符合国家资源综合利用产业政策，以煤矿废弃的劣质煤和煤矸石作为电厂主要燃料，设计每年使用燃煤 287 万 t，其中煤矸石占 51.2%。采用循环流化床锅炉可以实现燃煤过程中的脱硫脱硝，生产用水采用周边矿井水，且采用直接空冷技术，比常规湿冷机组节水 70% 以上实现了废物综合利用、循环利用和零排放。

2. 制砖

煤矸石本身具有一定热值，烧砖时先利用外部热量将窑体内的温度提高到煤矸石燃点，此时利用煤矸石砖坯自燃产生的热量进行烧制，从而达到废物资源化利用、节能环保的目的。

3. 代替黏土生产水泥

煤矸石和黏土的化学成分相近，因此可用其代替部分或全部黏土生产普通水泥。其优点有：①能改善生料易磨性，提高生料产量，降低生料磨电耗；②能改善生料的易烧性；③降低水泥煤耗和生产成本；④减少环境污染。

4. 用于混凝土骨料

煤矸石用作混凝土骨料分两种情况，即用作细骨料或粗骨料，或者同时取代普通粗细骨料。自燃煤矸石经粉碎而得的自燃煤矸石轻集料，按不同粒径分成 4 个品种，分别用于不同场合。

5. 回填矿井采空区或铺路材料

利用煤矸石作为矿井采空区的充填材料，既可以减少煤矸石采出量，逐步消灭地面矸石山，又可减少矸石侵占的土地面积。煤矸石可用作一般公路的底基层或路基填料，其作为铺路材料，具有较好的路用性能和强度。铺路材料使用煤矸石，具有用量大、技术简单、对煤矸石的种类和品质要求不高等优点。

6. 造气

内蒙古天时建环保科技有限责任公司利用 HTCW 高温热解气化技术 20 万 t 煤矸石制甲醇示范项目。主要建设内容和规模：处理现产及过去填埋堆放的煤矸石 60 万 t/a；新建 10 组 HTCW 高温热解气化炉及其配套的 2×25 MW 余热锅炉。

7. 生产肥料

《煤矸石生物肥料技术条件》（MT/T 574—1996）中指出：煤矸石生物肥料肥效长，能改良土壤，并具有增产效果明显、提高农产品品质等特点。使用该肥料可以相对减少化肥用量，缓解化肥对环境造成的污染。

8. 提取化工产品

煤矸石的主要成分是 Al_2O_3、SiO_2，另外还含有数量不等的 SO_3、Fe_2O_3、MgO、CaO、K_2O 等，根据煤矸石中不同的化学元素，可以从以下几个方面分析煤矸石在生产化工产品方面的应用：①制备硅系化工产品；②制备铝系化工产品；③制备碳系化工产品；④制备钛白粉；⑤富镓煤矸石提取镓。

9. 煤矸石复垦绿化

煤矸石山的污染治理重点是对酸性和重金属的治理。酸性治理可通过分选回收和利用碱性化学物质（粉煤灰、石灰石、磷矿粉等）中和煤矸石的强酸性。对煤矸石山重金属污染的治理主要是通过植被修复，种植吸附重金属能力较强、生物量较大的植物，在吸收煤矸石中重金属的同时，还可改善矿区生态系统环境。

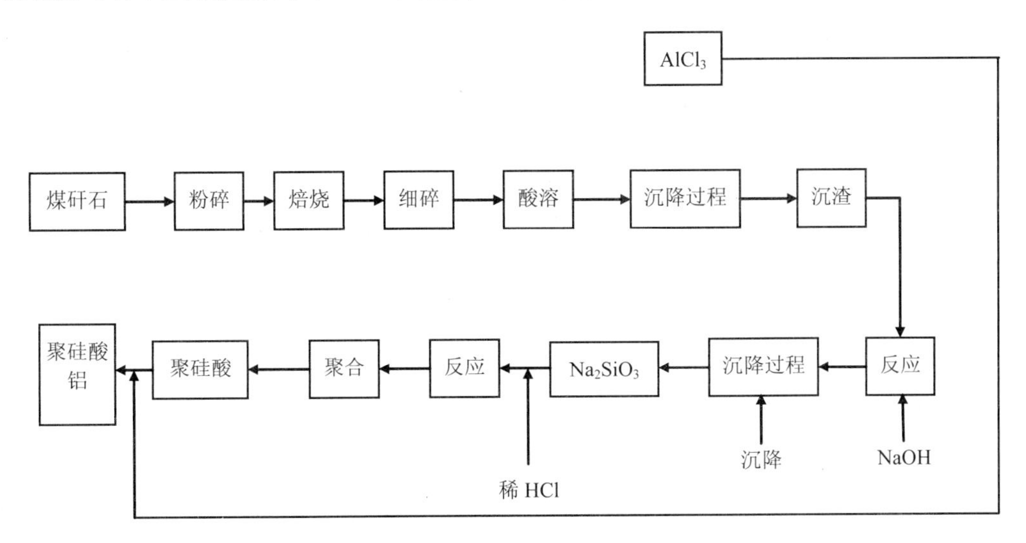

图 6-4　聚硅酸铝混凝剂制备工艺流程

10. 现有煤矸石综合利用工艺

某循环经济工业园的循环模式：循环流化床锅炉以煤矿排放废弃的煤矸石为主要燃料进行发电和产汽，锅炉排放的灰渣用于生产水泥，生产水泥产生的余热用于余热锅炉发电、供汽，电厂发电后产生的低压汽作为化工厂用汽，电厂发电作为水泥厂和化工厂生产用电，盈余电量送至电网。

（1）煤矸石综合利用工艺一：具有一定热量的煤矸石一部分供热电厂流化床锅炉燃用，一部分供造气炉使用，造气炉所产煤气可外销或供锅炉调峰或点火使用；造气炉产生热量可供余热锅炉使用，热电厂所产电力可供化工厂、制砖厂、肥料厂、混凝土厂、水泥厂等自用，多余的电量送至电网；热电厂产生的灰渣可作为化工厂、制砖厂、肥料厂、混凝土厂、水泥厂等所需原材料，各厂产品可外销，各厂尾气可供余热锅炉使用，从而实现煤矸石利用污染物、废弃物排放量最小化，工艺示意如图 6-5 所示。

（2）煤矸石综合利用工艺二：对于自燃的煤矸石山，可利用控制燃烧技术回收其热量，供给热电厂或养殖场、蔬菜基地等；在自燃煤矸石山上，也可在适当位置建设养殖场、蔬菜基地等，并可开发旅游项目；自燃煤矸石山可以进行灭火处理，处理后的矸石可作为热电厂燃料，灭火后的矸石山可进行复垦绿化，建立旅游区等；热电厂所产生电力及排放灰渣供化工厂、制砖厂、肥料厂、混凝土厂、水泥厂等自用，所产生蒸汽可供养殖场、蔬菜基地等使用，工艺示意如图 6-6 所示。

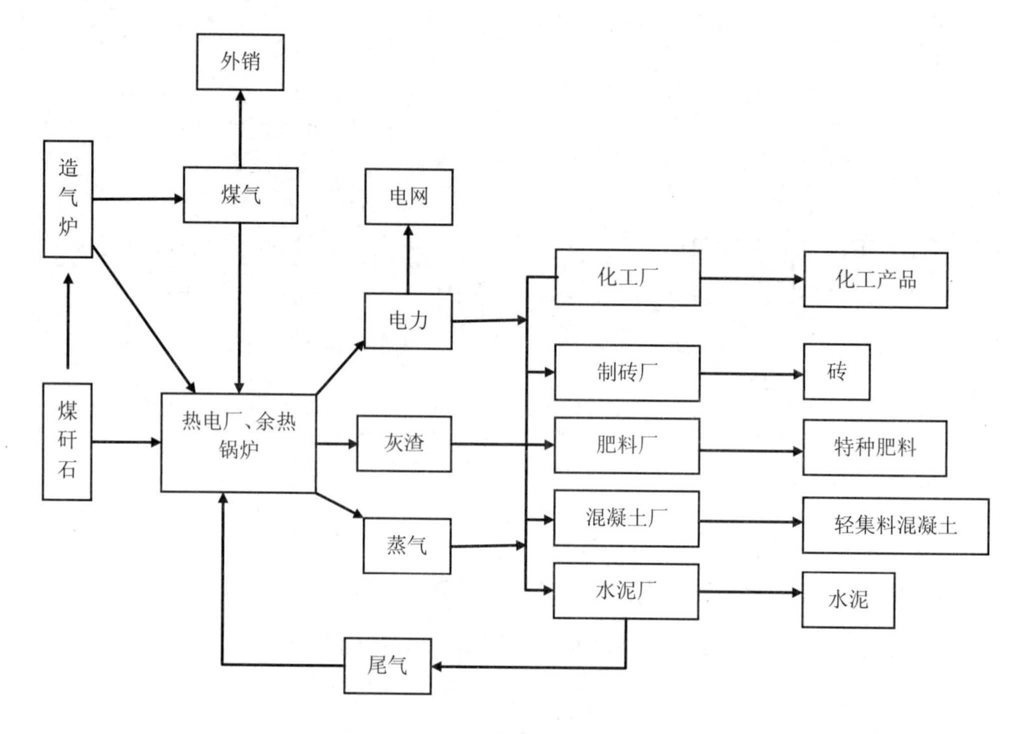

图 6-5　煤矸石综合利用工艺一

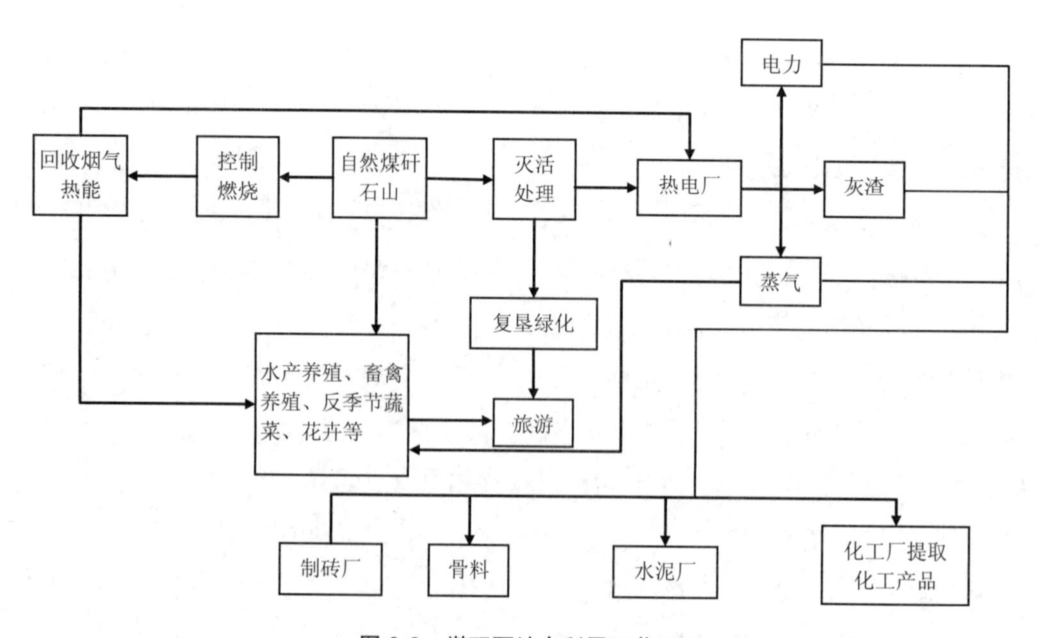

图 6-6　煤矸石综合利用工艺二

（3）煤矸石综合利用工艺三：对于有一定热量而未自燃的煤矸石，可在堆积煤矸石前，事先埋下热管套管，套管下部管壁上留出通风孔，然后再进行煤矸石堆积，之后进行强制吸风及人为加热等手段使煤矸石山内部燃烧，这样矸石山内部燃烧的热量即可利用。套管作用：①作为矸石山自燃的烟囱；②作为热管的防磨套，在热管失效后（制作工艺不同，失效周期为 3～6 a）可方便更换。

（三）煤矸石利用工艺比对

由于地区差异，煤矸石的化学成分和矿物组成差别很大，在合理分类的基础上，煤矸石可根据其不同的化学成分和矿物组成进行资源化综合利用。

首先，对某些化学元素含量高的煤矸石可提纯，以回收有益组分及制取化工产品，当煤矸石中氧化铝含量高于 35%时，可提取铝组分制备含铝化合物，如聚合氯化铝和硫酸铝以及氢氧化铝、氧化铝、沸石等铝盐系列化工产品；“氧化硅高的煤矸石，可开发硅系列化工产品，如白炭黑等有的煤矸石中还含有少量的 Fe、Ti 等元素，可生产系列合金 Al-Si-Fe、Al-Si-Ti。含硫较高的，一般达到的煤矸石可回收黄铁矿，可生产出优质的工业硫酸含碳量较高的煤矸石，可从中回收煤炭、制备活性炭或做工业生产的燃料。利用煤矸石可制备新材料，如赛隆、堇青石等高性能陶瓷和复合材料。对某些矿物成分含量高的煤矸石可对此矿物成分提纯并且再加工，如某些高岭石含量且纯度较高的，可经过煅烧以及表面改性处理等工艺，用作塑料、橡胶、油漆、涂料等高分子材料和复合材料的活性填料。纯度不够的，可以考虑用作水泥活性混合材料。大多数煤矸石则主要考虑用于制备普通建筑材料等，如制砖、作地基材料等。

综上所述，煤矸石综合利用方向如图 6-7 所示。

1. 方案比较模型建立

煤炭综合利用系统模型分析了煤炭本身的综合利用，并考虑在煤炭开发利用过程中产生的废气、废水、废渣及煤炭共伴生矿物的综合利用。设矿区第 t 年总产煤量为 Q_t，煤资源利用方式有直接外销、洗选、液化、发电、气化、焦化等利用方式，其他可利用资源还有煤层气、矿井水、煤泥、煤矸石等。同时，煤炭工伴生矿物在资金技术允许的条件下也可进行利用。各相关参数如表 6-2 所示。

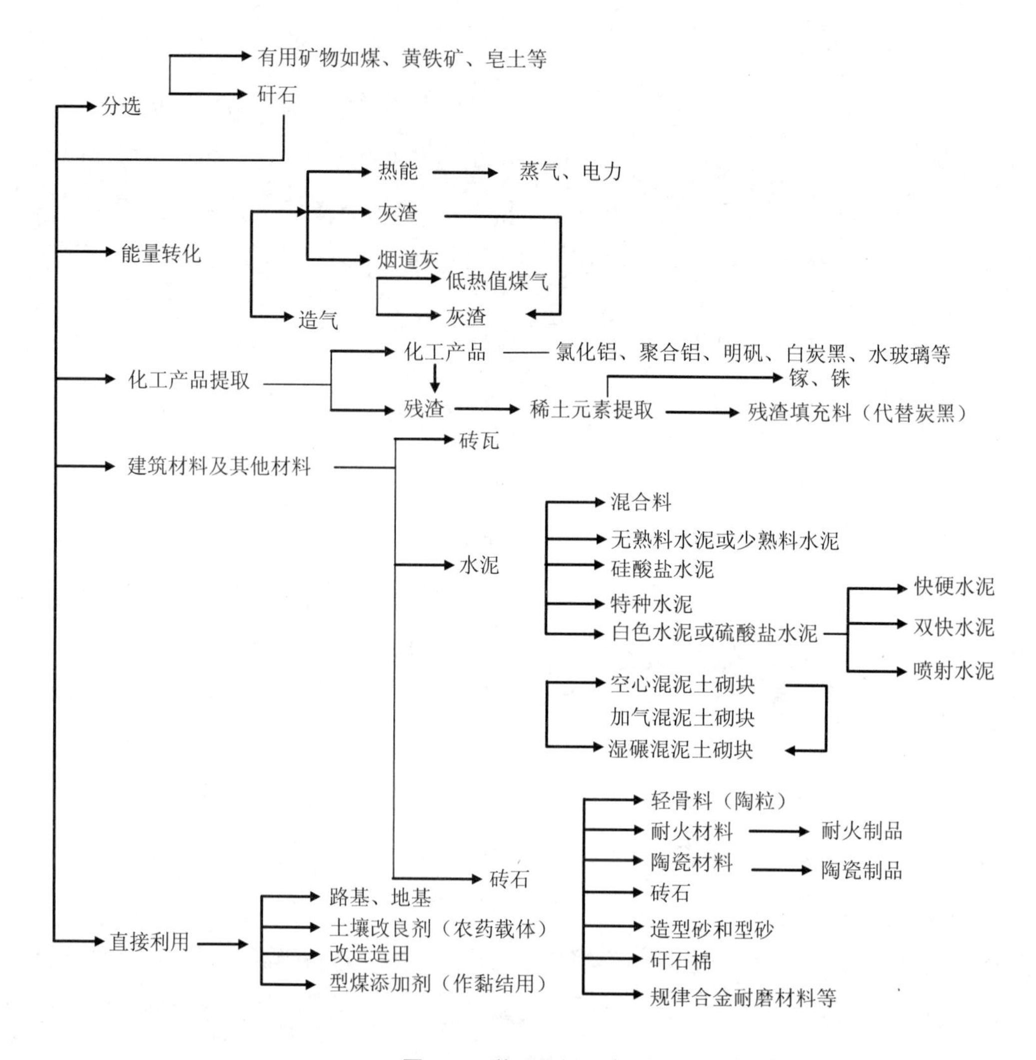

图 6-7　煤矸石的综合利用

表 6-2　煤炭资源综合利用系统规模各相关参数

序号	转化方式（或相关资源）	耗煤（或数量）	转化率（或利用率）	产品销售	经营成本	投资	流动资金	固定资产余值	回收流动资金
1	直接外销	Q_{t1}		P_{t1}					
2	洗选	Q_{t2}	t_2	P_{t2}	C_{t2}	I_{t2}	F_{t2}	G_2	H_2
3	液化	Q_{t3}	t_3	P_{t3}	C_{t3}	I_{t3}	F_{t3}	G_3	H_3
4	发电	Q_{t4}	t_4	P_{t4}	C_{t4}	I_{t4}	F_{t4}	G_4	$H_{2\backslash 4}$
5	煤化工	Q_{t5}	t_5	P_{t5}	C_{t5}	I_{t5}	F_{t5}	G_5	H_5
6	气化	Q_{t6}	t_6	P_{t6}	C_{t6}	I_{t6}	F_{t6}	G_6	H_6
7	水煤浆	Q_{t7}	t_7	P_{t7}	C_{t7}	I_{t7}	F_{t7}	G_7	H_7
8	配煤	Q_{t8}	t_8	P_{t8}	C_{t8}	I_{t8}	F_{t8}	G_8	H_8
9	型煤	Q_{t9}	t_9	P_{t9}	C_{t9}	I_{t9}	F_{t9}	G_9	F_{t9}

序号	转化方式（或相关资源）	耗煤（或数量）	转化率（或利用率）	产品销售	经营成本	投资	流动资金	固定资产余值	回收流动资金
10	煤层气	Q_{t10}	t_{10}	P_{t10}	C_{t10}	I_{t10}	F_{t10}	G_{10}	F_{t10}
11	矿井水	Q_{t11}	t_{11}	P_{t11}	C_{t11}	I_{t11}	F_{t11}	G_{11}	F_{t11}
12	煤泥、煤矸石	Q_{t12}	t_{12}	P_{t12}	C_{t12}	I_{t12}	F_{t12}	G_{12}	F_{t12}
13	粉煤灰与炉渣	Q_{t13}	t_{13}	P_{t13}	C_{t13}	I_{t13}	F_{t13}	G_{13}	F_{t13}
14	低温干馏	Q_{t14}	t_{14}	P_{t14}	C_{t14}	I_{t14}	F_{t14}	G_{14}	F_{t14}
15	煤系具伴生矿物利用	Q_{t15}	t_{15}	P_{t15}	C_{t15}	I_{t15}	F_{t15}	G_{15}	F_{t15}

由上述参数结合相关理论估算矿区的经济净现值和矿区煤炭资源综合利用效益，上述模型在实际应用中应结合具体的项目求解，应首先根据煤炭产量、转化方式、资金等情况，确定几个合理的产量分配方案；其次选择相应的转化工艺，再估算各方案的投资、成本、流动资金，最后根据市场及运输条件预测各转化产品售价，分别求出满足约束条件的各方案的经济净现值，则经济净现值最大的方案或是几个方案的组合就是我们想要的结果。

2. 案例分析

山西朔州某矿生产能力为 150 万 t/a，矿区服务年限为 30 年。到目前为止，该矿一直以原煤销售为主，产品结构单一，议价能力不高；煤炭开采过程中，对煤层气、矿井水、煤泥、煤矸石等没有充分高效利用，使矿区受到污染、周边生态环境遭到破坏。该矿计划总投资 4 976 万元，发展煤炭转化及相关资源综合利用项目，其中环保投资 200 万元。在对现有开采利用技术、投资成本等资金状况分析之后，认为 Q_3、Q_6～Q_9、Q_{13}～Q_{15} 不适合。由于 Q_3、Q_6～Q_9、Q_{13}～Q_{15} 投资大、成本较高，对于一个年产百万吨的煤炭来说，是难以负担的。因此，可行方案将从 Q_1、Q_2、Q_4、Q_5 或其组合中筛选。

选择方案时，不仅要考虑矿区的经济效益，还要考虑社会效益和环境效益。为了满足矿区周边居民的燃煤需求，Q_1 方案是必选的，且直销量至少要达到原煤产量的 40%；目前，山西原煤入洗率保持在 50%左右；对煤层气、矿井水、煤泥及煤矸石等资源的综合利用，因为污染及其危害较为严重，不管选择哪种方案，都要将其列入规划中。在技术条件制约下，煤层气、矿井水、煤泥及煤矸石的利用率可达到 40%、50%、45%。在本方案中，仍按照煤炭资源综合利用技术方法选择建模中的假设，即建设期为 2 年，计算期为 20 年，各转化方式年产量及相关资源数量和经营成本不变，Q_t=Q，Q_{ti}=Q_i，C_{ti}=C_i，流动资金 F_i 在第三年初投入，第 20 年末回收，社会折现率 i_s 取 10%，初始数据见表 6-3，其他数据要根据方案选择进行估算。

表 6-3　山西朔州某矿煤炭资源综合利用初始数据

序号	转化方式（或相关资源）	数量/万 t	转化率	产品售价/（元/t）	经营成本/万元	投资/万元	固定资产余值/万元	流动资金/万元
1	直接外销	Q_1		550				
2	洗选	Q_2	0.90	1 356	C_{t2}	I_{t2}	G_2	F_{t2}
3	发电	Q_4	0.65	650	C_{t4}	I_{t4}	G_4	F_{t4}
4	煤化工	Q_5	0.80	1 850	C_{t5}	I_{t5}	G_5	F_{t5}
5	煤层气	140	0.40	3.8	43.79	780	185	30.3
6	矿井水	83.4	0.50	4.5	23	85	25	45.42
7	煤泥	43.2	0.45	60	41	75	16	64

对比方案组合的最优 NEPV，最大值是由 Q_1、Q_5 方案组合得到的 1 274 195.903，因此，矿区最优的煤炭资源综合利用方案是直销与煤化工并进，同时兼顾煤层气、矿井水、煤泥及煤矸石等资源的综合利用。

四、粉煤灰处理技术、工艺和方案的比对

（一）性质与组成

1．粉煤灰的性质

（1）物理性质

粉煤灰的物理性质包括密度、堆积密度、细度、比表面积、需水量等，这些性质是化学成分及矿物组成的宏观反映。粒径为 25～300 μm，平均粒径为 40 μm，孔隙率为 60%～75%，粉煤灰具有多孔结构，比表面积一般为 2 500～5 000 cm^2/g。球形颗粒占总量的 60%以上，球形颗粒中空心微珠占 38%～45%，不规则和多孔玻璃体占 38%～40%，加上磁珠、漂珠总量可达 90%以上。

粉煤灰的组成波动范围很大，这就决定了其物理性质的差异也很大。在粉煤灰的物理性质中，细度和粒度是比较重要的项目，它直接影响着粉煤灰的其他性质。粉煤灰越细，细粉占的比重越大，其活性也越大。粉煤灰的细度影响早期水化反应，而化学成分影响后期的反应。

（2）化学性质

粉煤灰是一种人工火山灰质混合材料，它本身略有或没有水硬胶凝性能，但当以粉状及有水存在时，能在常温特别是在水热处理（蒸汽养护）条件下，与氢氧化钙或其他

碱土金属氢氧化物发生化学反应，生成具有水硬胶凝性能的化合物，成为一种增加强度和耐久性的材料。

2. 粉煤灰的组成

（1）粉煤灰的化学组成

我国火电厂粉煤灰的主要氧化物为 SiO_2、Al_2O_3、FeO、Fe_2O_3、CaO、TiO_2、MgO、K_2O、Na_2O、SO_3、MnO 等（表 6-4），此外还有 P_2O_5 等。

表 6-4 粉煤灰化学成分 单位：%

成分	SiO_2	Al_2O_3	Fe_2O_3	CaO	MgO	K_2O	Na_2O	K_2O	烧失量
范围	33.9～59.7	16.5～35.4	1.5～15.4	0.8～9.4	0.7～1.9	0～1.1	0.2～1.1	0.7～2.9	1.2～23.5
均值	50.6	27.2	7.0	2.8	1.2	0.3	0.5	1.3	8.2

煤的灰量变化范围很广，而且这一变化不仅发生在来自世界各地或同一地区不同煤层的煤中，甚至也发生在同一煤矿不同的部分的煤中。因此，构成粉煤灰的具体化学成分含量，也因煤的产地、煤的燃烧方式和程度等不同而有所不同。粉煤灰是一种人工火山灰质材料，其活性主要来自活性 SiO_2（玻璃体 SiO_2）和活性 $A1_2O_3$（玻璃体 $A1_2O_3$）在一定碱性条件下的水化作用。因此，粉煤灰中活性 SiO_2、活性 $A1_2O_3$ 和一定量的 f-CaO（游离氧化钙）都是活性的有利成分，硫在粉煤灰中一部分以可溶性石膏（$CaSO_4$）的形式存在，它对粉煤灰早期强度的发挥有一定作用，因此粉煤灰中的适量硫对粉煤灰活性也是有利组成，但过量则会对凝结时间产生不利影响。C 类粉煤灰中，一般 CaO 含量都超过 10%，其本身具有一定的水硬性，可作水泥混合材。F 类粉煤灰的 CaO 含量低于 10%常作混凝土掺合料，它比 C 类灰使用时的水化热要低。粉煤灰中少量的 MgO、Na_2O、K_2O 等生成较多玻璃体，在水化反应中会促进碱-硅反应。但 MgO 含量过高时，对安定性有不利影响。f-CaO（游离氧化钙）含量超过一定量也会对安定性产生不利影响。粉煤灰中的未燃炭粒疏松多孔是一种惰性物质，不仅对粉煤灰的活性有害，而且对粉煤灰的压实也不利。过量的 Fe_2O_3 对粉煤灰的活性也不利。

（2）粉煤灰的矿物组成

由于煤粉各颗粒间的化学成分并不完全一致，因此燃烧过程中形成的粉煤灰在排出时的冷却过程中，形成了不同的物相，其粉煤灰中晶体矿物的含量与粉煤灰冷却速度有关。一般来说，冷却速度较快时，玻璃体含量较多；反之，玻璃体容易析晶。可见，从物相上讲，粉煤灰是晶体矿物和非晶体矿物的混合物。其矿物组成的波动范围较大。一般晶体矿物为石英、莫来石、磁铁矿、氧化镁、生石灰及无水石膏等，非晶体矿物为玻璃体、无定形碳和次生褐铁矿，其中玻璃体含量占 50%以上。

（二）综合利用现状

近年来，随着我国燃煤电厂的快速发展，粉煤灰产生量也逐年增加，2010 年产量达到 4.8 亿 t，利用量达到 3.26 亿 t，综合利用率约为 68%。我国粉煤灰综合利用率由 1994 年的 35%提高到 2011 年的 68%。“十一五”期间，粉煤灰综合利用率基本保持在 67%上下且略有提高，超过了美国等发达国家。但近年来我国火电行业发展较快，粉煤灰产生量逐年增加，“十五”末粉煤灰年产生量达 3.02 亿 t，“十一五”末粉煤灰年产生量达 4.8 亿 t，据预测“十二五”末粉煤灰年产生量将达到 5.7 亿 t，综合利用面临的形势十分严峻。主要利用方式有生产水泥、混凝土及其他建材产品和筑路回填、提取矿物高值化利用等，高铝粉煤灰提取氧化铝技术研发成功并逐步产业化，涌现出一批专业化粉煤灰综合利用企业，粉煤灰“以用为主”的格局基本形成。但从整体看，东西部发展不平衡的问题较为突出，中西部电力输出省份受市场和技术经济条件等因素限制，粉煤灰综合利用水平偏低。

（三）综合利用工艺及技术比较

1. 在各领域利用分析

近年来，在建材领域，粉煤灰综合利用保持平稳发展，主要应用于水泥、混凝土、砂浆、筑路用粉煤灰粉煤灰利用等途径。以上海为例，粉煤灰在混凝土掺合料和水泥混合材的应用比例最高，总计达 75%。分析见表 6-5 和表 6-6。近年来科研人员在化工、环境保护、农业等领域，也开展了一系列研究，取得了一些科研成果，获得了较好的效益。

表 6-5 粉煤灰在建材领域的技术现状分析

利用现状	技术现状	技术标准	技术水平分析
水泥	①在 42.5 级水泥磨制中掺加 5%粉煤灰。在 32.5 级水泥磨制中掺加 30%的粉煤灰和炉渣； ②在生料配料中掺加粉煤灰的技术及应用实例缺乏	《通用硅酸盐水泥》（GB 175—2007）	①鉴于标准对水泥混合材掺量的规定，熟料强度等级的限制，以及水泥厂往往同时掺加石灰石、粉煤灰、矿渣等混合材。因此，在水泥中粉煤灰的掺量不高。 ②利用高钙粉煤灰的 CaO 成分，替代部分石灰石原料，用于生料配制，应进行深入研究

利用现状	技术现状	技术标准	技术水平分析
混凝土	在预拌混凝土中掺加一定比例的粉煤灰，提高混凝土的工作性和后期强度，一般掺量为 60 kg/m³ 左右	《粉煤灰混凝土应用技术规程》（DG/TJ 08-230—2006）	①粉煤灰混凝土应用技术进步缓慢，2007 年，每立方米预拌混凝土平均利用商品粉煤灰 61.9 kg。然而，这一数据到 2010 年下降至 51.4 kg/m³，商品粉煤灰的质量一般。 ②大掺量粉煤灰混凝土、Ⅲ级粉煤灰混凝土的应用技术发展慢
墙体材料	①蒸压加气混凝土砌块中，粉煤灰掺量 82%； ②轻质隔膜板中，粉煤灰掺量 45%，炉渣 32%； ③粉煤灰烧结多孔砖中，粉煤灰掺量最大可达 75%，但常规掺量为 60%，黏土掺量为 40%	《蒸压加气混凝土砌块》（GB/T 11968—2006） 《建筑隔墙用轻质条板》（JG/T169—2005） 《烧结多孔砖和多孔砌块》（GB 13544—2011）	①蒸压加气混凝土砌块一般利用湿排粉煤灰，并且不配备散装筒仓，高钙粉煤灰由于自硬性的原因，难以用于加气混凝土厂。 ②轻质隔墙板对炉渣的颗粒级配制要求较高
筑路	在三渣混合料中，粉煤灰掺量为 25%～30%，粉煤灰品种为Ⅲ级湿排灰	《市政道路、排水管道成品与半成品施工及验收规程》（DGJ 08-1987—2000）	由于粉煤灰“三渣”混合料的早期强度较低，生产技术装备水平落后，环境影响大，故市场占有率连续下滑，逐步被水泥稳定碎石取代，尤其在重大工程中

表 6-6　粉煤灰在其他领域的技术现状

所属领域	技术现状
冶炼	高铝粉煤灰提取氧化铝技术发展较快。内蒙古西部准噶尔煤田等地高炉煤炭资源富集，原煤中氧化铝含量的 10%，燃烧后的粉煤灰中氧化铝含量达到 40%～51%。近年来，粉煤灰提取氧化铝技术一直受到科研机构、资源开发企业的广泛关注。目前，大唐国际和清华大学自主研发的高铝粉煤灰提取技术已经进入工业化实施阶段，年提取氧化铝 20 万 t 的项目已在内蒙古投产，证实了这项技术的可行性
环境保护	在环境保护方面的应用主要为煤炭在废气、废水处理中的应用。粉煤灰比表面积大、多孔，具有很强的吸附性和沉降作用，能吸附污水中悬浮物、脱除有色物质、降低色度、吸附并除去污水中的耗氧物质，而且具有较好的除氟能力，用粉煤灰制成的脱硫剂的脱硫效率要高于纯的石灰脱硫剂，这是因为气-固反应中吸附剂比表面积的大小是反映速率快慢的主要决定因素。在适当的灰、石灰比和反应温度条件下，脱硫率可达到 90%以上
农业	主要用于改良土壤，制作磷化肥、微生物复合肥、农药等。粉煤灰的农用具有投资少、用量大、需求平稳、潜力大等特点，是适合我国国情的重要综合利用途径。目前，我国粉煤灰的农业应用研究主要是粉煤灰的改土效果和肥料价值
塑料、橡胶	粉煤灰作为塑料、橡胶工业中填料的研究也是值得重视的。采用铝酸酯活化处理风选粉煤灰微珠，以大大增加粉煤灰微珠与酚醛树脂的相容性，从而提高微珠酚醛复合材料的力学性能，使其制造成本大大降低，将粉煤灰通过磨细、焙烧、表面活性处理后，可作为橡胶的补强填充剂，从而降低橡胶制品的生产成本

2. 粉煤灰综合利用的技术发展趋势

能源问题是当今世界的大问题，也是我国国民经济发展中的薄弱环节。建材产业是国民经济和社会发展的重要原材料产业，又是工业领域六大耗能产业之一，同时也是排放温室气体的大户，属于典型的高耗能、高污染行业，能耗占工业能耗的 10%以上。因此，合理利用能源、发展低碳建材，是我国建材行业发展的大趋势。应从节能减排的角度出发，分析粉煤灰综合利用的技术发展趋势。

（1）充分利用粉煤灰，降低水泥生产能耗和碳排放

水泥生产能耗包括电耗和煤耗，碳排放由电耗、煤耗、石灰石分解产生，其两磨一烧生产工艺的碳排放分析见表 6-7。

表 6-7　水泥生产的能耗与碳排放分析

煤耗或电耗		排放因子	1 t 水泥 CO_2 排放量
电耗	可比水泥综合电耗 10^5 kW·h/t	我国电力消耗 CO_2 排放 因子：0.86 t/（MW·h）	90.3 kg
熟料煤耗	可比熟料综合煤耗 （标煤）120/kg/t	燃煤（标煤）CO_2 排放因子： 2.46 kg/kg	228.8 kg （熟料系数按 0.755 计）
石灰石 分解	1 t 熟料理论料耗 1.4 646 t 生料，其中石灰石占 89.3%， 石灰石分解排放 CO_2 575.5 kg		446.0 kg （熟料系数按 0.755 计）
总计			765.1 kg

在水泥行业，粉煤灰综合利用技术的发展趋势：①研究利用高钙粉煤灰，取代部分石灰石，配制生料；②开发高性能水泥熟料煅烧技术，提高作为混合材的粉煤灰、炉渣掺量；③研发以粉煤灰为载体的助磨剂，降低生料粉磨合水泥粉磨的能耗。

（2）精细化加工商品粉煤灰，提高粉煤灰混凝土技术水平

目前市售商品粉煤灰粒径较粗，活性较差，在混凝土中的掺量一般为 15%，即 50 kg/m^3 左右。采用物理机械粉磨以及脱硫建筑石膏、助磨剂的复合激发技术，对粉煤灰进行活化超细粉磨处理，比表面积达 500 m^2/kg，28 d 活性指数超过 80%，在混凝土中的掺量提高至 20%～25%（即 70～85 kg/m^3），明显提高粉煤灰混凝土的技术水平。其技术性能见表 6-8。

表 6-8 活化性细粉煤灰的技术性能

项目	技术要求	项目	技术要求
外观	灰色粉状物	安定性（雷氏夹）/mm	≤2
比表面积/（m^2/kg）	≥500	烧失量/%	≤8
需水量/%	≤95	SO_3 含量/%	≤3
细度/%	≤3	28 d 活性指数/%	≥80

活化超细粉煤灰的生产能耗主要为粉磨电耗、煅烧脱硫建筑石膏的煤耗，排放的 CO_2 由以上电耗和煤耗产生。能耗碳排放分析见表 6-9。

表 6-9 高效活化粉煤灰的能耗与碳排放分析

生产工艺	煤耗或电耗	排放因子	CO_2 排放
采用物理机械粉磨工艺，生产超细粉煤灰粉	超细粉煤灰综合耗电 22 kW·h/t	我国电力消耗 CO_2 排放因子：0.86 t CO_2/（MW·h）	19 kg/t 粉煤灰
采用过热蒸汽煅烧脱硫石膏，生产脱硫建筑石膏	每吨脱硫建筑石膏能耗：0.52 t 过热蒸汽，即（标煤）48.8 kg/t 建筑石膏	燃煤 CO_2 排放因子：2.4 kg CO_2/kg	120 kg/t 脱硫建筑石膏
能耗及碳排放	电耗 22 kW·h/t 煤耗 2 kg/t	24 kg/t	

利用活化超细粉煤灰等量取代部分水泥，并与水泥、其他掺合料（矿渣粉、钢渣粉等）复配成复合胶凝材料，用于配制混凝土，获得明显的节能减排效益。节能效果分析见表 6-10。

表 6-10 活化超细粉煤灰取代水泥的节能减排效果分析

项目	水泥	活化超细粉煤灰（标煤）	节能 CO_2 减排效果
电耗	105 kW·h/t	22 kW·h/t	节电 83 kW·h/t
煤耗（标煤）	120×0.775=93 kg/t	2 kg/t	节煤 91 kg/t
CO_2 排放（标煤）	765 kg/t	24 kg/t	减排 741 kg/t

在混凝土行业，粉煤灰综合利用技术的发展趋势：①研究粉煤灰超细粉磨加工工艺，利用物理作用提高其活性；②研究粉煤灰活性激发技术，并协同激发其他掺合料（矿粉、钢渣粉等）与水泥的活性；③研究活化超细粉煤灰复合胶凝材料的应用技术和配套外加剂技术，指导预拌混凝土的配制与施工应用。

（3）依托地域优势，发展粉煤灰新型墙体材料

粉煤灰烧结砖、蒸压粉煤灰加气砌块和粉煤灰轻质条板是吃灰量高的三种新型墙体材料。这三种墙体材料生产时，烧结砖采用一次能源（使用燃煤），轻质条板基本不用燃料、只间接耗能（使用水泥），而蒸压加气砌块除采用一次能源（燃煤）外，还间接耗能（使用水泥、石灰）。能耗与碳排放见表 6-11。

表 6-11 粉煤灰新型墙体材料生产的能耗与碳排放分析

墙体材料产品	原材料、生产工艺	煤耗或电耗	分项 CO_2 碳排放/（kg/m^3）	CO_2 碳排放总量/（kg/m^3）
烧结砖	粉煤灰、炉渣、淤泥	220 kg/万块标砖	—	37
	自然干燥、轮窑烧成	煤耗（标煤）15 kg/m^3	10.3	
	烧结砖能耗	煤耗（标煤）15 kg/m^3		
蒸压加气混凝土砌块		电耗 12 $kW·h/m^3$	10.3	168
		煤耗（标煤）16 kg/m^3	38.4	
	粉煤灰、石灰、水泥	生石灰煤耗（标煤）14 kg/m^3	34.4	
	自备锅炉、蒸气自给	生石灰直接排放	75.4	
		水泥煤耗（标煤）10 kg/m^3		
		水泥电耗 12 $kW·h/m^3$		
		水泥碳排放	9.2	
	整牙加气砌块能耗	电耗 13 $kW·h/m^3$，煤耗（标煤）31 kg/m^3		
轻质隔板墙	水泥、粉煤灰、炉渣	水泥电耗 21 $kW·h/m^3$		127
	挤出法工艺成型	水泥煤耗（标煤）15 kg/m^3		
		水泥碳排放	127	
	轻质隔板墙能耗	煤耗（标煤）15 kg/m^3，电耗 21 $kW·h/m^3$		

分析结果表明，蒸压加气砌块的煤耗（标煤）达 31 kg/m^3，CO_2 碳排放达 68 kg/m^3，远高于其他两种粉煤灰新型墙材料。应结合能耗和碳排放指标、资源综合利用情况、生产条件，对发展粉煤灰新型墙体材料进行综合评价，见表 6-12。

表 6-12 3 种新型墙体材料的综合利用

产品名称	能耗或碳排放	资源综合利用情况	生产条件	综合评价
烧结砖	最低，仅直接煤耗	综合利用粉煤灰、炉渣、水厂沉泥和河道淤泥	生产场地占用面积大、劳动强度大	在土地资源紧张的地区，难以广泛推广使用
蒸压加气混凝土砌块	能耗和碳排放最高，除直接产生的能耗和碳排放，使用水泥、石灰还产生间接能耗和碳排放	综合利用粉煤灰、主要为低钙湿排灰	生产工艺成熟，产能高，但湿排粉煤灰露天堆放，造成环境问题	能耗相对较高，应慎重发展
轻质隔墙板	能耗和碳排放较低，并且是由于外购水泥产生的间接能耗、间接碳排放	综合利用粉煤灰、炉渣	生产工艺成熟，产能高，产品在施工现场安装快速	应积极推广应用，提高市场占有率，发挥在住宅产业化的作用

在新型墙体材料行业，粉煤灰综合利用技术的发展趋势：①在北京、上海等经济发达地区，土地资源紧张，节能减排和环境保护要求高、压力大，应结合住宅产业化推进力度，重点研究发展粉煤灰轻质条板，充分利用粉煤灰、炉渣和城市建筑垃圾；②在二、三线城市，利用城市外围较充裕的土地资源，发展粉煤灰烧结砖，协同处置河道淤泥，能耗低、固体废物消纳效率高；③在煤炭资源和粉灰资源相对丰富的地区，可发展蒸压粉煤灰加气砌块，大量消纳粉煤灰资源。

（4）开发粉煤灰商品砂浆，改善城市环境，提高工程质量

商品砂浆具有广阔的市场，按定额砂浆用量推算，多层住宅砂浆用量为 0.198 m^3/m^2（建筑面积），高层住宅砂浆用量为 0.088 9 m^3/m^2。在商品砂浆中，粉煤灰既可以取代 30%～50% 的水泥，用作胶凝材料，又可以代部分砂。因此，推广粉煤灰商品砂浆，不但可以提高工程质量，提高劳动生产率，而且有利于水泥散装化的推行和粉煤灰的综合利用，有利于城市的环境保护和节能减排。其能耗与碳排放分析见表 6-13 和表 6-14。

表 6-13 混合砂浆和粉煤灰商品砂浆（DP5）生产的能耗与碳排放分析

砂浆名称	生产配比	煤耗或电耗	分项 CO_2 排放/（kg/t）	CO_2 排放总量/（kg/t）
1∶1∶6 混合砂浆	每吨砂浆配料：32.5；水泥 110 kg	水泥电耗 11.6 kW·h/t；水泥煤炭（标煤）8.1 kg/t	58.8	110
	石灰膏 0.092 m^3（相当于生石灰 65 kg），中砂 825 kg	生石灰煤耗（标煤）9.6 kg/t	51.1	

砂浆名称	生产配比	煤耗或电耗	分项 CO_2 排放/(kg/t)	CO_2 排放总量/(kg/t)
1∶1∶6 混合砂浆	混合砂浆能耗	电耗 10 kW·h/t， 煤耗（标煤）14 kg/t	—	
DP5 粉煤灰商品砂浆	每吨砂浆配料：32.5； 水泥 100 kg	水泥电耗 10.5kW·h/t； 水泥煤炭（标煤）7.4 kg/t	53.5	70
	稠化粉 27 kg， 粉煤灰 88 kg	烘干砂煤（标煤）6.9 kg/t	17.0	
	中砂（烘干）785 kg			
	DP5 商品砂浆能耗	电耗 10 kW·h/t， 煤耗（标煤）14 kg/t		

表 6-14　混合砂浆和粉煤灰商品砂浆（DP10）生产的能耗与碳排放分析

砂浆名称	生产配比	煤耗或电耗	分项 CO_2 排放/(kg/t)	CO_2 排放总量/(kg/t)
1∶1∶6 混合砂浆	每吨砂浆配料：32.5； 水泥 152 kg	水泥电耗 16.0 kW·h/t； 水泥煤炭（标煤）11.2 kg/t	81.3	150
	石灰膏 0.125 m^3 （相当于生石灰 88 kg），中砂 760 kg	生石灰煤耗（标煤） 12.9 kg/t	69.1	
	混合砂浆能耗	电耗 16 kW·h/t， 煤耗（标煤）24 kg/t	—	
DP10 粉煤灰 商品砂浆	每吨砂浆配料：32.5； 水泥 119 kg	水泥电耗 12.5 kW·h/t； 水泥煤炭（标煤）8.8 kg/t	63.7	80
	稠化粉 22 kg， 粉煤灰 97 kg	烘干砂煤（标煤）6.7 kg/t	16.5	
	中砂（烘干）762 kg			
	DP10 商品砂浆能耗	电耗 12 kW·h/t， 煤耗（标煤）15 kg/t		

表 6-13 和表 6-14 表明，DP5 粉煤灰商品砂浆与 1∶1∶6 混合砂浆相比，煤耗（标煤）降低 4 kg/t，电耗降低 2 kW·h/t，减排 CO_2 40 kg/t；DP10 粉煤灰商品砂浆与 1∶1∶6 混合砂浆相比，煤耗（标煤）降低 9 kg/t，电耗降低 4 kW·h/t，减排 CO_2 70 kg/t。因此，推广粉煤灰商品砂浆的节能减排效果显著。在商品砂浆行业，粉煤灰综合利用技术的发展趋势：研究商品砂浆新型保水增稠剂，并复配激发材料，进一步提高粉煤灰在商品砂浆中的掺量；研究炉渣代替部分中砂，用于配制商品砂浆，进一步降低能耗和生产成本。

3. 中日粉煤灰利用技术比较

（1）中日粉煤灰利用领域对比

日本粉煤灰主要应用于建筑材料、土木工程、农业环保等领域，但以粉煤灰为原料制水泥、混凝土等建筑材料的比例较大，20 世纪 90 年代后期就超过了 70%，到 21 世纪初超过 80%，2002 年最高达 83.6%，远远高于中国在这方面的利用。最近几年，日本粉煤灰仍然以建筑材料的利用为主。值得强调的是，日本在开发粉煤灰的其他领域用途也出现新的进展，如农业及环保、融雪剂、炼铁等，利用比例超过 10%。

中国粉煤灰利用领域也是以开发建筑材料为主，但所占比例较小，在 40%以下，只有日本在这方面应用的一半。中国基础建设投资较大，特别是 21 世纪初以来，大规模的土木工程对工程填充材料的需求量日益增加，造成中国粉煤灰在土木工程中的应用占 26%，而日本在这方面的利用率一直在 10%左右，而且有下降的趋势。近年来，中国也在开展粉煤灰的其他应用领域如农业及环保等，但利用粉煤灰的比例始终比较低，一般在 3%以下。

（2）中日粉煤灰利用项目比较

从利用趋势看，中国和日本一样，粉煤灰用量较大的领域是利用粉煤灰作原料制成建筑材料特别是水泥、混凝土等，其次是用作工程填充材料。中国综合利用粉煤灰的历史虽然不长，但粉煤灰利用率已接近 70%，对于世界上粉煤灰产量最大的中国来说，这样的成绩来之不易。究其原因，是因为最近几年国家固定资产投资占 GDP 的比例较大，对建筑材料和填充材料的需求量很大，加上国家优惠政策的驱动，使我国粉煤灰的利用率逐年增加，而且在粉煤灰应用领域方面具有自身的特点（表 6-15）。

表 6-15　中日粉煤灰利用项目比较

粉煤灰应用项目	中国	日本
粉煤灰应用项目	除粉煤灰混凝土外，还生产粉煤灰制品如粉煤灰砖等。粉煤灰砌砖、粉煤灰加气混凝土和粉煤灰陶粒以及各种非烧制建筑制品如蒸压粉煤灰硅酸盐砌砖等	通过 RCD 法，以分选改质后的粉煤灰颗粒代替部分水泥和砂材，制备大坝用混凝土、粉煤灰-水泥混合砂浆、飞灰-水泥高流动混凝土以及软弱地基改良材料、远距离注浆充填的混合浆充填的混合浆液等
粉煤灰填筑材料	采取压实工艺，使粉煤灰回填体具有一定的工程性能，广泛应用于地基回填、矿坑充填、塌陷区复垦等	制备粉煤灰轻质骨料、飞灰（或粉煤灰）-页岩人工轻质材料，广泛应用于高层建筑和桥梁等建设工程

粉煤灰应用项目	中国	日本
粉煤灰肥料及土壤改良剂	用粉煤灰改良土壤，育秧、覆盖越冬作物、熟化生荒地、疏松黏土、抑制土地盐碱化、中和酸性红土；用粉煤灰制作硅钙肥、磁化粉煤灰、与腐殖酸混合的堆积肥、灰场覆土造田等	利用粉煤灰的颗粒性盖上土壤结构、增加土壤孔隙率、改善黏质土壤的物理性质、调节低温等。利用粉煤灰中含有硅、钾、钠、钙、镁等元素的特性，制成复合肥，并且抑制多种病虫害的发生
粉煤灰环境友好材料	粉煤灰水处理剂，利用粉煤灰的多孔吸附性能，处理三价铬废水、含氟废水、染料废水、丝厂废水、造纸废水、含油废水以及吸附水中磷等；粉煤灰废气处理剂，利用粉煤灰中碱性物质 CaO、MgO、KO_2、NaO_2、Fe_2O_3、Al_2O_3，低浓度 SO_2 烟脱硫吸收剂的烟气脱硫特性，制低浓度 SO_2 废气处理剂；粉煤灰噪声处理剂，将 70%粉煤灰和 30%硅质黏土材料以及发泡剂等混配后，经二次烧成工艺制作粉煤灰泡沫玻璃，具有优良的防水、保温、隔热、吸声和隔声等性能，可广泛应用于建筑工程	

第二节　化工行业固体废物处理工艺方案

一、化工行业固体废物特点与性质

化学工业具有行业多、产品杂的特点，其包括化肥、石油、农药、橡胶、染料、无机盐及有机化工原料等众多行业。化学工业固体废物包括化工生产过程中产生的废品、副产品、失效催化剂、废添加剂，未反应的原料及原料中夹带的杂质，产品在精制、分离、洗涤时由相应装置排出的工艺废物，净化装置排出的粉尘，废水处理产生的污泥，化学品容器和工业垃圾（图 6-8、表 6-6）。

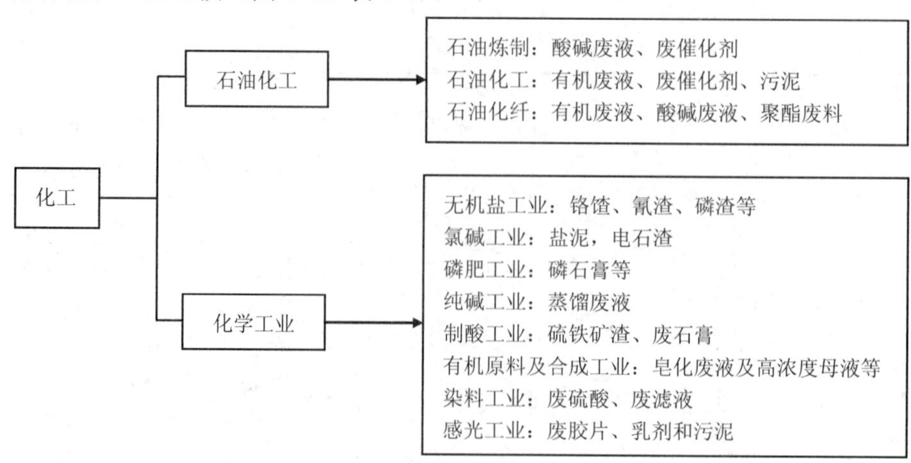

图 6-8　化工行业产生的固体废物种类

表 6-16 部分化工行业固体废物产生与性质

行业及产品	生产方法	固体废物名称	性质与特点
无机盐行业：重铬酸钠	氧化焙烧法	铬渣	黄绿、黑绿、赭绿等颜色，大多呈粉末状，并有结块。铬渣中因含有 1%～2%具有致癌特性的铬酸钙和 0.5%～1%水溶性剧毒六价铬而成为有毒的危险废物。铬渣主要由 CaO，Fe_2O_3，MgO，SiO_2，Al_2O_3，Cr_2O_3 和 Cr^{6+}等成分构成
氯碱工业 烧碱 聚氯乙烯	隔膜法	盐泥	盐泥主要成分：SiO_2 质量分数为 50.43%、水质量分数约为 36%、$CaCO_3$ 质量分数约为 8.14%、$Mg(OH)_2$ 质量分数为 4.34%、NaCl 质量分数约为 1.09%，还有少量的 Fe_2O_3 和硫酸钡等。
	电石乙炔法	电石渣	电石渣的有效成分和主要成分都为：氢氧化钙质量分数为 90.1%，氧化硅质量分数为 3.5%，氧化铝质量分数为 2.5%，及少量的碳酸钙、三氧化二铁、氧化镁、二氧化钛、碳渣、硫化钙等杂质。电石渣呈灰色，并伴有刺鼻的气味，电石渣浆 80%左右的粒径在 10～15 μm，一般呈稀糊状，流动性差；电石渣的保水性很强，即使长期堆放的陈渣，其含水质量分数也高达 40%以上；电石渣呈强碱性，数量庞大，运输成本高，且会造成二次污染
磷肥工业 磷酸	湿法	磷石膏	磷石膏是磷酸或磷肥工业以及某些合成洗涤剂产业排放的工业废渣。磷石膏多呈灰白色，有的呈黄色和灰黄色，密度为 2.05～2.45 g/cm^3，容重为 0.85 g/cm^3，是一种多组分的复杂晶体。磷石膏是潮湿的细粉末，95%的粒径小于 0.2 mm，自由水含量 20%～30%，且含磷、氟、有机物及二氧化硅等少量有害杂质，呈酸性，pH 值一般在 4.5 以下。磷石膏的主要化学成分是磷酸钙湿法生产磷酸排出的磷石膏，刚出反应器时为无水石膏，后来吸收空气中水转变为二水石膏。磷石膏中二水硫酸钙含量一般有 90%以上，达到国家一级石膏标准。磷石膏的主要杂质为磷，其次尚有碱金属盐、硅、铁、铝、镁等杂质。碱金属主要以碳酸盐、硫酸盐、磷酸盐、氟化物等可熔盐形式存在，W（R20）在 0.05%～0.3%（以钠当量计）。磷石膏含 1.5%～5%的 SiO_2，以石英为主，含少量 Na_2SiF_6。磷石膏中还有 Fe_2O_3、AL_2O_3、MgO，还有一些有机质，它们由磷矿石引入
氮肥工业：合成氨	煤造气	炉渣	气化炉产生的灰主要呈黑色，粉状，松散，干基发热值为 9 000～11 000 kJ/kg；动力灰呈块状，灰白，发热值为 800～1 000 kJ/kg，其灰分 SiO_2、Al_2O_3、CaO（含量较低）和残余碳（有的高达 30%）。动力灰的性质与粉煤灰相似
硫酸工业：硫酸	硫铁矿制酸	硫铁矿烧渣	硫铁矿烧渣的主要成分为 Fe_2O_3、Fe_3O_4、FeO、SiO_2，此外还有 S、Cu、Pb、Zn、CaO、MgO 等。硫铁矿产地不同，其烧渣成分及含量也有差异。同为烧渣，炉渣与炉灰的成分也不尽相同
石油工业	石油炼制	废催化剂	重整催化剂主要由活性组分和载体两部分组成，目前广泛使用的重整催化剂都以铂为主要活性组分，含量一般为 0.1%～0.3%，载体成分大多选用原料呈球形及柱形，粉料量少（左右）；颜色深浅不一，有白色、灰色和黑色。原料主要成分为 Al、Si，O，其次还含有少量其他元素，如 C、Fe 和钠等

行业及产品	生产方法	固体废物名称	性质与特点
石油工业	石油化工	废润滑油	无论是废液压油还是废发动机油，在使用过程中，由于高温、催化剂和热等的作用，润滑油都会发生一定的氧化，都存在一定程度的内部污染（磨损、氧化等）和外部污染（灰尘、机械杂质以及其他液体污染物等），添加剂都有一定程度的损耗和降解。具体表现为某些理化性能衰退，超出使用标准；极压、抗磨和减磨性能较新油也有不同程度的衰退。由于添加剂的损耗和降解是渐进的，大部分废润滑油仍旧具有一定的润滑性能，还具有潜在的使用价值
		油泥	石油开采、运输和炼制中产生的油泥，即隔油池底泥、溶气浮选浮渣和剩余活性污泥，俗称“三泥”。油泥中含有原油、泥沙、水和少量的去油剂等，成分复杂，油、泥结合紧密难以分离处理，环保部将其列为危险废物（废物类别 HW08）

二、化工行业固体废物综合利用技术与工艺选择依据

（一）破碎方法工艺与机械设备选择依据

1．破碎的目的

破碎后的生活垃圾进行填埋处置时，压实密度高而均匀，可提高填埋场的利用效率；为固体废物的下一步加工做准备；使固体废物的比表面积增加，提高焚烧、热分解、熔融等作业的稳定性和热效率；使固体废物的容积减小，便于运输和贮存。

2．破碎比

在破碎过程中，原废物粒度与破碎产物粒度的比值称为破碎比。破碎比表示废物粒度在破碎过程中减小的倍数，即表征废物被破碎的程度。破碎机的能量消耗和处理能都与破碎比有关。

3．选择破碎方法时，需视固体废物的机械强度，特别是废物的硬度而定

对坚硬废物应采用挤压破碎和冲击破碎；对韧性废物应采用冲击破碎或剪切破碎，对脆性废物则采用冲击破碎较好。一般破碎机都是由两种或两种以上的破碎方法联合作用对固体废物进行破碎的，如压碎和折断，冲击破碎和磨碎等。

4．根据固体废物的性质、粒度大小、要求的破碎比和破碎机的类型，每段破碎流程可以有不同的组合方式

选择破碎机类型时，必须综合考虑下列因素：供料方式、安装操作场所情况，需要的破碎能力，固体废物的性质（如破碎特性、硬度、密度、形状、含水率等），对破碎

产品粒径大小、粒度组成、形状的要求等。

（二）分选

①固体废物的分选简称废物分选，目的是将其中可回收利用的或不利于后续处理、处置工艺要求的物料分离出来。废物分选是根据物质的粒度、密度、磁性、电性、光电性、摩擦性、弹性以及表面润湿性的不同而进行分选的，可分为筛分、重力分选、磁力分选、电力分选、光电分选、摩擦及弹性分选和浮选等。②筛分是利用筛子将物料中小于筛孔的细粒物料透过筛面，而大于筛孔的粗粒物料留在筛面上，从而使物料分成不同的等级；重力分选是根据固体废物中不同物质颗粒间的密度差异，在运动介质中固体废物受到重力、介质动力和机械力的作用，颗粒群产生松散分层和迁移分离，从而使不同密度的产品得到分选；磁力分选是利用固体废物中各种物质的磁性差异在不均匀磁场中进行分选的一种处理方法；电力分选是利用固体废物中各种组分在高压电场中电性的差异而实现分选的一种方法；浮选是在固体废物与水调制的料浆中，加入浮选药剂，并通入空气形成无数细小气泡，使欲选物质颗粒黏附在气泡上随气泡上浮，与料浆表面形成泡沫层，然后刮出回收，不浮的颗粒仍留在料浆内，通过适当处理后废弃；摩擦与弹跳分选是根据固体废物中各组分的摩擦系数和碰撞系数的差异，在斜面上运动和在斜面碰撞弹跳时，产生不同的运动速度和弹跳轨迹而实现彼此分离的一种处理方法。

（三）化学处理方法

采用化学方法破坏固体废物中的有害成分，从而达到无害化，或将其转变成适于进一步处理、处置的形态。其目的在于改变处理物质的化学性质，从而减少它的危害性，提高资源化率。这是含铀价金属、有机质资源化或无害化前常用的预处理措施，其处理设备为常规的化工设备。化学处理方法包括氧化、还原、中和、化学沉淀和化学溶出等。有些有害固体废物，经过化学处理还可能产生富含毒性成分的残渣，还需对残渣进行解毒处理或安全处置。

（四）热处理技术

固体废物热处理就是在高温条件下使固体废物中可回收利用的物质转化为能源的过程，主要包括热解、焚烧和焙烧等技术，特别适合有机固体废物的资源化、减量化和无害化。热解将有机物在无氧或缺氧状态下进行加热蒸馏，使有机物产生裂解，经冷凝后形成各种新的气体、液体和固体，从中提取燃料油、油脂和燃料气的过程。因处理后产生气体排放物中氮硫化合物污染少而备受瞩目；焚烧是将固体废物进行高温分解和深度氧化的处理过程，因废弃物能源化、减量化最大而被推崇；焙烧技术是基于化学复杂反应如氯化焙烧、钠化焙烧、钙化焙烧、硫酸化焙烧等，适合利用固体废物资源化预处理或提取金属、制备陶粒等。

（五）固体废物稳定化和固化

利用物理或化学方法将有害固体废物固定或包在惰性固体基质内，使之呈现化学稳定性或密封性。固化所用的惰性材料称为固化剂。有害废物经过固化处理所形成的固化产物称为固化体。固化方法有水泥固化、石灰固化、热塑性材料固化、有机聚合物固化、自胶结固化、玻璃固化。对固化处理的基本要求：①有害废物经过固化处理后所形成的固化体应具有良好的抗渗透性、抗浸出性、抗干湿性、抗冻融性及足够的机械强度等，最好能作为资源加以利用。②固化过程中材料和能量消耗要低，增容比要低。③固化工艺过程简单，便于操作。

（六）工艺选择依据

中国科学院某研究所开发的“加法型”和“减法型”固体废物高值化利用工艺路线，即通过“减法型”工艺，利用电石渣制纳米活性碳酸钙；通过“加法型”工艺，利用冶硅废渣制高强耐磨抗腐蚀工程微晶材料。其中“加法型”工艺指的是在化工冶金废渣中加入一定数量的辅助原料，经过高温熔化形成均匀的熔体，通过非平衡冷却形成亚稳态的非晶中间体（玻璃），然后通过控制亚稳态非晶中间体（基础玻璃）结晶，得到高性能的微晶材料（图 6-9）；“加法型”工艺一般适用于化工冶金废渣中成分种类多、物相复杂、废渣中的贵重或稀有金属元素含量少，或者在技术经济性评价中提取有价元素不经济时，采用“加法型”工艺。资源化利用路线的“减法型”工艺（图 6-10），指的是利用短流程、经济的方式对化工冶金废渣进行除杂，然后利用新型介质与废渣进行化学反应，形成多元体系溶液，通过控制溶液结晶得到纳微晶体与溶液的混合浆液，进行固液分离获得纳微粉体，同时实现新型介质的循环。“减法型”工艺一般适用于废渣中成分种类少，并且某种成分含量较高的化工冶金废渣资源化利用。

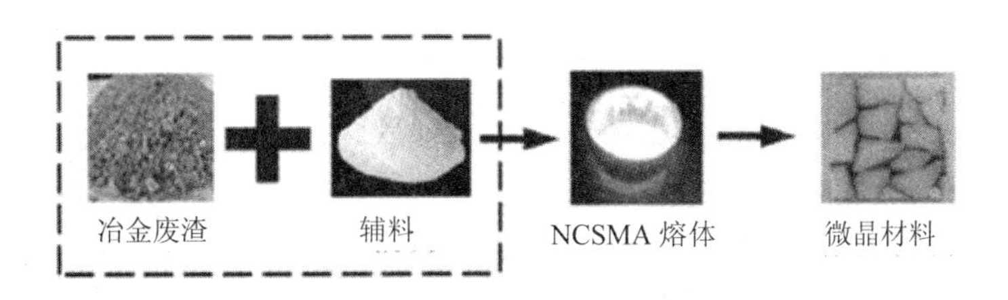

图 6-9　“加法型”工艺示意图

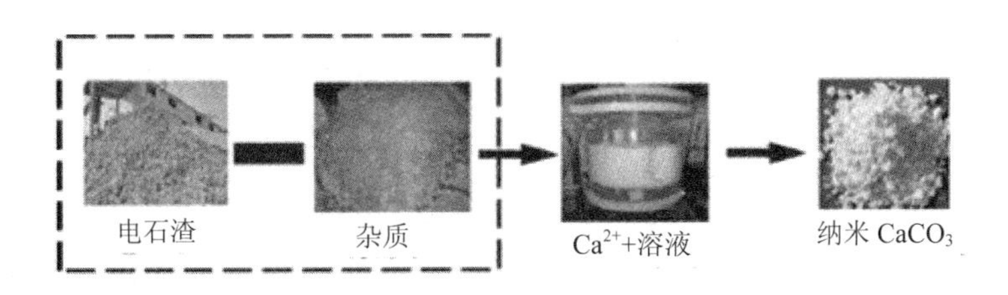

图 6-10　“减法型”工艺示意图

三、石油化工“三泥”处理工艺流程、技术和经济比对

以石油化工“三泥”为例说明化工固体废物综合利用方案。实现危险污染物的无害化、减量化、资源化处理，解决环境污染问题。焚烧技术常用的焚烧炉有回转窑焚烧炉和流化床焚烧炉等。国内燕山石化公司等建立了专门的“三泥”（隔油池底泥、浮选浮渣、剩余活性污泥）焚烧装置，首钢也建立了一套类似于回转窑焚烧炉的油泥处理装置。焚烧技术的主要缺点在于能耗高、处理成本高、容易造成废气污染等，必须建造合适的尾气净化装置及热回收装置。由于运行成本过高，国内石化企业的焚烧装置多处于停产状态。因此，在新建焚烧装置处理“三泥”无论从经济上或技术上都不是非常适宜的。

表 6-17　“三泥”半干固态时性状分析

分析次数/次	平均含水率/%	平均含油率/%
47	82	7.6
60	85	9.5
30	87.5	10.5

表 6-18 “三泥”半干固态时干基热值分析

类别	含水率/%	热值/（kJ/kg）
油泥	80	13.97
	81.79	10.47

（一）生物处理技术

生物处理法是利用微生物将“三泥”中的石油烃类作为碳源进行同化降解，使其最终完全矿化，转变为无机物质（CO_2 和 H_2O）的过程。主要包括生物反应器法和堆肥法。生物反应器法是一种将“三泥”稀释于营养介质之中并使之成为混合泥浆状的特有容器。由于生物反应器能人为地控制充氧、温度、营养物质等操作条件，烃类物质的生物降解速度较其他生物处理过程更快，加入驯化过的高效烃类氧化菌，可加快烃类的生物降解。堆肥法是指将炼化企业“三泥”与适当的材料相混合并共同成堆放置，在堆放期间使天然微生物完成降解石油烃类等有机污染物的过程。对“三泥”应用堆肥法进行生物降解处理，需提供氧气、菌种和营养，为保持油泥的疏松状态，还需加入填充剂。从大港油田筛选和分离出 3 株以原油为碳源的石油降解菌，用这 3 株菌混合处理某炼厂的“三泥”，在适宜的降解条件下，投加混合菌液，把石油烃作为唯一碳源进行同化降解，使其最终完全矿化，转变为无机物质（CO_2 和 H_2O）。结果表明所选菌种对油泥有显著的生物降解性能，“三泥”初期的恶臭味经生物处理后完全消失。生物法的优点在于：①对环境影响小，生物处理是自然过程的强化，其最终产物是二氧化碳、水和脂肪酸等，不形成二次污染或导致污染物转移；②费用低，其费用为焚烧处理费用的 1/4～1/3；③处理效果好，经过生化处理，污染物残留量可以大幅度降低。缺点是：①利用微生物进行处理，处理周期比单纯的物化法要长，且不能回收污泥中的原油；②很多有机物难以降解，重金属等成分则根本无法消除。美国 Gulf Coast 炼油厂于 1992 年建成污泥生物处理示范装置，标志着生物处理装置已商业化并投入实际应用。大量的研究结果表明，微生物修复技术是处理落地原油污染尤其是大面积落地原油污染如海滩溢油等的有效手段，但用来处理原油含量较高的乳化油泥和罐底油泥，则不仅耗时长、易受环境条件限制，而且污泥中的原油不能回收，是对石油资源的一种浪费。

（二）溶剂萃取技术

1. 一般萃取技术

萃取法是利用“相似相溶”原理，选择一种合适的有机溶剂作萃取剂，将“三泥”中的原油回收利用的一种方法。利用多级分离萃取加一级热洗方法处理“三泥”，化学药剂可循环使用。超临界流体萃取技术是正处于开发阶段的“三泥”萃取技术，它将常温、常压下为气态的物质经过高压达到液态，并以之作为萃取剂，该技术优点在于其巨大的溶解能力以及萃取剂易于回收。

常用的超临界流体萃取剂有甲烷、乙烯、乙烷、丙烷、二氧化碳等，这些物质的临界温度高、临界压力低，而且原料廉价易得，是良好的超临界萃取剂，且密度小，易于分离。萃取法的优点是处理“三泥”较彻底，能够将大部分石油类物质提取回收。但是由于萃取剂价格高，而且在处理过程中有一定的损失，所以萃取法成本高，还没有实际应用于炼厂“三泥”处理。此项技术发展的关键是要开发出性能价格比高的萃取剂。为了降低成本，美国开发了溶剂萃取-氧化处理“三泥”的专利技术：第一步萃取采用黏度低、碳原子少（最佳为2～4）的丙烯、环丙烷、丁烷等轻质烃为溶剂；萃取后残留泥中仍含一些聚核芳香烃等有机物，需用相对分子质量较大的烃进行第二步萃取，而该专利技术则用湿法氧化工艺代替。氧化剂用空气、氧气和硝酸盐等，污泥中保持一定水分，以促进氧化反应。在温度200～375℃、压力0.1 MPa的条件下，经一段时间后，有机物被氧化为CO_2和H_2O，残渣可符合直接填埋的要求。“三泥”室温下用三氯甲烷溶剂萃取的脱油实验效果表明，“三泥”中加入3倍的萃取溶剂进行萃取，再按1 g油泥加0.5 mL的水在400℃下蒸馏的处理效果较好。溶剂萃取技术最大的局限性在于设备的密闭性要非常好，另外，溶剂的回收也是技术能否成功的关键之一。

2. 热萃取/脱水处理技术

针对“三泥”处理问题，成功开发了“热萃取/脱水”处理技术。该技术从资源回收与环境保护的角度出发，在脱除污泥中水分的同时，将固体废物全部转移至溶剂油中，使污泥所含的有价值组分得到了全部回收。萃取后的产物，因不含水分，既可以直接作为焦化的原料加以利用，同时也采用固液分离方式，进行最终处理。固液分离后的溶剂油，无须再生，可直接回用于“热萃取/脱水”装置。最终形成的固体废物，其体积仅为原污泥的一小部分，可采用多种途径加以利用，如按比例混入焦化原料中或采用轻溶剂洗脱，回收有利用价值的组分或者作为燃料使用，其热值高达35 387.2 kJ/g。试验结果表明，该技术处理效果稳定、经济合理，与目前常规处理技术相比具有明显的优势。

（1）工艺流程

其流程如图 6-11 所示。

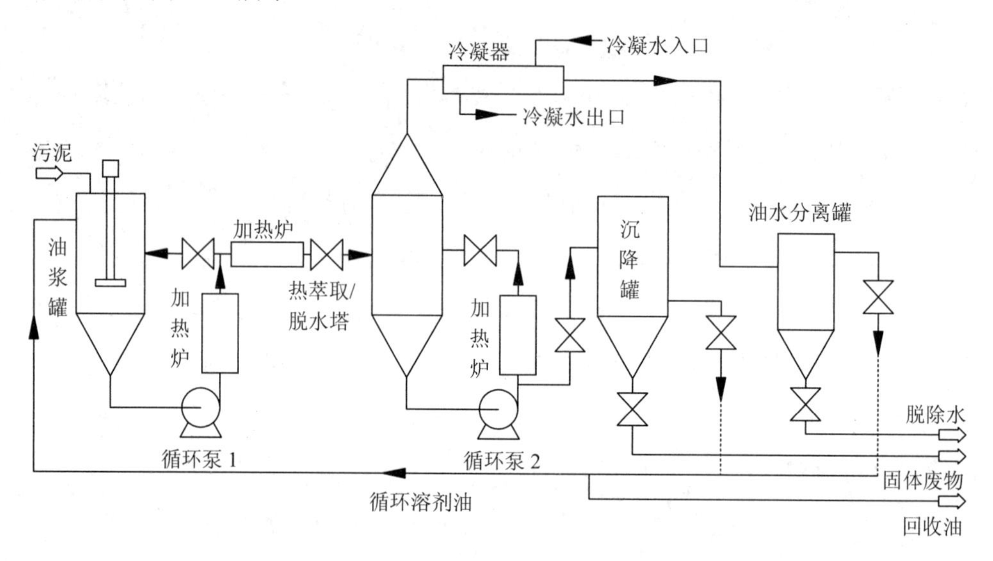

图 6-11 “热萃取/脱水”小试处理装置工艺流程

污泥与溶剂油，首先在油浆罐内混合成具有一定流动性的混合物。该混合物经预热后，进入“热萃取/脱水”塔，并在塔内温度作用下，同时进行破乳、萃取和脱水三个过程。从“热萃取/脱水”塔出来的水及轻质溶剂油，经油水分离后，水排出系统，油返回油浆罐中。在水分脱出的同时，塔内的固体废物及溶剂油混合物，不断地进入沉降罐进行固液分离。沉降后的固体废物从装置中排出，溶剂油直接返回油浆罐中，进行下一次处理过程。

（2）固体废物的处置

采用“热萃取/脱水”技术处理后，污泥中的油及固体废物全部转移至溶剂油中，对于固体废物的处置，可根据实际情况，采取几个途径加以利用。固体废物与溶剂油分离，直接作为焦化装置进料或急冷油，最终固体废物转化为焦炭，这样做的缺点是，“热萃取/脱水”装置需要不断补充新鲜溶剂油。固体废物与溶剂油实施固液分离，对溶剂油进行循环使用。分离后的固体废物，不仅体积非常少，而且具有较高的热值（35 387.2 kJ/kg），采用如下方式很容易实现无害化处理：①与焦化原料混合送至焦化装置，形成有价值的产品；②采用轻质溶剂洗涤或蒸汽吹脱方式，将残留的油提取出来，形成无害化固体；③作为燃料使用，如炼油加热炉、热电厂其他加热燃烧设备的燃料。

（3）技术特点

炼化企业“三泥”中所含有的水分，不仅决定污泥体积的大小，同时也是影响污泥处理的关键。不同来源的污泥，其存在形式也是不同的。炼油厂“三泥”经加药与机械脱水后，含水量一般在 80%～85%。其中水的存在形式，除少量为游离水外，大部分是以间隙水和内部结合水或附着水的形式，与固体废物、油包裹在一起，并在固体废物与油表面形成具有强烈憎油性的水化膜，常规的方法难以实现油、水及固体废物的彻底分离。

“热萃取/脱水”技术，是一种控制水的溶剂萃取工艺，它不仅可以实现水与油及固体废物的彻底分离，而且为污泥中有价值组分的全部回收与再利用打下良好的基础。该技术中，溶剂油既是萃取介质，同时也是稀释剂和传热介质。通过脱水，破坏污泥中油及固体表面的水化膜，消除亲水性界面对溶剂萃取的阻止作用，可以确保污泥充分地分散于溶剂中，增加油及固体与溶剂的接触机会。脱水与萃取同时进行，不仅可以提高萃取的传质效率，保证萃取效果的稳定性，而且最终形成的固体废物难溶于水，很容易加以处理和利用。而单纯的溶剂萃取工艺，却无法克服油及固体表面水化膜的影响，污泥在溶剂中聚集成团，无法分散，萃取过程中易形成乳化液，特别是预脱水后的污泥。

与焚烧及单纯的溶剂萃取这两种典型的工艺相比，“热萃取/脱水”技术具有明显的优势：①可以回收污泥中的油；②溶剂用量低，无须频繁再生；③处理效果稳定；④最终产生的固体废物不含有水，体积仅为原污泥的一小部分，并且可以通过多种途径加以利用，变废为宝。

（4）经济分析

“热萃取/脱水”处理工艺的经济性，与待处理污泥中油及水的含量有直接关系。不同来源的“三泥”，其组成存在着很大的差异。经济估算以将不同组分的“三泥”彻底分离成油、水及固体为基础，并与焚烧处理相比较。焚烧处理“三泥”的费用，在我国为 300～500 元/t 污泥，在美国为 500～1 000 美元/t 污泥。估算结果见表 6-19。

表 6-19　“热萃取/脱水”技术经济估算　　单位：元/t

费用	污泥 1 油 10% 水 85%	污泥 2 油 20% 水 75%	污泥 3 油 30% 水 65%	污泥 4 油 40% 水 50%
处理费用	150	140	130	120
回收油收益	200	400	600	800
净收益	50	260	470	680
与焚烧相比收益*	350	560	770	980

* 焚烧费用 300 元/t 污泥，油价 2 000 元/t。

"热萃取/脱水"处理技术，是一种先进的炼油厂"三泥"无害化处理工艺，具有目前"三泥"常规处理技术无法比拟的技术和经济优势。该技术可以将污泥中水分完全脱出，并回收污泥中有价值组分，最终形成的固体废物量仅为原污泥量的一小部分，且具有可利用价值。该工艺操作条件缓和，易于实现装置化，可广泛适用于石油开采及石油化工等行业的各种"三泥"处理，解决企业环保达标问题。目前此项技术正逐步应用于生产实践当中。

（三）超热蒸汽喷射处理技术

超热蒸汽喷射处理技术主要通过锅炉产生的超高温蒸汽（600℃）经特制的喷嘴以 2 马赫[①]速度喷出，与油泥颗粒正面碰撞，在高温作用及高速所产生的动能作用下将油泥中所吸附或包含的油分和水分蒸出，蒸汽冷却后实现油水分离，原油可直接回收，废渣中油分可大部分被除掉，废渣中含油率最低可达 0.08%。如果控制中央处理室的处理温度，设备可以用来干化离心浓缩后的油泥泥饼。该技术可用于干化处理前干化离心浓缩后泥饼，处理后的残渣呈粉末状，可直接掺入热电厂煤粉中一起灼烧处理。

（四）冷冻、解冻技术

采用冷冻/解冻的方法回收污泥中的油，经冷冻/解冻处理后的污泥呈现出明显的三层：油层在最上面，固体层在最下面，水层在中间，回收率能达到 50%。目前该技术尚处于实验室研究阶段，暂无工程处理实例见诸报道。

（五）焚烧处理技术

焚烧处理技术（焚烧法）将已经预先脱水浓缩后含水率降低到一定程度的"三泥"送至温度 800～850℃的焚烧炉内进行焚烧 30 min，形成的灰渣仍需要进入填埋等后续处理阶段。高温焚烧是一个分解和深度氧化的综合过程。目前只有清华大学、中国科学院、浙江大学、华中理工大学、上海交通大学和哈尔滨工业大学等对污泥的焚烧原理进行了一定的研究。实验结果表明，经焚烧后多种有害物几乎全部除去，减少了对环境的危害，大大地减少了污泥的体积和重量；杀死一切病原体，污泥处理速度快，不需要长期储存；污泥可就地焚烧，不需要长距离运输；可回收能量用于发电和供热。

---

① 1 马赫相当于 340 m/s。

该方法缺点是耗资巨大，设备复杂，对操作人员的素质和技术水平要求比较高，同时焚烧处理过程中所排出的烟汽含有二噁英等污染物质。2005 年，上海交通大学机械与动力工程学院和哈尔滨工业大学能源科学与工程学院等针对我国炼化企业的含油污泥情况，提出一种采用异密度循环流化床燃烧技术处理含油污泥的方法。该方法可以直接把污泥送到炉内焚烧，无须干燥、助燃，大大简化了处理工艺，节约了处理成本。流化床内物料混合运动剧烈，气相、固相混合均匀，含油污泥能够在循环硫化床燃烧室内得到充分的燃烧，循环使用。

表 6-20　各产品含水率及含油浓度　　单位：%

项目	含水率	含油浓度
“三泥”泥饼	＜80	＜10
干化残渣	＜10	＜5

（六）方案比对

1. 各方案总工艺流程简介

（1）化学破乳—离心脱水工艺方案

油泥处理实验结果表明，利用有机、无机破乳剂破坏乳化体系，达到油、水、泥三相分离，再对泥渣进行离心脱水，实现减量化。浓缩后浓泥进干化装置干化处理，达到要求后掺入煤中进热电厂，其工艺流程如图 6-12 如示。

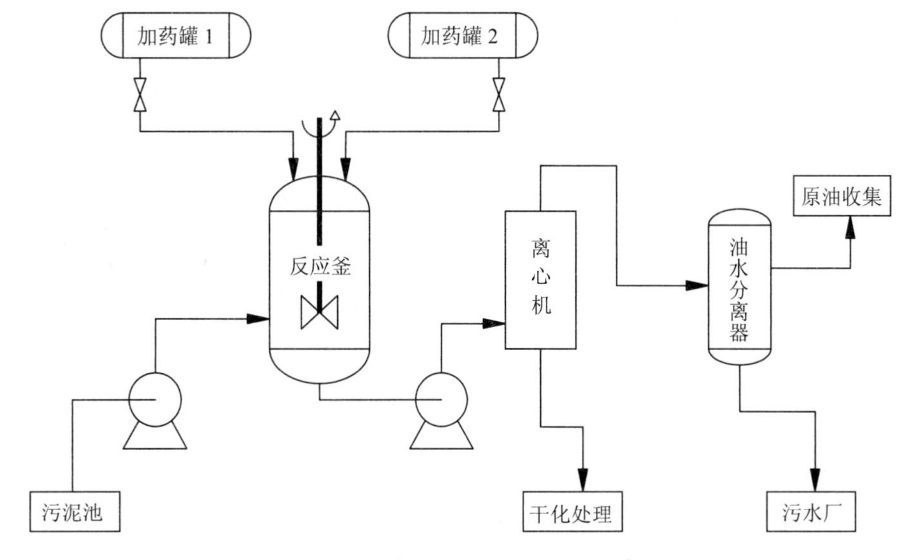

图 6-12　破乳—离心脱水工艺方案

（2）絮凝—离心脱水工艺方案

本方案处理工艺流程如图 6-13 所示。

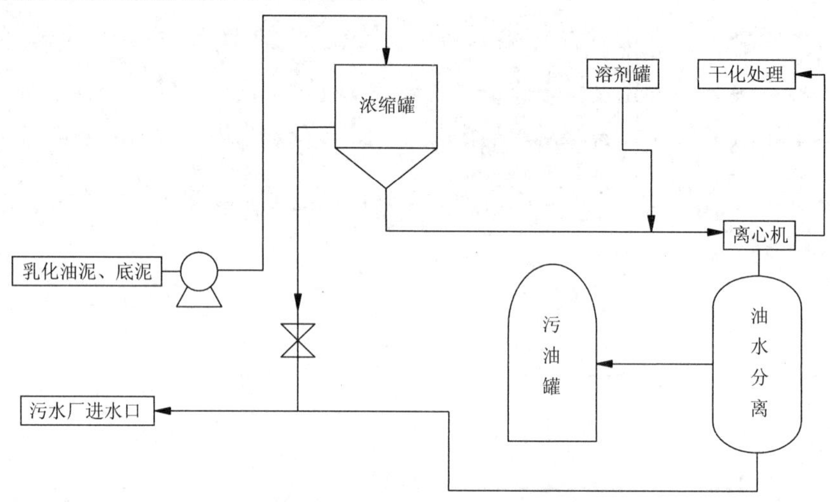

图 6-13 絮凝—离心脱水处理工艺流程

（3）浓缩污泥干化处理工艺方案

方案一：采用直接拉至晒泥场自然干化

方案二：超热蒸汽喷射干化处理技术工艺流程

超热蒸汽（≥500℃）以超高速（超过 2 马赫）从特制的喷嘴中喷出，与油泥颗粒进行垂向碰撞，油泥颗粒在超热气体热能和高速所产生的动能作用下，颗粒内的石油类和水等液体迅速从颗粒内部渗出至颗粒表面，并迅速被蒸发，从而实现油分等液体与固体的分离。

设备采用 OSS-500 型，专门用于处理“三泥”，处理能力大于 500 kg/h，设备外观尺寸为 7 m×2.5 m×2.6 m（图 6-14），设备重量约为 3 500 kg，设备总投资（包括配件）不超过 200 万元。

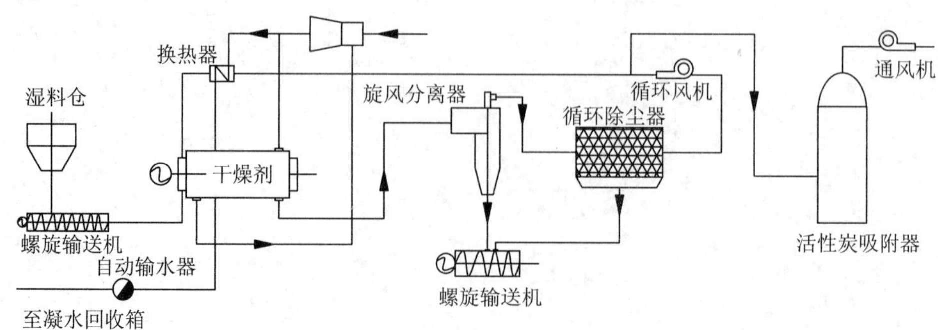

图 6-14 蒸气热干化污泥改进后的系统图

方案三：阿法拉伐污泥干化处理系统工艺流程

阿法拉伐公司提供的转鼓式干化工艺如图 6-15 所示。其工作原理为通过螺旋输送机将污泥混合物从混合器送入转鼓前部，污泥在转鼓的入口处通过热空气的作用变得干燥。实际的转鼓进口温度可根据进料量和含水量而改变。干燥空气和湿污泥初次接触时，蒸发自然发生，从而导致干燥空气的温度迅速下降，接着在其他部分进行“后干燥”。在转鼓出口的排出盒中，污泥颗粒从干燥气体中被分离出去。含水率在 65%～85%的浓泥经干燥后含水率在 5%～10%。

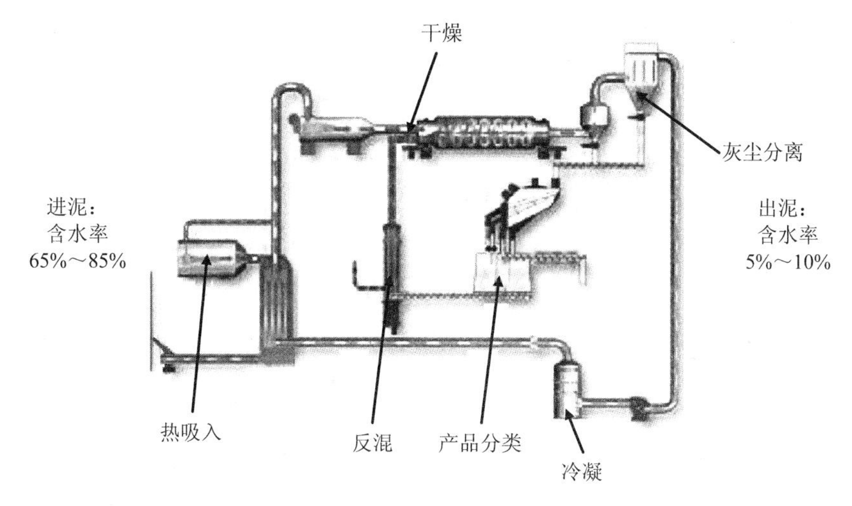

图 6-15 阿拉法伐转鼓式干燥工艺流程

该工艺的特点是输出可控制、易于运输或处理、工艺安全、安装成本较低、运行成本低等，但是没有油回收系统。

方案四：浓泥运至砖场掺入煤中焚烧工艺

浓泥中蕴含一定的热值，含水率为 80%的每吨油泥滤饼干基热值总量相当于 77 kg 标准煤。含水率为 80%的每吨油泥与浮渣混合滤饼干基热值总量相当于 72 kg 标准煤。纯粹从热值利用的角度出发，可以把机械过滤脱水后的“三泥”滤饼给砖瓦厂作烧砖的辅助燃料。这种工艺需要解决的问题首先是浓泥属于固体危险废物，其转移需要办理严格的手续，并需经一定级别的政府部门批准。尤为重要的是，浓泥中硫化物含量较高，污泥外运具有一定的风险。

2. 方案比选

（1）“三泥”减量化工艺方案的确定

对比上述两种工艺方案，化学破乳—离心脱水工艺方案尽管处理后残渣中含油率较低，但由于在处理过程中加入了一定量的无机酸和较大量有机破乳剂，因此对后续设备的腐蚀性要比絮凝—离心脱水工艺方案强，并且由于脱出水中加入了破乳剂，还会对污水处理系统造成一定的冲击，药剂成本也远大于第二种工艺。因此，选择第二种工艺，即絮凝—离心脱水工艺为首选方案。

（2）浓缩污泥干化处理工艺方案

在浓泥干化处理四种方案中，第一种方案不能彻底解决“三泥”污染问题。阿法拉伐提供的干化工艺投资过高，性价比低，并且从技术上而言，该工艺对高“三泥”的处理能力和适应性尚不确定。第四种方案存在一定的环境风险，外运的污泥一旦失控，还将承担一定的法律责任。2004 年某石化企业就曾发生过类似的事件，外运废渣因被倒入池塘导致硫化氢外泄，给该企业造成了严重的负面影响。因此，浓泥干化处理选用超热蒸汽喷射干化处理技术工艺流程，总工艺流程为：“三泥”→絮凝－离心脱水→OSS－500 干化处理→掺入煤中进热电厂。

3．装置组成

本工程污泥处理工艺由预浓缩、离心脱水、干化三部分组成。预浓缩部分：主体构筑物为两座容积为 200 m^3 的浓缩罐。原污水处理厂区排放污泥进“三泥”池（改造后利用），经污泥泵提升至两座 200 m^3 的污泥浓缩罐内，含水污泥经浓缩罐浓缩后排放至浓泥池，污泥含水率经浓缩后会大大降低。离心脱水部分：主要构（建）筑物和设备有：浓泥池一座，V=80 m^3；污泥脱水间一间，规格 15.0 m×6.6 m；40 m^2 药品仓库一间。设备为 LWD430 Ⅲ型卧螺离心机 2 台，提升泵、加药系统各一套。干化系统：主要构（建）筑物和设备有污泥干化处理间（规格为 12.0 m×6.6 m）一间；干化储泥池（18 m^3）一座；干化处理装置一套；干粉灰斗一台；配套建筑为值班室（规格 6.6 m×3.9 m）一间；配电间（规格 6.6 m×3.0 m）一间。装置有一台超热炉，主要是利用燃烧柴油对进入超热炉的蒸汽进行加温，将蒸汽由 100～150℃加热至 500～550℃。超热炉使用两台瑞典产百通燃烧器，产品型号是 ST-133K 燃料为柴油，消耗量为 20～40 L/h。在总工艺流程确定的前提下，针对生产实际选择具体的生产实施方案及相应的主要构筑物和设备，同时在循环冷却系统、氮气保护系统、除臭系统等细节方面加以改进，并确定较高的自动化控制水平。没有问题后，系统才能再次投入运行。

4．系统存在的问题

（1）蒸汽系统含水高的问题

原因分析：由于车间处于 10 kg 蒸汽系统的最末端，蒸汽系统含水量高，直接影响蒸汽的温度，使超热炉的能耗增加，进而对系统的处理量造成影响，无法达到最佳的处理量。

解决办法：从蒸汽系统的最末端引入一条蒸汽线，与公司的低温热回收系统相连，在干化装置开工时，将含水的蒸汽引入公司低温热回收系统，不但解决了蒸汽含水率高的问题，还减少了浪费。

（2）处理器内配件的冲刷磨损问题

为了确保装置的安全运行，每次停运后，车间都将处理器拆开检查。检查发现了处理器内的配件冲刷、磨损严重，累计运行时间不超过 4 d，易损件就必须更换；如不及时更换，一旦将衬板及底板磨损穿孔，就有可能导致高温蒸汽和粉尘外泄，从而引发火灾或人员烫伤等事故。

原因分析：制造处理器配件的材质可能不符合要求。因为处理器的温度最高可达 550℃以上，且有高达 2 马赫的高速蒸汽对易损件进行冲刷，高温、高速蒸汽中还夹杂着“三泥”中细碎的固体颗粒物，如果材质不耐高温、不耐冲刷，处理器中的易损件将在短时间内磨损、冲蚀穿孔。

解决办法：自发现易损件磨损、冲蚀的问题后，在公司主管部门的组织下及时从日本采购配件，但是从日本采购来的配件仍然存在磨损快、使用时间短等问题。针对这种情况，质量安全环保处及时召开分析会，对衬板材质进行了分析，提出了由公司确定材质并在国内进行测绘加工的方案。目前在国内加工的部分配件已经定购完毕，使用效果及使用期限只有等配件到厂安装试运后方能确定。 配件问题仍然需要探索，配件的制造与材质的选择还需要进一步做国产化工作，等国产配件到货后，装置再次运行时，摸清配件的更换周期；保证装置的长周期运行。

（3）干粉出料电机的报警问题

原因分析：干粉出料电机报警的主要原因是电机的负荷过大。造成电机负荷过大的原因是：装置开始运行时，大量冷凝水进入粉料料斗和螺旋输送机，与填加的粉料混合后，在高温蒸汽的作用下板结，造成电机负荷过大；出料频率设置过低，系统生产的干粉量超过了出料量，导致干粉在料斗和螺旋输送机内大量累积，沉积结块从而导致电机的负荷增加。

解决办法：系统停运前使用手动方法将输送系统内的粉料全部送出，下次启运前，在输送器内填加经过筛选后的细沙，细沙具有透水性好和不板结的特性；系统运行时的出料频率由原来的 20 以内调整为 40～50。

（4）燃烧器报警问题

系统在试运行过程中，多次发生燃烧器在运行中或者系统停运后再次点火时报警问题，通过公司主管处室、车间技术人员及三修单位的努力，目前已经解决燃烧器报警的问题。

原因分析：当系统正常运行时，柴油处于流动状态，胶脂类物质不易沉积凝结，所以正常燃烧时一般不会出现燃烧器报警的问题。当燃烧器停运或系统停运时，柴油的流动停止，同时超热炉内的热量传导到燃烧器上，在热量的作用下，柴油内的胶脂类物质凝结，使燃烧器内的油泵无法运转，电机超负荷，从而引发燃烧器报警。

解决办法：在燃烧供油线路上安装回路，即使燃烧器停止燃烧，柴油仍处于流动状态，可以防止胶脂类物质凝结；当系统停运时，按照操作要求，及时将燃烧器从超热炉上拆除，防止柴油在温度的作用下析出胶脂类物质；系统停运再次启运时，首先检查燃烧器的供油泵是否能够正常运转，确保稳定运行；循环水系统需要增加固定式的循环泵。目前系统使用的循环泵为普通潜水泵，为了保证系统的长周期运行，建议在回用的调节池加装固定式潜污泵；对系统的报警系统进行改造。目前干化系统及“三泥”离心的报警系统全部在处理间内，为了保证员工及时发现问题，避免装置发生安全及运行问题，车间建议将离心脱水系统及干化系统的报警器引入操作室，便于员工及时发现并解决装置运行的问题。

5．装置试运情况

7 月 14 日 14：00 至 7 月 18 日 18：40 本阶段运行基本稳定，运行时间累计达 100 h，结果见表 6-21。

表 6-21　“三泥”处理装置第四次运行数据统计

运行时间	感应器进口温度/℃	反应器出口温度/℃				送料频率			出料频率
		最低值	低值	高值	最高值	低	中	高	
7 月 14 日 14：00 至 7 月 18 日 18：40	500	200	250	260	350	40	60	80	50

整个装置试运期间该装置连续运行时间约为 276 h，这其中不包含整个试运过程中 4 次短时间的运行，如果加上调试运行时间，整个装置累计运行时间约为 300 h。经过对比认为，该装置最佳运行参数范围见表 6-22。

表 6-22　“三泥”处理装置最佳运行参数范围

反应器进口温度/℃	反应器出口温度/℃				送料频率			出料频率
	最低值	低值	高值	最高值	低	中	高	
500～550	200	250	260	350	40	60	80	50

（七）处理量核算及运行成本分析

1. 干化处理量与装置产泥量的匹配分析

装置交到车间后，共进行了四次较长时间的试运行，累计运行时间约为 276 h，累计出产品 2 500 kg，使用柴油 4 000 L。根据环境监测站对各单元“三泥”含水的分析结果，原料“三泥”含水量为 99.5%；脱水后“三泥”含水量为 79%；干化后“三泥”含水量为小于 1%。试运行期间，累计处理原料污泥量为 495 t。“三泥”综合利用装置累计运行时间为 276 h，合计为 11.5 d。车间目前每天的“三泥”量为 100 t，装置试运期间的处理量，约为车间实际产泥量的 1/2。

2. 系统运行成本分析

系统试运期间，累计消耗柴油 4 000 L，根据处理原始泥量约 500 t 计算，每处理 1 t“三泥”需要消耗柴油 10～12 L。在考虑药剂消耗、蒸汽消耗、电耗、设备折旧等因素后，每吨“三泥”的处理成本在 400 元左右。

第三节　冶金工业固体废物处理工艺方案

一、研发机构和承办企业的基本情况

（略）

二、市场预测

1. 市场供需情况

黄金市场目前应该正在走向光明，战争和经济不景气及货币贬值，对于黄金市场应该是利好。近来黄金价格已经上升到 300 元/g。说明黄金需求正在增加。

2. 销售分析

由于氰渣为废渣，无成本，或成本很低，因此提金成本大大降低，而且再提金后可

以生产铜、银和铅，在此基础上还能生产 $FeSO_4 \cdot 7H_2O$、一级铁红或其他铁系颜料。$FeSO_4 \cdot 7H_2O$ 为淡蓝绿色柱状结晶或颗粒，无臭，味咸、涩；易溶于水、甘油，不溶于乙醇，有腐蚀性，潮解风化；外观为果绿色，杂质含量低。主要用于制造磁性氧化铁、净水剂、消毒剂等。产品质量指标符合《水处理剂　硫酸亚铁》GB/T 10531—2016）：硫酸亚铁（$FeSO_4 \cdot 7H_2O$）的质量分数≥90.0%、二氧化钛（TiO_2）的质量分数≤0.75%、水不溶物的质量分数≤0.5%、游离酸（以 H_2SO_4 计）的质量分数≤1.00%、砷（As）的质量分数≤0.000 1%、铅（Pb）的质量分数≤0.0 005%。主要用途：①工业应用，用于制造铁盐絮凝剂、煤染剂、鞣草剂、漂水剂、木材防腐剂及消毒剂等。②农业应用，用作化肥、除草剂及农药，医治小麦的黑穗病、防治果园害虫和果树的腐烂病，根治树秆的苔类、地衣等；也可用作肥料，是植物制造叶绿素的催化剂，对植物的吸收有重要作用。③制药应用，医药上用作局部收敛剂及补血剂，其所含铁是体内合成血红细胞的原料；为了适应市场的发展和变化，将来打算建成灵活多变的工艺流程，根据市场的变化，开发铁系产品，包括铁黄、铁黑、铁蓝、包裹铁红、有机改性铁红和水处理剂等。

三、某厂氰渣提金及综合利用项目可行性研究

（一）项目概况

1．概述

（1）项目名称：某厂氰渣提金及综合利用

项目承办单位：

项目法人：

企业主管部门：市黄金管理局

（2）可行研究工作组织：

项目负责人：

技术负责人：

工程负责人：

可行研究报告编制人：

2．可行性研究概论

研究和建厂目标：一年内建成一条年处理 3 万 t 氰渣生产线，一年可以多回收黄金

10 万 g，超细铁红 1.2 万 t，另外可以回收部分铜、90 万 g 银等，砷变为高价砷酸铁，无毒或提取制备砷酸铁；铅变为硫酸铅，进入废渣中，作为水泥原料被固化。

总投资和资金来源：估计投资 4 000 万元。

经济效益主要指标：生产正常后，年销售总收入为 5 853 万元，黄金收入为 1 053 万元，铁红收入为 4 800 万元，利润为 3 816.6 万元。

社会效益：某厂氰渣提金及综合利用工程是环保节能、节约资源项目，具有广泛的社会效益。

某厂每年生产黄金后氰渣大约 3 万 t，氰渣粒度为 0.035 mm 占 90%，不仅含有金，而且含有毒的氰化物、砷化物、硫化物，在堆放过程中容易自燃引起环境污染。如果送到水泥厂做水泥原料，砷、硫、铅都能引起大量的环境污染。

该氰渣经过提金和综合利用后，不仅生产出了优质金和超细或纳米铁红，而且生产过程中氰离子被氧化为氮气，无“三废”产生，生产过程中产生的废渣是优质的水泥原料；砷变成的高价砷酸铁，无毒或提取制备砷酸铁；铅变为硫酸铅，进入废渣中，作为水泥原料被固化，完全消除了金矿石提金引起的尾矿污染。

3. 结论

建议开发某厂氰渣提金及综合利用项目。该项目建成和投产是黄金冶炼厂迅速发展的需要，是企业脱困的需要，也是企业彻底治理环境污染、造福周围居民的重要契机。氰渣提金及综合利用项目经过实验室的小试、放大试验及在黄金冶炼厂进行的工业试验，证明利用氰渣提金和制备超细或纳米铁红技术是可行的。其制备工艺流程简单，都是常规的工艺流程。所需设备要求简单，基本为标准设备，制备工艺容易实现。

（二）项目提出的依据及其必要性

氰渣和金精矿含有一定量的难选金，特别是氰渣中难选金的含量达到 100%，利用常规氰化法不可能提取出金。黄金冶炼厂多年来一直致力于难选金矿石的提金研究，先后有多家研究单位探索了难选金的提取工作，方法有煅烧法、加压氧化法等，由于金的回收率低，也不能解决环境问题，因而无法进行工业实施。为此，受委托对该厂浮选金精矿渣和金精矿进行了提金和综合利用的初步基础研究、放大试验及工业规模的试验，目的是通过本次试验，考察利用难选金的非氰化法提金的工艺、设备、材料和制备系列的超细颜料的可行性，寻找一种经济可行的金精矿提金和综合利用途径，降低氰化法提金引起的环境污染。氰渣和金精矿中有价金属元素为金和银，金的品位分别为 90 g/t 和

4.0 g/t，银的品位分别为 200 g/t 和 70 g/t。

矿样中主要矿物为黄铁矿，少量为方铅矿、黄铜矿、闪锌矿，脉石矿物主要为石英，其次为云母、绿泥石等。

为此必须选择化学提金法。试验结果表明，氰渣中金矿和金精矿中金的浸出率分别为 96%和 99%以上，同时可以综合利用矿物中的铁和铜，生产超细高价铁系颜料或聚合铁水处理剂及铜、银、铅等。某厂氰渣提金及综合利用项目是以专利“一种以氰化提金废渣制备铁红的工艺方法”（专利号：CN351963）为基础，经过了逐步放大试验的验证。该项目的工业化转化意义重大，可以说是对传统提金工艺的一场革命，具有以下几点特征。

1．项目的经济效益高

综合分析矿样提金和铁红生产两种工艺，我们不难发现，整个项目的总体效益明显。假设一年处理 3 万 t 氰渣或金精矿，生产铁红 1.2 万 t，可获利润 4 000 多万元或 1 亿多元。即使扣除经营成本，技术投入和税收，其经济效益也十分可观。表 6-23 给出了该项目的总体经济效益初步分析。

表 6-23　提金和生产铁红项目年经济效益总体分析　　单位：万元

	氰渣		金精矿	
项目	成本	收入	成本	收入
提金	645	1 053	13 767	20 029.8
铁红	1 346.4	4 800	1 346.4	4 800
合计	1 991.4	5 853	15 485.4	24 829.8
总利润		3 861.6		13 045.4

2．项目的环境效益高

氰渣的大量堆放，其自燃会引起二氧化硫污染，对环境有害的氰化物和某些重金属离子也可能进入水体，引起水体污染。因此，研究和开发该技术具有鲜明的社会效益。

3．项目的技术含量高

该项目为高新技术，纳米铁红或超细透明铁红是一种新型材料，高科技，含金量高。该技术的工业化实施，是企业从老的生产型低效益的企业走向现代化企业的基础，是适应 WTO 形势、走向世界的新起点。

（三）承办企业的基本情况

企业规划建成并投产 3 万 t 氰渣提金和综合利用生产线，提取金、银、铜和铅，并制备超细铁红、纳米铁红，同时聘请专家作企业总工，建立新材料研究所，开发新型纳米材料，研究高含砷金矿和难选金矿的提金新技术。

（四）工艺技术和装备情况

对难选金矿样，特别是氰渣利用氰化法等传统的浸金方法是不可能达到很高的金回收率的，因为硫化物和脉石中的包裹金与它们结合紧密，且如核桃一样将金包括在里面，在氰化提金法条件下浸取剂氰化物等不可能有与这种类型金反应的机会。为此，必须将金属矿物这个外壳打开，才能将金裸露，进而将金浸出。我们选用催化氧化法将硫化物等氧化，增加金与浸取剂的接触机会，提高金回收率。

为了提高铁红产品的质量，减少铜、铅和锌对生产颜料的影响，在催化氧化工艺前，增加提铜和银工艺，以期望提高工艺效益，降低杂质对铁红生产过程的影响。

一种以氰化提金废渣再提金的工艺方法，该方法的特征在于采用氰化提金废渣为原料，利用催化氧化法浸取包裹金的矿物质，然后利用氰化提金法提取黄金。催化氧化法将硫化物等氧化，提高了金的回收率，与此同时，产生了氧化废液，废液中含有大量的铁离子，为制备铁红产品打下了基础。

通过以上技术研究，又经过工业试验，证明该技术理论上可行，工艺上简单，再经过国家一级设计和施工单位精心设计，该工程成功建设是可以预期的。

（五）市场预测

1. 市场供需情况

黄金的市场目前应该正在走向光明，战争和经济不景气及货币贬值，对于黄金市场应该是利好。近来黄金价格已经上升到 80 元/g，说明黄金需求正在增加。

目前，铁红全球消费量达到 100 万 t/a，美国消费 25 万 t，日本 21 万 t，欧洲消费 30 多万 t，我国消费 10 万～15 万 t。其中主要用于建筑、涂料、塑料、橡胶和磁带粉等。国际上由于生产成本高，铁红产量有下降的趋势，转向中国进口。1999 年我国生产状况为年产 25 万 t，出口达到 50%以上，年产值达到 12 亿元，出口创汇 6 000 万美元，平均每吨销售额为 5 000 多元。但是我国多数生产厂家规模小，技术落后，大企业都分布在江浙一带，1 万 t 以上企业仅 10 余家。加入世界贸易组织后，大多小企业已被淘汰，因此该项目市场前景十分广阔。

2．销售分析

由于氰渣为废渣，无成本或成本很低，因此提金成本大大降低，而且再提金后还可以生产铜、银和铅，在此基础上还能生产一级铁红或其他铁系颜料。铁红广泛应用于建筑、涂料、塑料、橡胶和磁带粉等。氧化铁颜料主要指基本物质为铁的氧化物，如氧化铁红、铁黑、铁黄、铁棕、铁黄、透明氧化铁等着色颜料，传统上用作防锈颜料的云母氧化铁、用作耐热的铁酸盐颜料以及用作磁性记录材料的磁性氧化铁也属于氧化铁颜料的范畴。氧化铁颜料以其颜色多、色谱广、无毒、价廉的特点，广泛应用于涂料、建材、塑料、电子、烟草、光学玻璃抛光剂、医药、高级精磨材料、宠物饲料添加剂等行业中。经过建立科学的销售网络，或利用现在的销售网络，以优质的产品质量、较低的产品价格打入国际市场，占领国内市场。年产 1 万 t 的铁红，生产规模较小，根据国内外市场对优质铁红的需求来看，销路没有问题。

为了适应市场的发展和变化，将建成灵活多变的工艺流程，根据市场的变化，开发系列铁系产品，包括铁黄、铁黑、铁蓝、包裹铁红、有机改性铁红和水处理剂等。

（六）某厂氰渣提金及综合利用项目可行性研究

1．氰渣资源情况

某厂一年生产氰渣 3 万 t 左右，而且堆积了大量的这类尾矿，为此黄金冶炼厂付出了大量环保资金。

（1）矿样的采取和处理

试验样品是黄金冶炼厂负责采取的。试样包括氰渣和金精矿，湿重分别为 20 kg，由某厂负责采取、包装，并通过自然晾干之后，进行碾碎、筛分、混合均匀、缩分，送样化验和测试。实际化验金精矿金品位为 89 g/t，氰渣金品位 4 g/t。

工业试验用样是在黄金冶炼厂提取的，年处理量达到 1.5 万 t 尾渣。

（2）矿样组成的研究

1）金精矿和氰渣的元素分析。表 6-24 给出了两种矿物的元素分析。从表中看出，氰渣与金精矿除金和银的含量相差很大外，其他元素含量变化不明显。因此处理两种矿物的方法也不会有太大的不同，但由于两者粒度有较大的差异，反应速度会有不同。利用 XQF-1700 型 X 射线荧光光谱仪测定金精矿元素相对组成，见表 6-25。很明显，原矿中贵金属元素仅有金和银可以利用，铁是可以利用的含量比较高的金属元素。在化学法处理后有可能被利用的元素为铅、铜和锌。同时，加工利用氰渣和金精矿时一定要注意有害元素铅和砷的趋向，防止综合利用时带来的环境污染。

表 6-24　金精矿和氰渣元素分析结果

元素	Au/(g/t)	Ag/(g/t)	Cu/%	Pb/%	Zn/%	S/%	Fe/%	As/%
氰渣	4.0	37.15	0.30	0.70	0.8	23.33	21.22	0.3
金精矿	89	200	0.29	0.58	0.3	24.95	23.02	0.24

表 6-25　利用 X 射线荧光光谱仪测定的金精矿元素相对组成　　单位：%

元素	SiO_2	Al_2O_3	CO_2	K_2O	PbO	Fe_2O_3	SO_3
含量	16.8	5.3	9.4	1.1	—	18.7	46.7
元素	MgO	TiO	Na_2O	Ag_2O	Cr_2O_3	ZnO	CuO
含量	0.4	0.06	0.1	0.04	0.02	0.03	1.2
元素	AuO	As_2O_3					
含量	0.002	0.1					

2）矿样的物质组成。表 6-26 给出了矿样的物质组成。从表中可以看出，氰渣的物质组成主要为黄铁矿、少量的黄铜矿、方铅矿、闪锌矿、褐铁矿和磁铁矿，脉石主要为石英，其次为长石，还有少量的云母和绿泥石等。

金精矿的矿物组成与氰渣相差不大，故不再进行矿物分析。

表 6-26　氰渣的矿物质组成　　单位：%

矿物组成	黄铁矿	黄铜矿	方铅矿	闪锌矿	褐铁矿	长石等	石英	合计
相对含量	60.2	6.7	2.2	1.4	3.0	5.0	21.5	100
	73.5					26.5		

2. 氰渣和金精矿提金工艺的可行性

对难选金矿样，特别是利用氰化法等传统的浸金方法是不可能达到很高的金回收率的，因为硫化物和脉石中的包裹金与它们结合紧密，且如核桃一样将金包括在里面，在氰化提金法条件下浸取剂氰化物等不可能有与这种类型金反应的机会。为此必须将金属矿物这个外壳打开，才能将金裸露，进而将金浸出。我们选用催化氧化法将硫化物等氧化，增加金与浸取剂的接触机会，提高金回收率。

（1）催化反应机理

$$2NO+O_2 \longrightarrow 2NO_2+Q_1 \quad (6\text{-}1)$$

$$2NO_2 \longrightarrow N_2O_4+Q_2 \quad (6\text{-}2)$$

$$2NO_2+NO \longrightarrow N_2O_3+Q_3 \quad (6\text{-}3)$$

$$3NO_2+2H_2O \longrightarrow 2HNO_3+NO+Q_4 \quad (6\text{-}4)$$

$$MNO_3+FeS_2 \longrightarrow Fe_2(SO_4)_3+S+MSO_4+NO \quad (6\text{-}5)$$

式（6-5）生成的 NO 被氧气氧化，按式（6-1）～式（6-4）进行，从而新生成高价的硝酸化合物，再进行黄铁矿的氧化反应。前四个反应都是放热反应，应该在低温下进行。式（6-1）是反应的控制步骤，且该反应在加压低温下反应速度快。而式（6-5）在较高的温度下进行，因此将两个反应分开，分别在不同的反应釜和不同反应条件下进行，这种操作方式能够大大缩短反应时间。经过初步试验，表明反应压力也可以降低到几个大气压，可降低操作费用，提高设备寿命。

（2）提金工艺流程

为提高铁红产品的质量，减少铜、铅和锌对生产颜料的影响，在催化氧化工艺前，增加提铜和银工艺，以期望提高工艺效益，降低杂质对铁红生产过程的影响。催化提金的工艺流程见图 6-16。从图中可以看出，该工艺的关键是催化氧化过程。

1）预氧化和催化氧化设备选择。预氧化需要在耐酸和耐腐蚀的设备中进行，且能够在常压下反应，故可以选择搪瓷反应釜；用四氟乙烯也可以，但价格高。由于氰渣比重大，反应釜需要安装搅拌器，以保持氰渣在反应过程中与氧化剂充分混合。反应速度快，铜和银的提取率才会高，这对于硫铁矿的完全催化氧化，特别是对高质量的超细铁红的制备十分重要。

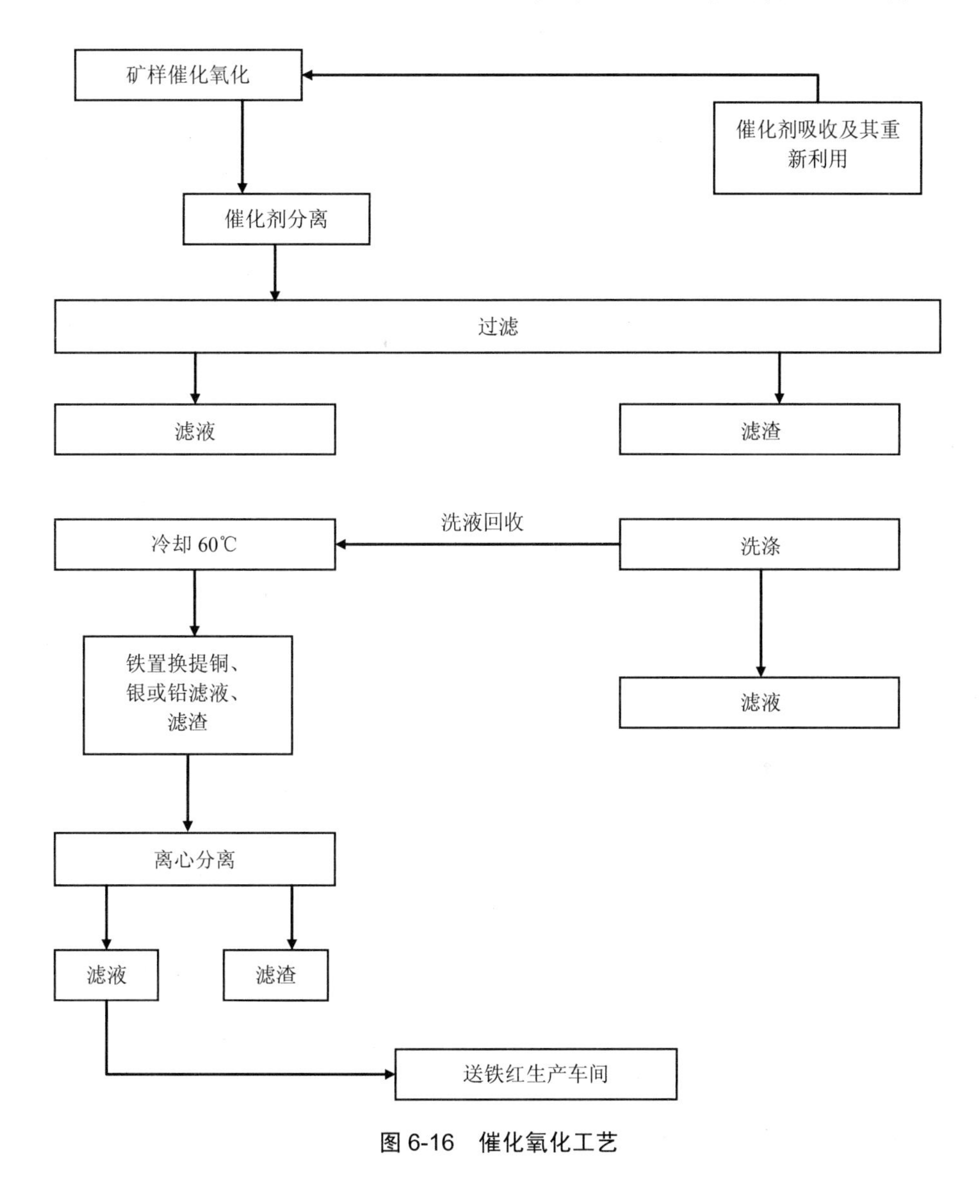

图 6-16　催化氧化工艺

催化氧化设备用的材料和设备选型是这次试验很重要的一部分内容。搪瓷反应釜或不锈钢反应釜内衬四氟乙烯，特别是耐磨的四氟乙烯，是最节约的设备材料选型。根据反应过程，反应釜中催化剂应该分批加入，一次加入催化剂其反应速度太快，放出大量的热，使反应过程难以控制。结合反应过程，氧化反应在一定的温度下为放热反应，故反应釜应安装冷却管道，用水取走反应热。反应釜的加热装置应该按制成油域或水域加热，否则四氟乙烯内衬易被烧失，甚至融化掉。反应釜上下盖之间应该用四氟乙烯垫密封。为了防止反应釜内压突然增加，进气阀应该加一个单向阀。

2）一段氧化设备及参数和要求见表 6-27。

表 6-27 设备明细表

序号	名称	型号	数量	试验参数	材质	用途	备注
1	行车	5T	1	—		抓料	
2	搅笼	ϕ50	2	—	衬聚氨酯	调浆	备用一台
3	电振筛	1 200×2 400	2	—	聚氨酯筛网	除杂	备用一台
4	混合槽	2 m^3	2	30%矿浆	搪瓷衬聚氨酯	调浆	备用一台
5	反应釜	30 m^3		30%矿浆	搪瓷	一段氧化	聚四氟阀门
6	浓密机	ϕ15 m	1	—	衬玻璃钢	一段氧化固体洗涤	
7	搅拌釜	2 m^3	2	1% 固体置换试剂	搪瓷	同等置换	备用一台
8	软管泵	ϕ75×2	5		耐酸		备用一台
9	浓密机	ϕ9 m	1		衬玻璃钢	沉铜铅银	
10	真空过滤机	150	1		耐酸	滤铜铅银	风吹
11	滤液池	200 m^3	1		衬玻璃钢		
12	电子衡	100 t	1				称量
13	真空过滤机		1				过滤一段氧化固体

（3）催化氧化试验方法

用行车将尾渣放入搅笼与循环水及部分氧化再生液混合，经过电振筛将大块的渣物去掉，在搅拌釜中搅拌均匀，使矿物含量达到 25%，再预热釜中预热矿浆，预热后进入下一个反应釜中，与来自吸收塔的吸收液混合 4 h，反应温度始于 70℃，不高于 90℃，反应时间 5 h 反应液送入浓密机进行固液分离和洗涤，固体在压滤机中压滤，液体进入除渣釜进行下一步的铁红制备。

（4）提金工艺设备与工艺流程

根据所设计的工艺流程（图 6-17），从表 6-28 可以看出，主要设备为反应釜。催化氧化矿浆含量为 20%，反应温度 70～95℃。吸收塔用于尾气吸收。

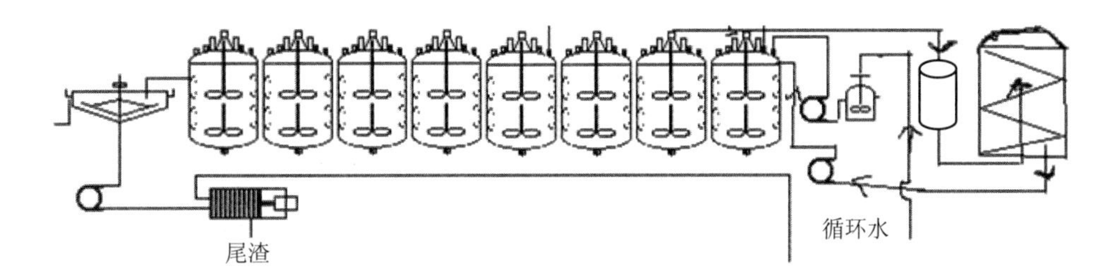

图 6-17 提金工艺流程

表 6-28 提金主要设备

序号	名称	型号	试验参数	数量	材质	用途	备注
14	软管泵	ϕ75×2		2 台	耐酸		备用 1 台
15	软管泵	ϕ65		2 台	耐酸		备用 1 台
16	搅拌釜	2 m^3		2 台	搪瓷	二氧调浆	备用 1 台
17	反应釜	30 m^3	20%	8 台	搪瓷	二段氧化	聚四氟阀门
18	吸收塔		3 atm①				尾气吸收
19	厢式压滤机	150		2	耐酸		
20	混气室	10 m^3		1	耐酸	带空气加压至 3atm	
21	浓密机	ϕ15 m		1	衬玻璃钢	二段氧化洗涤	

① 1 atm=101.325 kPa。

3. 铁系产品的制备可行性

催化氧化法将硫化物等氧化，提高了金的回收率；与此同时，产生了氧化废液，废液中含有大量的 Fe^{3+}，为制备铁系产品打下基础。

（1）铁系产品工艺流程

铁红生产工艺流程见图 6-18。催化氧化残液慢慢滴加碱，中和至 pH 为 1.0，除去杂质，然后在 313～353 K 温度下加入铁红生成剂，加入速度由慢到快，直至红色铁红生产完全。将沉淀过滤、洗涤、烘干，在 1 073 K 温度下烧结 4 h，然后细磨即可得到优质铁红。

（2）铁红生产过程

1）催化氧化残液先用碱中和，使其 pH 值为 1～2，搅拌 1 h，再过滤分离，滤渣洗涤，作为二等品产出。然后再慢慢加入铁红生成剂，在 2 h 内至铁完全沉淀，然后陈化 2 h。

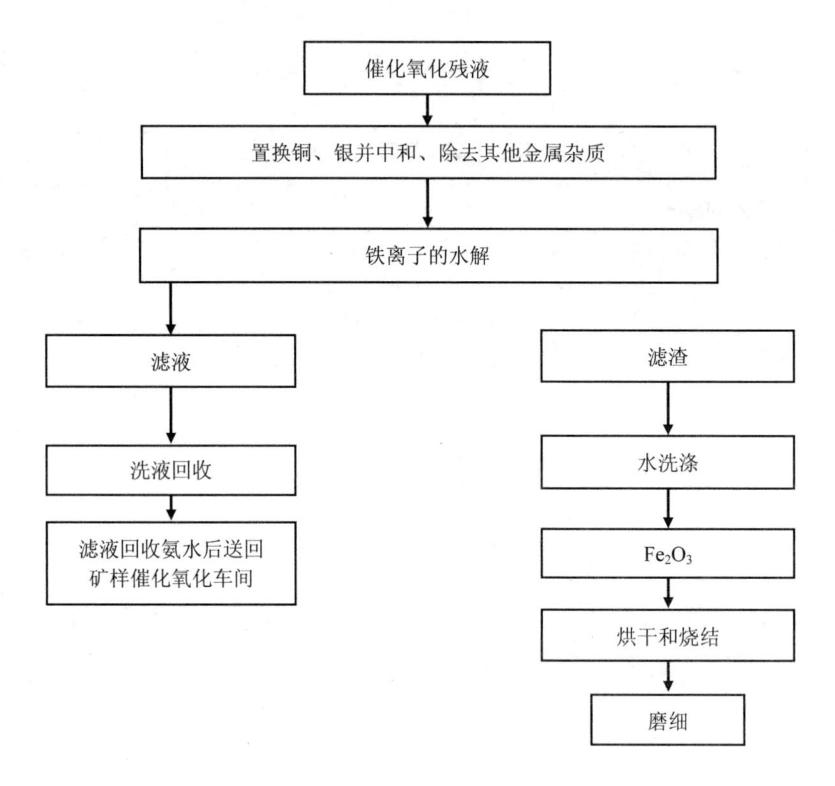

图 6-18 铁红的生产工艺

2）沉淀过滤，用 5%氨水洗涤，后用热水洗涤，至无硫酸根离子，再闭路循环洗涤。

3）将沉淀干燥，并在 800℃下煅烧，磨细到铁红颜料要求的粒度，即可以获得铁红。

4）除去铁红后，所得滤液经过冷却结晶后进入吸收塔做吸收液循环使用。

（3）试验条件的选择

以氰渣氧化残液为样品，研究铁红的生产条件。

1）铁离子浓度影响。铁离子浓度的高低对铁红质量的影响明显。实验中发现铁离子浓度在 2 mol/L 以上时，铁红颜色发暗，晶格粗大，且铁红含量下降。随着其浓度降低，质量变好，铁离子浓度达到 1 mol/L 时铁红颜色达到一级标准，其含量达到 98.3%。

2）温度影响。反应温度对铁红的颜色和晶格影响非常明显，温度太高，反应速度快，晶格小，生成胶体铁红，黏度大，不易脱水；温度低，生成的铁红晶格大，铁红中杂质含量大，影响铁红的纯度，色度也达不到质量要求。合适的温度为 313～353 K。

3）时间的影响。反应时间是最重要的影响因素，现在还无较好的理论解释时间对铁红质量的影响。实验发现，5 h 就能达到用传统铁红制备方法几十个小时达到的质量水平，因而为大规模生产铁红打下了基础。

4）铁红生成剂用量对铁红质量的影响。由于氰渣和金精矿含有一定量的黄铜矿，因而在氰渣残液中含有一定量的铜离子，所用试剂必须能够掩盖铜，同时又能与 Fe^{3+} 反应制备铁红。故铁红生成剂用量对铁红的纯度和颜色影响明显。研究发现，铁红生成剂用量稍超过铁离子的浓度为优。

综上所述，较优的铁红生产条件为：矿浆浓度 20%左右，相当于铁离子浓度 1.1 mol/L 左右，铁红生成剂 A 的浓度为 1.2 mol/L，温度为 313～358 K，时间为 4 h。在 973 K 温度下烧结铁红 4 h，在该条件下生产的铁红质量超过《氧化铁颜料》（GB/T 1863—2008），铁红的纯度达到 98.3%以上。从铁红的 X 射线衍射光谱、扫描电镜图与标准铁红图谱比较，说明我们生产的铁红质量更优。

（4）中试试验结果

表明铁红质量纯度达到 97%，已经超过国家一级标准（国家一级标准铁红含量为 95%），平均粒度为 5 μm，如果选择合适的铁红用水和工艺，铁红质量还会提高。

（5）铁红的生产的设备

表 6-29　铁红主要设备

序号	名称	型号	数量	材质	用途	备注
27	厢式压滤机	150	1	耐酸	铁红过滤	反洗风吹
28	煅烧窑		2		铁红煅烧	
29	风磨机		2			
30	滤液池	200 m^3	1	衬玻璃钢		
31	污水处理					
32	储液池	200 m^3				
	软管泵	ϕ 75×2	2			
33	硝酸罐	100 m^3	1			
23	真空过滤					

四、催化氧化法用于氰渣或难浸金精矿提金及综合利用工程建设内容

1. 土建工程

包括氰渣提金工程、铁红制备工程、产品生产和质量控制系统、研发和分析测试中心的地基与建筑建设。

2. 氰渣提金工程

1）土建工程：年处理3万t氰渣的主厂房、锅炉房、原矿储备仓、预氧化车间、二段氧化车间、净化车间、废气和废水回收车间。

2）设备：锅炉一台、耐腐蚀泵、预氧化反应釜、氧化反应釜、浓密机、压滤机、吸收塔及连接管道。

3. 铁红制备工程

设备：除渣釜、纳米材料反应罐、离心分离机、真空过滤机、洗涤釜、球磨机和煅烧窑等。

4. 产品生产和质量控制系统

计算机、流量计、温度计、温控仪等。

5. 研发和分析测试中心

原子吸收仪、分外光度计、色度示差仪、粒度分析仪、普通玻璃仪器。

五、投资估算与资金来源

整个工程投资包括土建、提金工程、铁红生产、控制中心及其研究开发和分析中心的投资分别为500万元、1 600万元、1 300万元、200万元和300万元，其他费用为100万元，总投资为4 000万元。

1. 投资估算

（1）土建投资

包括厂房基建、研究分析中心建设等，大约500万元。

（2）提金工艺设备和安装

提金设备和投资如表6-30所示。

按年处理矿样3万t，每天处理矿样100 t，根据实验室试验情况，粗略进行了设备投资估算见表6-30，整个投资不大，而且设备容易购置或建造。估算设备投资大约1 600万元。

表 6-30 提金投资估算 单位：万元

项目	金额
反应釜及管道	660
加压泵	45
反应罐	45
反应槽	45
过滤用设备	20
氰化设备	300
沉淀槽	45
吸收塔	440
合计	1 600

（3）铁红生产投资

按年处理氰渣样 3 万 t，每天处理 100 t，生产铁红 1.2 万 t，根据实验室试验情况，粗略进行了设备估算，见表 6-31。整个投资不大，大约总计 1 300 万元，而且设备容易购置或建造。

表 6-31 铁红生产投资估算 单位：万元

项目	金额
反应槽	300
搅拌器	100
板框式压滤机	200
烧结窑	400
超细磨	300
合计	1 300

（4）控制系统投资

控制系统包括控制室的建设、工业电脑、控制仪器仪表等，总投资大约为 200 万元。

（5）研究开发及分析测试中心投资

该项投资包括原子吸收仪、分外光度计、色度示差仪、粒度分析仪、普通玻璃仪器及其内部试验设施的购买与建造，大约为 300 万元。

六、环保、消防及劳动安全与卫生

1. 环保部分

（1）“三废”的内容及性质

“三废”包括提金废水、氧化矿浆产生的废气、提金废渣及制备铁红产生的废水，废气中含有有利于氰渣氧化的催化剂，废水显碱性或酸性，含有 Fe^{3+}、NH_4^+和 SO_4^{2-}。

（2）“三废”治理措施

氧化废气经过吸收塔氧化吸收后直接送回提金氧化工艺，提金和制备铁红所产生的废水经过铁红生成剂再生后，进入去离子水柱再生后用作吸收塔的吸收剂，进而实现水、气完全循环。废渣经过提金后粒度非常细，仅含有硅铝酸盐，可以做优质水泥的原料。水处理产生的优质复合肥，还可以高价出售。砷变为高价砷酸铁，无毒，可提取制备砷酸铁；铅变为硫酸铅，进入废渣中，作为水泥原料被固化。整个生产过程不产生任何污染和“三废”排放。

2. 消防部分

整个生产过程火灾危险性较低，但也应在整个厂区建立消防给水系统。消防给水系统包括消防用水储水池、消防水泵及管网。在分析中心和控制室安置泡沫灭火器。制定消防安全规则和制度。

对电气设施消防措施有：在电缆选型时，对长期经受高温的场所选用普通电缆，在易燃易爆场所不采用架设方式；为防止水沟中的电缆因泡水而导致绝缘层被破坏引起火灾，应做好排水系统的设计。

3. 劳动安全与卫生

包括电、压力、火和噪声的安全（省略）。

七、经济效益分析

1. 氰渣提金效益分析

下面是处理 1 t 矿样的经济效益分析。从表 6-32 看出，处理 1 t 氰渣矿收益 136 元。

表 6-32　1 t 氰渣提金经济效益分析　　单位：元

项目	成本支出	效益回收
原料	0*1	
电	100*2	

项目	成本支出	效益回收
催化剂	20*3	
空气	10	
工资	16*4	
氰化钠和石灰	13*6	
沉银硫氰化钠	微量	
金和银售出		351*5
设备折旧和修理等	56*7	
合计	215	351（不包括新产品回收）
毛利		136

* 1—4.0 g/t 金精矿；*2—高压泵等用电 100 kW·h；*3—催化剂损失按最高 5%计算；*4—假设工人 50 人，每人每月工资 800 元；*5—金按每克 80 元计算，90%回收率，银按每克 1.0 元计算，回收率为 90%；*6—氰化钠用量按 1 t 金精矿 1 kg 计算，石灰按 5 kg 计算；*7 设备和折旧按 14%计算。

2. 铁红生产初步经济效益分析

由于生产铁红的原料无成本，且是生产黄金的副产品，因此生产铁红的成本降低，对提高生产的经济效益十分有利。表 6-33 给出了生产 1 t 铁红的初步经济效益分析。从表中看出，生产 1.2 t 铁红需要处理 3 t 金精矿或氰渣，生产每吨铁红收益为 2 878 元，经济效益十分显著。

表 6-33　生产 1 t 铁红的经济效益分析

项目	单耗/t	成本支出/元	效益回收/元
氨水	1.2	300	
铁红生成剂 A	0.6	300	
其他材料		50	
电	200 kW·h	120	
工资		32	
设备折旧和修理等		20	
管理和销售		200	
不可预见费		100	
铁红售价			4 000
合计		1 122	4 000
利润			2 878

3. 整个项目的效益分析

据报道，对于难浸金精矿或氰渣，利用氰化法或煅烧后再浸金的效果十分不理想，原因在于这种类型的矿物中含有大量的包裹金，在氰化提金过程中，它们活性太弱，或没有机会与浸取剂反应。因此对于氰渣或难选金精矿，利用催化氧化法彻底将包裹的金从黄铁矿中释放出来，变为活性金，能大大提高金的浸取率。而且，矿物经过催化氧化，大部分金属矿物质已进入溶液中，因而金的丰度大大提高，降低了氰化法提金的运行费用。在此基础上，根据氰渣含铁高的特点，用催化氧化废液生产铁系颜料或聚合铁水处理剂等能够大大提高该项目的经济效益。同时，利用催化氧化法处理矿渣，能大大降低提金废渣对环境的污染，其社会效益也十分明显。

综合分析矿样提金和铁红生产两个工艺，我们不难发现，整个项目的总体效益明显。假设一年处理 3 万 t 氰渣或金精矿，生产铁红 1.2 万 t，可获利润 5 000 多万元或 1 亿多元。即使扣除经营成本、技术投入和税收，其经济效益也会十分可观。表 6-34 给出了该项目的总体经济效益初步分析。

表 6-34　提金和生产铁红项目年经济效益总体分析　　单位：万元

项目	成本	收入
提金	645	1 053
铁红	1 346.4	4 800
合计	1 991.4	5 853
总利润		3 861.6

4．财务分析

根据项目总体效益分析，年内可以回收投资。

习　题

1. 煤炭工业固体废物有哪些类型？如何设计一个矿区的煤炭工业固体废物的综合利用工艺方案？需要考虑哪些因素？

2. 煤炭固体废物综合利用技术、工艺和方案比选内容如何？如何选择煤炭固体废物综合利用产业链？要求做到环保、投资有效益和项目可行性较高。

3. 化工固体废物综合利用技术、工艺和方案比选内容如何？如何选择化工固体废物综合利用产业链？要求做到环保、投资有效益和项目可行性较高。

4. 冶金固体废物综合利用技术、工艺和方案比选内容如何？如何选择冶金固体废物综合利用产业链？要求做到环保、投资有效益和项目可行性较高。

参考文献

[1] 董晨阳. 山西省工业固体废物综合利用管理政策研究[D]. 太原：山西大学，2016.

[2] 王黎. 固体废物处置与处理[M]. 北京：冶金工业出版社，2014.

[3] 付跃钦. 煤炭行业循环经济发展模式及应用研究[D]. 北京：中国地质大学（北京），2013.

[4] 李登新. 固体废物处理与处置[M]. 北京：中国环境出版社，2015.

[5] 李秀金. 固体废物处理与资源化[M]. 北京：科学出版社，2017.

[6] 宁平. 固体废物处理与处置[M]. 北京：高等教育出版社，2007.

[7] 韩宝平. 固体废物处理与利用[M]. 武汉：华中科技大学出版社，2010.

[8] 何品晶. 固体废物处理与资源化技术[M]. 北京：高等教育出版社，2011.

[9] 聂永丰，金宜英，刘富强. 环境工程技术手册：固体废物处理工程技术手册[M]. 北京：化学工业出版社，2013.

[10] 李俊生，蒋宝军. 生活垃圾卫生填埋及渗滤液处理技术[M]. 北京：化学工业出版社，2014.

[11] 段广杰. NO_x 在三相流化床中催化氧化难选冶金精矿循环条件的研究[D]. 上海：东华大学，2011.

第七章　危险废物管理与“三化”工程方案

第一节　医疗危险废物全过程管理

医疗危险废物全过程管理，首先，要满足国家颁布的系列医疗废物管理有关的法律、法规和技术标准规范的要求。其次，要满足所有医疗废物的相关单位或部门控制运营风险的要求。再次，要满足社会作为整体（包括所有医疗废物的相关单位或部门）控制和优化运营成本的要求。最后，满足环境保护和社会公众卫生安全的要求。为实现医疗废物集中处置的全过程安全、环保、无污染，最大可能地控制医疗废物对公众卫生安全和环境造成的威胁，实现环境效益和社会效益，建立全过程管理体系是必经途径。

一、体系运营特色总结

经过4个月在西安市医疗废物集中处置项目运营实践的考验，与西安市环境保护局、卫生局、医疗卫生机构现场座谈，全过程相关主体共同归纳总结本体系运营特色：责任清晰明确、技术先进适用、资讯管理通畅、安全防疫环保、高效应急抗风险等。

责任清晰明确：采用全过程管理模式后，医疗废物“从产生到终结”各环节的相关主体对应责任明确，并实施可追溯的控制原则。

技术先进适用：选定条码技术作为全过程各环节的唯一性标识，实用经济，操作简便。条码标签一次性使用，可无害化焚烧或丢弃。

资讯管理通畅：以“信息综合、动态闭环、持续改进”为原则，建立有效的医疗废物管理资讯系统作为运行管理平台。

安全防疫环保：收集运送过程确保严密性、无接触性、无污染性；医疗废物收集、运送的数据实时调度，并通过转运 GPS 监控调度系统实现物流优化，最大限度地减少对城市交通和环境的影响。

高效应急抗风险：以动态闭环、持续改进为原则，实现了持续、动态、即时的信息控制和指挥，建立了应急系统，为社会提供高效率的应急服务。

二、体系效益的评价指标系

1. 评价指标系的设计

为了有效评价全过程管理体系的管理目标是否实现，本研究建立了管理目标的评价指标系，通过环境保护指标、卫生安全指标、风险控制指标、成本控制指标四个方面的定量或定性评定细分子指标，落实年度管理目标责任制及绩效考核。目标的评价指标系详见表 7-1。

表 7-1 全工程管理目标的评价指标系

方面	全过程环节	评价说明
环境保护指标	交接环节	医疗废物在医疗机构交接给处置中心时程序规范、无泄漏、无容器缺失；医疗废物转移联单填写完整
	运送环节	医疗废物收运车辆配备完整；交接计划执行基本准时准地；医疗废物运送物流调度回避人流高峰时间和高峰地段；运送过程无泄漏
	卸料上料环节	医疗废物收运车辆卸车工具规范使用；医疗废物包装容器连续、封闭、自动进入投料位置；医疗废物料仓无爆炸性燃烧
	厂内焚烧环节	医疗废物燃烧过程无气体泄漏；尾气自动在线监测五指标达到环保标准
卫生安全指标	交接环节	医疗废物无不可接受混入；分类包装严密；无人员伤害和疫病传染
	运送环节	医疗废物无泄漏；分类包装严密；无人员伤害和疫病传染
	卸料上料环节	医疗废物包装破损；类包装严密；无人员伤害和疫病传染
	厂内焚烧环节	医疗废物焚烧过程无工业伤害
风险控制指标	交接环节	提料废物标识正确；无爆炸性、高度传染性医疗废物混入；现场清扫规范完成
	运送环节	交通事故回避；交通事故后应急处置高效；交通事故后医疗废物现场洒漏清扫完整、规范
	卸料上料环节	包装容器破损后现场清扫完整规范；污染区清扫后空气消毒完整规范
	厂内焚烧环节	无紧急停电停水事故；无焚烧高温、高压事故；检修计划完整有效
成本控制指标	交接环节	略（涉及企业商业机密）
	运送环节	略（涉及企业商业机密）
	卸料上料环节	略（涉及企业商业机密）
	厂内焚烧环节	略（涉及企业商业机密）

通过员工自评、相关岗位互评、管理层次评定，以及部分环节（医疗废物交接环节）由医疗卫生机构评定，定期获得上述指标系的评定数据，用于判断全过程管理体系的运营管理目标是否达到或缺陷所在。

2. 管理目标的评定范例

针对环境保护指标，管理体系通过分析医疗废物集中处置全过程的各环节（产生、分类收集、暂存、交接、运送、入厂接收、焚烧处理厂区，固、液、气态排放物等），主要污染物环保评定指标给与量化或定性，如表 7-2 所示。

表 7-2 目标评定规范——环保指标

1. 医疗废物交接过程的环境污染
暂存库所无现场泄漏污染、交接时包装容器无破损、划伤
2. 医疗废物收集过程的环境污染
感染性、病理性、损伤性、药物性、化学性混合后的浓度升高、潜在危险
3. 医疗废物运输过程的环境污染
运送事故泄漏、废物事故遗失或溢出
4. 集中焚烧厂区的环境污染
①大气排放污染：焚烧过程中产生的烟气，主要污染物有 CO、HCl、SO_2、NO_2、烟尘、二噁英、呋喃等。
②厂区环境空气污染：医疗废物收运车辆卸车过程、医疗周转箱暂存、进料开盖、倾卸等环节可能产生的外渗臭气。
③废水：厂区生产生活污水主要来源于收运车辆消毒冲洗废水、周转箱消毒冲刺废水，以及卸料大厅、暂存区和厂区地面冲洗废水和生活污水。
④噪声：主要来源于焚烧主厂房内的设备运转和机械工作噪声。
⑤灰渣：主要来源于焚烧后的残渣、余热锅炉及除尘器中产生的飞灰

注：上述评定环保指标的量化数据均不低于国家现行的医疗废物有关技术标准、规范中的对应数据；其他环保指标不低于国家现行的固体废物污染防治有关的技术标准、规范中的对应数据。

三、体系运营前后的指标比较

体系运营前后，本研究基于西安市医疗废物焚烧处置中心的运营数据，在环境保护指标、卫生安全指标、风险控制指标、成本控制指标四个方面选取部分可量化的数据，如表 7-3 所示。

1. 环境保护指标的比较

详见表 7-3。

表 7-3 环境保护指标的比较

项目		单位	体系后的指标	体系前的指标	《医疗废物焚烧炉技术要求（试行）》（GB 19218—2003）
污染物含量	烟气浓度	格林曼级	Ⅰ	Ⅰ	Ⅰ
	烟尘	mg/m^3	＜70	80	80
	一氧化碳	mg/m^3	＜70	80	80
	二氧化硫	mg/m^3	＜250	300	300
	氟化氢	mg/m^3	＜6.0	7.0	7.0
	氯化氢	mg/m^3	＜60	70	70
	氮氧化物	mg/m^3	＜450	500	500
	汞及其化合物	mg/m^3	＜0.1	0.1	0.1
	镉及其化合物	mg/m^3	＜0.1	0.1	0.1
	砷、镍及其化合物	mg/m^3	＜1.0	1.0	1.0
	铅及其化合物	mg/m^3	＜1.0	1.0	1.0
	铬、锡、锑、铜、锰及其化合物	mg/m^3	＜4.0	4.0	4.0
	二噁英类	$ngTEQ/m^3$	＜0.4	0.5	0.5

注：上述污染物指标即为《全过程管理目标的评价体系》中之“环境评价目标”的“厂内焚烧环节”；也为“表7-2 目标评定范例——环保指标”中之“4. 集中焚烧厂区的环境污染”。

2. 卫生安全指标的比较

详见表 7-4。

表 7-4 卫生安全指标的比较

序号	项目	体系后的指标	体系前的指标
1	必须与生活垃圾存放地分开，有防雨淋的装置，地基高度应确保设施内不受雨水冲洗或浸泡	合格	不合格
2	必须与医疗区、食品加工区和人员活动密集区隔开，方便医疗废物的装卸人员及运送车辆的出入	合格	合格
3	应有严密的封闭措施，设专人管理，避免非工作人员进出，以及防鼠、防蚊蝇、防蟑螂、防盗以及预防儿童接触等安全措施	合格	不合格
4	地面和 1.0 m 高的墙裙必须进行防渗处理，地面有良好的排水性能，易于清洁和消毒，产生的废水应采用管道直接排入医疗废水消毒、处理系统，禁止将产生的废水直接排入外环境	合格	不合格
5	库房外宜设有供水系统，以供暂存库房的清洗用	合格	不合格
6	避免阳光直射库房内，应有良好的照明和通风条件	合格	合格
7	库房内应张贴“禁止吸烟、饮食”等警示标识	合格	不合格

序号	项目	体系后的指标	体系前的指标
8	应按照《环境保护图形标志　固体废物贮存（处置）场》（GB 15562.2—1995）和国家标准的专用医疗废物警示标识要求，在库房外的明显处同时设置危险废物和医疗废物的警示标识	合格	合格
9	暂时贮存时间不超过 24 h	合格	不合格

注：上述指标即为表 7-1 中之“卫生安全标准”之“交接环节”。

通过上述体系投运前后的卫生安全指标比较，可以看到：体系投运前的卫生安全指标仅四个项目合格（五个项目不合格），仅能基本达到国家法规的对应要求：但体系投运后的卫生安全指标全部合格，基本达到欧盟卫生安全技术标准对应的要求。

3．风险控制指标的比较

详见表 7-5。

表 7-5　风险控制指标的比较

序号	项目	体系后的指标	体系前的指标
1	运送要求、技术规范要求	合格	不合格
2	办理《医疗废物转移联单》文档手续	合格	合格
3	办理《医疗废物运送登记卡》文档手续	合格	不合格
4	将经消毒的空调转箱配送给各医疗机构	合格	不合格
5	服从 GPS 调度监控系统的调度	合格	合格
6	服从 GPS 调度监控系统的调度	合格	不合格
7	责任区域内各医疗机构分布情况，交通道路通行管制情况，规划的转运线路	合格	合格
8	责任区域内各医疗机构联系方式、预定的医疗废物交接地点、时间	合格	不合格
9	在可能的应急状态（交通事故、包装容器破损、污染、渗漏）的处置措施说明	合格	合格
10	在出现医疗废物污染、渗漏等应急情况时，现场消毒处理用	合格	不合格
11	在出现医疗废物污染、渗漏等应急情况时，现场收集处理用	合格	合格
12	在出现医疗废物污染、渗漏等应急情况时，现场工作人员的卫生防护	合格	不合格
13	在出现医疗废物污染、渗漏等应急情况时，现场工作人员的预防或应急性用药	合格	不合格
14	车辆日常保养和事故维修	合格	合格
15	收运人员岗位职责和操作细则	合格	不合格

注：上述指标即为表 7-1 中之“卫生安全标准”之“交接环节”。

通过上述体系投运前后的卫生安全指标比较，可以看出，体系投运前的卫生安全指标仅四个项目合格（八个项目不合格），仅能基本达到国家法规的对应要求；但体系投运后的卫生安全指标全部合格。

4．成本控制指标的比较

详见表 7-6。

表 7-6 成本控制指标的比较

序号	项目	体系后的指标	体系前的指标
1	医疗运送车辆耗油/（L/10^2 km）	12.8	14.3
2	医疗运送箱体有效载荷率/%	87.9	78.5
3	医疗运送班次平均时间/h	8.35	9.36

注：其余指标涉及企业商业机密，略。

通过上述体系投运前后的成本控制指标比较，可以看到，体系投运前的成本控制指标均大于体系投运后，可节约企业经营成本。

5．体系效益的范例

在本研究建立的全过程管理体系应用于西安市医疗废物的集中处置后，出现过若干个相关的案例。通过本体系对紧急事件的信息跟踪、应急处理措施和动态闭环程序，充分体现了全过程管理体系的实践应用优势。

（1）案例一——疫情收运

从相关全过程主体——西安市卫生局疾病控制中心获得以下信息：西安市某县出现中等以上流行规模的疫情，该区域内的医疗机构传染病情可能严重，则称该范例为“疫情收运”。

全过程管理体系对该案例的管理措施和过程如下：①通报和上报：当出现疫情收运的启动情况后，本体系立即向可能接触或进入疫情区域的医疗废物收运人员、焚烧厂区工作人员告知相关情况，并视疫情向西安市环保、卫生等有关主管部门上报。②疫苗接种和防护：根据流行病学传染控制原理，组织防疫疫苗的接种。为医疗废物收运员工配备针对性的防护服装和器具。③卫生和防疫应急措施：遵循《中华人民共和国传染病防治法实施办法》《中华人民共和国传染病防治法》的预防控制及采取的措施，遵循政府、卫生防疫机构和医疗保健机构传染病的疫情处理的规定，安排收运。在未公布相关措施之前，所采取的应急措施包括以下几部分：员工的防护、厂区和车辆的消毒；员工讲究个人卫生的宣传和监督；采取安全的防护设备；根据传染病的类型，采取有效的预防措施；废物的预先消毒处理；有条件的话，在医疗机构采用杀菌消毒机进行消毒；隔离室单独运输。④疫情撤销：10日左右，西安市卫生局疾病控制中心根据《中华人民共和国传染病防治法》第二十五条的有关规定判定疫情无扩散和发展可能，某县人民政府已宣布撤销疫情，一切运营恢复正常收运状态。

（2）案例二——医疗废物收运车辆交通事故

某日，编号为“陕A-TW0XX”的医疗废物处置中心的收运车辆因第三者责任发生交通事故，造成该收运车辆的严重故障后抛锚、医疗废物部分泄漏等。全过程管理体系对该案例的管理措施和过程如下：

①动态交通事故信息的获得：从全过程管理资讯系统的子系统——转运GPS监控调度系统中得知项目公司编号为“陕A-TW0XX”的收运车辆被追尾，发生交通事故。转运GPS监控调度系统示意图如图7-1所示。

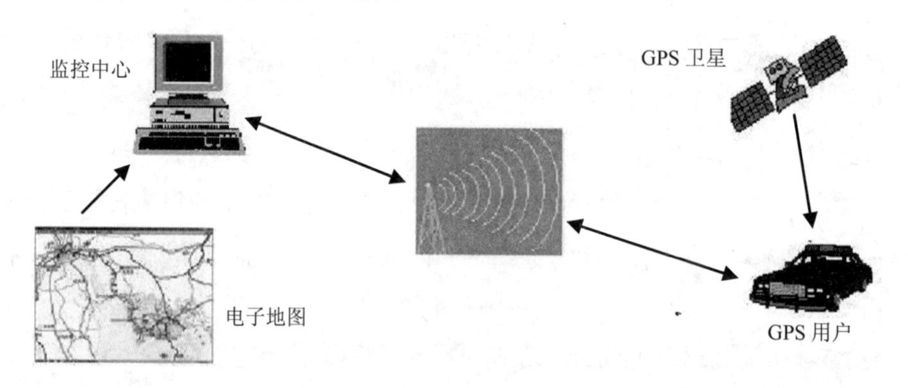

图7-1　转运GPS监控调度系统示意图

通过GPS卫星定位技术（GSM短信息无线网络定位）监控、管理、调度本项目的医疗废物收运车辆，通过无线通信手段和地理信息系统（GIS）的支持，调度收运车辆，提高收运工作效率和抗风险能力。先进的GPS全球卫星定位系统、可靠的数据通信技术和强大的地理信息处理功能是保证系统正常运营的关键。

②应急处理措施包括现场保护和隔离：申请使用的声光警告设施，在医疗废物收运车辆的交通事故现场进行声光隔离警告；在受污染地区应设立隔离区，禁止其他车辆和行人穿过，避免污染物的扩散或对行人造成伤害。通报或报警：收运人员应立即向应急指挥中心通报事故情况、事故地点、医疗废物泄漏污染和人员伤亡情况，并视事故级别向公安交管部门报警。人员救护：抢救受害者脱离现场，并视情况拨打医疗急救电话。医疗废物污染清扫：医疗废物转运人员和应急系统支援人员对医疗废物在交通事故现场

的污染泄漏进行清扫：医疗废物的转移：转运 GPS 监控调度中心紧急调配机动备用车辆，接收事故车辆上的医疗废物包装容器，接收其已清运的《医疗废物转移联单》，并继续执行该车辆的责任清运路线和医疗废物交接计划。

③交通事故报警：本体系通过无线通信（收运车辆的调度用）指挥现场向交通管理部门报警。体系指定的具体交通事故报警步骤如图 7-2 所示。

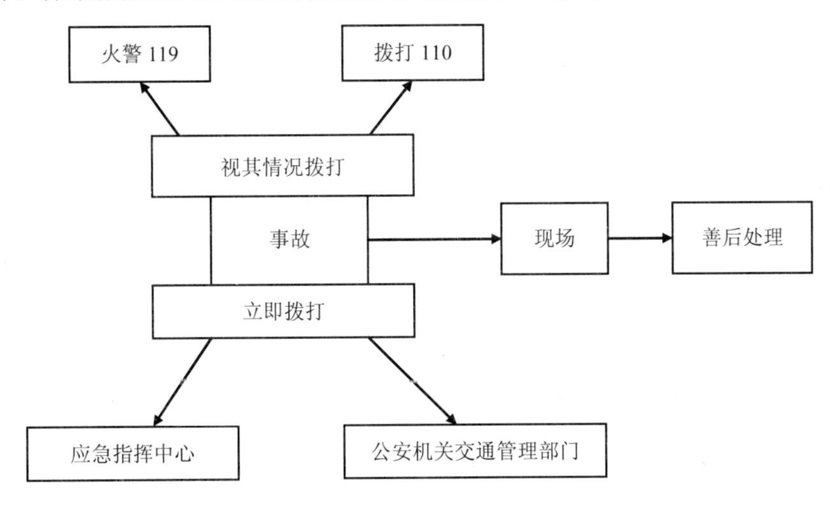

图 7-2　交通事故报警步骤

为了便于管理和调度协调，如在交通拥堵情况下，同一组内的不同医废收运车辆可互为代行清运，如图 7-3 所示。

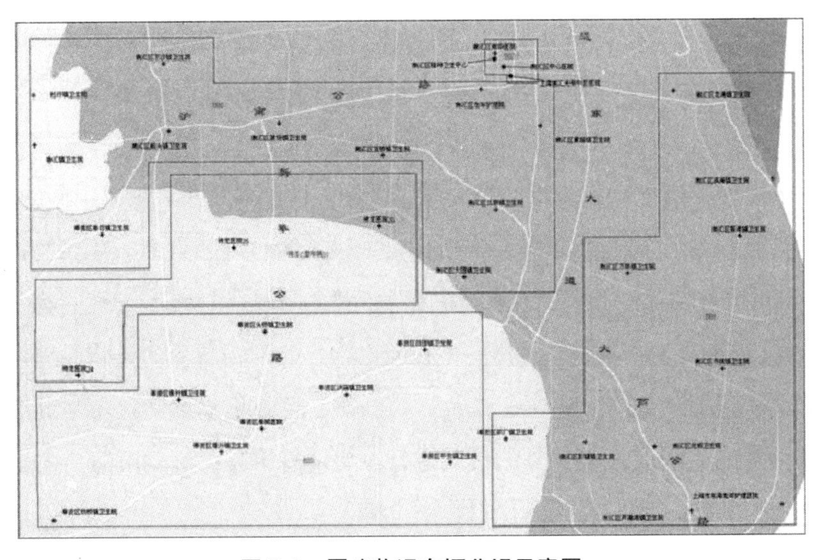

图 7-3　医疗收运车辆分组示意图

注：将医疗废物收运车辆划分为组，同组车辆的收运路线有局部交叉，可动态调配，互为代行清运医疗废物。

④转运线路优化：根据调度情况、交通路况和管制，安排一个绝对的医疗废物收取路径是不现实的，必须考虑给司机一个相对的自由度，只提供一个参考路线和规定的行驶范围，如图 7-4 所示。

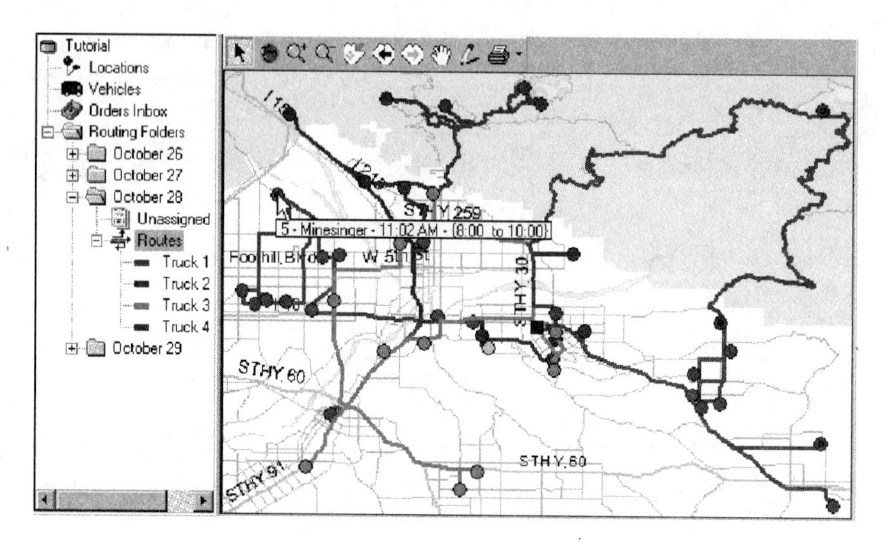

图 7-4 医疗废物收运车辆的转运路线

（3）案例三——医疗废物泄漏污染

某日，医疗废物处置中心的收运车辆因第三者责任出现交通事故，造成交通道路中的医疗废物部分泄漏。全过程管理体系对该案例的管理措施和过程如下：

①事故通报：当医疗废物收运过程发生医疗废物大量的溢出、散落事故时，收运人员应及时向应急指挥中心通报，并视医疗废物污染情况向西安市环境保护局等有关主管部门汇报。

②污染清扫和收集：根据溢出、散落医疗废物的性质和程度，采取不同的清理措施。针对不同类型的医疗废物，具体污染清扫和收集措施为：对感染性医疗废物，应采用消毒剂进行消毒处理；对酸、碱性废物采用化学中和的方法；对细胞毒性废物，则需要采用特定的溶剂进行化学降解处理；收集所有溢出物、散落物与受污染物品时，必须使用适当的工具，如吸纸、纱布、镊子、铁锹、扫帚等，将收集物盛装在备用的塑料袋和利器盒中；专业清理人员应对被污染的地区进行彻底清理。具体废物泄漏后的安全处理程序如表 7-7 所示。

表 7-7　废物泄漏污染的安全处理程序

步骤	操作内容
1	判断医疗废物传染/危害性质
2	一般性质医疗废物：配备防护隔离服、收集器具和包装容器 高传染性/危害性废物：立即组织人员撤离现场
3	对接触污染物的人员进行皮肤和眼睛冲洗消毒
4	通知相关人员、应急系统启动
5	给受损伤的人员优先进行医疗救护
6	封锁污染地区以防扩散（清除工作人员除外）
7	限制泄漏废物的可能扩散
8	收集所有的泄漏废物和受污染品
9	清洗消毒受污染品，可能用合适的酸碱中和溶液
10	消毒受污染场地（用具吸收作用的织物擦洗；该织物不应在消毒过程中反复使用以免污染扩散，除非经过严格冲洗消毒）
11	冲洗受污染场地，并用吸收织物擦干
12	消毒使用的器具
13	脱掉防护隔离服，并对其消毒
14	如果接触了危险物品，进行体检和医疗帮助

③溢漏液体废物：溢漏液体废物若出现在存放范围内，可用便携泵、勺铲等手提器具把废物转入合适的容器内。小量的溢漏废物，可用纸巾、木糠、干软沙或蛭石等适当的吸附剂加以覆盖及混合，续后将之作固体危险废物处理并转入医疗废物一次性收集罐内，交由集中处置厂内妥善处理。若污染/泄漏事故出现在其他地方，须立即加以堵截及用适当的吸附剂，续后将之作固体化学废物处理并转入容器内。

④员工防护和消毒：专业清理人员在进行清理工作时须穿戴防护服、手套、口罩等防护用品，清理工作结束后，连同所使用的用具一同进行消毒处理。其中，一般性利器损伤的安全处理程序如表 7-8 所示。

表 7-8　一般性利器损伤的安全处理程序

步骤	操作内容
1	急救冲洗措施（如清洗伤口和皮肤；眼睛用干净的水持续冲洗 10～30 min；脸浸入）
2	通知相关人员、应急系统启动
3	判断可能的感染/危害性质
4	医疗卫生监护，视情况送医院观察或疾病控制中心
5	事故记录、调查、分析和反馈

对被明确的血液传染性病患者的污染物刺伤皮肤，应采取医护急救专门措施。如被AIDS病人血液传染，安全处理措施见表7-9。

表7-9　AIDS血液污染损伤的安全处理程序

步骤	操作内容
1	立即挤出伤口处血液
2	在75%乙醇溶液中浸泡20 min
3	以最快速度前往医院（不得超过2 h）救治
4	接受抗病毒药物的治理
5	血液取样AIDS检测
6	医疗治疗和监护
7	事故记录、调查、分析和反馈

综上所述，在上述三个突发性事件的处理过程中，可以明显体现全过程管理体系的多方面效益，既实现了环境保护目的，又实现了社会公众卫生安全目的；既优化控制了社会整体（涵盖社会公众、主管部门、处置单位）的成本，又有效控制了医疗废物作为危险废物的巨大运营风险。

第二节　危险废物资源化

一、危险废物清单

某药业公司主营香精香料，现有主要产品包括异植物醇、芳棒醇、梓樣酸项目等有机合成类香精香料，产品种类多且生产工艺多样化，危险废物繁多且产生量巨大，具有污染物组成复杂、污染物种类繁多、热值波动大、流动性不一、色度深、毒性大等特征，目前均委托至有资质的单位外运处理，处理价格昂贵，在2 000～5 000元/t，公司主要危险废物大致情况如表7-10所示。

表7-10　药业公司危险废物统计表

废物名称	废物代码	废物类别	有害物质名称及含量	物理形态	危险特性	数量	单位	来源及产生工序
釜残液	900-499-42	HW42	釜残液	L	I	8 750	t	精馏工序
废甲醇	900-499-42	HW42	甲醇	L	I	3 000	t	车间
实验室废液	900-499-42	HW42	有机废液	L	I	2	t	技术中心

废物名称	废物代码	废物类别	有害物质名称及含量	物理形态	危险特性	数量	单位	来源及产生工序
污泥	261-076-42	HW42	有机生化污泥	SS	C	450	t	污水站
废树脂	900-015-13	HW13	树脂	S	T	60	t	车间
精馏残渣	900-013-11	HW11	残渣	S	T	20	t	车间
废催化剂	900-016-06	HW06	废催化剂	L	T	5	t	车间
浮油浮渣	900-210-08	HW08	C6～C18 有机物	L	I	12	t	污水站
高浓度废液	900-499-42	HW42	甲酸盐/有机物	L	T	210	t	车间
废酸	900-349-34	HW34	废酸	L	C	600	t	车间
废矿物油	900-249-08	HW08	废矿物油	L	I	5	t	车间维修
氯化锌	900-021-23	HW23	废氯化锌	L	T	600	t	车间
废活性炭	261-005-06	HW06	活性炭	S	I	2	t	车间
沾物料的废包装及手套	900-041-49	HW49	有机物	S	I	2	t	车间维修

二、危险废物处置技术简介

危险废物处理处置大致分为分类、预处理、最终处置等几个环节：①资源化。分类时，主要将一些溶剂、金属等能回用的组分进行资源化回用，不能回用的可用于焚烧发电或副产蒸汽等，这是危险废物资源化项目的主要技术路线；②无害化。缺乏回用价值的危险废物，一般通过预处理和最终处置等环节，进行无害化处置，这是危险废物无害化项目的主要技术路线。无害化的预处理中，主要包括物理法、化学法、固化/稳定化等技术；最终处置方法，主要包括填埋、焚烧及其他一些非焚烧的处置方法。针对无机类危险废物，目前的主要处理方法以物理法和化学法为主，包括吸附、压实、破碎、氧化还原、酸碱中和、固化/稳定化等，而对有机类危险废物，主要处理方法包括填埋、厌氧发酵、堆肥、热处理等资源化利用等。以主要有机类危险废物作为研究对象，由于有机类危险废物高复杂性、高危险性等特点，目前其处理方式以填埋和资源化热解处理为主，下面就这两种主要的处理方式进行介绍。

（一）有机危险废物资源化技术

有机废物资源化方法一般是从危险废物中抽取有价值的成分进行循环再生和利用，如热处理技术、溶剂回收、分离回收等（图 7-5）。

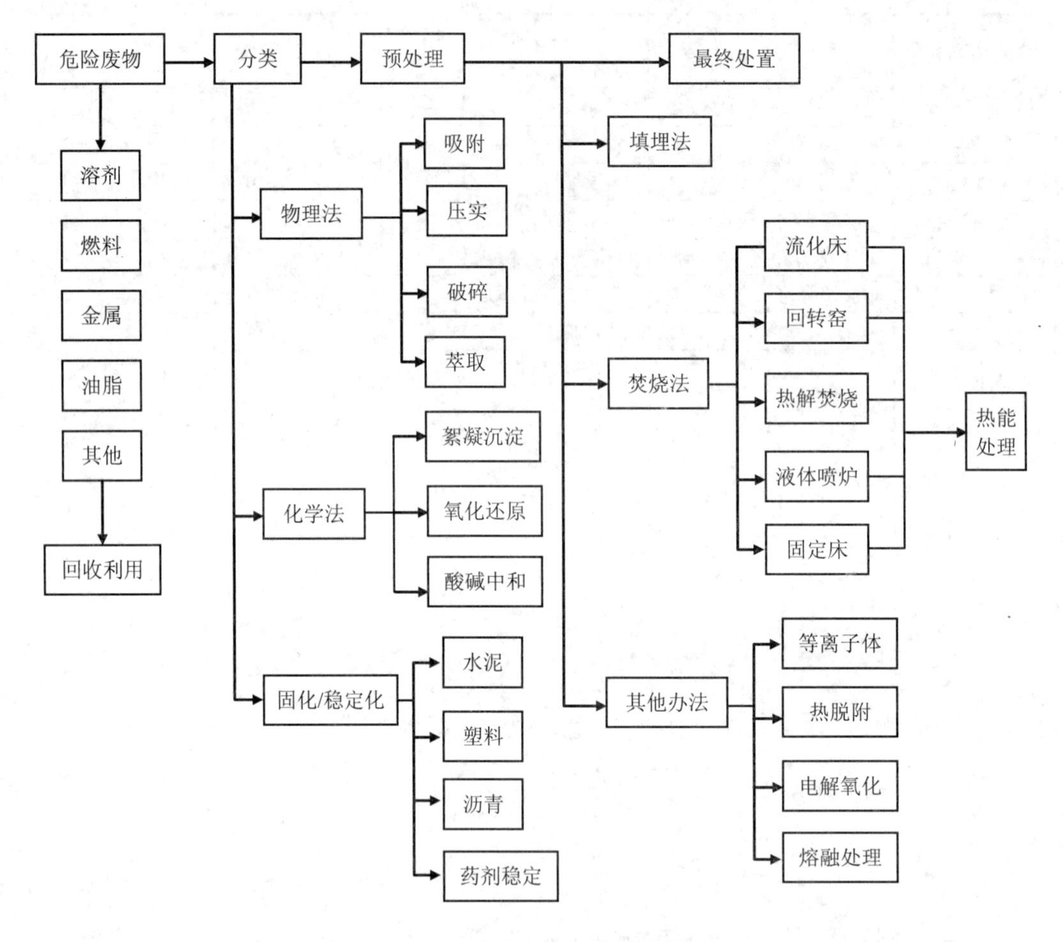

图 7-5　有机废物资源化技术

1. 热处理技术

目前的热处理技术从形式上来分，大致分为下几类：

1）焚烧：最常见的热处理技术，主要是通过加热氧化作用使有机物转化成无机物。这种方法一般只适用于只有有机物或者有机物含量高的废物。焚烧可大大缩减废物的体积，一般可灭绝有害细菌和病毒，分解减少有机化合物，并可副产电力和热源，是目前较流行的工艺。

2）热解：常见的热处理技术之一，即在缺氧条件下进行热处理的过程。有机物经过热降解，产生多种次级产物，形成可燃气体、有机液体和热解残渣等可燃物。

3）湿式氧化；该方法是成功用于处理含氧化物浓度较低废液的技术，其原理如下：在高压条件下有机化合物的氧化速率大大增加，并使其升高至一定温度，再引入氧气产生完全液相化的氧化反应，可使大多数有机物得到破坏。

4）熔融：在高温条件下利用热量把固态污染物融化为玻璃状或玻璃—陶瓷状物质的过程。

5）烧结：将固体废物和一定添加剂混合，在高温炉内形成致密化固体材料的过程。

6）其他方法：包括蒸发、等离子电弧分解、微波分解等。

2. 焚烧处理技术

焚烧法是一种高温热处理技术，即以一定的过剩空气量与被处理的有机废物在焚烧炉内进行氧化燃烧反应，常伴有光与热的现象，使周围的湿温度升高。燃烧系统中有以下主要成分：可燃物质、氧化物及惰性物质。燃料是含有 C—C，C—H 及 H—H 等高能量化学键的有机物，这些化学键被氧化之后，会放出热能。燃烧机理有蒸发燃烧、分解燃烧、扩散燃烧与表面燃烧。其中液体焚烧反应以蒸发燃烧和分解燃烧为主，气体燃烧以扩散燃烧为主。固体燃烧则包括分解燃烧、蒸发燃烧、扩散燃烧与表面燃烧。作为热处理技术最主要的两种工艺，热解与焚烧各有特点。

热解与焚烧的区别有：①焚烧是需氧氧化反应，热解是无氧或缺氧反应；②焚烧放热，热解则需热；③焚烧主要产物是 CO_2 和 H_2O，热解主要产物则是可燃低分子化合物；④焚烧热能一般以就近利用为主，热解形成可燃气、油及炭黑等，可储存和远距离输送。热解现已成熟运用于城市垃圾、污泥、废塑料的处理过程中，但因其热酌减率相比焚烧法劣势明显，且属于需热反应，在危险废物成分复杂的化学原料与化学制品制造行业应用不多。综合比较危险废物焚烧处理、热解处理技术特点，针对当前公司所处行业及所产危险废物特点（已无法综合利用和分离回收），及高减容比、高酌减率的企业诉求，拟初步选择以焚烧为主的处理工艺，以解决企业危险废物处理中存在的难题。

3. 工程设计概况

（1）概述

本设计方案简介：公司以生产香精香料为主，现有工程包括异植物醇、柠檬醛、叶醇、芳樟醇酸、二氢茶莉酮酸甲酯、芳樟醇衍生物等 9 个项目，均属于有机合成类香精香料项目，危险废物产生量较大，在药业生产的过程中产生大量的危险废液，逾 12 000 t/a，根据各废物产生的工序、使用的原辅料分析，可能涉及的主要元素成分是 C、H、O、N 等，热值较高。

（2）设计项目原料组分监测分析

分析结果可以看出，企业所产生的危险废物具有有机物含量较高、热值高、可雾化等特点，非常适合采用焚烧法处理。

（3）焚烧炉选型

焚烧技术的选择与废物的种类、性质和燃烧形态等因素密切相关，不同的焚烧方式有相应的焚烧炉与之相匹配，目前最反映焚烧炉技术的分类方法是按照处理废物的形态进行分类，将其分为液体焚烧炉、气体焚烧炉和固体焚烧炉 3 种类型。固体焚烧技术：通过直接或间接燃烧的方式将有害固体废料转化为无害的残渣并排放尾气，尾气通过余热回收再净化处理排放至大气。固体焚烧炉种类繁多，有炉排型、炉床型和沸腾流化床单子类型。液体废物的燃烧过程为：水分在高温下迅速气化，空气与废液充分接触、混合、热交换、着火、燃烧，焚毁废液中的有害成分，可焚烧各种不同成分的液体危险废物，一般需要经过良好雾化并供给足够的燃烧空气使其获得稳定的燃烧条件。固体焚烧与气体、液体焚烧相化，固体焚烧技术要求更高。固体分散能力远低于气体和液体，控制固体稳定燃烧要求更高；固体焚烧后残渣率高，特别是燃烧时产生的熔盐对炉体损害较大。普遍运行一定阶段后需进行定期维护，某公司 2012 年年底建成固体废物焚烧炉并投入使用，焚烧炉自 2013 年 1 月开始试生产至今，运行一直不稳定，开工率为 30% 左右，与产能严重不符。综合比较固态焚烧与液态焚烧特点，结合公司以危险废液为主并且可雾化的特点和公司战略布局（友邻氨基酸公司已配备回转式焚烧炉），拟选择液体焚烧炉工艺，目前常见液体焚烧炉及特点比较如表 7-11 所示。

表 7-11　液体焚烧炉分类及特点一览表

项目	旋转窑焚烧炉	液体喷射焚烧炉	鼓泡流化床焚烧炉	循环流化床焚烧炉
投资费用构成	洗涤器燃烬室		洗涤器+额外的给料器+基础设施投资	
运行费用构成	更多的辅助燃料，回转窑的维修，洗涤器	较低	额外的给料器的维修+更多的石灰石+洗涤器	
减少有害有机物	设燃烬室	炉膛内高温	燃烧室内高温	不需要过高温度即可焚烧完全
减少 Cl_2、S、P 排放的方法	设洗涤器	42%采用洗涤器	设洗涤器	在燃烧室加石灰石
NO、CO 排放量	很高	很高	比 CFB 高	低
废液喷嘴数量	2	过滤后雾化，可调性大		51（为基准）
废液给入方式	过滤后雾化	无	过滤后雾化	直接加，无须雾化
飞灰循环	无	高	最大给料量的 10 倍	持料量的 50～100 倍
燃烧效率	高（需采用燃烬室）	高	很高	最高

项目	旋转窑焚烧炉	液体喷射焚烧炉	鼓泡流化床焚烧炉	循环流化床焚烧炉
热效率/%	＜70	＞80	＜75	＞78
炭燃烧效率/%			＜90	＞98
传热系数	中等	中等	高	最高
焚烧温度/℃	700～1 300	800～1 200	760～900	790～870
维修保养	不易	容易	容易	容易
装置体积	大	居于回转炉与鼓泡床炉之间	较大	较小

由表 7-11 可知，立式液体喷射废液焚烧炉具有处理量调整幅度大、温度调节速率快、炉内中空无移动机械组件、维护费用运行成本低、可处理不同组分的危废等特点，与公司危险废物的特点及化理要求契合度最高。根据公司危险废物的全元素、灰分、含盐量及特性、热值等分析，计算其 N、Cl、灰分等大致产生量，拟选择 SCR 脱硝、全布袋除尘（低过面流速设计）、半干法+湿法双脱酸、极冷塔+活性炭减少二噁英产生及排放等主流设计，满足目前危险废物焚烧烟气排放标准及更严格的欧盟 2000 标准，但考虑到将来升级改造及烟气排放标准连年提高的发展趋势，预留 SCR 脱硝等并充分考虑设计余量，为将来提标改造做好准备。

（4）设计标准、处理范围和能力

1）根据《危险废物焚烧污染控制标准》（GB 18484—2001）的要求，本次设计方案工艺参数指标要求如表 7-12 所示。

表 7-12　焚烧炉设计工艺参数指标

序号	指标	单位	设计值
1	焚烧炉温度	℃	≥1 100
2	烟气停留时间	s	≥2
3	焚烧效率	%	≥99.9
4	焚毁去除率	%	≥99.99
5	焚烧残渣的热灼减率	%	＜5
6	焚烧炉出口烟气氧含量	%	6～10
7	排气筒高度	m	≥35
8	操作弹性	%	30～120

2）外排主要指标要求，符合欧盟 2000 标准（表 7-13）。

表 7-13　焚烧炉设计污染物排放标准　　单位：mg/m^3（黑度、二噁英除外）

序号	污染物	最高允许排放限量
1	烟气黑度	林格曼Ⅰ级
2	烟尘	10
3	一氧化碳	50
4	二氧化硫	50
5	氟化氢	1
6	氯化氢	10
7	氮氧化物（以 NO_2 计）	100
8	二噁英类	0.1 ngTEQ/m^3

3）根据液体脚料元素分析结果，各元素预计焚烧后的产物情况见表 7-14。

表 7-14　液体脚料污染元素取值一览表

指标	质量分数/%	含量/（t/a）	焚烧后产物/（t/a）	焚烧后污染物产量/（t/a）
N	0.072 8	10.483	NO_2（按照 100%转化）	34.44
Cl	0.090 9	13.09	HCl	13.46
Ba	0.053	7.632	HBr	7.727
Na	0.066 9	9.634	计入灰分	9.634
K	0.002 3	0.331 2	计入灰分	0.331 2
S	0.068 9	9.922	SO_2	19.844
灰分	0.085	12.24	灰渣	12.24

在焚烧炉污染分析过程中，其相关元素取值以表 7-14 为准。

4）根据企业危险废物特点，设计方案处理能力如表 7-15 所示。

表 7-15　危废焚烧炉设计方案处理能力情况　　单位：t/a

处理物料／处理能力	液体脚料	醇基燃料	高盐度有机物废水	含氢工艺废气	液体废物合计
设计最大处理能力	14 400	400	3 040	2 520	21 440
处理目前产生的量	7 479	1 875	1 950	2 520	11 322
处理在建工程的量	6 903	1 855	1 090	0	9 848
可预见处理量合计	14 400	3 355	3 040	2 520	21 170
现有工程物料现状处理去向	危险废物转移	委托阳林鸿利用	危险废物转移+污水站处置	水洗后直接排空	—

（5）设计方案确认

根据公司以液态危险废物为主的特点，参照巴斯夫、拜耳等公司类似项目设计，本项目设计规划建设为立式气液焚烧炉，主要用于处理生产工艺中的废液，包含车间的混合废液（统称为燃料油）及车间的废液（常温下形状为油脂），同时处理车间含氨尾气（含氨工艺废气全部为现有工程产生，主要来自于异植物醇、芳樟醇、乙酸芳樟醇、楼花醇、香茅醇、香叶醇等装置的加氨工序）。当 RTO（蓄热焚烧炉）等离子及“三废”废锅炉三套废气处理设施装备异常时，可将其部分废气进入焚烧炉处理，真正做到废气系统的备用。系统采用高温氧化方式将废液、废气中的有机物热分解为无毒无害的气体，并通过余热锅炉回收高温烟气中热量，产生 1.4 MPa 的饱和蒸汽，以供公司其他装置使用。主体选择一套整体工艺，危废焚烧后的烟气通过余热利用，采用“低氮燃烧技术+SNCR 脱硝（设置在余热锅炉中）+烟气急冷+干法脱酸和活性炭吸附+布袋除尘+湿法脱酸”的烟气处理工艺，具体方案如下；

1）脚料预处理（过滤）采用两组过滤器，一路堵塞时自动监控、报警和切换，保障系统稳定性。过滤系统采用密闭方式，负压输送至焚烧炉进行处理，减少异味释放。

2）焚烧炉采用“3T”技术，即足够的温度、足够的停炉时间、足够的涡流。污染物在热氧化室内停留 2 s，氧化室的温度为 1 100～1 200℃，耐火材料温度达到 1 460℃。氧化室由耐火材料制成，可长时间抵御高温。新鲜空气作为燃烧器系统的助燃/氧化空气。

3）通过缩径设置焚烧炉高温和停留腔，有效地增加了焚烧温度，并避免了高温腔耐火浇注料的损坏，同时减少了燃料的消耗。在 900～1 000℃配备 SNCR 喷枪和相应的阀组，用于清除 NO_x，脱氮效率达 60%。

4）在燃烧室之前安装助燃和二次风机。在 RTO 或者低湿等离子出现故障时，通过一键点击，把 RTO 废气作为二次风，而低温等离子气体可作为助燃风送入焚烧炉处理，项目实施后，将可以完全实现公司废气处理设施的 1 用 1 备。

5）锅炉设计为两段。第一段也就是膜式壁锅炉，烟气从 1 200℃冷却到 760℃，熔点高于 800℃的盐分（如 NaCl、Na_2SO_4 等）冷却后并通过改变流动方向沉淀。在第二段，设计为水管用于对流热交换。在这里安装在线吹灰器，用于去除在第一段没有沉淀的颗粒物。

6）余热锅炉后增加省煤器，采用法兰等可拆卸式连接，既考虑节能又考虑维护拆卸的方便，控制省煤器出口烟温度不大于 180℃。

7）按照国家标准设置急冷塔，但在实际运行过程中首先保护布袋除尘器，防止超温。

8）储罐废气，将通过蒸汽引射器送入焚烧炉系统进行焚烧，防止系统内部的异味。

第三节　主体方案设计

一、废物收集

根据《危险货物运输包装通用技术条件》（GB 12463—2009）及《危险货物包装标志》（GB 190—2009）的要求。设计方案拟配备的包装容器见表 7-16。

表 7-16　设计方案配备的危废包装容器一览表

包装类型	配置数量	盛装危险废物种类	备注
5 t 叉车	1 辆	转运包装后的危险废物	特殊情况备用
液体脚料暂存储罐	2 个 100 m^3	液体胶料	配套建设 1 个
605 醇基燃料暂存储罐	1 个 100 m^3	醇基燃料	129 m^3 的围堰
高盐度有机物废水备料储存	1 个 25 m^3	高盐度有机废水	
液体脚料暂存储罐	1 个 25 m^3	液体胶料	配套建设 1 个
605 醇基燃料暂存储罐	1 个 25 m^3	醇基燃料	85 m^3 的围堰
备用备料储存	1 个 25 m^3	备用	

上述配置的 3 种暂存储罐依托危废储罐，备料储罐在焚烧炉南侧新建。

（一）原料废物的转运与接收

按照《焚烧炉标准操作规程》的要求，废物产生车间设置专人专用的容器、专用泵、专用管线，通过计量秤或标准模块称量、记录，并由专人填写“危险废物产生单位内转运记录表（表格填写要求详见表 7-17）”一式三份，将该表存档。

表 7-17　危险废物产生单位内转运记录表

危险废物种类		危险废物名称	××车间××废物
危险废物数量		危险废物形态及组成	
产生地点	车间/工序	收集日期	年/月/日
包装方式		包装数量	
转移批次		转移日期	年/月/日
转移人签字		接收人签字	
责任主体		废物产生车间	
联系电话			

（二）危险废物分区分类存储

根据《危险货物品名表》（GB 12268—2012）的分类原则，按存储条件的实际情况，对危险废物实行分区存储。性质不同或相抵触能引起燃烧、爆炸或灭火方法不同的物品分开存储。性质不稳定、易受湿度或外部其他因素影响可引起燃烧、爆炸等事故的危险废物单独存放。剧毒等特殊物品专库专柜专人负责。危险废物存储场所符合《环境保护图形标志　固体废物贮存（处置）场》（GB 15562.2—2008）的专用标志。

1. 危险废物的码放

盛装危险废物的容器、箱、桶的标志一律朝外。堆叠高度视容器的强度而定。标志、标牌应并排粘贴，并位于容器、箱、桶的竖向中部的明显位置。

2. 危险废物暂存库

本项目焚烧灰渣等固体危险废物在现有危险废物库暂存，危险废物库设计满足《危险废物贮存污染控制标准》（GB 18597—2001）及其修改单的要求。

3. 危险废物进料系统

原集废物在相应储罐存储，通过喷枪上的流量计记录焚烧原料废物量，并将数据实时传送至 PLC 中控系统，记录该数据，保存数据 3 年以上。

二、配伍系统

保证配伍废物的相容性和焚烧过程的安全性；危险废物混合以防止发生如下情况：发热、着火、爆炸、产生易燃有毒气体、剧烈聚合反应及有毒物质的溶解。危险废物入炉前，依其成分、热值等参数进行搭配，保障焚烧炉稳定运行，降低焚烧残渣的热灼减率。搭配过程注意废物之间的相容性，避免不相容的废物混合后产生不良后果。

1. 均衡废物的热值和水分

均衡废物的热值和水分，保证焚烧稳定，节省辅助燃料。配伍按热值相对稳定的原则进行。热值过低，增加辅助燃烧消耗；热值太高，加大二次助燃空气量。固体危险废物的热值相对较低。废溶剂特别是废水水分含量高，热值低，入炉后用大量热量进行预热。按热值将废物预先进行配伍，节省辅助燃料的消耗。本项目液体脚料热值为 29 000 kJ/kg，醇基燃料为 16 700 kJ/kg，配伍后废物的热值约为 21 000 kJ/kg。

2. 均衡入炉废物的成分

根据焚烧危险废物的性质，均衡配比，防止废物之间发生反应，造成爆炸、毒性等次生危害的产生。根据生产装置产生的危险废物的性质按照比例进行混合，对混合样品已进行充分监测，保证均衡稳定。通过焚烧炉的喷枪控制焚烧配比，实现稳定焚烧。

三、焚烧系统

1. 焚烧炉

焚烧炉通过天然气点火升温，主燃室是一个内壁衬有晒火材料立式圆柱形，通过缩颈分为燃烧腔和停留腔两部分。设置 1 个燃烧器和 3 个喷枪，燃烧器接收液体脚料和醇基燃料，有机物高盐废水由专口一个喷枪喷入，含氨废气由 2 个喷枪喷入。相关物料喷入燃烧室后，经停留腔的停留时间 2 s、燃烧温度 1 100℃以上等工艺条件后，废气引入余热锅炉。原料罐的呼吸口通过氮封系统和蒸汽喷射口引入焚烧炉焚烧处置，控制原料恶臭废气的影响。

该焚烧炉特点；焚烧炉通过天然气点火升温，天然气仅在设备启动和升温时使用。之后将通过辅助燃料提供必要的氧化温度。燃料用量在正常时为 0，当废液的热值变化非常大时，天然气将保持最小限度的燃烧，用于保证火焰的稳定性。焚烧炉采用“3T”技术，即足够的湿度、足够的停炉时间、足够的涡流；采用 CFD 流体模拟，优化废气、废液进入主燃烧器操作，热氧化室和停留室的位置。通过缩径将焚烧炉分为燃烧室和停留腔，有效地增加焚烧温度，并避免了焚烧室耐火材料的损坏，同时减少了燃料的消耗。废气由切向进入焚烧炉本体，形成涡流，使之在焚烧炉内充分混合。

2. 辅助燃料

本工程采用天然气作为辅助燃料，焚烧炉启炉时，通过天然气点火升湿，直至达到要求温度，废物才能进入炉内焚烧。在正常焚烧过程中，燃烧的废液热值足以维持热平衡。因此，正常焚烧过程中辅助天然气燃料用量为 0。

3. 余热利用

余热锅炉包括两段。第一段为膜式壁结构，烟气将从 1 200℃冷却到 760℃，熔点高于 800℃的盐分（如 NaCl、Na_2SO_4 等）冷却并通过改变流动方向沉淀。第二段设计为对流管束，在这里安装有在线吹灰器，用于去除在第一段没有沉淀的颗粒物。余热锅炉采用闭式循环，由另外设置的软化、除氧水设备、给泵等提供符合锅炉要求的除氧软化水。由热烟气加热产生的蒸汽供厂内使用。烟气则经过锅炉换热后，进入烟气冷却、净化系统。余热锅炉设计参数详见表 7-18。

表 7-18 余热锅炉设计参数

序号	指标	单位	参数
1	设计进口烟气量（标态）	m^3/h	63 000
2	烟气进口温度	℃	1 100
3	烟气出口温度	℃	500
4	饱和蒸汽压力	MPa（G）	1.4
5	饱和蒸汽温度	℃	215
6	给水压力	MPa（G）	1.20
7	给水温度	℃	20
8	热损失量	%	2.00
9	锅炉排污率	%	15
10	额定产蒸汽量	t/h	35

4. 空气系统

燃烧所需空气由鼓风机提供，设置助燃风机和二次风机各 1 台，另设置引风机 1 台，空气系统可使整个焚烧炉内处于负压状态。在整个运行期间通过来自 PLC 的信号调节，达到最佳燃烧效果。

四、烟气净化处理系统

根据企业危险废物的全元素、灰分、含盐量及特性，综合考虑欧盟 2000 的排放标准，本工程拟采用“低氮燃烧技术+SNCR 脱硝（设置在余热锅炉中）+烟气急冷+干法脱酸和活性炭吸附+布袋除尘+湿法脱酸”的烟气净化工艺。

1. 脱硝工艺

根据企业危险废物含氮量不高的特点，方案设计脱硝为 SNCR 工艺，并在焚烧过程中采用低氮燃烧技术，大量减少热力型和化学型氮氧化物的生成，并通过布置在水冷壁上的 SNCR（选择性非催化还原）进一步减低烟气中氮氧化物的含量，最终达到规定的要求。在锅炉水冷壁部分布置 2 层 SNCR 喷氨口，在不同负荷下通过水冷壁内烟气的温度来选择合适的位置喷氨，达到最佳的反应效果。并预留 1 层喷氨口，但喷氨效果不佳时，选择在此喷氨。在合适温度条件下喷入脱硝剂，脱硝剂为 5%氨水，氨水与空气混合蒸发后，喷入锅炉水冷壁处的烟气中，脱销效果为 50%。氨水最大使用量为 0.5 t/h，氨水储存于现有工程罐区 50 m^3 储罐中，焚烧炉装置区设置中间罐。

2. 烟气急冷

因原辅料含 Cl 等元素，为了避免烟气在低温段重新生成大量的二噁英，在余热锅炉出口设置了急冷装置，通过省煤器和喷水对烟气进行降湿，使烟气温度在短时间内迅速从 550℃降至 200℃，避开二噁英的低温生成。急冷水喷入后全部雾化，随烟气排出，不会产生废水。急冷塔设计参数见表 7-19。

表 7-19　急冷塔设计参数

指标	单位	参数值
入口烟气量	m^3/h	63 000
入口烟气温度	℃	500
出口烟气温度	℃	200
急冷塔耗水量	t/h	0.5
双流体喷嘴计算个数	个	3

3．干式除酸和活性炭吸附

随后烟气进入干式除酸及二噁英吸收装置进行尾气净化，去除烟气中的酸性气体。干式装置文丘里处理器设有活性炭与石灰接口，由给料机定量供给活性炭与石灰，高压风在管道内输送，由高压风在烟道里将活性炭与石灰吹起，与焚烧尾气反应，进一步净化尾气。喷入的药剂去除、吸收烟气中的二噁英及 SO_x、HCl、NO_x 等酸性成分。干式吸收装置设计参数见表 7-20。

表 7-20　干式吸收装置设计参数

指标	单位	参数值
入口烟气量	m^3/h	63 000
入口烟气温度	℃	200
出口烟气温度	℃	130～180
活性炭消耗量	kg/h	10
石灰石消耗量	kg/h	50

4．布袋除尘器

烟气进入布袋除尘器，活性炭及部分石灰吸附在布袋外表面，形成“蛋糕效应”进一步去除烟气中酸性物质。布袋除尘器设置带有旋转阀的螺旋输送机方便从漏斗中清灰；设置脉冲喷射系统用来清理布袋；底部带有电伴热防止堵塞；底部设置清灰炮清理堵塞；布袋除尘器卸灰通过气力输送至灰库，再密闭装袋。布袋除尘器设计参数详见表 7-21。

表 7-21　布袋除尘器设计参数

指标	单位	参数值
入口烟气量（标态）	m^3/h	6 300
过滤分速	m/min	≤1
操作温度	℃	170～220
过滤面积	m^2	2 100
设备阻力	MPa	≤150
压缩空气消耗量（标态）	m^3/h	120

5. 湿法脱酸

此处设冷却塔和洗涤塔，冷却塔通过喷入碱水使烟气温度降低到设计值，并具有一定的脱酸效率，然后烟气进入喷淋塔，通过碱水喷淋脱除燃烧产生的酸性物质，两级塔的脱酸效率分别为 70%和 90%以上，塔采用玻璃钢材质，防止腐蚀；使用 30%碱液为脱酸剂，最大使用量为 0.1 t/h。从洗涤塔出来的废水进入循环水池，调节 pH 值后再打入洗涤塔内，进行循环使用。根据设计参数，最大排污量为 0.5 t/h（或 12 t/d），该废水排入厂内污水站处理。

6. 烟囱

最后烟气进入烟囱达标排放，固定装置预留烟气监测采样孔和避雷装置。烟囱出口离地面高度为 35 m，为玻璃钢材质。设置监测取样孔及烟气连续排放在线监测仪，配有符合规范的爬梯和维修检测平台，并安装护笼和围拴等安全防护设施。

7. 烟气在线监测系统

本设计方案按要求在烟气排放管道中设置在线监测装置。监测项目包括：烟气量、SO_2、NO_x、烟尘、HCl、O_2、CO、CO_2，与燃烧控制系统联网，并控制燃烧工况，包括一燃室和二燃室湿度等工艺指标，并与当地环保部口联网。设计参数详见表 7-22。

表 7-22　项目烟囱设计参数

指标	单位	参数值
入口烟气量	m^3/h	63 000
入口烟气温度	℃	130～180
截面流速	m/s	＜20
烟囱出口直径	mm	1 200
烟囱高度	m	35
烟囱出口烟气量	m^3/h	63 000

五、灰渣收集、运输、存储系统

烟气中灰分会黏附在布袋除尘器布袋及省煤器、余热锅炉换热管的表面，通过压缩空气或蒸汽吹扫，脱落汇集到每个设备底部的独立灰仓，再通过密闭管道气力输送至密闭总灰仓。总灰仓出气口设袋式除尘器和引风机，所有灰仓只设置这一个出气口。袋式除尘器用于去除出气口排出空气中的灰分，引风机使整个出灰系统（包括灰仓和输送管道等）保持全负压，防止出灰系统烟气泄漏和总灰仓卸灰时灰尘外溢，同时提供气力输送的气体；引风机引出的废气接入布袋除尘器前的废气风管中，废气回到系统中，不单独外排。总灰仓中灰分通过底部的伸缩卸料阀卸灰至布袋中，最终布袋包扎密闭，外运委托处置。

1．工艺流程图

工艺流程图简图及控制参数图详见图 7-6。

2．污染物产生情况

危险废物焚烧炉污染物产生环节详见表 7-23。

表 7-23　危险废物焚烧炉生产污染因素产生情况表

类型	污染因素产生源	代号	主要污染物	措施及去向
废气	烧结烟气	G3-1	二氧化硫、氮氧化物、烟尘、氯化氢、溴化氢、一氧化碳	低氮燃烧技术+SNCR 脱硝（设置在余热锅炉中）+烟气急冷+干法脱酸和活性炭吸附+布袋除尘器+湿法脱酸
	焚烧炉无组织挥发废气	无组织	挥发性有机物、焚烧烟气	焚烧系统负压：法兰达到Ⅵ级密封
	备料储罐等呼吸废气	无组织	甲醇、挥发性有机物等	通过蒸汽喷射泵密闭管道引入焚烧炉中焚烧处置
废水	余热锅炉排污水	W3-1	可直接达标排放	进厂内污水处理站
	湿法脱酸排污水	W3-2	pH	进厂内污水处理站
固体废物	灰渣	S3-1	无机盐等	装袋委托有资质单位出资

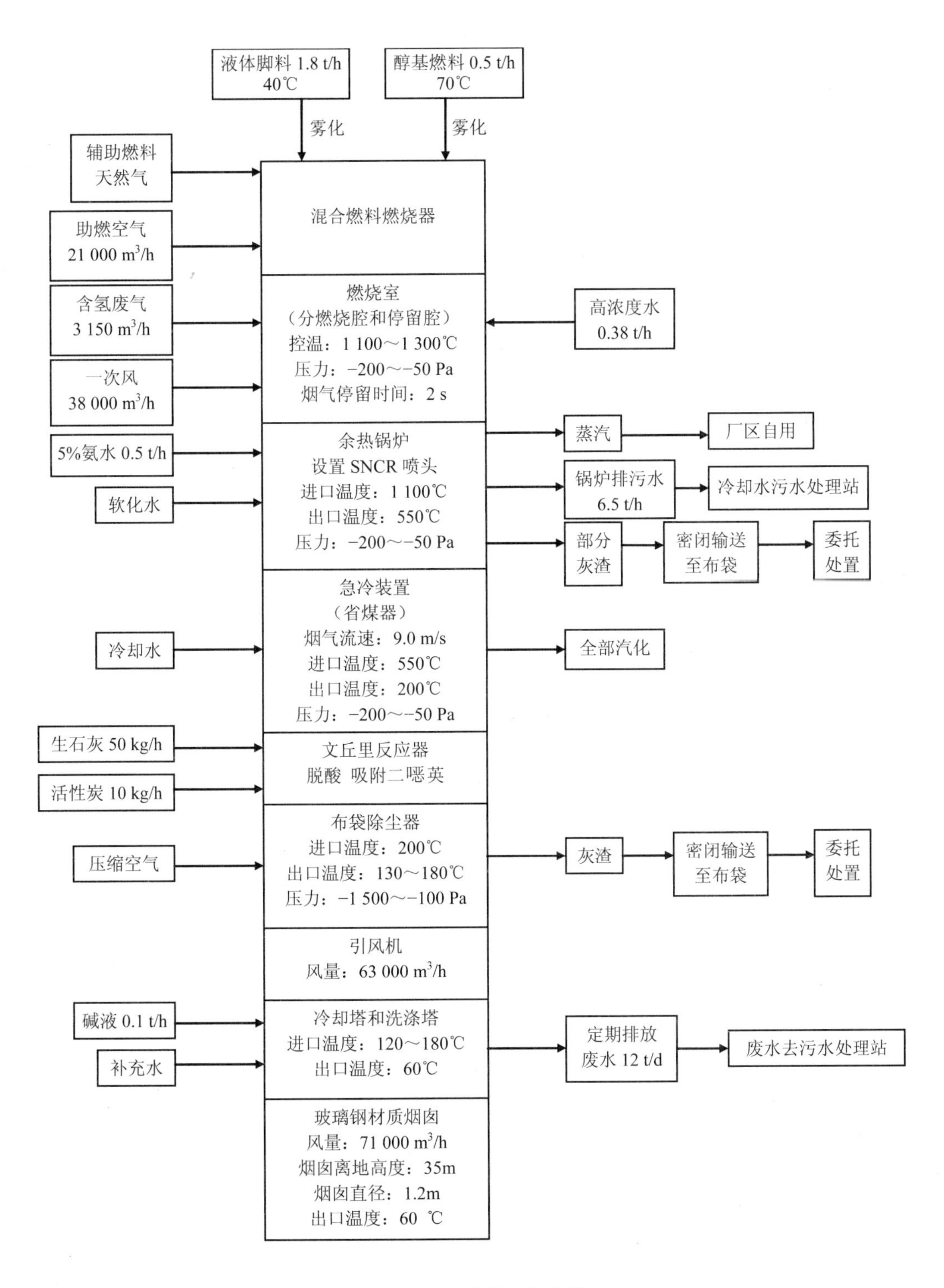
液体脚料 1.8 t/h
40℃
醇基燃料 0.5 t/h
70℃
雾化
雾化
辅助燃料
天然气
助燃空气
21 000 m³/h
含氢废气
3 150 m³/h
一次风
38 000 m³/h
5%氨水 0.5 t/h
软化水
混合燃料燃烧器
燃烧室
（分燃烧腔和停留腔）
控温：1 100～1 300℃
压力：-200～-50 Pa
烟气停留时间：2 s
高浓度水
0.38 t/h
余热锅炉
设置 SNCR 喷头
进口温度：1 100℃
出口温度：550℃
压力：-200～-50 Pa
蒸汽
厂区自用
锅炉排污水
6.5 t/h
冷却水污水处理站
部分
灰渣
密闭输送
至布袋
委托
处置
冷却水
急冷装置
（省煤器）
烟气流速：9.0 m/s
进口温度：550℃
出口温度：200℃
压力：-200～-50 Pa
全部汽化
生石灰 50 kg/h
活性炭 10 kg/h
文丘里反应器
脱酸 吸附二噁英
压缩空气
布袋除尘器
进口温度：200℃
出口温度：130～180℃
压力：-1 500～-100 Pa
灰渣
密闭输送
至布袋
委托
处置
引风机
风量：63 000 m³/h
碱液 0.1 t/h
补充水
冷却塔和洗涤塔
进口温度：120～180℃
出口温度：60℃
定期排放
废水 12 t/d
废水去污水处理站
玻璃钢材质烟囱
风量：71 000 m³/h
烟囱离地高度：35m
烟囱直径：1.2m
出口温度：60 ℃

图 7-6　焚烧炉控制参数

六、质量平衡和设备情况

设计方案质量平衡情况见表 7-24。

表 7-24 设计方案质量平衡一览表

序号	进入焚烧系统的物料名称	用量/（kg/h）	用量/（t/a）	序号	进入焚烧系统的物料名称	用量/（kg/h）	用量/（t/a）
1	液体脚料	1 800	14 400	10	干式反应器—活性炭	10	80
2	醇基燃料	500	4 000	11	干式反应器—石灰	50	400
3	高盐度有机废水	380	3 040	12	湿法脱酸—新鲜水	400	3 200
4	含氢废水	281	2 248	13	湿法脱酸—碱液	100	800
5	助燃空气	28380	227 040	14	烟气	81 213	649 707
6	二次风	49020	227 040	15	灰渣	208	1 661
7	锅炉给水	41500	332 000	16	余热锅炉产蒸汽	35 000	280 000
8	SNCR 氨水用量	500	4 000	17	吐热锅炉排污水	6 500	52 000
9	急冷塔—新鲜水	500	4 000	18	湿法脱酸—排污水	500	4 000

七、辅助材料及燃料消耗

1. 辅助材料消耗

设计方案所需辅助材料消耗情况详见表 7-25。

表 7-25 设计方案所需辅助材料消耗情况一览表

工序	所需辅助材料名称	外观与性状	最大用量/（t/a）	储存方式	厂内存储量/t	来源及运输
焚烧炉烟气净化系统	5%氨水	液态	4 000	灌装（依托现有灌装）	20	自产
	石灰	固态	400	袋装	10	购买，汽车
	活性炭	固态	80	袋装	10	购买，汽车
	30%碱液	液态	800	灌装（依托现有灌装）	50	购买，汽车

2. 燃料消耗

焚烧车间的焚烧炉需要辅助燃料，采用天然气作为辅助燃料，只有开车时使用天然气，每年开车一次。

八、污染分析

1. 废气

运营期间产生的废气主要包括两个方面：一是焚烧炉焚烧烟气；二是危险废物储存过程中散发的恶臭气体。

（1）焚烧烟气污染产生过程

危险废物焚烧烟气中的污染物可分为颗粒物（烟尘）、酸性气体（SO_2、NO_x、HCl 等）、重金属（Hg、Pb、Cr、As、Cd 等）、有机剧毒性污染物（二噁英等）、未燃尽的有机物 5 大类。其中，根据设计方案中焚烧原料的全元素分析结果可知，焚烧的原料不含重金属，因此污染分析中不考虑重金属。

（2）烟尘

危险废物在焚烧过程中分解、氧化，其不可燃成分和燃尽后的灰分在焚烧炉底部形成灰渣，灰渣中以无机组分为主的部分小颗粒物可被热气流携带至出炉口，在炉口与燃烧产生的高温气体一起再形成烟气中的颗粒物，这部分颗粒物在吸附部分有机物之后，形成的粒径大小在 10～200 nm。本项目焚烧的危险废物主要为液体脚料、醇基燃料、高有机物高盐废水和含氨废气，焚烧过程产生的烟尘主要来自液体脚料灰分和高有机物高盐废水中的盐，另外还包含喷入的石灰和活性炭；醇基燃料主要成分为甲醇、水和高聚物，不考虑其烟尘贡献值；含氨废气也不会产生烟尘；参考项目焚烧固体废物的元素检测报告，其中液体脚料（1/3）的灰分含量为 0.085%，高浓度废水（1 990 t/a）中含盐量为 40%，氯化废水（6 000 t/a）中含盐量为 40%，醇基料废水（450 t/a）中含盐量为 30%，喷入的石灰为 400 t/a，活性炭为 80 t/a，则项目固体废物焚烧装置按照满负荷运行计算，焚烧后烟尘的产生量为 1 663.24 t/a，其中高有机物高盐废水中的盐绝大部分在余热锅炉沉降排出，产生灰渣量为 1 171 t/a，其他灰渣主要在布袋除尘器放排出，排出量为 492.24 t/a。高有机物高盐废水焚烧产生的废盐在余热锅炉膜式壁处冷却，盐分在这里冷却并通过改变流动方向沉淀，因此，去布袋除尘器的烟尘量主要考虑液体脚料灰分和烟气化喷入物料，烟尘量为 492.24 t/a。

表 7-26　烟尘产生情况一览表

	烟尘来源	折算数据	物料量/（t/a）	折算系数	烟尘量/（t/a）	主要排出部位
	液体脚料灰分	检测的灰分指标折算	14 400	0.000 85	12.24	布袋除尘器
高有机物高盐废水	610 高浓度废水	按照废水含盐量折算	1 990	0.4	796	余热锅炉
	608 氯化锌废水		600	0.4	240	
	606/607 炔醇脚料废水		450	0.3	135	
烟气净化	石灰	全部按照烟尘计	400	1	400	布袋除尘器
	活性炭		80	1	80	
合计			17 920		1 663.24	

2. 酸性气体

设计方案酸性气体主要包括二氧化硫、氮氧化物、氯化氢、溴化氢等，具体产生情况如下。

（1）SO_2 产生情况

SO_2 主要是在含硫废物焚烧过程中产生的，根据原料组分分析，液体脚料中含 0.068 9%的硫元素，其他焚烧炉原料中不含硫，硫元素焚烧后按照全部转化为二氧化硫计，则产生的 S 量为 19.844 t/a。

（2）氮氧化物产生情况

1）含氮有机物中的氮转化为氮氧化物过程。根据原料分析可知，主要含氮原料为液体脚料，氮含量为 0.728%，按照完全转化，燃料型氮氧化物的产生量为 14 400 t/a×0.072 8%×46/140≈3.44 t/a。

2）热力型 NO_x。根据《燃烧技术手册》（徐旭常、周力行主编，2008 年版），热力型 NO_x 是燃烧时空气中的氮在高温下氧化产生的，其中 NO 的生成过程是一个不分支连锁反应。随着反应温度的升高，其反应速率按指数规律增加。当温度 T<1 500℃时，NO 的生成量很少；而当 T>1 500℃时，T 每增加 100℃，反应速率增大 6～7 倍。本焚烧炉的焚烧温度低于 1 500℃，因此，其热力型 NO_x 产生量应该很小。因热力型 NO_x 的产生机理较复杂，现通过类比同类焚烧炉的监测数据来说明其产生情况。本焚烧炉为德国公司，采用自有技术建设的该焚烧炉，同类型的焚烧炉在中国有案例，与本项目焚烧炉比较情况详见表 7-27。

表 7-27　焚烧炉案例与本焚烧炉比较情况一览表

对比项目	拟建焚烧炉	焚烧炉案例	一致性
位置	某药业有限公司	某医药公司	同属化工配套装置
炉型	直燃式气液焚烧炉	直燃式气液焚烧炉	相同
炉内“3T”技术	采用“3T”技术	采用“3T”技术	相同
采用的尾气处理技术	低氮燃烧技术+SNCR 脱硝（设置在余热锅炉中）+烟气急冷+干法脱酸和活性炭吸附+布袋除尘+湿法脱酸	低氮燃烧技术+SNCR 脱硝（设置在余热锅炉中）+烟气急冷+干法脱酸和活性炭吸附+布袋除尘+湿法脱酸	相同
焚烧炉温度/℃	≥1 100	≥1 100	相同
烟气停留时间/s	≥2	≥2	相同
焚烧效率/%	≥99.9	≥99.9	相同
焚毁去除率/%	≥99.99	≥99.99	相同
焚烧残渣的热灼减率/%	＜5	＜5	相同
焚烧炉出口烟气氧含量/%	6～10	6～10	相同
排气筒高度/m	35	35	相同

由表 7-27 可知，焚烧炉案例具有较好的类比性，该案例焚烧炉是 2014 年 10 月建成投运，于 2015 年 3 月 10 日委托某公司对该焚烧炉排气筒尾气进行了监测。根据监测报告可知，监测了 3 次，其结果均为未检出（＜2.05 mg/m^3）。因此，本焚烧炉不考虑其热力型氮氧化物的量。

（3）氯化氢产生情况

根据原料分析可知，主要含氯原料为液体脚料，氯含量为 0.090 9%，按照氯燃烧后全部变为氯化氢计算，氯化氢产生量为 14 400 t/a×0.090 9%×36.5/35.5=13.46 t/a。

（4）溴化氢产生情况

根据原料分析可知，主要含溴原料为液体脚料，溴含量为 0.053%，按照燃烧后全部变为溴化氯计算，溴化氢产生量为 14 400 t/a×0.053%×81/80=7.727 t/a。

（5）有机剧毒性污染物

危险废物中含有机质，并且本项目原料中含有氯，因此焚烧后的烟气中常含有二噁英类物质。焚烧后产生二噁英类污染物，主要以气态或附着在烟尘上存在于烟气中，其形成方式有两种：一是焚烧过程中由于局部供氧不足易产生二噁英类物质，二是焚烧后在金属催化剂和一定温度（250～4 400℃）条件下烟气中可再次形成二噁英类物质。根据环评报告书中的数据可知，危险废物焚烧期间烟气中二噁英类物质产生浓度为

0.3 ng.TEQ/m^3。

（6）未燃尽的有机物

拟建焚烧炉燃烧的有机物主要包括液体脚料和醇基燃料，燃烧量为 17 755 t/a，设计方案焚毁率大于 99.99%。因此，产生的未燃尽有机物量为 1.775 5 t/a。

（7）其他

危险废物焚烧过程中间会产生部分 H_2S、NH_3 气体，但 H_2S 和 NH_3 在有过量氧存在的高湿环境中不稳定，焚烧炉燃烧风带有一定的过量空气系数，并且为保证炉内完全燃烧，一般控制二燃室出口氧含量 6%～10%。通过合理的布风保证炉内任何区域处在富氧燃烧条件下，H_2S、NH_3 将转化为 SO_2、NO_x 和 H_2O，因此排放烟气中理论上不存在 H_2S、NH_3。另外，原料具备恶臭类物质特性，均具有较高的热值，燃烧性很好，经高温可实现焚毁率 99.99%，恶臭类物质排放量很小。

3．焚烧烟气污染治理措施

本工程采用“低氮燃烧技术+SNCR 脱硝（设置在余热锅炉中）+烟气急冷+干法脱酸和活性炭吸附+布袋除尘+湿法脱酸”的烟气处理工艺，经上述处理措施处理的烟气通过高 35 m、内径 1.2 m 的烟囱排入大气。

4．污染物处理效果和预计排放情况

（1）烟尘

本焚烧工程采用布袋除尘器进行治理，由于在石灰和活性炭喷射吸附过程中增加了固体颗粒物的粒径，根据布袋除尘器的设计参数，除尘效率可达 99.55%以上，本焚烧工程可将烟尘的排放质量浓度控制在 10 mg/m^3。

（2）酸性气体

本项目采用 SNCR 脱硝工艺，该工艺较为成熟，根据《环境保护综合名录（2015 年版）》，该工艺的脱销效率在 40%～60%，本设计方案按照脱硝效率 50%计算。对于烟气中的氯化氢、溴化氢、SO_2，本焚烧工程采用“干法脱酸（喷入活性炭和石灰）+湿法脱酸”的组合方式，碱性物质与酸性气体发生中和反应，其处理效率达 90%以上。

（3）有机剧毒性污染物

针对焚烧过程中二噁英类物质的产生原理，本设计方案首先采取控制焚烧技术避免二噁英类污染物的产生，工艺采取以下措施：①控制焚烧过程中反应温度和时间达到设计参数，确保均匀与完全的燃烧；②控制烟气在 1 100℃以上滞留时间＞2 s，保证充分分解二噁英类污染物；③采用急冷装置，使烟气在急冷装置中瞬间降温，减少烟气停留在 300～500℃温度的时间，减少二噁英类物质再次生成。此外，后处理中增加喷入活性炭等治理措施，用以吸收烟气中的二噁英类污染物，然后再经过袋式除尘器去除，保证吸附和有机物分解的充分性。通过以上措施，本焚烧工程二噁英类污染物去除效率达 60%上，排放质量浓度可控制在 0.5 ng.TEQ/m^3 以下。

（4）未燃尽的有机物

通过控制稳定的焚毁率工艺指标，可以实现达标排放；本次评价使用非甲烷总烃作为排气筒和厂界挥发性有机物排放的综合控制评价指标。烟气中污染物产生排放情况见表 7-28。

表 7-28　焚烧炉设计方案预计尾气产生及排放情况一览表

	产生情况		排放情况		标准		处理措施	处理效率/%	排放方式及排气筒参数
	mg/m^3	kg/h	mg/m^3	kg/h	t/a	mg/m^3			
烟尘	976.67	61.53	4.88	0.31	2.46	10	低氮燃烧技术+SNCR 脱硝（设置在余热锅炉中）+烟气急冷+干法脱酸和活性炭吸附+布袋除尘+湿法脱酸	99.5	年运行时间 8 000 h，烟气温度 60℃，烟囱高 35 m，内径 1.2 m，烟气量 63 000m^3/h
SO_2	39.37	2.48	3.93	0.25	1.98	50		90	
NO_x	68.41	4.31	34.29	2.16	17.28	100		50	
氯化氢	26.67	1.68	2.67	0.17	1.34	100		90	
溴化氢	15.24	0.96	1.52	0.10	0.77	—		90	
非甲烷总烃(即挥发性有机物的量)	3.52	0.222	3.52	0.222	1.775 5	120		—	
二噁英	0.2 ng. TEQ/m^3	12.6 μg. TEQ/h	0.08 ng. TEQ/m^3	5.04 μg. TEQ/h	40.32 mg. TEQ/a	0.5 ng. TEQ/m^3		60	

注：二噁英现行排放标准为 0.5 ng.TEQ/m^3，拟建焚烧炉设计排放质量浓度为小于 0.1 ng.TEQ/m^3。

由表 7-28 可知，危险废物焚烧炉设计方案排放尾气中二氧化硫、氮氧化物和烟尘能够满足《山东省区域性大气污染物综合排放标准》（DB 37/2376—2013）重点控制区域标准，一氧化碳、氯化氨和二噁英等因子能够满足《危险废物焚烧污染控制标准》（GB 18484—2001）中“300～2 500 kg/h”焚烧容量时的排放限值，溴化氢参照氯化氢标准执行，能够达标排放；非甲烷总烃能够满足《大气污染物综合排放标准》（GB 16297 —1996）中二级标准。

5．预留废气治理措施

本设计方案充分考虑将来运行的不确定性，拟预留“烟气升温+SCR+催化脱二噁英”

装置，该装置国际先进，防止拟建焚烧原料进料变化而预留，通过该装置可有效控制氮氧化物的排放，并且可同时脱除因升温而可能合成的二噁英，保障拟建焚烧炉烟气达标，降低环境风险水平，保障生态环境安全。

（1）恶臭无组织废气分析

拟建焚烧炉恶臭废气产生环节主要包括收集传输过程和焚烧车间；焚烧炉燃烧的物料主要是液体脚料、醇基燃料和高盐高有机物废水，统称为液体废物，主要是香精香料生产过程中产生的精馏脚料、废甲醇、工艺废水等，含有的成分较复杂，包含大分子高聚物、氨、烃类、醇类、酮类、醚类、酚类、酯类、醛类等物质，具有较强的臭味。在收集运输过程主要采取以下措施：

1）在液体废物产生工序将存储脚料槽的呼吸口接入氮封尾气处理系统或真空尾气处理系统，最终将该废气引入 RTO 焚烧处置。

2）液体废物从产生工序使用泵和架空管道密闭输送至脚料暂存罐，脚料暂存罐的呼吸口也接入氮封尾气处理系统，最终将该废气引入 RTO 焚烧处置。

3）焚烧炉设置 3 个 25 m^3 的原料中间槽，液体废物先从暂存罐管道输送至原料中间槽，然后再送入焚烧炉焚烧，3 个 25 m^3 的原料中间槽的呼吸口通过蒸汽喷射索和管道引入焚烧炉焚烧。焚烧炉主要采取以下措施；

①焚烧炉系统保持负压状态，防止臭味外溢。

②装置使用高密封等级，密封Ⅵ级。密封Ⅵ级的阀口将使用金属密封缠绕垫片，防止废气管道气味泄漏。

③引进的焚烧炉较先进，为德国工艺，能够保证稳定工艺参数，相关恶臭物质焚毁率达到 99.99%。综上所述，通过以上措施，可有效地控制异味影响。

（2）卸灰粉尘废气分析

烟气中灰分会黏附在布袋除尘器布袋及省煤器、余热锅炉换热管的表面，通过压缩空气或蒸汽吹扫，脱落汇集到每个设备底部的独立灰仓，再通过密闭管道气力输送至密闭总灰仓。总灰仓出气口设袋式除尘器和引风机，所有灰仓只设置一个出气口，袋式除尘器用于去除出气口排出空气中的灰分，引风机使整个出灰系统（包括灰仓和输送管道等）保持全负压，防止出灰系统烟气泄漏和总灰仓卸灰时灰尘外溢，同时提供气力输送的气体；引风机引出的废气接入布袋除尘器前的废气风管中，废气回到系统中，不单独外排。总灰仓中灰分通过底部的伸缩卸料阀卸灰至布袋中，最终布袋包扎密闭，外运委托处置。